精通

JavaScript+jQuery

前沿科技 曾顺 编著

人民邮电出版社
北京

图书在版编目（CIP）数据

精通 JavaScript + jQuery / 曾顺编著. —北京：
电出版社，2008.9（2018.12重印）
ISBN 978-7-115-18526-6

Ⅰ. 精… Ⅱ. 曾… Ⅲ. JAVA 语言—程序设计 Ⅳ. TP312

中国版本图书馆 CIP 数据核字（2008）第 106820 号

内 容 提 要

随着 Ajax 技术的不断风靡，其核心技术 JavaScript 越来越受到人们的关注，各种 JavaScript 的框架层出不穷。jQuery 作为 JavaScript 框架的优秀代表，为广大开发者提供了诸多便利。

本书从介绍 JavaScript 的基础知识开始，围绕标准 Web 的各项技术予以展开，通过大量实例对 JavaScript、CSS、DOM、Ajax 等 Web 关键技术进行深入浅出的分析，主要内容包括 JavaScript 的概念和基本语法、CSS 基础、CSS 排版、DOM 模型框架、网页中的事件、表格表单、JavaScript 的调试与优化、Ajax 异步技术等。

在此基础之上，本书通过精彩的实例详细讲解了 jQuery 的相关技术，主要包括 jQuery 的基础、如何使用 jQuery 控制页面、制作动画与特效、简化 Ajax 以及 jQuery 插件等内容。讲解的重点在于简化 JavaScript 的开发步骤，注重实例之间的对比与递进，充分展示 jQuery 所带来的革新。书中最后给出 4 个综合实例，让读者进一步巩固所学知识，提高综合应用的能力。

本书内容翔实、结构清晰，讲述循序渐进，并注意各个章节之间、实例之间的呼应和对照，既可作为 JavaScript、jQuery 初学者的入门教材，也适合高级用户进一步学习和参考。

精通 JavaScript + jQuery

◆ 编　著　前沿科技　曾　顺

　　责任编辑　杨　璐

◆ 人民邮电出版社出版发行　　北京市丰台区成寿寺路 11 号

邮编　100164　　电子邮件　315@ptpress.com.cn

网址　http://www.ptpress.com.cn

固安县铭成印刷有限公司印刷

◆ 开本：787×1092　1/16

印张：29.25

字数：701 千字　　　　　　　　2008 年 9 月第 1 版

印数：26 601 – 27 100 册　　　2018 年 12 月河北第 26 次印刷

ISBN 978-7-115-18526-6/TP

定价：59.00 元（附光盘）

读者服务热线：(010)81055656　印装质量热线：(010)81055316
反盗版热线：(010)81055315

随着网络技术的不断进步以及 Ajax 运用的不断拓展，其核心技术 JavaScript 越来越受到人们的关注。各种针对 JavaScript 的框架层出不穷，jQuery 就是这些框架中优秀的代表，掀起了互联网技术的新一轮革命。

标准的网页由结构、表现、行为三部分组成，对应的标准语言分别是结构化标准语言、表现标准语言和行为标准语言。JavaScript 主要负责页面中元素的行为，是目前运用最广泛的行为标准语言。它可以让页面更加实用、友好，并且丰富多彩。jQuery 作为一个著名的 JavaScript 框架，可以让开发者轻松地实现很多以往需要大量 JavaScript 开发才能完成的功能或特效，并且对于 CSS、DOM、Ajax 等各种标准 Web 技术，jQuery 都提供了许多实用而简便的方法，同时很好地解决了浏览器之间的兼容性问题，为开发者省去了很多繁琐的代码编写过程。

本书内容与特点

（1）本书从介绍 JavaScript 的基础知识开始，系统讲解了 Web 标准的相关技术，从最基础的理论概念到各个实例的具体运用，每一部分都结合了作者长期的网站开发和教学经验，并针对 JavaScript 和 jQuery 各方面的特性进行了认真的编写和制作。

（2）在本书的章与章之间、实例与实例之间注意彼此的联系与对比。前面章节中的 JavaScript 实例大都在后面的 jQuery 部分得到了进一步的简化和升华，充分展示了 JavaScript 的运用方法以及 jQuery 所带来的革新。

（3）在理论讲解时，本书更注重实践中的运用，采用步步深入的方法，每个章节都将具体理论结合实例的制作进行分析，真正将代码的学习融入到实际工作中。

（4）全书的最后还包括了 4 个综合的实例，是对整个 JavaScript+jQuery 的归纳和总结，让读者更进一步地了解 Web 技术的精髓。

（5）为了便于读者查找，本书使用了双目录设计。第一个目录是传统图书的目录方式，第二个目录是本书所有的案例索引，读者可以根据需要随时查找所需的案例代码。

为了使读者在正式开始学习之前，对全书的内容有一个总体的把握，这里分别将每章学习的内容作一介绍。本书分 4 个部分，共 19 章，各章的内容简介如下。

第一部分　JavaScript、CSS 与 DOM 基础篇

第 1 章　JavaScript 概述

本章从 JavaScript 的起源出发，介绍了浏览器之间的竞争以及 JavaScript 的基础知识，

并且引入 Web 结构、表现、行为相分离的标准，为后续章节的进一步讲解打下基础。

第 2 章　JavaScript 基础

本章对 JavaScript 的基础进行了深入的讨论，重点分析了 JavaScript 的核心 ECMAScript，通过实例让读者从底层了解 JavaScript 的编写，包括 JavaScript 的基本语法、变量、关键字、保留字、语句、函数和 BOM 等。

第 3 章　CSS 基础

CSS 作为网页表现的标准语言，是使网页美观、大方的重要技术。本章从 CSS 的概念出发，介绍 CSS 语言的特点，以及如何在网页中引入 CSS，然后重点介绍 CSS 的语法，包括 CSS 选择器、CSS 设置文字、图片、页面背景和超链接效果等。最后通过实用菜单的实例归纳本章知识点和掌握实际运用方法。

第 4 章　CSS 进阶

本章在第 3 章的基础上对 CSS 定位作详细介绍，并讲解利用 CSS+div 对页面元素进行定位的方法，以及 CSS 排版观念，通过排版实例"我的博客"对页面的基本布局做细致分析。最后讲解 JavaScript 与 CSS 配合，实现页面的各种特效。

第 5 章　DOM 模型

文档对象模型 DOM 定义了用户操作文档对象的接口，它使得用户对 HTML 有了空前的访问能力。本章主要介绍 DOM 模型的基础，包括页面中的节点、如何使用 DOM、innerHTML 属性、DOM 与 CSS 的关系等。

第二部分　JavaScript、CSS、DOM 高级篇

第 6 章　事件

事件是 JavaScript 最引人注目的特性之一，它提供了一个平台，让用户不仅能浏览页面中的内容，而且还能够跟页面进行交互。本章围绕 JavaScript 处理事件的特性进行讲解，主要包括事件流、事件的监听、事件的类型和浏览器的兼容性问题等，并通过实例"伸缩的两级菜单"进一步熟练事件的运用。

第 7 章　表格与表单

表格与表单都是网页中不可缺少的元素，表格是数据的承载体，而表单作为与用户交互的窗口，时刻都扮演着信息获取和反馈的角色。本章围绕表格和表单介绍用 JavaScript、CSS 控制它们的方法，以及实际运用中的一些技巧。最后通过实例"自动提示的文本框"进一步将理论运用到实际页面中。

第 8 章　JavaScript 的调试与优化

编写 JavaScript 程序时或多或少会遇到各种各样的错误，有语法错误、逻辑错误等。即使代码没有问题，对于大网站而言执行的效率也是十分关键的，这就直接关系到代码的优化。本章围绕 JavaScript 的错误处理和优化进行讲解，包括常见的错误和异常、调试的技巧、调

试的工具、优化的细则等。

第 9 章　Ajax

Ajax 就是一种全新的技术，它使得浏览器与桌面应用程序之间的距离越来越近。本章围绕 Ajax 的基本概念，介绍异步链接服务器对象 XMLHttpRequest，以及 Ajax 的一些实例，并对 Ajax 技术进行简单的分析。最后通过"自动校验的表单"和"Ajax 实现自动提示的文本框"两个实例，进一步学习 Ajax 在实际页面中的强大功能。

第三部分　jQuery 框架篇

第 10 章　jQuery 基础

本章作为 jQuery 的第 1 章，重点讲解 jQuery 的概念以及一些基础运用，主要包括 jQuery 的概念、jQuery 中的"$"、CSS3 选择器、管理选择结果和 jQuery 链等，为后面的章节打下基础。

第 11 章　jQuery 控制页面

本章在上一章的基础上介绍 jQuery 如何控制页面，包括页面元素的属性、CSS 样式风格、DOM 模型、表单元素和事件处理等。其中的实例大都是之前章节 JavaScript 实例的简化和升华，最后通过实例"快餐在线"完整地学习 jQuery 在实际页面中的运用。

第 12 章　jQuery 制作动画与特效

jQuery 中动画和特效的相关方法可以说为其添加了靓丽的一笔。开发者可以通过简单的函数实现很多特效，这在以往都是需要大量 JavaScript 代码来实现的。本章主要通过实例介绍 jQuery 中动画和特效的相关知识，包括自动显隐、渐入渐出、飞入飞出和自定义动画等。

第 13 章　jQuery 的功能函数

在 JavaScript 编程中，开发者通常需要编写很多小程序来实现一些特定的功能，例如浏览器的检测、字符串的处理、数组的编辑和获取外部代码等。jQuery 将一些常用的程序进行了总结，提供了很多实用的功能函数。本章主要围绕这些功能函数对 jQuery 做进一步的介绍。

第 14 章　jQuery 与 Ajax

本章主要围绕 jQuery 中 Ajax 的相关技术进行讲解，重点分析 jQuery 对 Ajax 步骤的简化，主要包括获取异步数据、GET 和 POST 方法、控制 Ajax 的细节。最后通过修改之前的"自动提示的文本框"实例进一步学习 jQuery 的强大功能。

第 15 章　jQuery 插件

即使 jQuery 再强大也不可能包含所有的功能，jQuery 框架仅仅集成了 JavaScript 中最核心也是最常用的功能。然而 jQuery 有许许多多的插件，都是针对特定的内容的，并且是以 jQuery 为核心编写的。本章通过实例，重点介绍 jQuery 中的一些常用插件，包括表单插件、UI 插件等，让读者对 jQuery 插件有更深入的认识和理解。

使用 jQuery 必须要学习 JavaScript 吗？

jQuery 框架本身是用 JavaScript 编写的，但是在很多方面，它又形成了自己的体系。事实上各种 JavaScript 框架都有各自的习惯用法和约定，编写 jQuery 程序的过程有着它自己特有的方式和逻辑。

需要注意的是，JavaScript 是 jQuery 底层的父技术。本质来说，使用 jQuery 时也是在写 JavaScript 程序。因此，掌握更多的 JavaScript 将会对更好地使用 jQuery 有很大的帮助。

即使对 JavaScript 了解很少，仅仅通过复制别人的例子，然后修修补补，也能使程序运行起来。但是你没有真正理解它，一旦发生问题或者要实现一些特殊的要求，就很难解决了，这对于一个专业的 Web 设计和开发人员是必须克服的。

为此，建议读者应该真正地理解 JavaScript 的基础知识，而不是通过模仿来简单地使用 jQuery。也正是为此，本书花费了几乎一半的篇幅来深入讲解 JavaScript 基础、CSS、DOM、事件等底层的技术。

本书没有讲述的内容

本书的定位是面向 Web 前端设计和开发人员的实践指导书，因此没有讲解关于 JavaScript 语言本身的面向对象以及其他一些深层的特性，这些特性大多应用于更底层的开发。

当需要开发一个自己专有的类似于 jQuery 那样的 JavaScript 框架时，则需要对 JavaScript

有更深入的理解。例如，JavaScript 中的原形继承、对象系统，对函数式语言的深入理解，对闭包的理解，对动态性的理解，等等，这些内容都超出了一般网站开发的应用范围。

我们看到一些讲解 JavaScript 的图书，甚至讲解 Ajax 的图书都把这些内容一股脑地灌输给读者，实际上这些对大多数读者来说并不是必需的。

本书没有采取这种做法，介绍的 JavaScript 的内容聚焦于在进行网站开发时用到的技术。这样即使是初学者，甚至是没有太多编程基础的设计师都能够理解，并且很好地掌握。这也更能够符合 jQuery 框架的宗旨——"jQuery is for everyone"（jQuery 适合于每一个人）。

这里给初学者一个建议，就是先把 JavaScript 的基础掌握扎实，然后再学习更深入的特性。

光盘内容

本书光盘收录了作者精心编排并制作的多媒体视频教学课程，辅助读者学习。视频教程共分两个部分。

第一部分对应本书的前 15 章，每章对应一课，对书中的重点、难点进行讲解和演示，从而帮助读者更好更快地理解。

第二部分的内容节选自《CSS 设计彻底研究》一书的配套视频教程。JavaScript 和 CSS 的关系十分密切，为了巩固 CSS 的基础，读者可以先观看关于 CSS 的视频教程。

此外，光盘中还包括了本书所有案例的源代码、素材和最终效果。

学习方法建议

对于 JavaScript 和 jQuery 的初学者，在使用本书时应该逐章认真阅读，首先掌握 JavaScript 和 jQuery 各个细节的理论，然后重点结合各章节的实例，进行认真的阅读与反复的实践。如果遇到不明白的地方，可以参照所附光盘中的实例源文件以及各种素材，再对照具体的理论细节进行学习。

初学者在学习后面的章节时，还应该注意书中指出的与前面章节的联系，从而巩固该章节所学到的知识，并重点体会 jQuery 框架所带来的页面编写上的变化。学会全书最后的综合实例后，读者最好能够动手制作自己的页面，运用学到的知识，举一反三。

对于 JavaScript 和 jQuery 的中高级用户，应该重点关注 jQuery 所带来的变化，并注意各个实例之间的联系和对比，体会 jQuery 各个功能及用法之间的关系，熟练掌握各种高级技巧，并从中获得启发，创造性地制作出更多更好的页面。

延伸学习

除了与本书配套的视频教程，读者还可以访问前沿科技建立的"前沿视频教室"网站，网址是 http://www.artech.cn，里面除了本书相关的内容之外，还有更多关于 JavaScript、CSS 以及其他网站设计和开发相关的内容。关于本书的更多信息，包括本书的勘误和更新内容，也可以在网站中找到。关于图书其他问题，读者请发送电子邮件至 luyang@ptpress.com.cn，我们会及时回复。

如果您有任何想法要和作者交流，可以通过网站与我们联系，我们十分希望获得您的意见和建议。

本书主要由前沿科技的曾顺编写，参加编写的还有温谦、郑焱晶、曾宪明、陈群桂、张楠、陈智勇、刘璐、刘军、刘艳茹、温鸿钧、白玉成、张伟、张琳、张晓静、武智涛、孙琳、王斌、李为为、黄世明、蔡庆武、张金辉。

第 2 部分　JavaScript、CSS、DOM 高级篇

第 3 部分　jQuery 框架篇

第 4 部分　综合案例篇

第 3 章　CSS 基础

第 4 章　CSS 进阶

第 5 章　DOM 模型

第 6 章　事件

第 7 章　表格与表单

第 8 章　JavaScript 的调试与优化

第 9 章　Ajax

第 10 章　jQuery 基础

第 11 章　jQuery 控制页面

第 15 章　jQuery 插件

第 16 章　网络相册

第 17 章　可自由拖动板块的页面

第 18 章　时尚购物网站报价单

第 19 章　图片切割器

精通

JavaScript + jQuery

第 1 部分

JavaScript、CSS 与 DOM 基础篇

第1章 JavaScript 概述

对于一个网页制作者来说，对 HTML 语言一定不会感到陌生，因为 HTML 语言是所有网页制作的基础。但是如果希望页面能够方便网友们的使用，友好而大方，甚至像桌面应用程序一样，那么仅仅依靠 HTML 语言是不够的，JavaScript 在这其中扮演着重要的角色。本章从 JavaScript 的起源出发，介绍其基础知识，为后续章节的进一步讲解打下基础。

1.1　JavaScript 的起源

早在 1992 年，一家名为 Nombas 的公司开发出一种叫做 C 减减（C_minus_minus）的嵌入式脚本语言，并将其捆绑在一个被称作 CEnvi 的共享软件中。当 Netscape Navigator 最先进入市场的时候，Nombas 便开发了第一个可以嵌入网页中的 CEnvi 版本，这便是最早万维网上的客户端脚本。

当网上冲浪逐步走入千家万户的时候，对于开发客户端脚本的需求显得越来越重要。此时大多数网民还是通过 28.8kbit/s 的调制解调器来连接网络，但网页却越来越丰富多彩。更让众多用户头疼的是许多简单的认证，例如与服务器进行多次通信花费大量等待时间后，却被告之忘记填写了一个关键字段等。这时 Netscape 公司为了扩展其浏览器的功能开发了一种名为 LiveScript 的脚本语言，并于 1995 年 11 月末与 Sun 公司联合宣布把其改名为 JavaScript。

Microsoft 公司决定进军浏览器市场时，在其发布的 IE 3 中搭载了一个 JavaScript 的克隆版本，为了避免版权纠纷，将其命名为 JScript。随后 Microsoft 公司将浏览器加入到操作系统中捆绑销售，使 JScript 得到了很快的发展，所以产生了 3 个版本，即 Netscape Navigator 3.0 中的 JavaScript、Internet Explorer 中的 JScript 和 CEnvi 中的 ScriptEase。

1997 年，JavaScript 1.1 作为一个草案被提交给欧洲计算机制作商协会（ECMA），由来自 Netscape、Sun、Microsoft 和 Borland 等一些对脚本语言感兴趣的公司的程序员组成第 39 届技术委员会（TC39），最终锤炼成为 ECMA_262 标准，其中定义了 ECMAScript 这种全新的脚本语言。然而至今各个浏览器对 JavaScript 的支持仍未完全遵循该标准。

到了 21 世纪，网上的各种对话框、广告和滚动提示条越来越多，JavaScript 被很多网页制作者乱用，一度背上了恶劣的名声，似乎一提到 JavaScript 就想到无法关闭的小广告。很多网友在上网的时候常常直接选择关闭浏览器的 JavaScript 解释功能。

直到 2005 年初，Google 公司的网上产品 Google 讨论组、Google 地图、Google 搜索建议和 Gmail 等使得 Ajax 一时兴起并受到广泛好评，作为 Ajax 最重要元素之一的 JavaScript 才重新找到了自己的定位。

如今 JavaScript 正朝着提高用户体验、增强网页友好性的方向发展，并越来越受到开发人员的关注。各种 JavaScript 的功能插件层出不穷，网页的功能在它的基础上更是愈加地丰富多彩。

1.2　浏览器之争

1997 年 6 月，Netscape Navigator 4（NN 4）问世，同年 10 月 Microsoft 公司发布了 Internet Explorer 4（IE 4）。这两种浏览器分别较各自以前的版本有了明显的改进，DOM 得到了很大的扩展，从而可以运用 JavaScript 来完成一系列加强的功能，这时一个新的名词 DHTML 出现了。

1.2.1　DHTML

图 1.1 所示为 Microsoft 公司的产品 Windows Vista 的首页。当浏览者将鼠标指针移动到一级菜单时，二级菜单会自动根据一级菜单内容不同菜单而发生变化，相应的一级菜单按钮也会凸出。当鼠标指针离开时，所有二级菜单又都会消失。这种图形化的操作界面可以在同一个网页上提供更多的功能，非常类似于 Windows 的桌面应用程序。

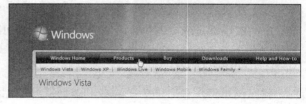

图 1.1　Vista 首页

要实现上述效果单纯依靠 HTML 是不可能的，必须采用新的技术 DHTML。DHTML（Dynamic HTML）其实并不是一门新的语言，而是 HTML、CSS 和 JavaScript 这三者相结合的产物。DHTML 包含如下 3 个含义：

（1）通过 HTML 把网页标记为各个元素；

（2）利用 CSS 设计元素之间的排版样式，并控制各个标记的位置；

（3）使用 JavaScript 来控制各个标记。

在 DHTML 的帮助下，很多复杂的动画效果变得十分简单，例如通过 HTML 标记一个页面上的元素，代码如下：

```
<div id="mydiv">This is my div</div>
```

然后通过 CSS 为这个页面元素定义如下位置：

```
#mydiv{
    position: absolute;
    left: 320px;
    top: 110px;
}
```

接下来就可以通过 JavaScript 来改变该标记的 left 和 top 属性，从而实现其在页面上的任意移动。

注意：
这种简单的方法在当时仅仅停留在理论上，因为 NN 4 和 IE 4 使用的是不同的且互不兼容的 DOM 模型。换句话说，虽然厂商们都希望网页功能能愈发强大，但为了各自的商业利益，他们采取了完全不同的方法。

1.2.2　浏览器之间的冲突

在 NN4 中，Netscape 公司的 DOM 模型使用其专有的层（Layer）元素，每个层都有惟一的

ID 标识，JavaScript 通过如下代码对其进行访问：

```
document.layers['mydiv']
```

而在 Microsoft 的 IE 4 中，JavaScript 必须通过以下代码对其进行访问：

```
document.all['mydiv']
```

这两种浏览器在细节方面的差异远不止这一点。假如希望将 mydiv 元素的 left 位置信息赋给一个变量 xpos，那么在 NN 4 中 JavaScript 必须使用如下语句：

```
var xpos = document.layers['mydiv'].left;
```

而在 IE 4 浏览器中，则需要使用如下语句：

```
var xpos = document.all['mydiv'].leftpos;
```

以上仅仅只是浏览器之间冲突的一个小例子，可以说几乎所有的 JavaScript 细节在两种浏览器中的实现都是或多或少有区别的，这就使得 DHTML 的推广受到严重的影响。

1.2.3　标准的制定

就在浏览器厂商之间为了商业利益而展开激烈竞争时，万维网联盟 W3C（World Wide Web Consortium）于 1998 年 10 月发布了 DOM Level 1，随后又相继发布了 DOM Level 2 和 DOM Level 3。尽管至今各个浏览器之间的 JavaScript 仍然存在差异，但相对以前的状况已经得到了很好的改观。

再回头看刚才的示例，如果要将 mydiv 元素的 left 位置信息赋给一个变量 xpos，那么标准化的 JavaScript 语句如下：

```
var xpos = document.getElementById('mydiv').style.left;
```

标准化的语句对于 JavaScript 的发展起到了关键的作用。各个浏览器厂商虽然在细节处理上略有出入，但大方向都是围绕着标准进行的，这就使得开发者可以将大部分精力用于页面本身功能的开发，而不再是协调浏览器之间的兼容问题。

在接下来的几年中，国际标准化组织及国际电工委员会（ISO/IEC）采纳了 ECMAScript 作为标准，从此 Web 浏览器就开始努力将其作为 JavaScript 的实现基础。

> **小知识：**
> 国际标准化组织（International Organization for Standardization，ISO）是一个全球性的非政府组织，是国际标准化领域中一个十分重要的组织。ISO 的任务是促进全球范围内的标准化及其有关活动，以利于国际间产品与服务的交流，以及在知识、科学、技术和经济活动中开展国际间的相互合作。

1.3　JavaScript 的实现

尽管 ECMAScript 是一个重要的标准，但它并不是 JavaScript 的惟一部分，也不是惟一被标准化的部分，上面提到的 DOM 是重要的组成元素之一，另外浏览器对象模型 BOM 也是。

JavaScript 的组成部分如图 1.2 所示。

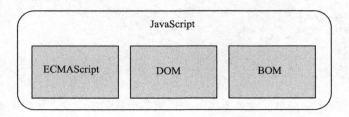

图 1.2 JavaScript 的组成部分

1.3.1 ECMAScript

正如前面所说，ECMAScript 是一种由欧洲计算机制造商协会（ECMA）通过 ECMA-262 标准化的脚本程序设计语言。它并不与任何浏览器绑定，也没有用到任何用户输入输出的方法。事实上，Web 浏览器只是一种 ECMAScript 的宿主环境。Adobe 公司的 Flash 脚本 ActionScript、Nombas 公司的 ScriptEase 等都可以容纳 ECMAScript 的实现。简单地说，ECMAScript 描述的仅仅是语法、类型、语句、关键字、保留字、运算符和对象等。

ECMAScript 定义了脚本语言的所有属性、方法和对象，其他语言可以实现 ECMAScript 来作为其功能的基准，如图 1.3 所示，JavaScript 就是其中一种。

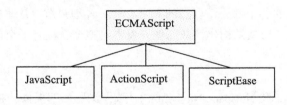

图 1.3 ECMAScript 与其他脚本语言的关系

每个浏览器都有其自身 ECMAScript 接口的实现，然后这些接口又被不同程度地扩展，包含了后面会提到的 DOM、BOM 等。

1.3.2 DOM

根据 W3C 的 DOM（Document Object Model）规范，DOM 是一种与浏览器、平台、语言无关的接口，使得用户可以访问页面其他的标准组件。简单地说，DOM 解决了 Netscape 和 Microsoft 之间的冲突，给 Web 开发者提供了一个标准的方法，让其方便地访问站点中的数据、脚本和表现层对象。

DOM 把整个页面规划成由节点层级构成的文档。考虑下面这段简单的 HTML 代码：

```html
<html>
<head>
    <meta http_equiv="content_type" content="text/html; charset=gb2312" />
    <title>DOM Page</title>
</head>

<body>
```

```
        <h2><a href="#isaac">标题 1</a></h2>
        <p>段落 1</p>
        <ul id="myUl">
            <li>JavaScript</li>
            <li>DOM</li>
            <li>CSS</li>
        </ul>
    </body>
</html>
```

这段 HTML 代码十分简单，这里不再一一说明各个标记的含义。如果利用 DOM 结构将其绘制成节点层次图，则效果如图 1.4 所示。

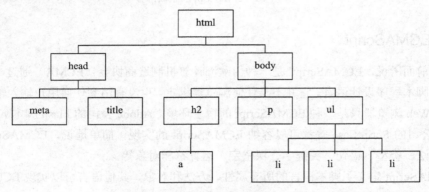

图 1.4　DOM 节点层次图

对于该节点层次图的各个部分，以后的章节会逐一详细讲解。这里需要明确的，是 DOM 将页面清晰合理地进行了层次结构化，从而使开发者对整个文档有了空前的控制力。

1.3.3　BOM

从 Internet Explorer 3 和 Netscape Navigator 3 开始，浏览器都提供一种被称为 BOM（Brower Object Model）的特性，它可以对浏览器窗口进行访问和操作。利用 BOM 的相关技术，Web 开发者可以移动窗口、改变状态栏以及执行一些与页面中内容毫不相关的操作。尽管没有统一的标准，但 BOM 的出现依然给网络世界增添了不少色彩，主要包括：

（1）弹出新的浏览窗口；

（2）移动、关闭浏览窗口以及调整窗口大小；

（3）提供 Web 浏览器相关信息的导航对象；

（4）提供页面详细信息的定位对象；

（5）提供屏幕分辨率详细参数的屏幕对象；

（6）支持 cookie；

（7）各种浏览器自身的一些新特性，例如 IE 的 ActiveX 类等。

本书的后续章节也将对 BOM 进行详细介绍。

1.3.4　新的开始

Netscape 与 Microsoft 之间的竞争最终以后者的全面获胜而告终，这并不是因为 IE 对标准的支持强于 Netscape Navigator 或是别的技术上的因素，而是由于 IE 在 Windows 上进行捆绑销售。但迫于各方面的压力，Microsoft 公司从 IE 5 开始就内建了对 W3C 标准化 DOM 的支持，但仍然继续支持它独有的 Microsoft DOM。

如今一些新的浏览器与 IE 7 共同占有着市场的主要份额，其中以 Mozilla Firefox 最为著名，也是本书将要关注的另外一个重点。Apple 公司于 2003 年发布的 Safari 也具有一定的市场竞争力。另外 Opera、Camino 和 Konqueror 等浏览器也或多或少影响着整个大市场。

1.4 Web 标准

2004 年初，网页设计在经历了一些变革之后，一本名为《Designing with Web Standards》（中文译本《网站重构——应用 Web 标准进行设计》）的书掀起了整个 Web 行业的大革命。网页设计与制作人员纷纷开始重新审视自己的页面，并发现那些充满嵌套表格的 HTML 代码臃肿而难以修改，于是一场清理 HTML 的行动开始了。

1.4.1 Web 标准概述

Web 标准不是某一个标准，而是一系列标准的集合。网页主要由三部分组成：结构（Structure）、表现（Presentation）和行为（Behavior）。对应的标准也分三方面：结构化标准语言，主要包括 XML 和 XHTML；表现标准语言，主要包括 CSS；行为标准，主要包括对象模型 DOM、ECMAScript 等。

1. 结构标准语言

主要包括 XML 和 XHTML。可扩展标识语言 XML（the eXtensible Markup Language）和 HTML 一样，来源于 SGML，但 XML 是一种能定义其他语言的语言。XML 最初设计的目的是弥补 HTML 的不足，以强大的扩展性满足网络信息发布的需要，后来逐渐用于网络数据的转换和描述。

虽然 XML 数据转换能力强大，完全可以替代 HTML，但面对成千上万已有的站点，直接采用 XML 还为时过早。因此，开发人员在 HTML 4.0 的基础上，用 XML 的规则对其进行扩展，得到了可扩展标识语言 XHTML（The eXtensible HyperText Markup Language）。简单地说，建立 XHTML 的目的就是实现从 HTML 向 XML 的过渡。

2. 表现标准语言

W3C 最初创建 CSS（Cascading Style Sheets，层叠样式表）标准的目的是以 CSS 取代 HTML 表格式布局、帧和其他表现的语言。纯 CSS 布局与结构式 XHTML 相结合能帮助设计师分离外观与结构，使站点的访问及维护更加容易。

3. 行为标准

前面已经介绍过，DOM 是一种与浏览器、平台、语言无关的接口，它使得用户可以访问页面其他的标准组件。DOM 解决了 Netscape 的 JavaScript 和 Microsoft 的 JScript 之间的冲突，给了 Web 设计师和开发者一个标准的方法，来访问站点中的数据、脚本和表现层对象。

另外，前面介绍的 ECMAScript 同样也是重要的行为标准，目前推荐遵循的是 ECMAScript_262 标准。

注意：
　　对于各个标准的技术规范和详细文档，有兴趣的读者可以参考 W3C 的官方网站，网址是 http://www.w3.org。

使用网站标准，对于网站浏览者来说有以下好处：

（1）文件下载与页面显示速度更快；

（2）内容能被更多的用户所访问（包括失明、视弱、色盲等残障人士）；

（3）内容能被更广泛的设备所访问（包括屏幕阅读机、手持设备、搜索机器人、打印机和电冰箱等）；

（4）用户能够通过样式选择定制自己的界面风格；

（5）所有页面都能提供适于打印的版本。

而对网站的设计者来说，其好处如下：

（1）更少的代码和组件，容易维护；

（2）带宽要求降低（代码更简洁），成本降低，例如当 ESPN.com 使用 CSS 改版后，每天节约超过 2T 字节（terabytes）的带宽；

（3）更容易被搜索引擎搜索到；

（4）改版方便，不需要变动页面内容；

（5）提供打印版本而不需要复制内容；

（6）提高网站易用性，在美国，有严格的法律条款（Section 508）来约束政府网站必须达到一定的易用性，其他国家也有类似的要求。

1.4.2　结构、表现和行为的分离

对于网页开发者而言，Web 标准的最好运用首先就是结构、表现和行为的分离，将页面看成这几个部分的有机结合体，分别对待。这也使得不同的部分可以运用不同的专用技术。首先来看网页各个部分的含义。

一个页面首先是为了展现其内容（content）的，例如花店网站最终是为了展示其卖的花，动物网站的内容主要是动物的介绍等。因此内容可以包括清单、文档和图片等，它们是纯粹的网站数据。

页面上光有内容显然是不够的，内容合理地组织在一起便是结构（structure），例如一级标题、二级标题、正文、列表和图像等，类似 Word 文档的文档结构。有了合理的结构才能使内容更加具有逻辑性和易用性。通常页面的结构是由 HTML 来搭建的，例如下面这段简单的 HTML 代码便构建了一个页面的框架。

```
<div id="container">
    <div id="globallink"></div>
```

```
    <div id="parameter"></div>
    <div id="main"></div>
    <div id="footer"></div>
</div>
```

它对应的页面框架结构图可能如图 1.5 所示。

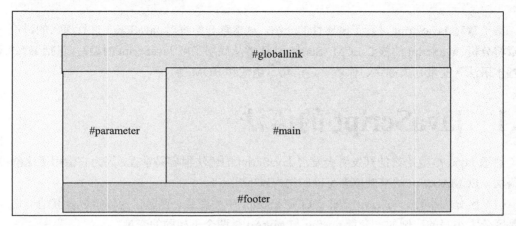

图 1.5　页面框架

HTML 虽然定义了页面的结构，但整个页面的外观还是没有改变，例如标题的颜色还不够突出，页面的背景还不够漂亮，等等。这些用来改变页面外观的东西称之为表现（presentation）。通常处理页面表现的是 CSS 技术，后面章节将会进一步介绍。

一个网站通常不仅仅通过表现来展示其内容，很多时候还需要与用户交互。例如用户单击按钮、提交表单和拖曳地图等，这些统称为行为（behavior）。而让用户能够具有这些行为的，通常就是以 JavaScript 为代表的脚本语言。

通过 HTML 搭建结构框架来存放内容，CSS 进行美化以完成页面的表现，JavaScript 编写脚本实现各种行为，这便实现了 Web 网页结构、表现和行为三者的分离，这也是目前标准化制作页面的方法，同时也是本书的基础。这些内容在后面的章节中都会逐一深入分析。

第 2 章　JavaScript 基础

第 1 章对 JavaScript 进行了概述性的介绍，从本章开始将对 JavaScript 进行深入的讨论。这一章将分析 JavaScript 的核心 ECMAScript，让读者从底层了解 JavaScript 的编写，包括 JavaScript 的基本语法、变量、关键字、保留字、语句、函数和 BOM 等。

2.1　JavaScript 的语法

熟悉 Java、C 等语言的开发者会发现 JavaScript 的语法很容易掌握，因为它借用了这些语言的语法。ECMAScript 的基础概念可以归纳为以下几点。

（1）区分大小写。与 Java 一样，ECMAScript 中的变量、函数、运算符以及其他一切东西都是区分大小写的，例如，变量 myTag 与 MytAg 是两个不相同的变量。

（2）弱类型变量。所谓弱类型变量指的是 ECMAScript 中的变量无特定类型，不像 C 语言那样。定义变量只用 "var" 关键字，并可以将其初始化为任意的值。这样可以随意改变变量所存储数据的类型（应该尽可能地避免这样操作）。弱类型变量示例如下：

```
var    age = 25;
var    myName = "Zeng Shun";
var    school = "Tsinghua";
var    male = true;
```

（3）每行结尾的分号可有可无。C 语言和 Java 语言都要求每行代码以分号 "；" 结束，而 ECMAScript 则允许开发者自己决定是否以分号来结束该行语句。如果没有分号，ECMAScript 就默认把这行代码的结尾看做该语句的结尾。因此下面两行代码都是正确的：

```
var    myChineseName = "Zeng Shun"
var    myEnglishName = "isaac";
```

注意：
开发者应该养成良好的编程习惯，为每一句代码都加上分号作为结束。这样还可以避免一些非主流浏览器的不兼容。

（4）括号用于代码块。代码块表示一系列按顺序执行的代码，这些代码在 ECMAScript 中都被封装在花括号 "｛" 和 "｝" 里，例如：

```
if （myName == "isaac"）{
    var age = 25;
```

```
        alert(age);
    }
```

（5）注释的方式与 C 语言和 Java 语言相同。ECMAScript 也有两种注释方式，分别用于单行注释和多行注释，例如：

```
//这是单行注释     this  is  a single-line   comment
/* 这是多行注
释  this is a multi-line
comment */
```

对于 HTML 页面来说，JavaScript 代码都包含在<script>与</script>标记中间，可以是直接嵌入的代码，也可以是通过<script>标记的 src 属性调用的外部.js 文件。如例 2.1 所示为一个完整的 HTML 页面中包含 JavaScript 的例子。

【例 2.1】完整的 HTML 页面包含 JavaScript 的文档结构（光盘文件：第 2 章\2-1.html）

```
<html>
<head>
<title>JavaScript 页面</title>
<script language="javascript">
var myName = "isaac";
document.write(myName);
</script>
</head>

<body>
    <p>正文内容</p>
</body>
</html>
```

2.2 变量

在日常生活中有很多东西是固定不变的，而有些东西则会发生变化，例如人的生日日期通常是固定不变的，但年龄和心情却会随着时间的变化而改变。在讨论程序设计时，那些发生变化的东西称为变量。

如前面所述，JavaScript 中变量是通过 var 关键字（variable 的缩写）来声明的，例如：

```
var   boy =   "isaac";
```

上面的语句声明了一个变量 boy，并且把它的初始值设置为字符串"isaac"。由于 JavaScript 是弱类型，因此浏览器等解释程序会自动创建一个字符串值，无需明确的进行类型声明。另外，还可以用 var 同时声明多个变量，例如：

```
var   girl =    "isaacmm",  age=19,  male=false;
```

上面的代码首先定义了 girl 字符串为"isaacmm"，接着定义了数值 age 为 19，再定义了布尔值 male 为 false。虽然这 3 个变量属于不同的数据类型，但在 JavaScript 中都是合法的。与 Java 等语言不同，JavaScript 的变量不一定需要初始化，例如：

```
var   couple;
```

此外，与 Java 等语言不同的是，JavaScript 还可以在同一个变量中存储不同的数据类型，例如：

```
var test = "Tsinghua";
alert(test);
//一些别的代码
test = 19820624;
alert(test);
```

以上代码分别输出字符串"Tsinghua"和数值 19820624，如图 2.1 所示。

图 2.1　同一变量，不同类型

注意：
　　开发者应养成良好的编程习惯，虽然 JavaScript 能够为一个变量赋多种数据类型，但这种方法并不值得推荐。使用变量时，同一个变量应该只存储一种数据类型。

另外，JavaScript 还可以不声明变量就直接使用，例如：

```
var   test1 =   "Tsinghua";
test2   =   test1 + " University";
alert(test2);
```

以上代码中并没有使用 var 来声明变量 test2，而是直接进行了使用，仍然可以正常输出结果，如图 2.2 所示。

图 2.2　无需声明

JavaScript 的解释程序在遇到未声明过的变量时，会自动用该变量创建一个全局变量，并将其初始化为指定的值。同样，为了养成良好的编程习惯，变量在使用前都应当声明。另外，变量的名称需遵循如下 3 条规则：

（1）首字符必须是字母（大小写均可）、下划线（_）或者美元符号（$）；

（2）余下的字母可以是下划线、美元符号、任意字母或者数字字符；

（3）变量名不能是关键字或者保留字。

下面是一些合法的变量名：

```
var   test;
var   $fresh;
var   _zeng;
```

```
var    shun_isaac$Tsinghua;
```

下面则是一些非法的变量名称：

```
var 4abcd;              //数字开头，非法
var blog'sName;         //对于变量名，单引号 "'" 是非法字符
var false;              //不能使用关键字作为变量名
```

小知识：

　　为了代码的清晰易懂，通常变量名采用一些著名的命名规则，主要有 Camel 标记法、Pascal 标记法和匈牙利标记法。

　　Camel 标记法采用首字母小写，接下来单词都以大写字母开头的方法，例如：

```
var myStudentNumber = 2001011026, myEnglishName = "isaac";
```

　　Pascal 标记法采用首字母大写，接下来单词都以大写字母开头的方法，例如：

```
var MyStudentNumber = 2001011026, MyEnglishName = "isaac";
```

　　匈牙利标记法则在 Pascal 标记法的基础上，变量名前面加一个小写字母，或者小写字母序列，以说明该变量的类型，例如 i 表示整数，s 表示字符串等，例如：

```
var iMyStudentNumber = 2001011026, sMyEnglishName = "isaac";
```

　　表 2.1 列出了匈牙利标记法定义的 ECMAScript 变量前缀。

表 2.1　　　　　匈牙利标记法定义的 ECMAScript 变量前缀

类　　型	前　缀	示　　例
数组	a	aArray
布尔值	b	bMale
浮点型（数字）	f	fTax
函数	fn	fnSwap
整型（数字）	i	iAge
对象	o	oCar
正则表达式	re	rePattern
字符串	s	sUniversity
变型（可以是任意类型）	v	vSuper

2.3　数据类型

　　JavaScript 一共有 9 种数据类型，分别是未定义（Undefined）、空（Null）、布尔型（Boolean）、字符串（String）、数值（Number）、对象（Object）、引用（Reference）、列表（List）和完成（Completion）。其中后 3 种类型仅仅作为 JavaScript 运行时中间结果的数据类型，因此不能在代码中使用。本节主要讲解一些常用的数据类型。

2.3.1　字符串

　　字符串由零个或者多个字符构成。字符可以包括字母、数字、标点符号和空格。字符串必须放在单引号或者双引号里。下面这两条语句有着相同的效果：

```
var    language  =  "javascript";
var    language  =  'javascript';
```

单引号或双引号通常可以根据个人喜好任意使用，但一些特殊情况则需要根据所包含的字符串来加以正确的选择。例如字符串里包含有双引号时应该把整个字符串放在单引号里，反之亦然，如下所示：

```
var    sentence =    "let's go";
var    case =    'the number "2001011026"';
```

当然也可以使用字符转义（escaping）的方法来实现更复杂的字符串效果，例如：

```
var    score = "run time 3\'15\"";
alert    (score);
```

以上代码的运行结果如图 2.3 所示。

注意：
无论使用双引号或者单引号，作为一种良好的编程习惯，最好都能在脚本中保持一致。如果在同一脚本中一会儿使用单引号，一会儿又使用双引号，代码很快就会变得难以阅读。

字符串具有 length 属性，它返回字符串中字符的个数，例如：

```
var sMyString = "hello world";
alert(sMyString.length);
```

以上代码的运行结果如图 2.4 所示，输出结果为 11，即"hello world"这个字符串的字符个数。这里需要特别指出，即使字符串包含双字节（与 ASCII 字符相对，ASCII 字符只占用一个字节），每个字符也只算一个字符，读者可以自己用中文字符进行试验。

反过来，如果希望获取指定位置的字符，可以使用 charAt()方法。第 1 个字符的位置为 0，第 2 个字符的位置为 1，依次类推，例如：

```
var sMyString = "Tsinghua University";
alert(sMyString.charAt(4));
```

以上代码的运行结果如图 2.5 所示，第 4 个字符为字母"g"。

图 2.3　字符转义

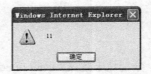
图 2.4　字符串的 length 属性

图 2.5　charAt()方法

如果需要从某个字符串中取出其中的一段子字符串，可以采用 slice()、substring()或 substr()方法。其中 slice()和 substring()都接受两个参数，分别为子字符串的起始位置和终止位置，返回这二者之间的子字符串，不包括终止位置的那个字符。如果第 2 个参数不设置，则默认为字符串的长度，即从起始位置到字符串的末尾，如例 2.2 所示。

【例 2.2】用 slice()与 substring()方法取出子字符串（光盘文件：第 2 章\2-2.html）

```
<title>slice()和 substring()</title>
<script language="javascript">
var sMyString = "Tsinghua University";
```

```
document.write(sMyString.slice(1,3) + "<br>");
document.write(sMyString.substring(1,3) + "<br>");
document.write(sMyString.slice(4) + "<br>");
document.write(sMyString + "<br>");              //不改变原字符串
</script>
```

输出结果如图 2.6 所示，也可以看出 slice()和 substring()方法都不改变原始的字符串，只是返回子字符串而已。

这两个方法的区别主要是对于负数的处理不同。负数参数对于 slice()而言是从字符串的末尾往前计数，而 substring()则直接将负数忽略，作为 0 来处理，并将两个参数中较小的作为起始位，较大的作为终止位，即 substring(2,-3)等同于 substring(2,0)，也就是等同于 substring(0,2)，如例 2.3 所示。

图 2.6　slice()和 substring()

【例 2.3】slice()和 substring()间区别的演示（光盘文件：第 2 章\2-3.html）

```
<title>slice()和 substring()的区别</title>
<script language="javascript">
var sMyString = "Tsinghua University";
document. write(sMyString.slice(2,-3) + "<br>");
document .write(sMyString.substring(2,-3) + "<br>");
document.write(sMyString.substring(2,0) + "<br>");
document. write(sMyString + "<br>");
</script>
```

以上代码的运行结果如图 2.7 所示，从中能够清晰地看到 slice()方法与 substring()方法的区别。

对于 substr()方法，两个参数分别为起始字符串的位置和子字符串的长度，例如：

```
var sMyString = "Tsinghua University";
alert(sMyString.substr(2,3));
```

其输出结果如图 2.8 所示，使用起来同样十分方便。开发者可以根据自己的需要选用不同的方法。

图 2.7　slice()与 substring()的区别

图 2.8　substr()函数

搜索操作对于字符串来说十分地平常，JavaScript 提供了 indexOf()和 lastIndexOf()两种方法。它们的不同之处在于前者从前往后搜，后者则相反。它们的返回值都是子字符串开始的位置（这个位置都是由前往后从 0 开始计数的）。如果找不到则返回-1，如例 2.4 所示。

【例 2.4】用 indexOf()和 lastIndexOf()方法搜索子字符串（光盘文件：第 2 章\2-4.html）

```
<title>indexOf()和 lastIndexOf()</title>
<script language="javascript">
var sMyString = "Tsinghua University";
document.write(sMyString.indexOf("i")+"<br>");          //从前往后
document.write(sMyString.indexOf("i",3)+"<br>");         //可选参数，从第几个字符开始往后找
document.write(sMyString.lastIndexOf("i")+"<br>");       //从后往前
document.write(sMyString.lastIndexOf("i",3)+"<br>");     //可选参数，从第几个字符开始往前找
```

```
document.write(sMyString.lastIndexOf("V")+"<br>");        //大写 "V" 找不到，返回-1
</script>
```

以上代码的运行结果如图 2.9 所示，两种方法都十分便利。

图 2.9　indexOf()和 lastIndexOf()方法

2.3.2　数值

在 JavaScript 中如果希望某个变量包含一个数值，那么无需限定其必须是整数或者是浮点数。例 2.5 所示的都是正确的数值表示方法。

【例 2.5】数值计算中数值表示方法的演示（光盘文件：第 2 章\2-5.html）

```
<title>数值计算</title>
<script language="javascript">
var mynum1 = 23.345;
var mynum2 = 45;
var mynum3 = -34;
var mynum4 = 9e5;              //科学计数法
alert(mynum1 + " " + mynum2 + " " + mynum3 + " " + mynum4);
</script>
```

以上代码的运行结果如图 2.10 所示，可以清楚地看到各个数值的输出结果，这里不再一一讲解。

对于数值类型，如果希望转换为科学计数法则可以采用 toExponential()方法，该方法接受一个参数，表示要输出的小数位数，如例 2.6 所示。两次输出结果如图 2.11 所示，读者可以自行试验各种其他数值。

图 2.10　数值型

【例 2.6】用 toExponential()方法将数值转换为科学计数法（光盘文件：第 2 章\2-6.html）

```
<script language="javascript">
var fNumber = 895.4;
alert(fNumber.toExponential(1));
alert(fNumber.toExponential(2));
</script>
```

图 2.11　toExponential()方法

2.3.3　布尔型

JavaScript 中同样有布尔型，它只有两种可取的值：true 和 false。从某种意义上说，为计算机设计程序，就是跟布尔型打交道，计算机就是 0 和 1 的世界。

与字符串不同，布尔型不能用引号引起来，布尔值 false 和字符串"false"是两个完全不同的概念。下面的例 2.7 中第 1 句把变量 married 设置为布尔值 true，而第 2 句是把字符串"true"赋给变量 married，用方法 typeof()可以很清楚地看到这点。

【例 2.7】布尔类型变量的正确写法的演示（光盘文件：第 2 章\2-7.html）

```
<title>布尔型</title>
<script language="javascript">
var married = true;
alert("1." + typeof(married));
married = "true";
alert("2." + typeof(married));
</script>
```

以上代码的运行结果如图 2.12 所示，可以看到第 1 句输出数据类型为 boolean，而第 2 句输出数据类型为 string。

图 2.12　数据类型

2.3.4　类型转换

所有语言的一个重要特性就是具有进行类型转换的能力，JavaScript 也不例外，它为开发者提供了大量简单的类型转换方法。通过一些全局函数，还可以实现更为复杂的转换。

例如将数值转换为字符串类型，可以直接利用加号"+"将数值加上一个长度为零的空字符串，或者通过 toString()方法，如例 2.8 所示。

【例 2.8】将数值转换为字符串（光盘文件：第 2 章\2-8.html）

```
<title>类型转换</title>
<script    language="javascript">
var a =    3;
var b =    a + "";
var c =    a.toString();
var d =    "student" + a;
alert(typeof(a) + " " + typeof(b) + " " + typeof(c) + " " + typeof(d));
</script>
```

以上代码的输出结果如图 2.13 所示，从图中可以清楚地看到 a、b、c、d 这 4 个变量的数据类型。

例 2.8 展示了最简单的数值转换为字符串的方法，下面两行有趣的代码或许会让读者对这种转换方法有更深入的认识。

```
var a=b=c=4;
alert(a+b+c.toString());
```

以上代码的输出结果如图 2.14 所示。

图 2.13　数值转换为字符串　　　　图 2.14　数值转换为字符串

　　对于数值类型转换为字符串，如果使用 toString()方法，还可以加入参数，直接进行进制的转换，如例 2.9 所示。

　　【例 2.9】数值类型转换为字符串的同时实现进制转换（光盘文件：第 2 章\2-9.html）

```
<title>toString()方法</title>
<script language="javascript">
var a=11;
document.write(a.toString(2) + "<br>");
document.write(a.toString(3) + "<br>");
document.write(a.toString(8) + "<br>");
document.write(a.toString(16) + "<br>");
</script>
```

　　进制转换的运行结果如图 2.15 所示。

　　对于字符串转换为数值类型，JavaScript 提供了两种非常方便的方法，分别是 parseInt()和 parseFloat()。正如方法的名称一样，前者将字符串转换为整数，后者将字符串转换为浮点数。只有字符类型才能调用这两种方法，否则直接返回 NaN。

　　在判断字符串是否是数值字符之前，parseInt()与 parseFloat()都会仔细分析该字符串。parseInt()方法首先检查位置 0 处的字符，判断其是否是有效数字，如果不是则直接返回 NaN，不再

图 2.15　进制转换

进行任何操作。如果该字符为有效字符，则检查位置 1 处的字符，进行同样的测试直到发现非有效字符或者字符串结束为止。通过下面的例 2.10，相信读者会对 parseInt()有很好的理解。

　　【例 2.10】用 parseInt()方法将字符串转换为数值类型（光盘文件：第 2 章\2-10.html）

```
<title>parseInt()方法</title>
<script language="javascript">
document.write(parseInt("4567red") + "<br>");
document.write(parseInt("53.5") + "<br>");
document.write(parseInt("0xC") + "<br>");          //直接进行进制转换
document.write(parseInt("isaacshun@gmail.com") + "<br>");
</script>
```

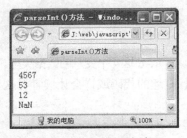

图 2.16　parseInt()方法

　　以上语句的运行结果如图 2.16 所示，对于每一句的具体转换方式这里不再一一讲解，从例子中也能清晰地看到 parseInt()的转换方法。

　　利用 parseInt()方法的参数，同样可以轻松地实现进制的转换，如例 2.11 所示。

　　【例 2.11】用 parseInt()方法将字符串转换为数值类型的同时实现进制转换（光盘文件：第 2 章\2-11.html）

```
<title>parseInt()方法</title>
<script language="javascript">
document.write(parseInt("AF",16) + "<br>");
document.write(parseInt("11",2) + "<br>");
document.write(parseInt("011") + "<br>");          //0 开头，默认为八进制
document.write(parseInt("011",8) + "<br>");
document.write(parseInt("011",10) + "<br>");        //指定为十进制
```

```
</script>
```

以上代码的输出结果如图 2.17 所示，可以很清楚地看到 parseInt()方法在进制转换上的强大功能。

parseFloat()方法与 parseInt()方法的处理方式类似，这里不再重复讲解，直接通过例 2.12 进行展示，读者可以自行试验该方法的不同结果。

【例 2.12】用 parseFloat()方法将字符串转换为数值类型（光盘文件：第 2 章\2-12.html）

```
<title>parseFloat()方法</title>
<script    language="javascript">
document.write(parseFloat("34535orange") + "<br>");
document.write(parseFloat("0xA") + "<br>");              //不再有默认进制，直接输出第一个字符 "0"
document.write(parseFloat("435.34") + "<br>");
document.write(parseFloat("435.34.564") + "<br>");
document.write(parseFloat("isaacshun@gmail.com") + "<br>");
</script>
```

以上代码的最终运行结果如图 2.18 所示。

图 2.17　parseInt()的进制转换　　　　图 2.18　parseFloat()方法

2.3.5　数组

字符串、数值和布尔值都属于离散值（scalar），如果某个变量是离散的，那么在任意时刻就只能有一个值。如果想用一个变量来存储一组值，就需要使用数值（array）。

数组是由名称相同的多个值构成的一个集合，集合中的每个值都是这个数组的元素（element）。例如可以使用变量 team 来存储一个团队里所有成员的名字。

在 JavaScript 脚本中，数组使用关键字 Array 来声明，同时还可以指定这个数组元素的个数，也就是数组的长度（length），例如：

```
var aTeam = new Array(12);          //一个 12 个人的团队
```

在无法提前预知某个数组元素最终的个数时，声明数组时可以不指定具体个数，例如：

```
var aColor = new Array();
aColor[0] = "blue";
aColor[1] = "yellow";
aColor[2] = "green";
aColor[3] = "purple";
```

以上代码创建了数组 aColor，并定义了 4 个数组项，即"blue"、"yellow"、"green"和"purple"。如果以后还需要增加其他的颜色，则可以继续定义 aColor[4]、aColor[5]等。每增加一个数组项，数组的长度就动态地增长。

另外还可以直接用参数创建数组，例如：

```
var aMap = new Array("China","USA","Britain");
```

与字符串的 length 属性一样，数组也可通过 length 属性来获取其长度，而数组的位置同样也是从 0 开始的，如例 2.13 所示。

【例 2.13】用 length 属性获取数组的长度 1（光盘文件：第 2 章\2-13.html）

```javascript
<script language="javascript">
var aMap = new Array("China","USA","Britain");
alert(aMap.length + " " + aMap[2]);
</script>
```

以上代码的运行结果如图 2.19 所示，数组长度为 3，而 aMap[2]获得的是数组的最后一项，即"Britain"。

另外，通过下面的例 2.14，相信读者会对数组的长度有更深入的理解。代码的运行结果如图 2.20 所示，这里不再一一讲解，读者可以自己试验。

【例 2.14】用 length 属性获取数组的长度 2（光盘文件：第 2 章\2-14.html）

```javascript
<script language="javascript">
var aMap = new Array("China","USA","Britain");
aMap[20] = "Korea";
alert(aMap.length + " " + aMap[10] + " " + aMap[20]);
</script>
```

图 2.19　数组的长度　　　　图 2.20　数组的长度

注意：
　　一个数组最多可以存放 4294967295（$2^{32}-1$）项，这应该可以满足大多数程序设计的需要。如果还要添加更多的项，则会发生异常。

除了 Array()对象，数组还可以用方括号"["和"]"来定义，项与项之间用逗号分隔。例如可以用例 2.15 的形式重写例 2.14。

【例 2.15】用方括号定义数组（光盘文件：第 2 章\2-15.html）

```javascript
var aMap = ["China","USA","Britain"];
aMap[20] = "Korea";
alert(aMap.length + " " + aMap[10] + " " + aMap[20]);
```

对于数组而言，通常需要将其转化为字符串再进行使用，toString()方法可以很方便的实现这个功能，如例 2.16 所示。

【例 2.16】用 toString()方法将数组转化为字符串（光盘文件：第 2 章\2-16.html）

```javascript
<script language="javascript">
var aMap = ["China","USA","Britain"];
alert(aMap.toString() + " " + typeof(aMap.toString()));
</script>
```

以上代码的输出结果如图 2.21 所示，转换后直接将各个数组项用逗号进行连接。

如果不希望用逗号进行转换后的连接，而希望用指定的符号，则可以使用 join()方法，该方法接受一个参数，即用来连接数组项的

图 2.21　数组转换为字符串

字符串，如例 2.17 所示：

【例 2.17】用 join()方法指定转换后字符串间的连接符（光盘文件：第 2 章\2-17.html）

```
<title>join()方法</title>
<script language="javascript">
var aMap = ["China","USA","Britain"];
document.write(aMap.join() + "<br>");          //无参数，等同于 toString()
document.write(aMap.join("") + "<br>");         //不用连接符
document.write(aMap.join("][") + "<br>");       //用 "][" 来连接
document.write(aMap.join("-isaac-") + "<br>");
</script>
```

以上代码的输出结果如图 2.22 所示，从结果中也可以看出 join()方法的强大功能。

从数组可以很轻松地转换为字符串。对于字符串，JavaScript 同样提供了 split()方法来转换成数组。split()方法接受一个参数，为分隔字符串的标识，如例 2.18 所示。

【例 2.18】用 split()方法将字符串转换为数组（光盘文件：第 2 章\2-18.html）

```
<title>split()方法</title>
<script language="javascript">
var sFruit = "apple,pear,peach,orange";
var aFruit = sFruit.split(",");
alert(aFruit.join("--"));
</script>
```

以上代码的输出结果如图 2.23 所示。

图 2.22　join()方法　　　　　　图 2.23　split()方法

数组里面的元素顺序很多时候是开发者所关心的，JavaScript 提供了一些简单的方法用于调整数组元素之间的顺序。reverse()方法可以用来使数组元素反序，如例 2.19 所示。

【例 2.19】用 reverse()方法使数组元素反序排列（光盘文件：第 2 章\2-19.html）

```
<title>reverse()方法</title>
<script language="javascript">
var aFruit = ["apple","pear","peach","orange"];
alert(aFruit.reverse().toString());
</script>
```

以上代码的输出结果如图 2.24 所示，可以看到数组的元素进行了反序排列。

技巧：
对于字符串而言，没有类似 reverse()的方法，但仍然可以利用 split()将其转化为数组，再利用数组的这个方法进行字符串的反序，最后再用 join()转化回字符串，如例 2.20 所示：

【例 2.20】用 split()方法使字符串的反序排列（光盘文件：第 2 章\2-20.html）

```
var sMyString = "abcdefg";
alert(sMyString.split("").reverse().join(""));
```

```
/*      split("")将每一个字符转化为一个数组元素
reverse()反序数组的每个元素
join("")最后将数组无连接符地转化为字符串
*/
```

以上代码的运行结果如图 2.25 所示，字符串被成功地反序了。

图 2.24　reverse()方法　　　　　　　　图 2.25　字符串反序

对于数组元素的排序，JavaScript 还提供了一个更为强大的 sort()方法，它的简单运用如例 2.21 所示。

【例 2.21】用 sort()方法进行数组元素排序（光盘文件：第 2 章\2-21.html）

```
<title>sort()方法</title>
<script language="javascript">
var aFruit = ["pear","apple","peach","orange"];
aFruit.sort();
alert(aFruit.toString());
</script>
```

以上代码的显示结果如图 2.26 所示，数组被按照字母顺序重新进行了排列。

熟悉数据结构的读者一定对"栈"的概念不会陌生，JavaScript 的数组同样可以看做是一个栈，push()和 pop()方法可以实现栈的功能。因为不需要知道数组的长度，所以在根据条件将结果一一保存到数组时特别有效，在后续章节的实例中会反复使用。这里仅说明这两个方法如何使用，如例 2.22 所示。

图 2.26　sort()方法

【例 2.22】用 push()和 pop()方法实现数组中的栈（光盘文件：第 2 章\2-22.html）

```
<title>栈</title>
<script language="javascript">
var stack = new Array();
stack.push("red");
stack.push("green");
stack.push("blue");
document.write(stack.toString() + "<br>");
var vItem = stack.pop();
document.write(vItem + "<br>");
document.write(stack.toString());
</script>
```

以上代码的运行结果如图 2.27 所示，数组被看成一个堆栈，通过 push()和 pop()做压栈和出栈的处理。

图 2.27　把数组当作堆栈

2.4 关键字

ECMA-262 标准定义了 ECMAScript 所支持的一套关键字（keyword），这些关键字是保留的，不能作为变量名或者函数名，否则解释程序就会报错。ECMAScript 的完整关键字如表 2.2 所示。

表 2.2   ECMAScript 关键字

break	case	catch	continue	default
delete	do	else	finally	for
function	if	in	instanceof	new
return	switch	this	throw	try
typeof	var	void	while	with

2.5 保留字

ECMAScript 同时还定义了一套保留字，用在将来可能出现的情况。同样，保留字也不能用来作为变量或者函数的名称。ECMA-262 第 3 版中的完整保留字如表 2.3 所示。

表 2.3   ECMA-262 第 3 版中的保留字

abstract	boolean	byte	char	class
const	debugger	double	enum	export
extends	final	float	goto	implements
import	int	interface	long	native
package	private	protected	public	short
static	super	synchronized	throws	transient
volatile				

2.6 条件语句

与其他程序设计语言一样，JavaScript 也具有各种条件语句来进行流程上的判断，本节对其进行简单的介绍，包括各种操作符以及逻辑语句等。

2.6.1 比较操作符

JavaScript 中的比较操作符主要包括等于（==）、不等于（!=）、大于（>）、大于等于（>=）、小于（<）、小于等于（<=）等，从字面意思就很容易理解它们的含义，如例 2.23 所示：

【例 2.23】比较操作符（光盘文件：第 2 章\2-23.html）

```
<html>
<body>
<script language="javascript">
document.write("Pear" == "Pear");
document.write("<br>");
document.write("Apple" < "Orange");
document.write("<br>");
document.write("apple" < "Orange");
</script>
</body>
</html>
```

以上代码的输出结果如图 2.28 所示。

从输出结果可以看到，比较操作符是区分大小写的，因此通常在比较字符串时，为了排序的正确性，往往将字符串统一转换成大写字母或者小写字母再进行比较。JavaScript 提供了 toUpperCase()和 toLowerCase()这两种转换字符串大小写的方法，例如：

```
alert("apple".toUpperCase() < "Orange".toUpperCase());
```

以上代码的显示结果如图 2.29 所示。

图 2.28   比较操作符

图 2.29   字母大小写转换

2.6.2   逻辑操作符

JavaScript 跟其他程序语言一样，逻辑操作符主要包括与运算（&&）、或运算（||）和非运算（!）。与运算（&&）表示两个条件都为 true 时，整个表达式才是 true，否则为 false。而或运算（||）表示两个条件只要有一个为 true，整个表达式便是 true，否则为 false。非运算（!）就是简单地将 true 变为 false，或者将 false 变为 true。简单示例如例 2.24 所示。

【例 2.24】逻辑操作符的运算演示（光盘文件：第 2 章\2-24.html）

```
<html>
<body>
<script language="javascript">
document.write(3>2 && 4>3);
document.write("<br>");
document.write(3>2 && 4<3);
document.write("<br>");
document.write(4<3 || 3>2);
document.write("<br>");
document.write(!(3>2));
</script>
</body>
</html>
```

以上代码的输出结果如图 2.30 所示，读者可以自己再多试验几种情况，这里不再一一讲解。

图 2.30   逻辑操作符

2.6.3   if 语句

if 语句是 ECMAScript 中最常用的语句之一，它的语法如下：

```
if(condition) statement1 [else statement2]
```

其中 condition 可以是任何表达式，计算的结果甚至不必是真正的布尔值，因为 ECMAScript 会自动将其转化为布尔值。如果条件计算结果为 true，则执行 statement1；如果条件计算结果为 false，则执行 statement2（如果 statement2 存在，因为 else 部分不是必需的）。每个语句可以是单行代码，也可以是代码块，简单示例如例 2.25 所示。

【例 2.25】if 条件语句的运算演示（光盘文件：第 2 章\2-25.html）

```
<html>
<head>
<title>if 语句</title>
</head>

<body>
<script language="javascript">
//首先获取用户的一个输入，并用 Number()强制转换为数字
var iNumber = Number(prompt("输入一个 5 到 100 之间的数字", ""));
if(isNaN(iNumber))              //判断输入的是否是数字
    document.write("请确认你的输入正确");
else if(iNumber > 100 || iNumber < 5)        //判断输入的数字范围
    document.write("你输入的数字范围不在 5 和 100 之间");
else
    document.write("你输入的数字是:" + iNumber);
</script>
</body>
</html>
```

以上代码首先用 prompt()方法让用户输入一个 5～100 的数字，如图 2.31 所示，然后用 Number()将其强行转换为数值型。

然后对用户的输入进行判断，并用 if 语句对判断出的不同结果执行不同的语句。如果输入的不是数值，则显示非法输入，如果输入的数字不在 5～100 之间则显示数字范围不对，如果输入正确则显示用户的输入，如图 2.32 所示。这也是典型的 if 语句的使用方法。

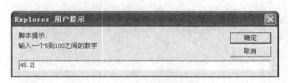

图 2.31　输入框

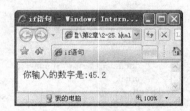

图 2.32　显示用户输入

其中方法 Number()将参数转换为数字（无论是整数还是浮点数），如果转换成功则返回转换后的结果，如果转换失败则返回 NaN。而函数 isNaN()用来判断参数是否是 NaN 的，如果是 NaN 则为 true，反之则为 false。

2.6.4　switch 语句

当需要判断的情况比较多的时候，通常采用 switch 语句来实现，它的语法如下：

```
switch(expression){
    case value1: statement1
            break;
    case value2: statement2
```

```
            break;
    …
    case valuen: statementn
            break;
    default: statement
}
```

每个情况都表示如果 expression 的值等于某个 value，就执行相应的 statement。关键字 break 会使代码跳出 switch 语句。如果没有关键字 break，代码就会继续进入下一个情况。关键字 default 表示表达式不等于其中任何一个 value 时所进行的操作。简单示例如例 2.26 所示：

【例 2.26】switch 条件语句的运算演示（光盘文件：第 2 章\2-26.html）

```
<html>
<head>
<title>switch 语句</title>
</head>

<body>
<script language="javascript">
iWeek = parseInt(prompt("输入 1 到 7 之间的整数",""));
switch(iWeek){
    case 1:
        document.write("Monday");
        break;
    case 2:
        document.write("Tuesday");
        break;
    case 3:
        document.write("Wednesday");
        break;
    case 4:
        document.write("Thursday");
        break;
    case 5:
        document.write("Friday");
        break;
    case 6:
        document.write("Saturday");
        break;
    case 7:
        document.write("Sunday");
        break;
    default:
        document.write("Error");
}
</script>
</body>
</html>
```

以上代码同样先利用 prompt()方法让用户输入 1～7 之间的一个数字，如图 2.33 所示，然后根据用户的输入给出相应的星期，如图 2.34 所示。

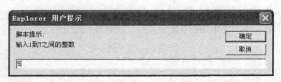

图 2.33　用户输入　　　　　　　　　　　　　图 2.34　输出相应的星期

2.7 循环语句

循环语句的作用是反复地执行同一段代码。尽管其分为几种不同的类型，但基本的原理几乎都是一样的：只要给定的条件仍能得到满足，包含在循环体语句里面的代码就会重复地执行下去，一旦条件不再满足则终止。本节将简要介绍 JavaScript 中常用的几种循环。

2.7.1 while 语句

while 循环是前测试循环，这意味着是否终止循环的条件判断是在执行内部代码之前，因此循环的主体可能根本不被执行，其语法如下：

```
while(expression) statement
```

当 expression 为 true 时，程序会不断地执行 statement 语句，直到 expression 变为 false。如例 2.27 所示：

【例 2.27】while 循环语句的运算演示（光盘文件：第 2 章\2-27.html）

```
<html>
<head>
<title>while 语句</title>
</head>

<body>
<script language="javascript">
var i=iSum=0;
while(i<=100){
    iSum += i;
    i++;
}
alert(iSum);
</script>
</body>
</html>
```

以上代码是简单地求 1～100 加和的方法，这里不再详细讲解每行代码，其运行结果如图 2.35 所示。

图 2.35　while 语句

2.7.2 do…while 语句

do…while 语句是 while 语句的另外一种表达方法，它的语法结构如下：

```
do{
    statement
}while(expression)
```

与 while 循环不同的是它将条件判断放在了循环之后，这就保证了循环体 statement 至少被执行了一次，在很多时候这是非常实用的。简单示例如例 2.28 所示。

【例 2.28】do...while 语句的运算演示（光盘文件：第 2 章\2-28.html）

```html
<html>
<head>
<title>do...while 语句</title>
</head>

<body>
<script language="javascript">
var aNumbers = new Array();
var sMessage = "你输入了:\n";
var iTotal = 0;
var vUserInput;
var iArrayIndex = 0;
do{
        vUserInput = prompt("输入一个数字，或者'0'退出","0");
        aNumbers[iArrayIndex] = vUserInput;
        iArrayIndex++;
        iTotal += Number(vUserInput);
        sMessage += vUserInput + "\n";
}while(vUserInput != 0)              //当输入为 0（默认值）时退出循环体
sMessage += "总数:" + iTotal;
alert(sMessage);
</script>
</body>
</html>
```

以上代码利用循环不断地让用户输入数字，如图 2.36 所示。在循环体中将用户的输入存入数组 aNumber，然后不断地求和，并赋给变量 iTotal，相应地 sMessage 也不断更新。

当用户的输入为 0 时退出循环体，并且输出计算的求和结果，如图 2.37 所示。利用 do...while 语句就保证了循环体在最开始判断条件之前，至少执行了一次。

图 2.36   提示用户输入数字

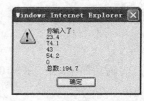

图 2.37   求和结果

2.7.3　for 语句

for 循环是前测试循环，而且在进入循环之前能够初始化变量，并且定义循环后要执行的代码，其语法如下：

```
for(initialization; expression; post-loop-expression) statement
```

执行过程如下：

1．执行初始化 initialization 语句。

2．判断 expression 是否为 true，如果是则继续，否则终止整个循环体。

3．执行循环体 statement 代码。

4．执行 post-loop-expression 代码。

5．返回第 2 步操作。

for 循环最常用的形式是 for(var i=0;i<n;i++){statement}，它表示循环一共执行 *n* 次，非常适用于已知循环次数的运算。上一节例 2.28 中，iTotal 的计算通常就用 for 循环来实现，改写如例 2.29 所示。

【例 2.29】for 循环语句的运算演示（光盘文件：第 2 章\2-29.html）

```
<html>
<head>
<title>for 语句</title>
</head>

<body>
<script language="javascript">
var aNumbers = new Array();
var sMessage = "你输入了:\n";
var iTotal = 0;
var vUserInput;
var iArrayIndex = 0;
do{
    vUserInput = prompt("输入一个数字，或者'0'退出","0");
    aNumbers[iArrayIndex] = vUserInput;
    iArrayIndex++;
}while(vUserInput != 0)          //当输入为 0（默认值）时退出循环体
//for 循环遍历数组的常用方法
for(var i=0;i<aNumbers.length;i++){
    iTotal += Number(aNumbers[i]);
    sMessage += aNumbers[i] + "\n";
}
sMessage += "总数:" + iTotal;
alert(sMessage);
</script>
</body>
</html>
```

以上代码的运行结果如图 2.38 所示，整个过程与例 2.28 完全相同，但具体实现时将求和以及输出结果的运算都用 for 循环来完成，而 do…while 语句只负责用户的输入，结构更加清晰合理。

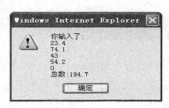

图 2.38　for 循环

2.7.4　break 和 continue 语句

break 和 continue 语句对循环中的代码执行提供了更为严格的流程控制。break 语句可以立即退出循环，阻止再次执行循环体中的任何代码。continue 语句只是退出当前这一次循环，根据控制表达式还允许进行下一次循环。

在例 2.29 中并没有对用户的输入做容错判断，下面用 break 和 continue 语句分别对其进行优化，以适应不同的需求。首先运用 break 语句，在用户输入非法字符时跳出，如例 2.30 所示。

【例 2.30】break 语句的运用演示（光盘文件：第 2 章\2-30.html）

```
<html>
<head>
<title>break 语句</title>
</head>

<body>
```

```
<script language="javascript">
var aNumbers = new Array();
var sMessage = "你输入了:<br>";
var iTotal = 0;
var vUserInput;
var iArrayIndex = 0;
do{
    vUserInput = Number(prompt("输入一个数字，或者'0'退出","0"));
    if(isNaN(vUserInput)){
        document.write("输入错误，请输入数字，'0'退出<br>");
        break;           //输入错误，直接退出整个 do 循环体
    }
    aNumbers[iArrayIndex] = vUserInput;
    iArrayIndex++;
}while(vUserInput != 0)          //当输入为 0（默认值）时退出循环体
//for 循环遍历数组的常用方法
for(var i=0;i<aNumbers.length;i++){
    iTotal += Number(aNumbers[i]);
    sMessage += aNumbers[i] + "<br>";
}
sMessage += "总数:" + iTotal;
document.write(sMessage);
</script>
</body>
</html>
```

以上代码对用户的输入进行了判断，如果用户的输入为非数字，如图 2.39 所示，则用 break 语句强行退出整个循环体，并提示用户出错，如图 2.40 所示。

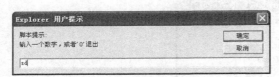

图 2.39　输入非数字

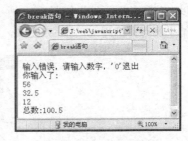

图 2.40　提示输入错误

有时候用户可能仅仅只是不小心按错了键盘的某个键，导致输入错误，此时用户可能并不想退出，而希望继续输入。这个时候则可以用 continue 语句来退出当次循环，而继续下面的操作。用 continue 语句改写例 2.30，如例 2.31 所示。

【例 2.31】continue 语句的运用演示（光盘文件：第 2 章\2-31.html）

```
<html>
<head>
<title>continue 语句</title>
</head>

<body>
<script language="javascript">
var aNumbers = new Array();
var sMessage = "你输入了:<br>";
var iTotal = 0;
var vUserInput;
var iArrayIndex = 0;
do{
    vUserInput = Number(prompt("输入一个数字，或者'0'退出","0"));
```

```
        if(isNaN(vUserInput)){
            alert("输入错误，请输入数字，'0'退出");
            continue;              //输入错误则退出当前循环，继续下一次循环
        }
        aNumbers[iArrayIndex] = vUserInput;
        iArrayIndex++;
    }while(vUserInput != 0)            //当输入为 0（默认值）时退出循环体
    //for 循环遍历数组的常用方法
    for(var i=0;i<aNumbers.length;i++){
        iTotal += Number(aNumbers[i]);
        sMessage += aNumbers[i] + "<br>";
    }
    sMessage += "总数:" + iTotal;
    document.write(sMessage);
    </script>
    </body>
    </html>
```

将循环体中的容错判断代码改为 continue 后，当用户输入非数字时弹出对话框提示，如图 2.41 所示，此时并不跳出整个循环体，而是只跳出当前循环。用户可以继续输入直到输入"0"为止。

在实际运用中，break 和 continue 都是十分重要的流程控制语句，读者应该根据不同的需要合理地运用。

图 2.41　continue 语句

2.7.5　for...in 语句

无论是 for 语句还是 while 语句，开发者通常对考察的对象都是有一定先知的，而在有些情况下，根本没有办法预知对象的任何信息，更谈不上使用循环的次数。这个时候 for...in 语句便可以很好地解决这个问题。

for...in 语句通常用来枚举对象的属性，例如稍后会提到的 document、window 等对象，它的语法如下：

```
for(property in expression) statement
```

它将遍历 expression 中的所有属性，并且每一个属性都执行一次 statement 循环体，如下为遍历 window 对象的方法：

```
for(var i in window)
    document.write(i+"="+window[i]+"<br>");
```

尽管并不知道 window 对象到底有多少属性，以及每个属性相对应的名称，但通过 for...in 语句便可以很轻松地获得各种参数，代码在 IE 7 中的运行结果如图 2.42 所示。

图 2.42　for...in 语句

2.7.6　实例：九九乘法表

九九乘法表是每一位小学生都要求背诵的，如果将其实现到网页上则可以利用循环进行计算。再配合表格的显示，实现最终的效果，如图 2.43 所示。

图 2.43　九九乘法表

首先分析乘法表的结构。乘法表一共 9 行，每一行的单元格个数随着行数的增加而增加。在 Web 中没有这样梯形的表格，因为 <table> 永远是矩形的。这里依然可以通过"障眼法"来实现，即有内容的单元格 <td> 加上边框，例如：

```
<td style='border:2px solid #004B8A; background:#FFFFFF;'>具体内容</td>
```

而没有内容的单元格则隐藏边框，代码如下：

```
<td style='border:none;'></td>
```

这样只需要两个 for 循环语句嵌套，外层循环为每行的内容，而内层循环为一行内的各个单元格，并且在内层循环中用 if 语句做判断即可，完整代码如例 2.32 所示。

【例 2.32】制作九九乘法表（光盘文件：第 2 章\2-32.html）

```
<!DOCTYPE html PUBLIC "-//W3C//DTD XHTML 1.0 Transitional//EN" "http://www.w3.org/TR/xhtml1/DTD/
xhtml1-transitional.dtd">
    <html>
    <head>
    <title>九九乘法表</title>
    </head>

    <body bgcolor="#e0f1ff">
    <table cellpadding="6" cellspacing="0" style="border-collapse:collapse; border:none;">
    <script language="javascript">
    for(var i=1;i<10;i++){            //乘法表一共 9 行
        document.write("<tr>");        //每行是 table 的一行
        for(j=1;j<10;j++)             //每行都有 9 个单元格
            if(j<=i)                  //有内容的单元格
                document.write("<td style='border:2px solid #004B8A; bac kgroun d:#FFFFFF;' >"+i+"*"+j+" ="+(i* j)+"</td>");
            else                     //没有内容的单元格
                document.write("<td style='border:none;'></td>");
        document.write("</tr>");
    }
    </script>
```

```
</table>
</body>
</html>
```

以上代码将<script>放在<table>与</table>之间，这样便通过循环来产生表格的每行以及每个单元格。具体每行代码的含义在注释中都有分析，这里不再重复讲解。以上代码的运行结果在 Firefox 浏览器中的显示效果如图 2.44 所示，可以看到代码的兼容性很好。

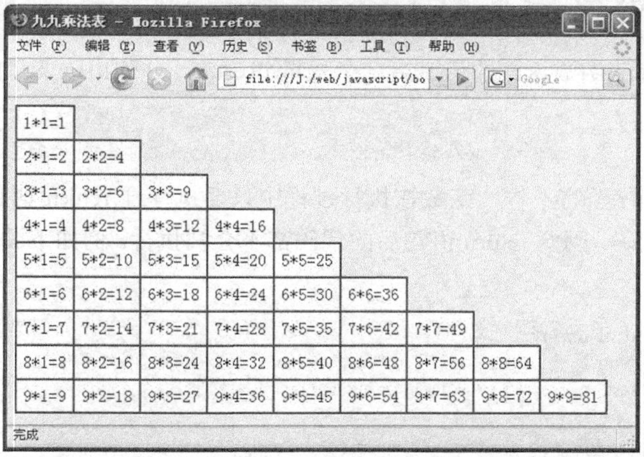

图 2.44 九九乘法表

2.8 函数

函数是一组可以随时随地运行的语句。简单地说，函数是完成某个功能的一组语句，它接受 0 个或者多个参数，然后执行函数体来完成某些功能，最后根据需要返回或者不返回处理结果。本节主要讲解 JavaScript 中函数的运用，为后续章节打下基础。

2.8.1 定义和调用函数

函数的基本语法如下：

```
function functionName([arg0, arg1, …, argN]){
    statements
    [return [expression]]
}
```

其中 function 为定义函数的关键字，functionName 为函数的名称，arg 表示传递给函数的参数列表，各个参数之间用逗号隔开，参数可以为空。statements 为函数体本身，可以是各种合法的代码块。return expression 为返回函数的值 expression，同样为可选项。简单示例如下：

```
function sayName(sName){
    alert("Hello "+sName);
}
```

该函数接受一个参数 sName，没有设定返回值。调用它的代码如下：

```
sayName("fresheggs");
```

以上代码执行的结果如图 2.45 所示，警告对话框中显示"Hello"
和输入的参数值"fresheggs"。

图 2.45　函数的调用

函数 sayName()没有声明返回值，即使有返回值 JavaScript 也不
需要单独声明，只需要用 return 关键字即可，例如：

```
function fnSum(iNum1, iNum2){
    return iNum1 + iNum2;
}
```

以下代码将 fnSum 函数返回的值赋给一个变量 iResult，并弹出该变量的值。

```
iResult = fnSum(34,23);
alert(iResult);
```

另外，与其他程序语言一样，函数在执行过程中只要执行过 return 语句后便会停止继续执
行函数体中的任何代码，因此 return 语句后的代码都不会被执行。例如下面函数中的 alert()语句
将永远都不会被执行。

```
function fnSum(iNum1, iNum2){
    return iNum1 + iNum2;
    alert(iNum1 + iNum2);          //永远都不会被执行
}
```

一个函数中有时候可以包含多个 return 语句，例如：

```
function diff(iNum1, iNum2){
    if(iNum1 >= iNum2)
        return iNum1-iNum2;
    else
        return iNum2-iNum1;
}
```

由于需要返回两个数字的差，因此必须先判断哪个数字大，用较大的数字减去较小的数字。
利用 if 语句便可以实现不同情况调用不同的 return 语句。

如果函数本身没有返回值，但又希望在某些时候退出函数体，则可以调用没有参数的 return
语句来随时退出函数体，例如：

```
function sayName(sName){
    if(sName == "bye")
        return;
    alert("Hello "+sName);
}
```

以上代码中如果函数的参数为"bye"，则直接退出函数体，不再执行后面的语句。

2.8.2　用 arguments 对象访问函数的参数

JavaScript 的函数代码中有个特殊的对象 arguments，主要用来访问函数的参数。通过
arguments 对象，开发者无需明确指出参数的名称就能够直接访问它们。例如用 arguments[0]便
可以访问第一个参数的值，刚才的 sayName 函数可以重写如下：

```
function sayName(){
    if(arguments[0] == "bye")
        return;
    alert("Hello "+arguments[0]);
}
```

执行效果与前面的示例完全相同，读者可以自己试验。另外还可以通过 arguments.length 来检测传递给函数的参数个数，如例 2.33 所示。

【例 2.33】用 arguments 对象检测传递给函数的参数个数（光盘文件：第 2 章\2-33.html）

```html
<html>
<head>
<title>arguments.length</title>
<script language="javascript">
function ArgsNum(){
    return arguments.length;
}
document.write(ArgsNum("isaac",25) + "<br>");
document.write(ArgsNum() + "<br>");
document.write(ArgsNum(3) + "<br>");
</script>
</head>

<body>
</body>
</html>
```

以上代码中函数 ArgsNum()用来判断调用函数时传给它的参数个数，然后输出，显示结果如图 2.46 所示。

图 2.46　arguments.length 的运用

注意：
　　与其他程序设计语言不同，ECMAScript 不会验证传递给函数的参数个数是否等于函数定义的参数个数，任何自定义的函数都可以接受任意个数的参数（根据 Netscape 文档，最多能接受 25 个），而不会引发错误。任何遗漏的参数都会以 undefined 的形式传给函数，而多余的参数将会被自动忽略。

有了 arguments 对象，便可以根据参数个数的不同分别执行不同的命令，例如模拟函数重载，如例 2.34 所示。

【例 2.34】用 arguments 对象模拟函数重载（光盘文件：第 2 章\2-34.html）

```html
<html>
<head>
<title>arguments</title>
<script language="javascript">
function fnAdd(){
    if(arguments.length == 0)
```

```
            return;
        else if(arguments.length == 1)
            return arguments[0] + 5;
        else{
            var iSum = 0;
            for(var i=0;i<arguments.length;i++)
                    iSum += arguments[i];
             return iSum;
        }
}
document.write(fnAdd(45) + "<br>");
document.write(fnAdd(45,50) + "<br>");
document.write(fnAdd(45,50,55,60) + "<br>");
</script>
</head>

<body>
</body>
</html>
```

以上函数 fnAdd()根据传递参数个数的不同分别进行判断。如果参数个数为 0，则直接返回；如果是 1，则返回参数值加 5 后的和；如果参数个数大于 1，则将参数值的和返回。其运行结果如图 2.47 所示。

图 2.47　arguments 的运用

2.8.3　实例：杨辉三角

提到著名的杨辉三角相信读者一定不会陌生，它是计算二项式乘方展开式的系数时必不可少的工具，是由数字排列而成的三角形数表，一般形式如图 2.48 所示。

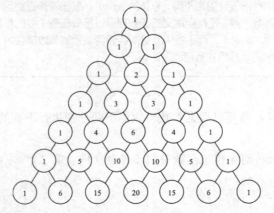

图 2.48　杨辉三角

杨辉三角的第 n 行是二项式$(x+y)^{n-1}$展开所对应的系数，例如第 4 行即为$(x+y)^{4-1}$所对应的系

数 $x^3+3x^2y+3xy^2+1$，第 6 行即为 $(x+y)^{6-1}$ 所对应的系数 $x^5+5x^4y+10x^3y^2+10x^2y^3+5xy^4+1$，以此类推。

杨辉三角另外一个重要的特性就是每一行首尾两个数字都是 1，中间的数字等于上一行相邻两个数字的和，从图 2.48 中也能清楚地看到这一点，即排列组合中通常所运用的。

```
C(m,n)=C(m-1,n-1)+C(m-1,n)
```

根据以上性质，可以利用函数很轻松地将杨辉三角运算出来，函数接受一个参数，即希望得到的杨辉三角的行数，代码如下：

```
function Pascal(n){          //杨辉三角，n 为行数
    //
}
```

在这个函数中同样用两个 for 循环进行嵌套，外层循环为行数，内层循环为每行内的每一项，代码如下：

```
for(var i=0;i<n;i++){          //一共 n 行
    for(var j=0;j<=i;j++){//每行数字的个数即为行号，例如第 1 行 1 个数，第 2 行 2 个数

        }
    document.write("<br>");
}
```

而在每行中每一个数字均为组合数 C(m,n)，其中 m 为行号（从 0 算起），n 为在该行中的序号（同样从 0 算起），即：

```
document.write(Combination(i,j)+"  ");
```

其中 Combination(i,j) 为计算组合数的函数，这个函数单独写一个 function，这样便可以反复调用。这个函数采用组合数的特性 C(m,n)=C(m-1,n-1)+C(m-1,n)。对于这样的特性，最有效的办法就是递归：

```
function Combination(m,n){
    if(n==0) return 1;                    //每行第一个数为 1
    else if(m==n) return 1;               //最后一个数为 1
    //其余都是上一行相邻元素相加而来
    else return Combination(m-1,n-1)+Combination(m-1,n);
}
```

以上函数在函数中又调用函数本身，称之为函数的递归。这在解决某些具有递归关系的问题时十分有效。完整代码如例 2.35 所示。

【例 2.35】杨辉三角（光盘文件：第 2 章\2-35.html）

```
<!DOCTYPE html PUBLIC "-//W3C//DTD XHTML 1.0 Transitional//EN" "http://www.w3.org/TR/xhtml1/DTD/
xhtml1-transitional.dtd">
<html>
<head>
<title>杨辉三角</title>
<script language="javascript">
function Combination(m,n){
    if(n==0) return 1;                    //每行第一个数为 1
    else if(m==n) return 1;               //最后一个数为 1
    //其余都是相加而来
    else return Combination(m-1,n-1)+Combination(m-1,n);
}
function Pascal(n){                        //杨辉三角，n 为行数
    for(var i=0;i<n;i++){                  //一共 n 行
        for(var j=0;j<=i;j++                //每行数字的个数即为行号，例如第 1 行 1 个数，第 2 行 2 个数
            document.write(Combination(i,j)+"  ");
        document.write("<br>");
    }
```

```
    }
    Pascal(10);                          //直接传入希望得到的杨辉三角的行数
    </script>
    </head>

    <body>
    </body>
    </html>
```

直接调用 Pascal()函数，得到指定行数的杨辉三角，以 10 为例，运行结果如图 2.49 所示，这样便不再需要一行行单独计算了。

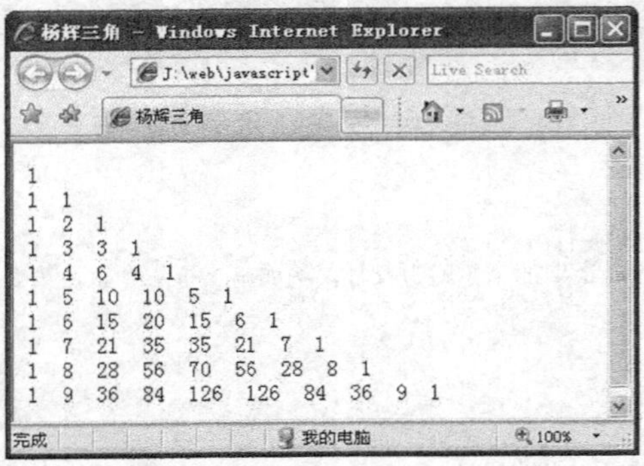

图 2.49　杨辉三角

2.9　其他对象

对象是 JavaScript 比较特殊的特性之一，严格来说前面章节介绍的一切包括函数都是对象的概念。本节围绕对象做简单的描述，并介绍两个实用的具体对象 Date 和 Math。

2.9.1　对象简述

对象是一种非常重要的数据类型，是自我包含的数据集合。包含在对象里的数据可以通过两种形式来访问，即对象的属性（property）和方法（method）。属性是隶属于某个特定对象的变量，方法则是某个特定对象才能调用的函数。

对象是由一些彼此相关的属性和方法集合在一起而构成的一个数据实体。在 JavaScript 脚本中，属性和方法都需要使用如下所示的"点"语法来访问。

```
Object.property
Object.method()
```

假设汽车这个对象为 Car，拥有品牌（brand）、颜色（color）等属性，就必须通过如下的方法来访问这些属性。

```
Car.brand
Car.color
```

再假设 Car 关联着一些诸如 move()、stop()、addOil()之类的函数，这些函数就是 Car 这个对象的方法，可以使用如下的语句来调用它们：

```
Car.move()
Car.stop()
Car.addOil()
```

把这些属性和方法全部集合在一起，就得到了一个 Car 对象。换句话说，可以把 Car 对象看作是所有这些属性和方法的统称。

为了使 Car 对象能够描述一辆特定的汽车，需要创建一个 Car 对象的实例（instance）。实例是对象的具体表现。对象是统称，而实例是个体。例如宝马、夏利都是汽车，都可以用 Car 来描述。但是一辆宝马和一辆夏利是不同的个体，有着不同的属性，因此它们虽然都是 Car 对象，但是不同的实例。

在 JavaScript 中给对象创建新的实例采用 new 关键字，如下所示：

```
var myCar = new Car();
```

上面的代码创建了一个 Car 对象的新实例 myCar，有了这个实例就可以利用 Car 的属性、方法来检索关于 myCar 的属性或者方法了，代码如下：

```
myCar.brand
myCar.addOil()
```

在 JavaScript 中字符串、数组等都是对象，严格地说所有的一切都是对象。下面是一些简单示例：

```
var aValues = new Array();
var myString = new String("hello world");
```

2.9.2　时间日期：Date 对象

时间、日期是日常生活中息息相关的事情，在 JavaScript 中有专门的 Date 对象来处理时间、日期。ECMAScript 把日期存储为距离 UTC 时间 1970 年 1 月 1 日 0 点的毫秒数。

小知识：

协调世界时 UTC（Coordinated Universal Time）是所有时区的基准标准时间。最早采用的是格林尼治标准时间（Greenwich Mean Time，GMT），是指位于英国伦敦郊区的皇家格林尼治天文台的标准时间，因为本初子午线被定义为通过那里的经线。现在的协调世界时（UTC）由原子钟提供。

用以下代码可以创建一个新的 Date 对象。

```
var myDate = new Date();
```

这行代码创建出的时间对象是运行这行代码时瞬间的系统时间，通常可以利用这一点来计算程序执行的速度，如例 2.36 所示。

【例 2.36】用 Date 对象计算程序执行的速度（光盘文件：第 2 章\2-36.html）

```
<html>
<head>
<title>Date 对象</title>
<script language="javascript">
var myDate1 = new Date();          //运行代码前的时间
for(var i=0;   i<3000000;i++);
var myDate2 = new Date();          //运行代码后的时间
alert(myDate2-myDate1);
</script>
</head>
```

```
<body>
</body>
</html>
```

以上代码在执行前建立了一个时间对象,执行完毕后又建立
了一个时间对象,二者相减便得到了代码运行所花费的毫秒数,
如图 2.50 所示。

另外还可以利用参数来初始化一个时间对象,常用的有以下
几种:

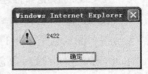

图 2.50　测试程序运行时间

```
new Date("month dd,yyyy hh:mm:ss");
new Date("month dd,yyyy");
new Date(yyyy,mth,dd,hh,mm,ss);
new Date(yyyy,mth,dd);
new Date(ms);
```

前面 4 种方式都是直接输入年、月、日等参数,最后一种方法的参数表示创建时间与 GMT
时间 1970 年 1 月 1 日 0 点之间相差的毫秒数。各个参数的含义如下。

- yyyy:4 位数表示的年份。
- month:用英文表示的月份名称,从 January 到 December。
- mth:用整数表示的月份,从 0(1 月)到 11(12 月)。
- dd:表示一个月中的第几天,从 1 到 31。
- hh:小时数,从 0 到 23 的整数(24 小时制)。
- mm:分钟数,从 0 到 59 的整数。
- ss:秒数,从 0 到 59 的整数。
- ms:毫秒数,为大于等于 0 的整数。

下面是使用上述参数创建时间对象的一些示例:

```
new Date("August 7,2008 20:08:00");
new Date("August 7,2008");
new Date(2008,7,8,20,08,00);
new Date(2008,7,8);
new Date(1218197280000);
```

以上代码的各种形式都创建了一个时间对象,都表示 2008 年 8 月 8 日这一天,其中 1、3、
5 这 3 种方式还指定了当天的 20 点 08 分 00 秒,其余的都表示 0 点 0 分 0 秒。

虽然 new Date()可以直接获取当前的系统时间,但显示的格式在不同的浏览器中却有所区
别,图 2.51 分别表示了 alert(new Date())语句在 IE 7 和 Firefox 中不同的显示效果。

图 2.51　在 IE 7 与 Firefox 中的不同显示效果

这就意味着要是直接分析 new Date()输出的字符串会相当麻烦。JavaScript 还提供了很多获
取时间细节的方法,常用的如表 2.4 所示。

表 2.4   JavaScript 获取时间细节的方法

方　法	描　述
oDate.getFullYear()	返回四位数的年份（如 2008，2010 等）
oDate.getYear()	根据浏览器的不同返回两位数或者 4 位数的年份，因此不推荐使用
oDate.getMonth()	返回用整数表示的月份，从 0（1 月）到 11（12 月）
oDate.getDate()	返回日期，从 1 到 31
oDate.getDay()	返回星期几，从 0（星期日）到 6（星期六）
oDate.getHours()	返回小时数，从 0 到 23（24 小时制）
oDate.getMinutes()	返回分钟数，从 0 到 59
oDate.getSeconds()	返回秒数，从 0 到 59
oDate.getMilliseconds()	返回毫秒数，从 0 到 999
oDate.getTime()	返回从 GMT 时间 1970 年 1 月 1 日 0 点 0 分 0 秒起经过的毫秒数

通过 Date 对象的这些方法，便可以很轻松地获得一个时间的详细信息，并任意组合使用，如例 2.37 所示。

【例 2.37】用 Date 对象获取时间的详细信息（光盘文件：第 2 章\2-37.html）

```
<html>
<head>
<title>Date 对象</title>
<script language="javascript">
var oMyDate = new Date();
var iYear = MyDate.getFullYear();
var iMonth = oMyDate.getMonth() + 1;      //月份是从 0 开始的
var iDate = oMyDate.getDate();
var iDay = oMyDate.getDay();
switch(iDay){
    case 0:
        iDay = "星期日";
        break;
    case 1:
        iDay = "星期一";
        break;
    case 2:
        iDay = "星期二";
        break;
    case 3:
        iDay = "星期三";
        break;
    case 4:
        iDay = "星期四";
        break;
    case 5:
        iDay = "星期五";
        break;
    case 6:
        iDay = "星期六";
        break;
    default:
        iDay = "error";
}
document.write("今天是" + iYear + "年" + iMonth +"月" + iDate + "日," + iDay);
</script>
</head>
```

```
<body>
</body>
</html>
```

以上代码在 IE 7 与 Firefox 中的显示效果如图 2.52 所示，可以看到二者完全相同。而且这种方法也使得时间的搭配更加地自由。

图 2.52　获取时间详细参数

除了获取时间，很多时候还需要对时间进行设置，Date 对象同样提供了很多实用的方法，基本上与获取时间的方法一一对应，如表 2.5 所示。

表 2.5　　　　　　　　　　　　　　Date 对象提供的设置时间的方法

方　　法	描　　　述
oDate.setFullYear(yyyy)	设置日期为某一年
oDate.setYear(yy)	设置日期为某一年，可以接受 4 位或者两位参数，如果为两位，表示 1900～1999 年之间的年份，不推荐使用
oDate.setMonth(mth)	设置月份，参数从 0（1 月）到 11（12 月）
oDate.setDate(dd)	设置日期，从 1 到 31
oDate.setHours(hh)	设置小时数，从 0 到 23（24 小时制）
oDate.setMinutes(mm)	设置分钟数，从 0 到 59
oDate.setSeconds(ss)	设置秒数，从 0 到 59
oDate.setMilliseconds(ms)	设置毫秒数，从 0 到 999
oDate.setTime(ms)	设置日期为从 GMT 时间 1970 年 1 月 1 日 0 点 0 分 0 秒起经过毫秒数后的时间，可以为负数

通过这些方法可以很方便地设置某个 Date 对象的细节，读者可以自己试验，这里不再一一演示。通常时间计算最常用的是获得距离某个特殊时间为指定天数的日期，如例 2.38 所示。

【例 2.38】用 Date 对象获取指定天数的日期（光盘文件：第 2 章\2-38.html）

```
<html>
<head>
<title>Date 对象</title>
<script language="javascript">
function disDate(oDate, iDate){
    var ms = oDate.getTime();            //换成毫秒数
    ms -= iDate*24*60*60*1000;           //计算相差的毫秒数
    return new Date(ms);                 //返回新的时间对象
}
var oBeijing = new Date(2008,7,8);
var iNum = 100;                          //前 100 天
var oMyDate = disDate(oBeijing, iNum);
document.write(oMyDate.getFullYear()+" 年 "+(oMyDate.getMonth()+1)+" 月 "+oMyDate.getDate()+" 日 " + " 距 离 "+
oBeijing.getFullYear()+"年"+(oBeijing.getMonth()+1)+"月"+oBeijing.getDate()+"日为"+iNum+"天");
</script>
</head>
```

```
<body>
</body>
</html>
```

以上代码的运行结果如图 2.53 所示，通过将时间转化为毫秒数并赋给新的 Date 对象，便获得了想要的时间。

图 2.53　计算时间

2.9.3　数学计算：Math 对象

除了简单的加减乘除，在某些场合开发者需要更为复杂的数学运算。JavaScript 的 Math 对象提供了一系列属性和方法，能够满足大多数场合的需求。

Math 对象是 JavaScript 的一个全局对象，不需要由函数进行创建，而且只有一个。表 2.6 列出了 Math 对象的一些常用属性，主要是数学界的专用值。

表 2.6　　　　　　　　　　　　　　　Math 对象的常用属性

属　　性	说　　明
Math.E	值 e，自然对数的底
Math.LN10	10 的自然对数
Math.LN2	2 的自然对数
Math.LOG2E	以 2 为底 E 的对数
Math.LOG10E	以 10 为底 E 的对数
Math.PI	圆周率 π
Math.SQRT1_2	1/2 的平方根
Math.SQRT2	2 的平方根

Math 对象还包括许多专门用于执行数学计算的方法，例如 min() 和 max()。这两个方法用来返回一组数中的最小值和最大值，均可接受任意多个参数，代码如下：

```
ar iMax = Math.max(18,78,65,14,54);
var iMin = Math.min(18,78,65,14,54);
alert(iMax + " " + iMin);
```

以上代码的运行结果如图 2.54 所示，分别显示了参数中的最大数值和最小数值。

小数转化为整数是数学计算中很常见的运算，Math 对象提供了 3 种方法来做相关的处理，分别是 ceil()、floor() 和 round()。其中 ceil() 表示向上舍入，它把数字向上舍入到最接近的整数。方法 floor() 则正好相反，为向下舍入。而 round() 则是通常所说的四舍五入，简单示例如下：

```
document.write("ceil: " + Math.ceil(-25.6) + " " + Math.ceil(25.6) + "<br>");          //向上舍入
document.write("floor: " + Math.floor(-25.6) + " " + Math.floor(25.6) + "<br>");        //向下舍入
document.write("round: " + Math.round(-25.6) + " " + Math.round(25.6) + "<br>");        //四舍五入
```

以上代码对这 3 种方法分别用一个正数 25.6 和一个负数-25.6 进行了测试，运行结果如图 2.55 所示，能够很明显地看出各种方法的处理结果，读者可根据实际情况选用。

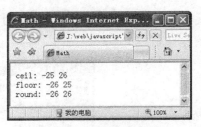

图 2.54　max()和 min()方法　　　　　　图 2.55　小数转化为整数

Math 对象另外一个非常实用的方法便是生成随机数的 random()方法，该方法返回一个 0～1 之间的随机数，不包括 0 和 1。这是在页面上随机显示新闻等的常用工具，可用下面的形式调用 random()方法来获得某个范围内的随机数。

```
number = Math.floor(Math.random() * total_number_of_choices + first_possible_value)
```

这里使用的是前面介绍的方法 floor()，因为 random()返回的都是小数。如果想选择一个 1～100 之间的整数（包括 1 和 100），代码如下：

```
var iNum = Math.floor(Math.random()*100 + 1);
```

如果希望返回的整数范围为 2～99，只有 98 个数字，第一个值为 2，则代码应该如下：

```
var iNum = Math.floor(Math.random()*98 + 2);
```

通常将随机选择打包成一个函数，随时调用。例如随机选取数组中的某一项也是同样的方法，如例 2.39 所示。

【例 2.39】Math.random()随机选择（光盘文件：第 2 章\2-39*.html）

```html
<html>
<head>
<title>Math.random()</title>
<script language="javascript">
function selectFrom(iFirstValue, iLastValue){
    var iChoices = iLastValue - iFirstValue + 1;    //计算项数
    return Math.floor(Math.random()*iChoices+iFirstValue);
}
var iNum = selectFrom(2,99);    //随机选择数字
var aFruits = ["apple","pear","peach","orange","watermelon","banana"];
//随机选择数组元素
var sFruit = aFruits[selectFrom(0,aFruits.length-1)];
alert(iNum + " " + sFruit);
</script>
</head>

<body>
</body>
</html>
```

以上代码将随机选择一个范围内的整数并将其封装在函数 selectFrom()中。对于随机选择数字、随机选择数组元素都调用同一个函数，十分方便。运行结果如图 2.56 所示。

图 2.56　随机选择

除了以上介绍的方法外，Math 对象还有很多方法，如表 2.7 所示，这里不再一一介绍，读者可以逐一试验。

表 2.7　　　　　　　　　　　　　　　Math 对象的方法

方　　法	说　　明
Math.abs(x)	返回 x 的绝对值
Math.acos(x)	返回 x 的反余弦值，其中 $X \in [-1,1]$，返回值 $\in [0, \pi]$。
Math.asin(x)	返回 x 的反正弦值，其中 $X \in [-1,1]$，返回值 $\in [-\pi/2, \pi/2]$。
Math.atan(x)	返回 x 的反正切值，返回值 $\in [-\pi/2, \pi/2]$。
Math.atan2(y,x)	返回原点和坐标(x,y)的连线与 x 正轴的夹角，范围 $\in [-\pi, \pi]$。
Math.cos(x)	x 的余弦值
Math.exp(x)	返回 E 的 x 次幂
Math.log(x)	返回 x 的自然对数
Math.pow(x,y)	返回 x 的 y 次方
Math.sin(x)	x 的正弦值
Math.sqrt(x)	x 的平方根，x 必须大于等于 0
Math.tan(x)	返回 x 的正切值

2.10　BOM 基础

JavaScript 是运行在浏览器中的，同样也提供了一系列对象用于与浏览器窗口进行交互。这些对象主要包括 window、document、location、navigator 和 screen 等，通常统称为 BOM（Brower Object Model）。

2.10.1　window 对象

window 对象表示整个浏览器窗口，对操作浏览器窗口非常有用。对于窗口本身而言有以下 4 个方法最常用。

（1）moveBy(dx,dy)：该方法把浏览器窗口相对于当前位置水平向右移动 dx 个像素，垂直向下移动 dy 个像素。当 dx 和 dy 为负数时则向相反的方向移动。

（2）moveTo(x,y)：该方法把窗口移动到用户屏幕的(x,y)处，同样可以使用负数，只不过这样会把窗口移出屏幕。

（3）resizeBy(dw,dh)：相对于浏览器窗口的当前大小，把宽度增加 dw 个像素，高度增加 dh 个像素。两个参数同样都可以使用负数来缩小窗口。

（4）resizeTo(w,h)：把窗口的宽度调整为 w 像素，高度调整为 h 像素，不能使用负数。

对于这几个方法，屏幕的坐标原点都是在左上角，x 轴的正方向为从左到右，y 轴的正方向为从上到下，如图 2.57 所示。

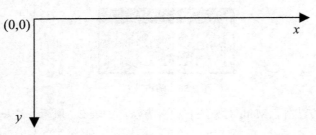

图 2.57　屏幕坐标

以上方法的简单示例如下，读者可以自行检验。

```
window.moveBy(20,15);
window.resizeTo(240,360);
window.resizeBy(-50,0);
window.moveTo(100,100);
```

window 对象另外一个常用的方法就是 open()，它主要用来打开新的窗口。该方法接受 4 个参数，分别为新窗口的 url、新窗口的名称、特性字符串说明以及新窗口是否替换当前载入页面的布尔值。通常只使用前两个或前 3 个参数。最简单的示例如下：

```
window.open("http://picasaWeb.google.com/isaacshun","_blank");
```

这行代码就像用户单击了一个超链接，地址为 http://picasaWeb.google.com/isaacshun，而打开的位置为一个新的窗口。当然也可以设置打开的位置为_self、_parent、_top 或者框架的名称，这些都与 HTML 语言中<a>标记的 target 属性相同。

以上代码只用了两个参数，如果使用第 3 个参数，则可以设置被打开窗口的一些特性。该参数的各种设置如表 2.8 所示。

表 2.8　　　　　　　　　　　　特性字符串说明参数的各种设置

设　　置	值	说　　明
left	Number	新窗口的左坐标
top	Number	新窗口的上坐标
height	Number	新窗口的高度
width	Number	新窗口的宽度
resizable	yes, no	是否能通过拖动来调整新窗口的大小，默认为 no
scrollable	yes, no	新窗口是否允许使用滚动条，默认为 no
toolbar	yes, no	新窗口是否显示工具栏，默认为 no
status	yes, no	新窗口是否显示状态栏，默认为 no
location	yes, no	新窗口是否显示 Web 地址栏，默认为 no

这些特性字符是用逗号分隔的，在逗号或者等号前后不能有空格，例如下面语句的字符串是无效的。

```
window.open("http://picasaWeb.google.com/isaacshun","_blank","height=300, width= 400,top =30, left=40, resizable= yes");
```

由于逗号以及等号前后有空格，因此该字符串无效，只有删除空格才能正常运行，正确代码如下：

```
window.open("http://picasaWeb.google.com/isaacshun","_blank","height=300,width=400,top=30,left=40,resizable=yes");
```

window.open()方法返回新建窗口的 window 对象，利用这个对象就能够轻松地操作新打开的窗口，代码如下：

```
var oWin = window.open("http://picasaWeb.google.com/isaacshun",
"_blank","height=300,width=400,top=30,left=40,resizable=yes");
oWin.resizeTo(400,300);
oWin.moveTo(100,100);
```

另外还可以调用 close()方法关闭新建的窗口：

```
oWin.close();
```

如果新建的窗口中有代码段，还可以在代码中加入如下语句关闭其自身。

```
window.close();
```

新窗口对打开它的窗口同样可以操作，利用 window 的 opener 属性就可以访问打开它的原窗口，即：

```
oWin.opener
```

经验：
有些情况下打开新窗口对网页有利，但通常应当尽量避免弹出窗口。因为大量的垃圾网站都是通过弹出窗口来显示小广告，很多用户对此十分反感，甚至直接在浏览器设置中屏蔽弹出窗口。

除了弹出窗口外，还可以通过其他方式向用户弹出信息，即利用 window 对象的 alert()、confirm()和 prompt()方法。

alert()方法前面已经反复使用，它只接受一个参数，即弹出对话框要显示的内容。调用 alert()语句后浏览器创建一个单按钮的消息框，代码如下：

```
alert("Hello World");
```

显示效果如图 2.58 所示。

通常在用户表单输入无效数据时采用 alert()方法进行提示，因为它是单向的，不与用户产生交互。另外一个常用的弹出对话框的方法是 confirm()方法，它弹出的对话框除了"确认"按钮外还有"取消"按钮，并且该方法返回一个布尔值，当用户选择"确定"时为 true，选择"取消"时则为 false，代码如下：

```
if(confirm("确实要删掉整个表格吗？"))
    alert("表格删除中...");
else
    alert("没有删除");
```

以上代码运行时首先弹出如图 2.59 所示的对话框，如果选择"确定"则显示"表格删除中..."，如果选择"取消"则显示"没有删除"。

图 2.58　alert()方法

图 2.59　confirm()方法

prompt()方法在前面的示例中也已经出现过，它能够让用户输入参数，从而实现进一步的交互。该方法接受两个参数，第 1 个参数为显示给用户的文本，第 2 个参数为文本框中的默认值（可以为空）。整个方法返回字符串，值即为用户的输入。代码如下：

```
var sInput = prompt("输入您的姓名","曾顺");
if(sInput != null)
    alert("Hello " + sInput);
```

以上代码运行时弹出如图 2.60 所示的对话框，对话框中已经有默认值显示，提示用户进行输入，用户完成输入后将值返回给 sInput 变量。

图 2.60　prompt()方法

window 还有一个非常实用的属性 history。尽管没有办法获取历史页面的 URL，但通过 history 属性却可以访问历史页面。如果希望浏览器后退一页则可以使用以下代码：

```
window.history.go(-1);
```

如果希望前进一页，只需要使用正数 1 即可，代码如下：

```
window.history.go(1);
```

上面两句代码实现的效果分别可以用 back()和 forward()来实现，代码如下：

```
window.history.back();
window.history.forward();
```

2.10.2　document 对象

document 对象是自从浏览器引入 JavaScript 开始就提供的一种对象，它同时也是 window 对象的一个属性。由于 window 对象的任何属性和方法都可以直接访问，因此下面代码返回的值为 true。

```
alert(window.document == document);
```

document 对象最初设计的时候是用来处理页面文档的，但很多功能已经不推荐使用，例如改变页面的背景颜色、前景颜色和超链接颜色等，取而代之的是功能更为强大的 CSS 和 DOM，这些在后面的章节都会介绍。

目前 document 对象主要用于获取和修改一些页面的属性以及属性集合，例如通过它的 URL 属性可以获取当前页面的 URL，或者将其设置为新的 URL，把窗口导航到新的页面，代码如下：

```
document.URL = "http://picasaWeb.google.com/isaacshun";
```

这里需要指出的是，以上语句设置了页面的 URL 之后，其后面的代码依然会被执行，例如在其后加入 alert()语句测试，会发现对话框依然会弹出提示"Hello World"，代码如下：

```
document.URL = "http://picasaWeb.google.com/isaacshun";
alert("Hello World");
```

> **经验**：
> 改变 document.URL 来实现导航的方法在 Firefox 中并不通用，因此不推荐使用。后面的 location 对象可以很好地解决这个问题。

表 2.9 列出了 document 对象的一些常用属性。

表 2.9   document 对象的常用属性

集 合	说 明
anchors	页面中所有锚的集合（由<a name="anchorsName"></a>表示）
applets	页面中所有 applet 的集合
embeds	页面中所有嵌入式对象的集合（由<embed>标记表示）
forms	页面中所有表单的集合
images	页面中所有图片的集合
links	页面中所有超链接的集合（由<a href="URL"></a>表示）

例如可以通过如下代码将页面中所有超链接的弹出位置设置为新窗口。

```
var myLinks = document.links;
for(var i=0;i<myLinks.length;i++)
    myLinks[i].target = "_blank";
```

另外，document 还有最常用的 write()方法，它向浏览器直接插入 HTML 流，前面章节的示例已经反复使用过，例如：

```
<p>
<script language="javascript">
document.write("正文内容");
</script>
</p>
```

以上代码完全等同于：

```
<p>
正文内容
</p>
```

所不同的是 write()方法中可以加入参数，使得输出的内容能够动态地变化。

2.10.3　location 对象

location 对象的主要作用是分析和设置页面的 URL 地址，它是 window 对象和 document 对象的属性。location 对象表示载入窗口的 URL，它的一些属性如表 2.10 所示。

表 2.10　　　　　　　　　　　　　　　　ocation 对象的常用属性

属　　性	说　　明	示　　例
hash	如果 URL 包含书签#,则返回该符号后的内容	#section1
host	服务器的名称	www.thuee.net
href	当前载入的完整 URL	http://picasaWeb.google.com/isaacshun/LightningOver Beijing
pathname	URL 中主机名后的部分	/isaacshun/LightningOverBeijing
port	URL 中请求的端口号	8021
protocol	URL 使用的协议	http:
search	执行 GET 请求的 URL 中问号（?）后的部分	?keyword=isaac&randomNumber=19820624

其中 location.href 是最常用的属性，用于获得或设置窗口的 URL，类似于 document 的 URL 属性。改变该属性的值就可以导航到新的页面，代码如下：

```
location.href = "http://picasaWeb.google.com/isaacshun";
```

而且测试发现，location.href 对各个浏览器的兼容性都很好，但依然会执行该语句之后的其他代码。采用这种方式导航，新地址会被加入到浏览器的历史栈中，放在前一个页面之后，这意味着可以通过浏览器的“后退”按钮访问之前的页面。

如果不希望用户通过“后退”按钮来返回原来的页面，例如安全级别较高的银行系统等，则可以利用 replace()方法，代码如下：

```
setTimeout(function(){
    location.replace("http://picasaWeb.google.com/isaacshun");
    },2000
);
```

为了让读者能清楚地看到整个过程，运用了延时函数 setTimeout，2 秒钟之后才进行页面的跳转，可以清楚地看到浏览器的“后退”按钮不再生效，如图 2.61 所示。

图 2.61　“后退”按钮失效

location 还有一个十分有用的方法 reload()，用来重新加载页面。reload()方法接受一个布尔值，如果是 false 则从浏览器的缓存中重载，如果为 true 则从服务器上重载，默认值为 false。因此要从服务器重载页面可以使用如下代码：

```
location.reload(true);
```

2.10.4　navigator 对象

在客户端浏览器检测中最重要的对象就是 navigator 对象。navigator 对象是最早实现的 DOM 对象之一，始于 Netscape Navigator 2 和 IE 3。该对象包含了一系列浏览器信息的属性，包括名称、版本号和平台等。

navigator 对象的属性和方法很多，如表 2.11 所示，但 4 种最常用的浏览器 IE、Firefox、Opera 和 Safari 都支持得并不多。

表 2.11　　　　　　　　　　　　　　navigator 对象的属性和方法

属性/方法	说　　明
appCodeName	浏览器代码名的字符串表示（例如"Mozilla"）
appName	官方浏览器名的字符串表示
appVersion	浏览器版本信息的字符串表示
javaEnabled()	布尔值，是否启用了 Java
platform	运行浏览器的计算机平台的字符串表示
plugins	安装在浏览器中的插件的组数
taintEnabled()	布尔值，是否启用了数据感染
userAgent	用户代理头字符串的字符串表示

其中最常用的便是 userAgent 属性，通常浏览器判断都是通过该属性来完成的。最基本的方法就是首先将它的值赋给一个变量，代码如下：

```
var sUserAgent = navigator.userAgent;
document.write(sUserAgent);
```

以上代码在 Windows XP SP2 的机器上，在 IE 7 和 Firefox 2 中的运行结果分别如图 2.62 和图 2.63 所示，从显示结果就能看出 userAgent 属性的强大。

图 2.62　IE 7 上的 userAgent 属性　　　　　　图 2.63　Firefox 2 上的 userAgent 属性

因此只要总结所有主流浏览器的主流版本所显示的 userAgent，就能够对浏览器各方面信息做很好的判断。这里不再一一分析各种浏览器的细节，直接给出最终示例（例 2.40），有兴趣的读者可以安装多个浏览器，并在多个操作系统中逐一测试。

【例 2.40】检测浏览器和操作系统（光盘文件：第 2 章\2-40.html）

```
<html>
<head>
<title>检测浏览器和操作系统</title>
<script language="javascript">
var sUserAgent = navigator.userAgent;
```

```
//检测 Opera、KHTML
var isOpera = sUserAgent.indexOf("Opera") > -1;
var isKHTML = sUserAgent.indexOf("KHTML") > -1 || sUserAgent.indexOf("Konqueror") > -1 ||
sUserAgent.indexOf("AppleWebKit") > -1;
//检测 IE、Mozilla
var isIE = sUserAgent.indexOf("compatible") > -1 && sUserAgent.indexOf("MSIE") > -1 && !isOpera;
var isMoz = sUserAgent.indexOf("Gecko") > -1 && !isKHTML;
//检测操作系统
var isWin = (navigator.platform  == "Win32")  || (navigator.platform  == "Windows");
var isMac = (navigator.platform  == "Mac68K") || (navigator.platform  == "MacPPC") || (navigator.platform  ==
"Macintosh");
var isUnix = (navigator.platform == "X11") && !isWin && !isMac;
if(isOpera) document.write("Opera ");
if(isKHTML) document.write("KHTML ");
if(isIE) document.write("IE ");
if(isMoz) document.write("Mozilla ");
if(isWin) document.write("Windows");
if(isMac) document.write("Mac");
if(isUnix) document.write("Unix");
</script>
</head>

<body>
</body>
</html>
```

以上代码在 Windows XP SP2 的计算机上，IE 7 和 Firefox 中运行的结果如图 2.64 所示。

图 2.64 判断浏览器和操作系统

2.10.5 screen 对象

screen 对象也是 window 对象的属性之一，主要用来获取用户的屏幕信息，因为有时需要根据用户屏幕的分辨率来调节新开窗口的大小。screen 对象包括的属性如表 2.12 所示。

表 2.12   screen 对象的属性

属　　性	说　　明
availHeight	窗口可以使用的屏幕高度，其中包括操作系统元素，如 Windows 工具栏所需要的空间，单位是像素
availWidth	窗口可以使用的屏幕宽度
colorDepth	用户表示颜色的位数
height	屏幕的高度
width	屏幕的宽度

在确定窗口大小时 availHeight 和 availWidth 属性是非常有用的，例如可以使用如下代码来填充用户的屏幕。

```
window.moveTo(0,0);
window.resizeTo(screen.availWidth, screen.availHeight);
```

第3章 CSS 基础

对于一个网页设计者来说，他对 HTML 语言一定不会感到陌生，因为它是所有网页制作的基础。但是如果希望网页能够美观、大方，并且升级方便，维护轻松，那么仅仅知道 HTML 是不够的，CSS 在这中间扮演着重要的角色。本章从 CSS 的概念出发，介绍 CSS 语言的特点，以及如何在网页中引入 CSS，然后重点介绍 CSS 的基本语法。

3.1 CSS 的概念

CSS（Cascading Style Sheet），中文译为层叠样式表，是用于控制网页样式并允许将样式信息与网页内容分离的一种标记性语言，是实现页面表现（Presentation）的核心元素。CSS 是 1996 年由 W3C 审核通过，并且推荐使用的。它以 HTML 为基础，提供了丰富的格式化功能，如字体、颜色、背景和整体排版等。CSS 的引入随即引发了网页设计的一个又一个新高潮，使用 CSS 设计的优秀页面层出不穷。本节从 CSS 对标记的控制入手，讲解 CSS 的初步知识。

3.1.1 标记的概念

熟悉 HTML 语言的网页设计者，对于标记（tag）的概念一定不会陌生，在页面中各种标记以及位于标记中间的所有内容，组成了整个页面。例如在网页中显示一个标题，以"<h3>"开始，中间是标题的具体内容，最后以"</h3>"结束，如下：

```
<h3>标题内容</h3>
```

其中的"<h3>"称为起始标记，对应的"</h3>"称为结束标记，在这两者之间为实际的标题内容。最简单的一个页面例子如例 3.1 所示。

【例 3.1】页面中的常用标记（光盘文件：第 3 章\3-1.html）

```
<html>
<head>
    <title>标题在这里</title>
</head>
<body>
    <h2>CSS 的各种标记</h2>
    <p>从这里开始正文的内容</p>
</body>
</html>
```

其在 IE 7 中的浏览效果如图 3.1 所示，可以看到<title>、<h2>和<p>标记分别发挥的作用。

所有页面都是由各式各样的标记加上标记中间的内容组成的。在浏览网页时，可以通过浏览器中"查看源文件"的选项对页面的源码进行查看，从而了解该网页的组织结构等。

图 3.1　简单的标记实例

经验：
在学习制作网页、学习 HTML、CSS、JavaScript 等各种语言时，多参考其他网站的源代码对快速掌握各种技巧以及将其运用到实际制作中，是非常有好处的。如图 3.2 所示是 Baidu 首页的页面源码，可以发现使用了大量的 CSS 以及<div>、<li>等标记。

图 3.2　Baidu 首页的源代码

另外，对于使用<frame>制作的网站，在 IE 7 浏览器中如果使用菜单栏的"查看"→"源文件"命令，可以查看整个父框架的源代码。如果在页面中的某个<frame>里单击鼠标右键，从弹出的快捷菜单中选择"查看源文件"命令，则查看的是<frame>对应子页面的源代码。

3.1.2　传统 HTML 的缺点

在 CSS 还没有被引入页面设计前，传统的 HTML 要实现页面美工上的设计是十分麻烦的，例如例 3.1，如果希望标题变成蓝色，并对字体进行相应的设置，则需要引入<font>标记，如下：

```
<h2><font color="#0033CC" face="幼圆">标记文字 01</font></h2>
```

看上去这样的修改并不是很麻烦，而当页面的内容不仅仅只有一段，而是整篇文章时，情况就显得不那么简单了，如例 3.2 所示。

【例 3.2】传统页面的弊端（光盘文件：第 3 章\3-2.html）

```
<html>
<head>
    <title>标题在这里</title>
</head>
<body>
    <h2><font color="#0033CC" face="幼圆">标记文字 01</font></h2>
    <p>CSS 标记正文内容 01</p>
    <h2><font color="#0033CC" face="幼圆">标记文字 02</font></h2>
    <p>CSS 标记正文内容 02</p>
    <h2><font color="#0033CC" face="幼圆">标记文字 03</font></h2>
    <p>CSS 标记正文内容 03</p>
    <h2><font color="#0033CC" face="幼圆">标记文字 04</font></h2>
    <p>CSS 标记正文内容 04</p>
</body>
</html>
```

其在 IE 7 中的显示效果如图 3.3 所示，4 个标题都变成了蓝色黑体字。这时如果希望将这 4 个标题改成红色，在这种传统的 HTML 中就需要对每个标题的<font>标记都进行修改，倘若是整个网站，这样的工作量是无法让设计者接受的。

其实传统 HTML 的缺陷远不止例 3.2 中所反映的这一个方面，相比 CSS 为基础的页面设计方法，其所体现出的劣势主要有以下几点。

（1）维护困难：为了修改某个特殊标记（例如例 3.2 中的<h2>标记）的格式，需要花费很多的时间，尤其对于整个网站而言，后期修改、维护的成本很高。

（2）标记不足：HTML 本身的标记十分的少，很多标记都是为网页内容服务的，而关于美工样式的标记，如文字间距、段落缩进等标记在 HTML 中很难找到。

图 3.3　给标题添加效果

（3）网页过胖：由于没有统一对各种风格样式进行控制，因此 HTML 的页面往往体积过大，占用掉了很多宝贵的带宽。

（4）定位困难：在整体布局页面时，HTML 对于各个模块的位置调整显得捉襟见肘，过多的<table>标记同样也导致页面的复杂和后期维护的困难。

3.1.3　CSS 的引入

对于例 3.2，倘若引入 CSS 对其中的<h2>标记进行控制，那么情况将完全不同，如例 3.3 所示。

【例 3.3】使用 CSS 控制页面（光盘文件：第 3 章\3-3.html）

```
<html>
<head>
<title>标题在这里</title>
<style>
<!--
h2{
    font-family:幼圆;
    color:#0033CC;
}
```

```
-->
</style>
</head>
<body>
    <h2>标记文字 01</h2>
    <p>CSS 标记正文内容 01</p>
    <h2>标记文字 02</h2>
    <p>CSS 标记正文内容 02</p>
    <h2>标记文字 03</h2>
    <p>CSS 标记正文内容 03</p>
    <h2>标记文字 04</h2>
    <p>CSS 标记正文内容 04</p>
</body>
</html>
```

其显示效果与例 3.2 完全一样。可以发现在页面中的<font>标记全部消失了，取而代之的是最开始的<style>标记，以及其中对<h2>标记的定义，即：

```
<style>
<!--
h2{
    font-family:幼圆;
    color:#0033CC;
}
-->
</style>
```

对页面中所有的<h2>标记的样式风格通通由这段代码控制，倘若希望标题的颜色变成红色，字体使用黑体，则仅仅需要将这段代码进行如下修改：

```
<style>
<!--
h2{
    font-family:黑体;
    color:#FF0000;
}
-->
</style>
```

其显示效果如图 3.4 所示。

图 3.4　CSS 的引入

从例 3.3 中可以明显看出，CSS 对于网页的整体控制较单纯的 HTML 语言有了突破性的进展，并且后期修改、维护都十分方便。不仅如此，CSS 还提供各种丰富的格式控制方法，使得网页设计者能够轻松地应对各种页面效果，这些都将在后面的章节中逐一讲解。

3.1.4　浏览器与 CSS

网上的浏览器各式各样，绝大多数浏览器对 CSS 都有很好的支持，因此设计者往往不用担心其设计的 CSS 文件不被用户所支持。但是目前主要的问题在于，各个浏览器之间对 CSS 很多细节的处理上存在差异，设计者在一种浏览器上设计的 CSS 效果，在其他浏览器上的结果很可能大相径庭。就目前主流的两大浏览器 IE 与 Firefox 而言，在某些细节的处理上就不尽相同。IE 本身在上一个版本 IE 6 与最新的版本 IE 7 之间，对相同页面的浏览效果都存在一些差异，例 3.4 展示了浏览器之间 CSS 显示效果的区别。

【例 3.4】浏览器之间 CSS 显示效果的区别（光盘文件：第 3 章\3-4.html）

```
<html>
<head>
<title>页面标题</title>
<style>
<!--
ul{
    list-style-type:none;
    display:inline;
}
-->
</style>
</head>
<body>
    <ul>
        <li>浏览器区别 1</li>
        <li>浏览器区别 2</li>
    </ul>
</body>
</html>
```

例 3.4 中是一段很简单的 HTML 代码，并用 CSS 对<ul>标记进行了样式上的控制。而这段代码在 IE 7 中的效果与在 Firefox 中的显示效果就存在差别，如图 3.5 所示。

图 3.5　IE 与 Firefox 的效果区别

但是比较幸运的是，导致各个浏览器效果上差异的主要原因是各个浏览器对 CSS 样式默认值的设置不一，因此可以通过对 CSS 文件各个细节的严格编写，使得各个浏览器之间达到基本相同的效果。这点在后续的章节中都会陆续提到。

> **经验：**
> 　　使用 CSS 制作网页，一个基础的要求就是主流的浏览器之间的显示效果要基本一致。通常的做法是一边编写 HTML、CSS 代码，一边在两个不同的浏览器上进行预览，及时地调整各个细节，这对深入掌握 CSS 也是很有好处的。
> 　　另外 Dreamweaver 的"视图"模式只能作为设计时参考使用，绝对不能作为最终显示效果的依据，浏览器中的效果才是用户最终看到的。

3.2　使用 CSS 控制页面

在对 CSS 有了大致的了解后，便希望使用 CSS 对页面进行全方位的控制。本节主要介绍如何使用 CSS 控制页面，以及其控制页面的各种方法，包括行内样式、内嵌式、链接式和导入式等。

3.2.1　行内样式

行内样式是所有样式方法中最为直接的一种，它直接对 HTML 的标记使用 style 属性，然后将 CSS 代码直接写在其中，如例 3.5 所示。

【例 3.5】行内样式（光盘文件：第 3 章\3-5.html）

```
<html>
<head>
<title>标题在这里</title>
</head>
<body>
    <p style="color:#0000FF; font-size:18px; font-weight:bold;">CSS 内容 1</p>
    <p style="color:#000000; text-decoration:underline; font-style:italic;">正文 CSS2</p>
    <p style="color:#FF33CC; font-size:28px; font-weight:bold;">CSS 正文内容 3</p>
</body>
</html>
```

其显示效果如图 3.6 所示。可以看到在 3 个<p>标记中都使用 style 属性，并且设置了不同的 CSS 样式，各个样式之间互不影响，都分别显示自己的样式效果。

第 1 个<p>标记设置了文字为蓝色（color:#0000FF;），字号大小为 18px（font-size:18px;），并且为粗体字（font-weight:bold;）。第 2 个<p>标记则设置文字为黑色、斜体，并且有下划线。最后一个<p>标记设置紫红色、大小为 28px 的粗体字。

图 3.6　行内样式

行内样式是最为简单的 CSS 使用方法，但由于需要为每一个标记设置 style 属性，后期维护成本依然很高，而且网页体积容易过胖，因此不推荐使用。

3.2.2 内嵌式

内嵌样式表就是将 CSS 写在<head>与</head>之间，并且用<style>和</style>标记进行声明，如前面的例 3.4 就是采用的这种方法。对于例 3.5 如果采用内嵌式的方法，则 3 个<p>标记显示的效果将完全相同，如例 3.6 所示。

【例 3.6】内嵌样式（光盘文件：第 3 章\3-6.html）

```
<html>
<head>
<title>页面标题</title>
<style type="text/css">
<!--
p{
    color:#FF00FF;
    text-decoration:underline;
    font-weight:bold;
    font-size:25px;
}
-->
</style>
</head>
<body>
    <p>紫色、粗体、下划线、25px 的效果 1</p>
    <p>紫色、粗体、下划线、25px 的效果 2</p>
    <p>紫色、粗体、下划线、25px 的效果 3</p>
</body>
</html>
```

图 3.7 内嵌式

可以从例 3.6 中看到，所有 CSS 的代码部分被集中在了同一个区域，方便了后期的维护，页面本身也大大瘦身。但是如果是一个网站，拥有很多的页面，对于不同页面上的<p>标记都希望采用同样的风格时，内嵌式的方法就显得略微麻烦，维护成本也不低。因此内嵌式的方法仅适用于对特殊页面设置单独的样式风格。

3.2.3 链接式

链接式 CSS 样式表是使用频率最高，也是最为实用的方法。它将 HTML 页面本身与 CSS 样式风格分离为两个或者多个文件，实现了页面结构（HTML 框架）与表现（CSS 美工）的完全分离，使得前期制作和后期维护都十分方便，网站后台的技术人员与美工设计者也可以很好地分工合作。

对于同一个 CSS 文件可以链接到多个 HTML 文件中，乃至整个网站的所有页面中，使得网站整体风格统一、协调，并且后期维护的工作量也大大减少，示例如例 3.7 所示。

【例 3.7】链接式 CSS 样式表（光盘文件：第 3 章\3-7.html 和 1.css）

首先创建 HTML 文件（3-7.html），如下所示：

```
<html>
<head>
<title>标题在这里</title>
<link href="1.css" type="text/css" rel="stylesheet">
</head>
<body>
    <h2>第一行标题 1</h2>
    <p>紫红色、斜体、下划线、28px 的效果 1</p>
    <h2>第二行标题 2</h2>
    <p>紫红色、斜体、下划线、28px 的效果 2</p>
</body>
</html>
```

然后创建文件 1.css，如下所示：

```
h2{
    color:#0000FF;
}
p{
    color:#FF33CC;
    text-decoration:underline;
    font-style:italic;
    font-size:28px;
}
```

从例 3.7 中可以看到，文件 1.css 将所有的 CSS 代码从 HTML 文件 3-7.html 中分离出来，然后在 3-7.html 的<head>和</head>标记之间加上"<link href="1.css" type="text/css" rel="stylesheet">"语句，将 CSS 文件链接到页面中，对其中的标记进行样式控制，其显示效果如图 3.8 所示。

链接式样式表的最大优势就在于 CSS 代码与 HTML 代码完全分离，并且同一个 CSS 文件可以被不同的 HTML 所链接使用。因此在设计整个网站时，可以将所有页面都链接到同一个 CSS 文件，使用相同的

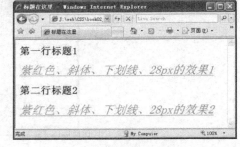

图 3.8　链接式

样式风格。如果整个网站需要进行样式上的修改，就仅仅只需要修改这一个 CSS 文件即可。

3.2.4　导入样式

导入样式表与 3.2.3 节提到的链接样式表的功能基本相同，只是语法和运作方式略有区别。采用 import 方式导入的样式表，在 HTML 文件初始化时，会被导入到 HTML 文件内，作为其一部分，类似内嵌式的效果。而链接式样式表则是在 HTML 的标记需要格式时才以链接的方式引入。

在 HTML 文件中导入样式表，常用的有如下几种@import 语法，读者可以任意选择一种放在<style>与</style>标记之间，示例如例 3.8 所示。

```
@import url(sheet1.css);
@import url("sheet1.css");
@import url('sheet1.css');
```

```
@import sheet1.css;
@import "sheet1.css";
@import 'sheet1.css';
```

【例 3.8】导入样式表（光盘文件：第 3 章\3-8.html）

```
<html>
<head>
<title>标题在这里</title>
<style type="text/css">
<!--
@import url(1.css);
-->
</style>
</head>
<body>
    <h2>第一行标题 1</h2>
    <p>紫红色、斜体、下划线、28px 的效果 1</p>
    <h2>第二行标题 2</h2>
    <p>紫红色、斜体、下划线、28px 的效果 2</p>
    <h3>第三行标题 3</h3>
    <p>紫红色、斜体、下划线、28px 的效果 3</p>
</body>
</html>
```

例 3.8 在例 3.7 的基础上进行了修改，加入了<h3>的标题，前两行的效果与例 3.7 中的显示完全相同，如图 3.9 所示。可以看到新引入的<h3>标记由于没有设置样式，所以保持着默认的风格。

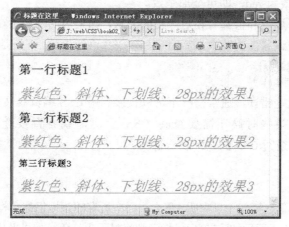

图 3.9 导入样式

3.3 CSS 选择器

选择器（selector）是 CSS 中很重要的概念，所有 HTML 语言中的标记都是通过不同的 CSS 选择器进行控制的。用户只需要通过选择器对不同的 HTML 标签进行控制，并赋予各种样式声明，即可实现各种效果。

3.3.1 标记选择器

一个 HTML 页面由很多不同的标记组成，而 CSS 标记选择器就是声明哪些标记采用哪种

CSS 样式。例如 li 选择器，就是用于声明页面中所有<li>标记的样式风格。同样可以通过 h2 选择器来声明页面中所有的<h2>标记的 CSS 风格，代码如下：

```
<style>
h2{
color: green;
font-size: 23px;
}
</style>
```

以上这段 CSS 代码声明了 HTML 页面中所有的<h2>标记，文字的颜色都采用红色，大小都为 23px。每一个 CSS 选择器都包含选择器本身、属性、值，其中属性和值可以设置多个，从而实现对同一个标记声明多种样式风格，其格式如图 3.10 所示。

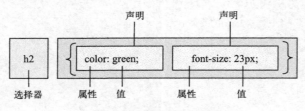

图 3.10　CSS 标记选择器

在网站的后期维护中，如果希望所有<h2>标记不再采用绿色，而是采用红色，这时仅仅需要将属性 color 的值修改为 red，即可全部生效。

CSS 语言对于所有属性和值都有相对严格的要求，如果声明的属性在 CSS 规范中没有，或者某个属性的值不符合该属性的要求，都不能使该 CSS 语句生效。下面是一些典型的错误语句：

```
foot-width: 48px;  /* 非法属性 */
color: ultraviolet;  /* 非法值 */
```

对于上面提到的这些错误，通常情况下可以直接利用 CSS 编辑器（如 Dreamweaver）的语法提示功能避免，但某些时候还需要查阅 CSS 手册，或者直接登录 W3C 的官方网站 http://www.w3.org/，来查阅 CSS 的详细规格说明。

3.3.2　类别选择器

3.3.1 节中提到的标记选择器一旦声明，那么页面中所有的该标记都会相应地产生变化。例如当声明了<p>标记为红色时，页面中所有的<p>标记都将显示为红色。如果希望其中的某一个<p>标记不是红色，而是蓝色，这时仅仅依靠标记选择器是远远不够的，需要引入 class 类别选择器。

类别选择器的名称可以由用户自定义，属性和值跟标记选择器一样，也必须符合 CSS 规范，其格式如图 3.11 所示。

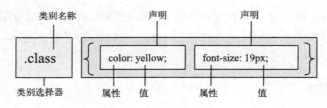

图 3.11　类别选择器

例如当页面中同时出现 3 个<p>标记，并且希望它们的颜色各不相同，就可以通过设置不同的 class 选择器来实现，如例 3.9 所示。

【例 3.9】设置 class 类别选择器（光盘文件：第 3 章\3-9.html）

```html
<html>
<head>
<title>class 选择器</title>
<style type="text/css">
<!--
.first{
    color:blue;              /* 蓝色 */
    font-size:17px;          /* 文字大小 */
}
.second{
    color:red;               /* 红色 */
    font-size:20px;          /* 文字大小 */
}
.third{
    color:cyan;              /* 青色 */
    font-size:23px;          /* 文字大小 */
}
-->
</style>
</head>

<body>
    <p class="first">class 类别选择器 1</p>
    <p class="second">class 类别选择器 2</p>
    <p class="third">class 类别选择器 3</p>
    <h3 class="second">h3 同样适用</h3>
</body>
</html>
```

其显示效果如图 3.12 所示，可以看到 3 个<p>标记分别呈现出了不同的颜色以及字体大小。而且任何一个 class 选择器都适用于所有 HTML 标记，只需要用 HTML 标记的 class 属性声明即可，如上例中<h3>标记同样使用了.second 这个类别。

在例 3.9 中仔细观测还会发现，最后一行<h3>标记显示效果为粗体字，而也使用了.second 选择器的第 2 个<p>标记却没有变成粗体。这是因为在.second 类别中没有定义字体的粗细属性，因此各个 HTML 标记都采用了其自身默认的显示方式，<p>默认为正常粗细，而<h3>默认为粗体字。

另外，class 类别选择器还有一种很直观的使用方法，就是直接在标记声明后接类别名称来区别该标记，其格式如图 3.13 所示。示例如例 3.10 所示。

图 3.12 类别 class 选择器

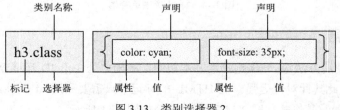

图 3.13 类别选择器 2

【例 3.10】设置 class 类别选择器的另外一种方式（光盘文件：第 3 章\3-10.html）

```
<html>
<head>
<title>标记选择器.class</title>
<style type="text/css">
<!--
h4{                                    /* 标记选择器 */
    color:red;
    font-size:18px;
}
h4.special{                 /* 标记.类别选择器 */
    color:blue;             /* 蓝色 */
    font-size:24px;         /* 文字大小 */
}
.special{                   /* 类别选择器 */
    color:green;
}
-->
</style>
</head>

<body>
    <h4>标记选择器 1.class1</h4>
    <h4>标记选择器 2.class2</h4>
    <h4 class="special">标记选择器 3.class3</h4>
    <h4>标记选择器 4.class4</h4>
    <h4>标记选择器 5.class5</h4>
    <p class="special">使用于别的标记</p>
</body>
</html>
```

在例 3.10 中定义了<h4>标记的风格样式，同时单独定义了 h4.special，用于特殊的控制，而这个 h4.special 中定义的风格样式仅仅适用于<h4 class="special">标记，而不会影响单独的.special 选择器，如最后一行的<p>标记。该例的显示效果如图 3.14 所示。

图 3.14　标记.类别选择器

3.3.3　ID 选择器

ID 选择器的使用方法跟 class 选择器基本相同，不同之处在于 ID 选择器只能在 HTML 页面中使用一次，因此其针对性更强。在 HTML 的标记中只需要利用 id 属性，就可以直接调用 CSS 中的 ID 选择器，其格式如图 3.15 所示。示例如例 3.11 所示。

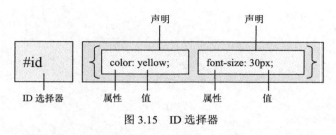

图 3.15　ID 选择器

【例 3.11】设置 ID 选择器（光盘文件：第 3 章\3-11.html）

```
<html>
<head>
<title>ID 选择器</title>
<style type="text/css">
<!--
#one{
    font-weight:bold;                /* 粗体 */
}
#two{
    font-size:30px;                  /* 字体大小 */
    color:#009900;                   /* 颜色 */
}
-->
</style>
</head>

<body>
    <p id="one">ID 选择器 1</p>
    <p id="two">ID 选择器 2</p>
    <p id="two">ID 选择器 3</p>
    <p id="one two">ID 选择器 3</p>
</body>
</html>
```

例 3.11 的显示效果如图 3.16 所示，可以看到第 2 行与第 3 行都显示了 CSS 的方案，换句话说在很多浏览器下，ID 选择器也可以用于多个标记。但是这里需要指出的是，将 ID 选择器用于多个标记是错误的，因为每个标记定义的 id 不光 CSS 可以调用，JavaScript 等其他脚本语言同样也可以调用。如果一个 HTML 中有两个相同 id 的标记，那么将会导致 JavaScript 在查找 id 时出错，例如函数 getElementById()。

正因为 JavaScript 等其他脚本语言也能调用 HTML 中设置的 id，因此 ID 选择器一直被广泛地使用。网站建设者在编写 CSS 代码时，应该养成良好的编写习惯，一个 id 最多只能赋予一个 HTML 标记。

图 3.16　ID 选择器示例

3.3.4　选择器集体声明

在声明各种 CSS 选择器时，如果某些选择器的样式风格是完全相同的，或者部分相同，这时便可以利用集体声明的方法，将风格相同的 CSS 选择器同时声明，如例 3.12 所示。

【例 3.12】用集体声明的方法同时声明风格相同的选择器（光盘文件：第 3 章\3-12.html）

```
<html>
<head>
```

```
<title>选择器集体声明</title>
<style type="text/css">
<!--
h1, h2, h3, h4, h5, p{                          /* 集体声明 */
    color:purple;                               /* 文字颜色 */
    font-size:14px;                             /* 字体大小 */
}
h2.special, .special, #one{                     /* 集体声明 */
    text-decoration:underline;                  /* 下划线 */
}
-->
</style>
</head>

<body>
    <h1>选择器集体声明 h1</h1>
    <h2 class="special">选择器集体声明 h2</h2>
    <h3>选择器集体声明 h3</h3>
    <h4>选择器选择器集体声明 h4</h4>
    <h5>集体声明 h5</h5>
    <p>选择器集体声明 p1</p>
    <p class="special">选择器集体声明 p2</p>
    <p id="one">选择器集体声明 p3</p>
</body>
</html>
```

其显示效果如图 3.17 所示，可以看到所有行的颜色都是紫色，而且字体大小均为 14px。集体声明的效果与单独声明完全相同，h2.special、.special 和#one 的声明并不影响前一个集体声明，第 2 行和最后两行在紫色、大小为 14px 的前提下使用了下划线进行突出。

图 3.17　集体声明

3.3.5　选择器的嵌套

在 CSS 选择器中，还可以通过嵌套的方式，对特殊位置的 HTML 标记进行声明，例如当<p>与</p>之间包含和标记时，就可以使用嵌套选择器进行相应的控制。具体如例 3.13 所示。

【例 3.13】嵌套 CSS 选择器（光盘文件：第 3 章\3-13.html）

```
<html>
<head>
<title>CSS 选择器的嵌套声明</title>
```

```
<style type="text/css">
<!--
p b{                                    /* 嵌套声明 */
    color:maroon;                       /* 颜色 */
    text-decoration:underline;          /* 下划线 */
    font-size:30px;                     /* 文字大小 */
}
-->
</style>
</head>

<body>
    <p>选择器嵌套<b>使用 CSS 标</b>记的方法</p>
    选择器嵌套之外<b>的标</b>记并不生效
</body>
</html>
```

通过将 b 选择器嵌套在 p 选择器中进行声明，显示效果只适用于<p>和</p>之间的<b>标记，而其外的<b>标记并不产生任何效果，如图 3.18 所示，只有第 1 行的粗体字变成了大字号、深红色并加上了下划线，而第 2 行除了本身变成了粗体，没有任何变化。

图 3.18　嵌套选择器

嵌套选择器的使用非常广泛，不光是嵌套的标记本身，类别选择器和 ID 选择器都可以进行嵌套。下面是一些典型的嵌套语句：

```
.second i{ color: yellow; }             /* 使用了属性 second 的标记里面包含的<i> */
#first li{ padding-left:8px; }          /* ID 为 first 的标记里面包含的<li> */
td.is3c .top3 strong{ font-size: 6px; } /* 多层嵌套，同样实用 */
```

上面的第 3 行使用了 3 层嵌套，实际上更多层的嵌套在语法上都是允许的。上面的这个 3 层嵌套表示的就是使用了.top 类别的<td>标记中包含的.top1 类别的标记,在其中包含的<strong>标记所声明的风格样式，可能相对应的 HTML 为（一种可能的情况）：

```
<td class="top">
    <p class="top1">
            其他内容<strong>CSS 控制的部分</strong>其他内容
    </p>
</td>
```

技巧:

选择器的嵌套在 CSS 的编写中可以大大减少对类别 class、id 的声明。因此在构建页面 HTML 框架时通常只给外层标记（父标记）定义类别 class 或者 id，内层标记（子标记）能通过嵌套表示的则利用嵌套的方式，而不需要再定义新的类别 class 或者专用 id。只有当子标记无法利用此规则时，才单独进行声明，例如一个<ul>标记中包含多个<li>标记,而需要对其中某个<li>单独设置 CSS 样式时才赋给该<li>一个单独 id 或者类别,而其他<li>同样采用"ul li{...}"的嵌套方式来设置。

3.3.6　子选择器

在 CSS 的选择器中还有一种十分有用的子选择器，它用来选择一个父元素直接的子元素，不包括子元素的子元素，它的符号为大于号">"，如例 3.14 所示。

【例 3.14】使用 CSS 的子选择器（光盘文件：第 3 章\3-14.html）

```
<!DOCTYPE html PUBLIC "-//W3C//DTD XHTML 1.0 Transitional//EN" "http://www.w3.org/TR/xht ml1/DTD/xh
tml1-transi tion al.d td" >
<html>
<head>
<title>CSS 的子选择器</title>
<style type="text/css">
<!--
ul.myList > li > a{                /* 子选择器 */
    text-decoration:none;          /* 没有下划线 */
}
-->
</style>
</head>

<body>
<ul class="myList">
    <li><a href="http://picasaWeb.google.com/isaacshun">isaac's
Picasa</a>
    <ul>
        <li><a href="#">CSS1</a></li>
        <li><a href="#">CSS2</a></li>
        <li><a href="#">CSS3</a></li>
    </ul>
    </li>
</ul>
</body>
</html>
```

例 3.14 中的 CSS 采用了子选择器来选择标记<ul class="myList">的子元素<li>的子元素<a>，为了做对比，其下还有一些<a>标记。代码的运行结果如图 3.19 所示，可以看到仅仅只有子元素<a>的 CSS 生效，没有下划线，而更深层次的<a>标记仍然保持默认的风格。

如果将代码中的">"去掉，改用嵌套声明，代码如下，则所有的<a>标记都会生效，如图 3.20 所示。

```
ul.myList > li a{
    text-decoration:none;          /* 没有下划线 */
    color:#336600;
}
```

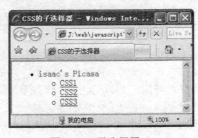

图 3.19 子选择器

图 3.20 嵌套选择

3.3.7 属性选择器

虽然 IE 浏览器对 CSS 的支持非常地差，但 IE 7 还是有了一些进步，使得属性选择器能够在一定程度上可以方便运用。属性选择器是针对 HTML 标记中的属性进行选择的，例如<a

title="CSS">中标记<a>具有 title 属性，如例 3.15 所示。

【例 3.15】设置属性选择器（光盘文件：第 3 章\3-15.html）

```
<!DOCTYPE html PUBLIC "-//W3C//DTD XHTML 1.0 Transitional//EN" "http://www.w3.org/TR/xhtml1/DTD/
xhtml1-transitional.dtd">
<html>
<head>
<title>CSS 的属性器</title>
<style type="text/css">
a[title]{                              /* 属性选择器 */
    text-decoration:none;              /* 没有下划线 */
    color:#336600;
}
</style>
</head>

<body>
<ul class="myList">
    <li><a href="http://picasaWeb.google.com/isaacshun">isaac's Picasa</a>
      <ul>
            <li><a href="#" title="CSS1">CSS1</a></li>
            <li><a href="#" title="CSS2">CSS2</a></li>
            <li><a href="#" title="CSS3">CSS3</a></li>
      </ul>
    </li>
</ul>
</body>
</html>
```

以上代码中采用了属性选择器 a[title]来选择那些<a>标记中设置了属性 title 的标记，可以看到运行效果如图 3.21 所示，第一个<a>标记由于没有设置 title 属性而未被选中。

属性选择器还可以设置属性的值，例如：

```
a[title=CSS1]{                         /* 属性选择器 */
    text-decoration:none;              /* 没有下划线 */
    color:#336600;
}
```

修改后再运行，显示结果如图 3.22 所示，只有 title 属性为 CSS1 的<a>标记被选中，其他标记无论是否设置 title 属性，均没有生效。

图 3.21　属性选择器　　　　　　图 3.22　设置属性选择器的值

经验：
　　关于属性选择器，CSS3 标准还有很多非常实用的特性，但 IE 7 浏览器仍然不支持这些属性选择器。这些选择器将在 jQuery 章节中详细介绍。

3.4　CSS 设置文字效果

文字是网页设计中永远不可缺少的元素，各种各样的文字效果遍布在整个因特网中。本节从基础的文字设置出发，讲解 CSS 设置各种文字效果的方法，然后再进一步讲解段落排版的相关内容。

3.4.1　CSS 文字样式

使用过 Word 编辑文档的用户一定都会注意到，Word 可以对文字的字体、大小、颜色等各种属性进行设置。CSS 同样可以对 HTML 页面中的文字进行全方位的设置。

在 CSS 中文字都是通过"font"的相关属性进行设置的，例如通过 font-family 属性来控制文字的字体；通过 font-size 属性来控制文字的大小；通过 color 属性来设置文字的颜色，通过属性 font-weight 来设置文字的粗细，通过设置 font-style 属性来控制文字是否为斜体，通过设置文字的 text-decoration 属性来实现文字的下划线、顶划线、删除线等。其典型语句如下：

```css
p{
    font-family:黑体,幼圆;              /* 文字字体 */
    font-size:12px;                     /* 文字大小 */
    color:#0033CC;                      /* 颜色 */
    font-weight:bold;                   /* 粗体 */
    font-style:italic;                  /* 斜体 */
    text-decoration:line-through;       /* 删除线 */
}
```

以上语句设置了 `<p>` 标记的文字属性，首先设置文字的字体为黑体，如果客户端的机器上没有黑体，则用幼圆，如果仍然没有，则采用浏览器默认字体。第 2 行代码设置了文字的大小为 12px。紧接着设置了颜色、粗体、斜体，最后设置了文字被删除线划过，具体如例3.16 所示。

【例 3.16】CSS 设置文字效果（光盘文件：第 3 章\例 3–16.html）

```html
<html>
<head>
<title>设置文字效果</title>
<style type="text/css">
p{
    font-family:黑体;                   /* 文字字体 */
    font-size:35px;                     /* 文字大小 */
    color:#0033CC;                      /* 颜色 */
    font-weight:bold;                   /* 粗体 */
    font-style:italic;                  /* 斜体 */
    text-decoration:line-through;       /* 删除线 */
}
</style>
</head>

<body>
    <p>CSS 设置文字效果</p>
</body>
</html>
```

此时显示效果如图 3.23 所示，可以看到通过 CSS 可以对文字进行全方位的设置。

图 3.23　CSS 设置文字效果

小知识：
　　在 HTML 页面中，颜色统一采用 RGB 的格式，也就是通常人们所说的"红绿蓝"三原色模式。每种颜色都由这 3 种颜色的不同比重组成，分为 0～255 档。当红、绿、蓝 3 个分量都设置为 255 时就是白色，例如 rgb(100%,100%,100%)、rgb(255,255,255)、#FFFFFF 都指白色，其中 "#FFFFFF" 为十六进制的表示方法，前两位为红色分量，中间两位是绿色分量，最后两位是蓝色分量。"FF" 即为十进制中的 255。
　　当 RGB 这 3 个分量都为 0 时，即显示为黑色，例如 rgb(0%,0%,0%)、#000000 都表示黑色。同理，当红、绿分量都为 255，而蓝色分量为 0 时，则显示为黄色，例如 rgb(100%,100%,0)、#FFFF00 都表示黄色。

3.4.2　CSS 段落文字

　　段落是由一个个文字组合而成的，同样是网页中最重要的组成部分，因此前面提到的文字属性，对于段落同样适用。但 CSS 针对段落也提供了很多样式属性，本节将通过实例进行详细介绍。

　　在使用 Word 编辑文档时，可以很轻松地设置行间距，在 CSS 中通过 line-height 属性同样可以轻松地实现行距的设置。在 CSS 中 line-height 的值表示的是两行文字之间基线的距离。如果给文字添加下划线，那么下划线的位置就是文字的基线。

　　line-height 的值跟 CSS 中所有设定具体数值的属性一样，可以设定为相对数值，也可以设定为绝对数值。在静态页面中，文字大小固定时常常使用绝对数值，达到统一的效果。而对于论坛、博客这些可以由用户自定义字体大小的页面，通常设定为相对数值，可以随着用户自定义的字体大小而改变相应的行距，如例 3.17 所示。

　　【例 3.17】CSS 设置段落文字（光盘文件：第 3 章\例 3-17.html）

```
<html>
<head>
<title>行间距 line-height</title>
<style>
<!--
p.one{
    font-size:10pt;
    line-height:8pt;        /* 行间距，绝对数值，行间距小于字体大小 */
}
p.second{ font-size:18px; }
p.third{ font-size:10px; }
p.second, p.third{
```

```
            line-height: 1.5em;    /* 行间距，相对数值，1.5 倍行距 */
        }
        -->
        </style>
        </head>
        <body>
        <p class="one">冬至，是我国农历中一个非常重要的节气，也是一个传统节日，至今仍有不少地方有过冬至
节的习俗。冬至俗称"冬节"、"长至节"、"亚岁"等。早在二千五百多年前的春秋时代，我国已经用土圭观测太
阳测定出冬至来了，它是二十四节气中最早制订出的一个。时间在每年的阳历 12 月 22 日或者 23 日之间。</p>
        <p class="second">冬至是北半球全年中白天最短、黑夜最长的一天，过了冬至，白天就会一天天变长。古人
对冬至的说法是：阴极之至，阳气始生，日南至，日短之至，日影长之至，故曰"冬至"。冬至过后，各地气候都进
入一个最寒冷的阶段，也就是人们常说的"进九"，我国民间有"冷在三九，热在三伏"的说法。</p>
        <p class="third">在我国古代对冬至很重视，冬至被当作一个较大节日，曾有"冬至大如年"的说法，而且有
庆贺冬至的习俗。《汉书》中说："冬至阳气起，君道长，故贺。"人们认为：过了冬至，白昼一天比一天长，阳气
回升，是一个节气循环的开始，也是一个吉日，应该庆贺。《晋书》上记载有"魏晋冬至日受万国及百僚称贺……其
仪亚于正旦。"说明古代对冬至日的重视。</p>
        </body>
        </html>
```

其显示效果如图 3.24 所示，第 1 段文字采用了绝对数值，并且将行间距设置得比文字大小
要小，可以看到文字发生了重叠。第 2 段和第 3 段分别设置了不同的文字大小，但由于使用了
相对数值，行间距因此能够自动调节。

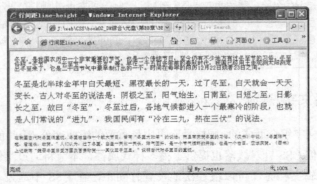

图 3.24　行间距

与 line-height 的使用方法类似，CSS 中通过属性 letter-spacing 来调整字间距，方法与
line-height 完全相同，读者可以自己尝试。

3.4.3　首字放大

许多报刊、杂志的文章第一个字都很大，这种首字放大的效果往往能在第一时间吸引顾客
的眼球。在 CSS 中首字放大的效果是通过对第一个字进行单独设置样式风格来实现的，具体方
法如例 3.18 所示。

【例 3.18】CSS 制作首字放大效果（光盘文件：第 3 章\3-18.html）

```
        <html>
        <head>
        <title>首字放大</title>
        <style>
        <!--
        body{
            background-color:#564700;                /* 背景色 */
        }
```

```
p{
        font-size:15px;                      /* 文字大小 */
        color:#FFFFFF;                       /* 文字颜色 */
}
p span{
        font-size:60px;                      /* 首字大小 */
        float:left;                          /* 首字下沉 */
        padding-right:5px;                   /* 与右边的间隔 */
        font-weight:bold;                    /* 粗体字 */
        font-family:黑体;                    /* 黑体字 */
        color:yellow;                        /* 字体颜色 */
}
-->
</style>
</head>
<body>
    <p><span>端</span>午节是古老的传统节日，始于中国的春秋战国时期，至今已有 2000 多年历史。据《史记》"屈原贾生列传"记载，屈原，是春秋时期楚怀王的大臣。他倡导举贤授能，富国强兵，力主联齐抗秦，遭到贵族子兰等人的强烈反对，屈原遭馋去职，被赶出都城，流放到沅、湘流域。他在流放中，写下了忧国忧民的《离骚》、《天问》、《九歌》等不朽诗篇，独具风貌，影响深远（因而，端午节也称诗人节）。公元前 278 年，秦军攻破楚国京都。屈原眼看自己的祖国被侵略，心如刀割，但是始终不忍舍弃自己的祖国，于五月五日，在写下了绝笔作《怀沙》之后，抱石投汨罗江身死，以自己的生命谱写了一曲壮丽的爱国主义乐章。</p>
    <p>传说屈原死后，楚国百姓哀痛异常，纷纷涌到汨罗江边去凭吊屈原。渔夫们划起船只，在江上来回打捞他的真身。有位渔夫拿出为屈原准备的饭团、鸡蛋等食物，"扑通、扑通"地丢进江里，说是让鱼龙虾蟹吃饱了，就不会去咬屈大夫的身体了。人们见后纷纷仿效。一位老医师则拿来一坛雄黄酒倒进江里，说是要药晕蛟龙水兽，以免伤害屈大夫。后来为怕饭团为蛟龙所食，人们想出用楝树叶包饭，外缠彩丝，发展成粽子。</p>
</body>
</html>
```

例 3.18 中主要是通过 float 语句对首字下沉进行控制，并且用<span>标记，对首字设置单独的样式风格，达到了突出、显眼的目的。其显示效果如图 3.25 所示。至于 float 语句的具体用法，将在后续章节中详细介绍。

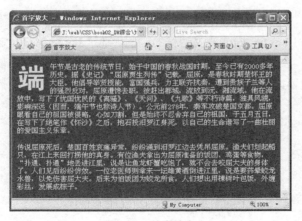

图 3.25　首字放大

3.5　CSS 设置图片效果

在五彩缤纷的网络世界中，各种各样的图片组成了丰富多彩的页面，能够让人更直观地感受网页所要传达给用户的信息。本节介绍 CSS 设置图片风格样式的方法，包括图片的边框、图文混排等，并通过实例综合文字、图片的各种运用。

3.5.1　图片的边框

在 HTML 中可以直接通过<img>标记的 border 属性值为图片添加边框，从而控制边框的粗细，当设置该值为 0 时，则显示为没有边框，代码如下：

```
<img src="awp.jpg" border="0">
<img src="awp.jpg" border="1">
<img src="awp.jpg" border="2">
<img src="awp.jpg" border="3">
```

其显示效果如图 3.26 所示，可以看到所有边框都是黑色，而且风格十分单一，都是实线，仅仅只是在边框粗细上能够进行调整。

在 CSS 中可以通过 border 属性为图片添加各式各样的边框，border-style 定义边框的样式，如虚线、实线、点画线等，在 Dreamweaver 中通过语法提示功能，便可轻松获得各种边框样式的值，如图 3.27 所示。

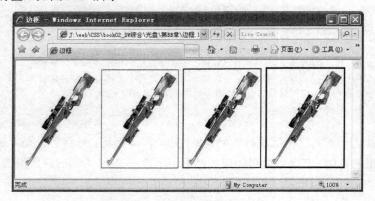

图 3.26　HTML 控制边框

图 3.27　语法提示

另外，还可以通过 border-color 定义边框的颜色，通过 border-width 定义边框的粗细，如例 3.19 所示。

【例 3.19】CSS 设置边框样式（光盘文件：第 3 章\3-19.html）

```
<html>
<head>
<title>边框</title>
<style>
<!--
img.test1{
        border-style:dotted;        /* 点画线 */
        border-color:#FF9900;       /* 边框颜色 */
        border-width:6px;           /* 边框粗细 */
}
img.test2{
        border-style:dashed;        /* 虚线 */
        border-color:#000088;       /* 边框颜色 */
        border-width:2px;           /* 边框粗细 */
}
-->
</style>
</head>
```

```
<body>
    <img src="cartoon1.jpg" class="test1">
    <img src="cartoon1.jpg" class="test2">
</body>
</html>
```

其显示效果如图 3.28 所示，两幅图片分别设置了金黄色、6 像素宽的点画线和深蓝色、2 像素宽的虚线。

图 3.28   设置各种图片边框

3.5.2   图文混排

Word 中文字与图片有很多排版的方式，在网页中同样可以实现各种图文混排的效果。在 CSS 中主要是通过给图片设置 float 属性来实现文字环绕图片的，如例 3.20 所示。

【例 3.20】CSS 实现图文混排（光盘文件：第 3 章\3-20.html）

```
<html>
<head>
<title>图文混排</title>
<style type="text/css">
<!--
body{
    background-color:543b32;          /* 页面背景颜色 */
    margin:0px;
    padding:0px;
}
img{
    float:left;                       /* 文字环绕图片 */
}
p{
    color:#FFFF00;                    /* 文字颜色 */
    margin:0px;
    padding-top:10px;
    padding-left:5px;
    padding-right:5px;
}
span{
    float:left;                       /* 首字放大 */
    font-size:85px;
    font-family:黑体;
    margin:0px;
    padding-right:5px;
}
-->
```

```
            </style>
        </head>
    <body>
            <img src="hop.jpg" border="0">
            <p><span>河</span>马，偶蹄目、河马科，英文名 hoppopotamus。原来遍布非洲所有深水的河流与溪流中，
现在范围已缩小，主要居住在非洲热带的河流间。它们喜欢栖息在河流附近沼泽地和有芦苇的地方。生活中的觅食、
交配、产仔、哺乳也均在水中进行。</p>
            <p>河马的特点是吻宽嘴大，四肢短粗、躯体象个粗圆桶。胃 3 室不反刍。鼻孔在吻端上面，与上方的眼睛
和耳朵呈一条直线。这样它全体潜伏水中只须抬头顶露出水面就能嗅、视、听兼呼吸了。体长 3.75～4.6m，尾长约 56cm，
肩高约 1.5m，体重 3～4.6 吨，下犬齿长约 60cm，可重达 3kg。河马皮肤排出的液体含红色色素，经皮肤反射显得像是
红色的，引起了河马出"血汗"的说法。</p>
            <p>河马极善游泳，在受惊时，一般避入水中。每天大部分时间在水中，潜伏水下时一般每 3～5 分钟把头露
出水面呼吸一次，但可潜伏约半小时不出水面来换气。它们的皮肤长时间离水会干燥。河马成对或结成小群活动，老
年雄性常单独活动。夜行性：它们几乎整个白天都在河水中或是河流附近睡觉或休息，晚上出来吃食，有时会顺水游
出 30 多公里觅食。主要以水生植物为食；偶食陆地作物，以草为主，有时到田地去吃庄稼，食物短缺时，它们也吃肉，
据称，河马是陆地上最大的食肉动物(杂食)。河马无定居：不在一个地方长期停留，每隔数日便迁至新地方去。</p>
            <p>河马繁殖期不固定，全年均繁殖，每产一仔，孕期 227～240 天，仔兽出生时体重 27～45kg。在人为饲养下约
3 岁性成熟，在野外 5～6 岁成熟。寿命 40～50 年。河马的皮下脂肪约 5cm 厚。人们常猎杀它取其脂肪、肉和厚皮。脂肪可
得 90kg。当地人非常珍视它的肉，肉味略同于野猪肉。牙齿质量也很好，是珍贵的雕刻材料，可作为象牙替代品。</p>
    </body>
</html>
```

例 3.20 中除了运用"float:left"使得文字环绕图片以外，还运用了 3.4.3 节中的首字放大的方法。可以看到图片环绕与首字放大的方式是几乎完全相同的，只不过对象分别是图片和文字，显示效果如图 3.29 所示。

图 3.29　文字环绕

如果将 float 的值设置为 right，图片将会移动至页面的右边，从而文字在左边环绕，读者可以自己试验。

3.6　CSS 设置页面背景

任何一个网上的页面，它背景的颜色、基调往往是给用户的第一印象，因此在页面中控制背景通常是网站设计时一个很重要的步骤。本节在合理运用文字、图片等的基础上，重点介绍 CSS 控制背景颜色、图片等的方法。

3.6.1　背景颜色

在 CSS 中页面的背景颜色就是简单地通过设置 body 标记的 background-color 属性来实现

的，这在前些章节的例子中也反复用到。background-color 属性不仅仅可以设置页面的背景颜色，几乎所有 HTML 元素的背景色都可以通过它来设定。因此很多网页都通过设定不同 HTML 元素的各种背景色来实现分块的目的，如例 3.21 所示。

【例 3.21】CSS 设定背景颜色实现页面分块（光盘文件：第 3 章\3-21.html）

```
<html>
<head>
<title>利用背景颜色分块</title>
<style>
<!--
body{
    padding:0px;
    margin:0px;
    background-color:#eaddef;        /*  页面背景色  */
}
.topbanner{
    background-color:#1e0c25;        /*  顶端 banner 的背景色  */
}
.leftbanner{
    width:22%; height:330px;
    vertical-align:top;
    background-color:#22072c;        /*  左侧导航条的背景色  */
    color:#FFFFFF;
    text-align:left;
    padding-left:40px;
    font-size:14px;
}
.mainpart{
    text-align:center;
}
-->
</style>
</head>
<body>
<table cellpadding="0" cellspacing="1" width="100%" border="0">
    <tr>
        <td colspan="2" class="topbanner"><img src="banner1.jpg" border="0"></td>
    </tr>
    <tr>
        <td class="leftbanner">
            <br><br>首页<br><br>分类讨论
            <br><br>谈天说地<br><br>精华区
            <br><br>我的信箱<br><br>休闲娱乐
            <br><br>立即注册<br><br>离开本站
        </td>
        <td class="mainpart">正文内容...</td>
    </tr>
</table>
</body>
</html>
```

例 3.21 中将顶端的 banner、左侧的导航条、中间的正文部分分别运用了 3 种不同的背景颜色，实现了页面分块的目的，显示效果如图 3.30 所示。这种分块的方法在网页制作中经常使用，简单方便。

　　技巧：
　　　例 3.21 中顶端的 banner 图片是一幅右端颜色渐变的图片，颜色由本身的图片过渡到页面的背景颜色，因此显得十分自然。这种效果在 Photoshop 中很容易实现，也是制作网页的常用方法。

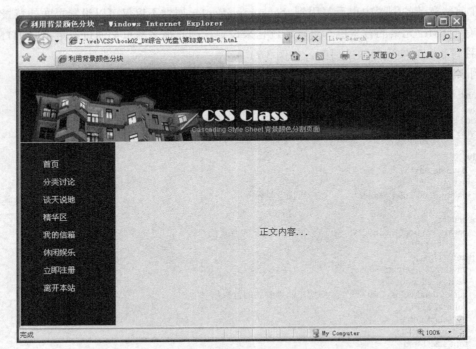

图 3.30 背景色给页面分块

3.6.2 背景图片

在 CSS 中给页面添加背景图片的方法就是使用 background-image 属性，直接定义其 url 值，浏览器就会自动将图片覆盖整个页面。例如图 3.31 的图案（bg1.jpg）：

如果给页面的 body 标记添加"background-image:url(bg1.jpg);"，那么页面中所有地方都会以该图片作为背景，其中 url 里的值可以用网站的绝对路径，也可以使用相对路径，如例 3.22 所示，其显示效果如图 3.32 所示。

图 3.31 背景图案

【例 3.22】CSS 设置背景图片（光盘文件：第 3 章\3-22.html）

```
<html>
<head>
<title>背景图片</title>
<style>
<!--
body{
    background-image:url(bg1.jpg);  /* 页面背景图片 */
}
-->
</style>
</head>
<body>
</body>
</html>
```

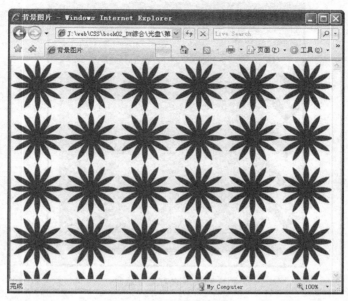

图 3.32　背景图片

3.6.3　背景图的重复

在 3.6.2 节的例子中，背景图案都是直接重复地铺满整个页面，这种方式并不适用于大多数场合，在 CSS 中可以通过 background-repeat 属性设置图片的重复方式，包括水平重复、竖直重复以及不重复等，以竖直方向重复为例，如例 3.23 所示。

【例 3.23】将背景图片重复铺满页面（光盘文件：第 3 章\3-23.html）

```
<html>
<head>
<title>背景重复</title>
<style>
<!--
body{
    padding:0px;
    margin:0px;
    background-image:url(bg2.jpg);           /* 背景图片 */
    background-repeat:repeat-y;              /* 垂直方向重复 */
    background-color:#0066FF;                /* 背景颜色 */
}
-->
</style>
</head>
<body>
</body>
</html>
```

其显示效果如图 3.33 所示，背景图片没有像例 3.22 那样铺满整个页面，而只是在竖直方向上进行了简单的重复显示。

如果将 background-repeat 的值设置为 "repeat-x"，则背景图片将在水平方向上重复显示，读者可以自己试验，这里不再详细介绍。

图 3.33　竖直方向上重复

3.6.4　背景样式综合设置

background 也可以将各种关于背景的设置集成到一个语句上，这样不仅可以节省大量代码，而且加快了网络下载页面的速度。例如：

```
background-color:red;                    /* 背景颜色 */
background-image:url(bg3.jpg);           /* 背景图片 */
background-repeat:no-repeat;             /* 背景不重复 */
background-attachment:fixed;             /* 固定背景图片 */
background-position:8px 7px;             /* 背景图片起始位置 */
```

以上代码可以统一用一句 background 属性代替，代码如下：

```
background:red url(bg3.jpg) no-repeat fixed 8px 7px;
```

两种属性声明的方法在显示效果上是完全一样的，第 1 种方法虽然代码冗长，但可读性强于第 2 种方法，读者可以根据自己的喜好选择使用。

3.7　CSS 设置超链接效果

超链接是网页上最普通不过的元素，通过超链接能够实现页面的跳转、功能的激活等，因此超链接也是用户与之打交道最多的元素之一。本节主要介绍超链接的各种效果，包括超链接的各种状态、伪属性、按钮特效等。

在 HTML 语言中，超链接是通过标记<a>来实现的，链接的具体地址则是利用<a>标记的 href 属性，例如：

```
<a href="http://isaac.thuee.net">isaac 的 Blog</a>
```

在默认的浏览器浏览方式下，超链接统一为蓝色并且有下划线，被单击过的超链接则为紫色并也有下划线，如图 3.34 所示。

显然这种传统的超链接样式完全没法满足广大用户的需求。通过 CSS 可以设置超链接的各种属性，包括前面章节提到的字体、颜色、背景等，而且通过伪类别还可以制作很多动态效果，首先用最简单的方法去掉超链接的下划线，代码如下：

```
a{                              /* 超链接的样式 */
    text-decoration:none;       /* 去掉下划线 */
}
```

此时页面效果如图 3.35 所示，无论是超链接本身，还是单击过的超链接，下划线都被去掉了，除了颜色以外，与普通的文字没有多大区别。

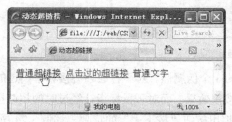

图 3.34　普通的超链接

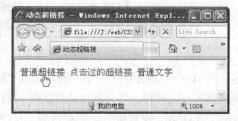

图 3.35　没有下划线的超链接

仅仅如上面所述的，通过设置标记<a>的样式风格来改变超链接，并没有太多动态的效果，下面介绍用 CSS 的伪类别（Anchor Pseudo Classes）来制作动态的效果，具体属性设置如表 3.1 所示。

表3.1　　　　　　　　　　　　　　　　<a>标记的属性

属　　性	说　　明
a:link	超链接的普通样式风格，即正常浏览状态的样式风格
a:visited	被单击过的超链接的样式风格
a:hover	鼠标指针经过超链接上时的样式风格
a:active	在超链接上单击时，即"当前激活"时，超链接的样式风格

CSS 就是通过以上 4 个伪类别，再配合各种属性风格制作出千变万化的动态超链接。如例 3.24 所示，通过各方面配合制作出按钮式的效果，如图 3.36 所示。

图 3.36　按钮式超链接

首先跟所有 HTML 页面一样，建立最简单的菜单结构，本例直接采用<a>标记排列的形式，代码如下：

```
<body>
    <a href="#">首页</a>
    <a href="#">一起走到</a>
```

```
    <a href="#">从明天起</a>
    <a href="#">纸飞机</a>
    <a href="#">下一站</a>
    <a href="#">其他</a>
</body>
```

此时页面效果如图 3.37 所示，仅仅只是几个普通的超链接堆砌。

图 3.37　普通超链接

然后对<a>标记进行整体控制，同时加入 CSS 的 3 个伪属性。对于普通超链接和单击过的超链接采用同样的样式风格，并且利用边框的样式模拟按钮效果。而对于鼠标指针经过时的超链接，相应地改变文字颜色、背景色、位置和边框，从而模拟出按钮"按下去"的特效，如例 3.24 所示。

【例 3.24】CSS 制作按钮式的超链接（光盘文件：第 3 章\3-24.html）

```
5style>
<!--
a{                                          /* 统一设置所有样式 */
    font-family: Arial;
    font-size: .8em;
    text-align:center;
    margin:3px;
}
a:link, a:visited{                          /* 超链接正常状态、被访问过的样式 */
    color: #A62020;
    padding:4px 10px 4px 10px;
    background-color: #ecd8db;
    text-decoration: none;
    border-top: 1px solid #EEEEEE;          /* 边框实现阴影效果 */
    border-left: 1px solid #EEEEEE;
    border-bottom: 1px solid #717171;
    border-right: 1px solid #717171;
}
a:hover{                                     /* 鼠标指针经过时的超链接 */
    color:#821818;                          /* 改变文字颜色 */
    padding:5px 8px 3px 12px;               /* 改变文字位置 */
    background-color:#e2c4c9;               /* 改变背景色 */
    border-top: 1px solid #717171;          /* 边框变换，实现"按下去"的效果 */
    border-left: 1px solid #717171;
    border-bottom: 1px solid #EEEEEE;
    border-right: 1px solid #EEEEEE;
}
-->
</style>
```

例 3.24 首先设置了<a>属性的整体风格样式，即超链接所有状态下通用的样式风格，然后通过对 3 个伪属性的颜色、背景色和边框的修改，从而模拟了按钮的特效，最终显示效果如图 3.38 所示。

图 3.38 最终效果

3.8 CSS 制作实用菜单

作为一个成功的网站，导航菜单是永远不可缺少的。导航菜单的样式风格往往也决定了整个网站的样式风格，因此很多设计者都会投入很多时间和精力来制作各式各样的导航条，从而体现网站的整体构架。本节围绕菜单的制作，介绍相关的项目列表、菜单变幻、导航栏等内容。

3.8.1 项目列表

传统的 HTML 语言提供了项目列表的基本功能，包括顺序式列表的\<ol\>标记、无顺序列表\<ul\>标记等。当引入 CSS 后，项目列表被赋予了很多新的属性，甚至超越了最初设计时它的功能。

在 CSS 中项目列表的编号是通过属性 list-style-type 来修改的，无论是\<ul\>标记或者是\<ol\>标记，都可以使用相同的属性值，而且效果是完全相同的，如例 3.25 所示。

【例 3.25】CSS 设置项目列表（光盘文件：第 3 章\3-25.html）

```
<html>
<head>
<title>项目列表</title>
<style>
<!--
body{
    background-color:#c1daff;
}
ul{
    font-size:0.9em;
    color:#00458c;
    list-style-type:decimal;           /* 项目编号 */
}
-->
</style>
</head>
<body>
<p>四大名著</p>
<ul>
    <li>sanguo 三国演义</li>
    <li>honglou 红楼梦</li>
    <li>shuihu 水浒传</li>
    <li>xiyou 西游记</li>
</ul>
</body>
</html>
```

图 3.39　项目列表

3.8.2　无需表格的菜单

当项目列表的项目符号可以通过 list-style-type 设置为 none 时，制作各式各样的菜单、导航条成了项目列表的最大用处之一，通过各种 CSS 属性变幻可以达到很多意想不到的导航效果。本实例效果如图 3.40 所示。

图 3.40　无需表格的菜单

首先建立 HTML 相关结构，将菜单的各个项用项目列表<ul>表示，同时设置页面的背景颜色，如例 3.26 所示。

【例 3.26】制作无需表格的菜单（光盘文件：第 3 章\3-26.html）

```
body{
    background-color:#ffdee0;
}

<body>
<div id="navigation">
    <ul>
        <li><a href="#">Home</a></li>
        <li><a href="#">News</a></li>
        <li><a href="#">Sports</a></li>
        <li><a href="#">Weather</a></li>
        <li><a href="#">Contact Me</a></li>
    </ul>
</div>
</body>
```

此时页面效果如图 3.41 所示，仅仅是最普通的项目列表。

图 3.41 项目列表

设置整个 `<div>` 块的宽度为固定像素，并设置文字的字体。设置项目列表 `<ul>` 的属性，将项目符号设置为不显示。

```css
#navigation {
    width:200px;
    font-family:Arial;
}
#navigation ul {
    list-style-type:none;              /* 不显示项目符号 */
    margin:0px;
    padding:0px;
}
```

通过以上设置后，项目列表便显示为普通的超链接列表，如图 3.42 所示。

接下来为 `<li>` 标记添加下划线，以分割各个超链接，并且对超链接 `<a>` 标记进行整体设置，代码如下：

```css
#navigation li {
    border-bottom:1px solid #ED9F9F;    /* 添加下划线 */
}
#navigation li a{
    display:block;                      /* 区块显示 */
    padding:5px 5px 5px 0.5em;
    text-decoration:none;
    border-left:12px solid #711515;     /* 左边的粗红边 */
    border-right:1px solid #711515;     /* 右侧阴影 */
}
```

以上代码中需要特别说明的是 "display:block;" 语句，通过该语句，超链接被设置成了块元素，当鼠标指针进入该块的任何部分时都会被激活，而不是仅仅在文字上方时才被激活。此时显示效果如图 3.43 所示。

图 3.42 超链接列表

图 3.43 区块设置

最后设置超链接的 3 个伪属性，以实现动态菜单的效果，代码如下：

```
#navigation li a:link, #navigation li a:visited{
    background-color:#c11136;
    color:#FFFFFF;
}
#navigation li a:hover{                    /* 鼠标指针经过时 */
    background-color:#990020;              /* 改变背景色 */
    color:#ffff00;                         /* 改变文字颜色 */
}
```

代码的具体含义都在注释中一一说明，这里不再重复，此时导航菜单便制作完成了，最终效果如图 3.44 所示，在 IE 与 Firefox 中的显示一致。

图 3.44　导航菜单

第 4 章　CSS 进阶

在设计网页时，能否控制好各个模块在页面中的位置是非常关键的。在第 3 章中，已经对 CSS 的基本使用有了一定的了解。本章在此基础上对 CSS 定位作详细介绍，并讲解利用 CSS + div 对页面元素进行定位的基本方法。

4.1　\<div\>标记与\<span\>标记

在使用 CSS 排版的页面中，\<div\>与\<span\>是两个常用的标记。利用这两个标记，加上 CSS 对其样式的控制，可以很方便地实现各种效果。本节从二者的基本概念出发，介绍这两个标记的用法与区别。

4.1.1　概述

\<div\>标记早在 HTML 3.0 时代就已经出现，但那时并不常用，直到 CSS 的出现，才逐渐发挥出它的优势。而\<span\>标记直到 HTML 4.0 时才被引入，它是专门针对样式表而设计的标记。

\<div\>（division）简单而言是一个区块容器标记，即\<div\>与\</div\>之间相当于一个容器，可以容纳段落、标题、表格、图片，乃至章节、摘要和备注等各种 HTML 元素。因此，可以把\<div\>…\</div\>中的内容视为一个独立的对象，用于 CSS 的控制。声明时只需要对\<div\>进行相应的控制，其中的各标记元素都会因此而改变。

【例 4.1】CSS 控制 div 块（光盘文件：第 4 章\4-1.html）

```
<html>
<head>
<title>div 标记范例</title>
<style type="text/css">
<!--
div{
    font-size:18px;                    /* 字号大小 */
    font-weight:bold;                  /* 字体粗细 */
    font-family:Arial;                 /* 字体 */
    color:#FFEEEE;                     /* 颜色 */
    background-color:#001166;          /* 背景颜色 */
    text-align:center;                 /* 对齐方式 */
    width:300px;                       /* 块宽度 */
    height:100px;                      /* 块高度 */
}
-->
</style>
</head>
<body>
    <div>
    这是一个 div 标记
    </div>
</body>
</html>
```

例 4.1 中通过 CSS 对 div 块的控制，制作了一个宽 300 像素、高 100 像素的深蓝色区块，并进行了文字效果的相应设置，在 IE 中的执行结果如图 4.1 所示。

<span>标记与<div>标记一样，作为容器标记而被广泛应用在 HTML 语言中。在<span>与</span>中间同样可以容纳各种 HTML 元素，从而形成独立的对象。在例 4.1 中，如果把"<div>"替换成"<span>"，样式表中把"div"替换成"span"，执行后也会发现效果完全一样。可以说<div>与<span>这两个标记起到的作用都是独立出各个区块，在这个意义上二者没有太多的不同。

图 4.1   div 块示例

4.1.2 <div>与<span>的区别

<div>与<span>的区别在于，<div>是一个块级（block-level）元素，它包围的元素会自动换行，而<span>仅仅是一个行内元素（inline elements），在它的前后不会换行。<span>没有结构上的意义，纯粹是应用样式，当其他行内元素都不合适时，就可以使用<span>元素。

此外，<span>标记可以包含于<div>标记之中，成为它的子元素，而反过来则不成立，即<span>标记不能包含<div>标记。

【例 4.2】<div>与<span>的区别（光盘文件：第 4 章\4-2.html）

```html
<html>
<head>
<title>div 与 span 的区别</title>
</head>
<body>
    <p>div 标记不同行：</p>
    <div><img src="lotus.jpg" border="0"></div>
    <div><img src="lotus.jpg" border="0"></div>
    <div><img src="lotus.jpg" border="0"></div>
    <p>span 标记同一行：</p>
    <span><img src="lotus.jpg" border="0"></span>
    <span><img src="lotus.jpg" border="0"></span>
    <span><img src="lotus.jpg" border="0"></span>
</body>
</html>
```

其执行的结果如图 4.2 所示。div 标记的 3 幅图片被分在了 3 行中，而<span>标记的图片没有换行。

图 4.2   <div>与<span>标记的区别

技巧：

通常情况下，对于页面中大的区块使用<div>标记，而<span>标记仅仅用于需要单独设置样式风格的小元素，例如一个单词、一幅图片、一个超链接等。

4.2 盒子模型

盒子模型是 CSS 控制页面时一个很重要的概念。只有很好地掌握了盒子模型以及其中每个元素的用法，才能真正地控制页面中各元素的位置。

所有页面中的元素都可以看成是一个盒子，占据着一定的页面空间。一般来说这些被占据的空间往往都要比单纯的内容要大。换句话说，可以通过调整盒子的边框、距离等参数，来调节盒子的位置。

一个盒子模型由 content（内容）、border（边框）、padding（间隙）、margin（间隔）这 4 个部分组成，如图 4.3 所示。

一个盒子的实际宽度（或高度）是由 content + padding + border + margin 组成的。在 CSS 中可以通过设定 width 和 height 的值来控制 content 的大小，并且对于任何一个盒子，都可以分别设定 4 条边各自的 border、padding 和 margin。因此，只要利用好盒子的这些属性，就能够实现各种各样的排版效果。

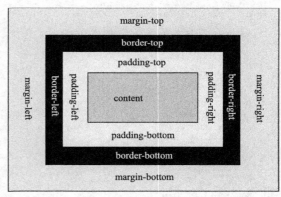

图 4.3　盒子模型

经验：

在浏览器中，width 和 height 的值兼容性很差，具体指代跟 HTML 第一行的声明有关，如果不声明则 IE 7 中指的是 content+padding+border 的宽或者高，而 Firefox 中就指的 content 的宽和高。

如果做如下 DTD 声明：

<!DOCTYPE html PUBLIC "-//W3C//DTD XHTML 1.0Transitional//EN""http://www.w3.org/TR/xhtml1/DTD/xhtml1-transitional.dtd">

则指代的都是 content 的宽和高。通常情况下尽量使用上述声明，这样浏览器之间的兼容性会大大提高。

4.3 元素的定位

网页中各种元素都必须有自己合理的位置，从而搭建出整个页面的结构。本节介绍 CSS 定位的几种原理和方法，包括 position、float、z-index 等。需要说明的是，这里的定位不是用<table>

进行排版，而是用 CSS 的方法对页面中块元素的定位。

4.3.1　float 定位

float 定位是 CSS 排版中非常重要的手段，在前面章节中已经有所提及，"首字放大"、"图文混排"等都利用了 float 定位的思想。float 属性的值很简单，可以设置为 left、right 或者默认值 none。当设置了元素向左或者向右浮动时，元素会向其父元素的左侧或右侧靠紧，具体方法如例 4.3 所示。

【例 4.3】用 float 属性实现定位（光盘文件：第 4 章\4-3.html）

```html
<html>
<head>
<title>float 属性</title>
<style type="text/css">
<!--
body{
    margin:15px;
    font-family:Arial; font-size:12px;
}
.father{
    background-color:#fffea6;
    border:1px solid #111111;
    padding:25px;                      /* 父块的 padding */
}
.son1{
    padding:10px;                      /* 子块 son1 的 padding */
    margin:5px;                        /* 子块 son1 的 margin */
    background-color:#70baff;
    border:1px dashed #111111;
    float:left;                        /* 块 son1 左浮动 */
}
.son2{
    padding:5px;
    margin:0px;
    background-color:#ffd270;
    border:1px dashed #111111;
}
-->
</style>
</head>
<body>
    <div class="father">
        <div class="son1">float1</div>
        <div class="son2">float2</div>
    </div>
</body>
</html>
```

上例中定义了 3 个<div>块，其中一个是父块，另外两个是它的子块。为了便于观察，将各个块都加上了边框以及背景颜色，并且让<body>标记有一定的 margin 值。给块 son1 添加 margin 值 5px，而块 son2 的 margin 为 0px。

当没有设置块 son1 向左浮动前，页面效果如图 4.4 所示。当设置块 son1 的 float 为 left 时，页面效果如图 4.5 所示。

图 4.4 未设置块 1 的 float

图 4.5 设置了块 1 的 float

首先结合盒子模型单独分析块 son1，在设置 float 为 left 之前，它的宽度撑满了整个父块，空隙仅仅为父块的 padding 和它自己的 margin。
而设置了 float 为 left 后，块 son1 的宽度仅仅为它的内容本身加上自己的 padding。

块 son1 浮动到最左端的位置是父块的 padding-left 加上自己的 margin-left，而不是父块的边界 border，这里盒子模型的概念体现得很自然，示意如图 4.6 所示。

当设置 float 为 right 时，效果是完全一样的。倘若将子块 son1 的 margin 设置为负数，图 4.6 显示的理论仍然是正确的，子块能浮动到的最左端依

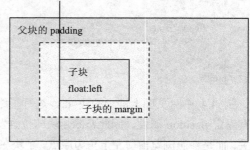

图 4.6 float 能到的最左端

然是父块的 padding-left 加上这个负数，因此子块在视觉上会移动到父块的外面，读者可以自己试验。

4.3.2 position 定位

position 定位与 float 定义一样，也是 CSS 排版中非常重要的概念。position 从字面意思上看就是指定块的位置，即块相对于其父块的位置、相对于它自己本身应该在的位置。

position 属性一共有 4 个值，分别为 static、absolute、relative、fixed。其中 static 为默认值，指块保持在原本应该在的位置上，即该值没有任何移动的效果。这里首先介绍 absolute，即绝对定位。

绝对定位是参照浏览器的左上角，配合 top、right、bottom、left 进行定位，在没有设定 top、right、bottom、left 时，默认依据父级的坐标原点为原点。如果设定了 top、right、bottom、left，并且父级没有设定 position 属性，那么当前的 absolute 则以浏览器左上角为原点进行定位，位置将由这 4 个属性决定，如例 4.4 所示。

【例 4.4】用 position 属性实现绝对定位（光盘文件：第 4 章\4-4.html）

```
<html>
<head>
<title>position 属性</title>
<style type="text/css">
<!--
body{
    margin:10px;
    font-family:Arial;
    font-size:13px;
}
#father{
```

```
        background-color:#a0c8ff;
        border:1px dashed #000000;
        width:100%;
        height:100%;
    }
    #block{
        background-color:#fff0ac;
        border:1px dashed #000000;
        padding:10px;
        position:absolute;              /* absolute 绝对定位 */
        left:20px;                      /* 块的左边框离页面左边界 20px */
        top:40px;                       /* 块的上边框离页面上边界 40px */
    }
    -->
    </style>
    </head>
    <body>
        <div id="father">
            <div id="block">absolute</div>
        </div>
    </body>
    </html>
```

例 4.4 中对页面上惟一的块<div>进行了绝对定位，由于父块#father
没有设定 position 属性，因此#block 块的位置发生了改变，不再与#father
有关，而是参照浏览窗口左上角为原点。子块左边框相对页面<body>左边
的距离为 20px，而不是相对父块的左边框。子块的上边框相对页面<body>
上边的距离为 40px，也不是父块的上边，如图 4.7 所示。

倘若稍稍修改代码，为父块设置 position 属性，代码如下：

图 4.7 absolute 定位

```
#father{
    background-color:#a0c8ff;
    border:1px dashed #000000;
    position:relative;
    width:100%;
    height:100%;
}
```

以上代码为父块设置了 position 属性，再测试结果会发现子块#block 的相对参照物为父块
#father，距左侧 20px，距上端 40px，读者可以自行检验。

注意：
　　top、right、bottom、left 这 4 个 CSS 属性，它们都是配合 position 属性使用的，表
示的是块的各个边界离页面边框（position 设置为 absolute 时）或原来的位置（position
设置为 relative）的距离。只有当 position 属性设置为 absolute 或者 relative 时才能生效，
如果将例 4.4 中的 position 改为 static，则子块不会有任何变化。

当块的 position 参数设置为 relative 时，与 absolute 完全不同，子块则相对于其父块中它本
来应该在的位置进行定位，同样采用 top、right、bottom、left 这 4 个属性配合，如例 4.5 所示。

【例 4.5】用 position 属性实现相对定位（光盘文件：第 4 章\4-5.html）

```
<head>
<title>position 属性</title>
```

```
<style type="text/css">
<!--
body{
    margin:10px;
    font-family:Arial;
    font-size:13px;
}
#father{
    background-color:#a0c8ff;
    border:1px dashed #000000;
    width:100%; height:100%;
    padding:5px;
}
#block1{
    background-color:#fff0ac;
    border:1px dashed #000000;
    padding:10px;
    position:relative;          /* relative 相对定位 */
    left:15px;
    top:10%;
}
-->
</style>
</head>
<body>
    <div id="father">
        <div id="block1">relative</div>
    </div>
</body>
```

例 4.5 中设置了子块的 position 属性为 relative，显示结果如图 4.8 所示，可以看到子块的左边框相对于其父块的左边框（它原来所在的位置）距离为 15px，上边框也是一样的道理，为 10%。

图 4.8　relative 位置关系

此时子块的宽度依然是未移动前的宽度，撑满未移动前父块的内容。只是由于向右移动了，因此右边框超出了父块。如果希望子块的宽度仅仅为其内容加上自己的 padding 值，可以将它的 float 属性设置为 left，或者指定其宽度 width，读者可以自己试验。

4.3.3　z-index 空间位置

z-index 属性用于调整定位时重叠块的上下位置，与它的名称一样，想象页面为 x-y 轴，垂直于页面的方向为 z 轴，z-index 值大的页面位于其值小的上方，如图 4.9 所示。

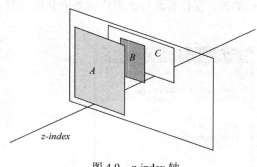

图 4.9　z-index 轴

z-index 属性的值为整数，可以是正数也可以是负数。当块被设置了 position 属性时，该值便可设置各块之间的重叠高低关系。默认的 z-index 值为 0，当两个块的 z-index 值一样时，保持原有的高低覆盖关系，如例 4.6 所示。

【例 4.6】用 z-index 属性调整重叠块的位置（光盘文件：第 4 章\4-6.html）

```
<head>
<title>z-index 属性</title>
```

```
<style type="text/css">
<!--
body{
    margin:10px;
    font-family:Arial;
    font-size:13px;
}
#block1{
    background-color:#fff0ac;
    border:1px dashed #000000;
    padding:10px;
    position:absolute;
    left:20px;
    top:30px;
    z-index:1;                              /* 高低值 1 */
}
#block2{
    background-color:#ffc24c;
    border:1px dashed #000000;
    padding:10px;
    position:absolute;
    left:40px;
    top:50px;
    z-index:0;                              /* 高低值 0 */
}
#block3{
    background-color:#c7ff9d;
    border:1px dashed #000000;
    padding:10px;
    position:absolute;
    left:60px;
    top:70px;
    z-index:-1;                             /* 高低值-1 */
}
-->
</style>
</head>
<body>
    <div id="block1">AAAAAAAA</div>
    <div id="block2">BBBBBBBB</div>
    <div id="block3">4444</div>
</body>
```

例 4.6 对 3 个有重叠关系的块分别设置了 z-index 的值，在设置前与设置后的效果分别如图 4.10 和图 4.11 所示。

图 4.10 设置 z-index 前的效果

图 4.11 设置 z-index 后的效果

4.4　CSS 排版观念

CSS 排版是一种很新的排版理念，完全有别于传统的排版习惯。它将页面首先在整体上进行<div>标记的分块，然后对各个块进行 CSS 定位，最后再在各个块中添加相应的内容。通过 CSS 排版的页面，后期维护、更新十分容易，甚至是页面的拓扑结构，都可以通过修改 CSS 属性来重新定位。本节主要介绍 CSS 排版的整体思路，为后续章节的进一步介绍打下基础。

4.4.1　将页面用 div 分块

CSS 排版要求设计者首先对页面有一个整体的框架规划，包括整个页面分为哪些模块、各个模块之间的父子关系等。以最简单的框架为例，页面由 banner、主体内容（content）、菜单导航（links）、脚注（footer）几个部分组成，各个部分分别用自己的 id 标识，整体内容如图 4.12 所示。

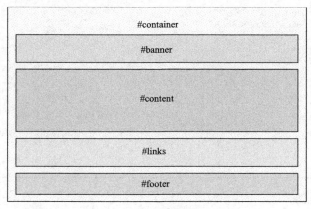

图 4.12　页面内容框架

图 4.12 中的每个色块都是一个<div>，这里直接用 CSS 的 ID 表示方法来表示各个块。页面的所有 div 块都属于块#container，一般的 div 排版都会在最外面加上这么一个父 div，便于对页面的整体调整。对于每个子 div 块，还可以再加入各种块元素或者行内元素，以#content 和#link 为例，如图 4.13 所示。

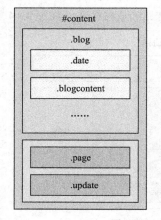
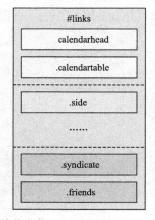

图 4.13　子块的内容

图 4.13 中同样采用 CSS 的类别方法 class 来表示各个内容部分，#content 用于页面主体部分的内容，#links 为导航菜单，这里暂时不对各个细节区域作讨论。此时页面的 HTML 框架代码如例 4.7 所示。

【例 4.7】CSS 排版（光盘文件：第 4 章\4-7.html）

```
<html>
<head>
<title>CSS 排版</title><body>
<div id="container">
    <div id="banner"></div>
    <div id="content">
        <div class="blog">
            <div class="date"></div>
            <div class="blogcontent"></div>
        </div>
        <div class="others"></div>
    </div>
    <div id="links">
        <div class="calendarhead"></div>
        <div class="calendartable"></div>
        <div class="side"></div>
        <div class="syndicate"></div>
        <div class="friends"></div>
    </div>
    <div id="footer">
    </div>
</div>
</body>
</html>
```

经验：
　　在设计网页时，第一步就是先明确整个页面的组成，并且在 HTML 中搭建好框架，然后才是排版，以及各个细节。

4.4.2　设计各块的位置

当页面的内容已经确定后，则需要根据内容本身考虑整体的页面版型，例如单栏、双栏、左中右等。这里考虑到导航条的易用性，采用常见的双栏模式，如图 4.14 所示。

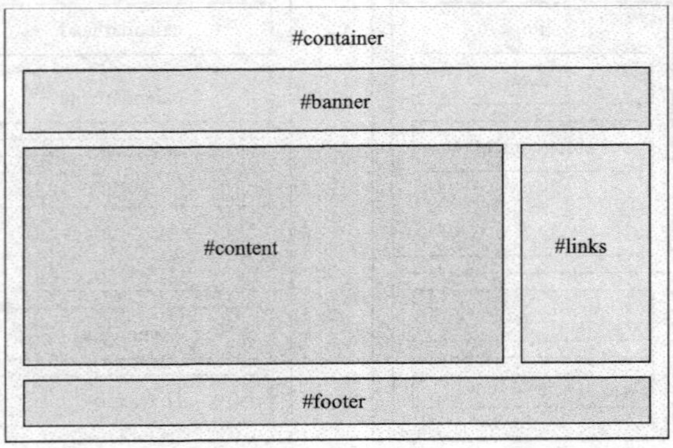

```
┌─────────────────────────────────────┐
│              #container              │
│  ┌───────────────────────────────┐  │
│  │            #banner             │  │
│  └───────────────────────────────┘  │
│  ┌──────────────────┐  ┌─────────┐  │
│  │                  │  │         │  │
│  │                  │  │         │  │
│  │     #content     │  │ #links  │  │
│  │                  │  │         │  │
│  │                  │  │         │  │
│  └──────────────────┘  └─────────┘  │
│  ┌───────────────────────────────┐  │
│  │            #footer             │  │
│  └───────────────────────────────┘  │
└─────────────────────────────────────┘
```

图 4.14　各块的位置

在整体的#container 框架中页面的 banner 在最上方，然后是内容#content 与导航条#links，二者在页面的中部，其中#content 占据整个页面的主体。最下方是页面的脚注#footer，用于显示版权和注册日期等。有了页面的整体框架后，便可以用 CSS 对各个 div 块进行定位了，如下一节所示。

4.4.3 用 CSS 定位

整理好页面的框架后便利用 CSS 对各个块进行定位，实现对页面的整体规划，然后再往各个模块中添加内容。首先对<body>标记与#container 父块进行设置，代码如下：

```
body {
    margin:0px;
    font-size:13px;
    font-family:Arial;
}
#container{
    position:relative;
    width:100%;
}
```

以上设置了页面文字的字号、字体，以及父块的宽度，让其撑满整个浏览器，接下来设置#banner 块，代码如下：

```
#banner{
    height:80px;
    border:1px solid #000000;
    text-align:center;
    background-color:#a2d9ff;
    padding:10px;
    margin-bottom:2px;
}
```

这里设置了#banner 块的高度，以及一些其他的个性化设置，当然读者可以根据自己的需要进行调整。如果#banner 本身就是一幅图片，那么#banner 的高度不需要设置。

利用 float 浮动方法将#content 移动到左侧，#links 移动到页面右侧，这里不指定#content 的宽度，因为它需要根据浏览器的变化而自己调整，但#links 作为导航条指定其宽度为 200px。

```
#content{
    float:left;
}
#links{
    float:right;
    width:200px;
    text-align:center;
}
```

读者完全可以根据需要设置背景色、文字颜色等其他 CSS 样式风格，此时如果给页面添加一些实际的内容，就会发现页面的效果如图 4.15 所示。

在分别设置#content 和#links 的浮动属性后，页面的块并没有按照想象的移动，#links 被挤到了#content 的下方，这是因为#content 没有设置宽度，仍然为 100%导致的。而前面又提到考虑需要占满浏览器的 100%，因此不能设置#content 的宽度，此时解决办法就是将#links 的 margin-left 设为负数，强行往左拉回 200px。代码如下所示，页面效果如图 4.16 所示。

```
#links{
    float:right;
    width:200px;
```

```
    border:1px solid #000000;
    margin-left:-200px;                        /*  往左拉回 200px */
    text-align:center;
}
```

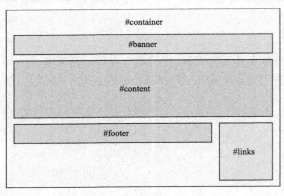

图 4.15　页面效果

此时会发现#content 的内容与#links 的内容发生了重叠，这时只需要设置#content 的 padding-right 为-200px，宽度不变的情况下将内容往左挤回去即可。另外，由于#content 和#link 都设置了浮动属性，因此#footer 需要设置 clear 属性，使其不受浮动的影响，代码如下：

```
#content{
    float:left;
    text-align:center;
    padding-right:200px;              /*  内容往回挤 200px */
}
#footer{
     clear:both;                      /*  不受浮动影响  */
text-align:center;
    height:30px;
    border:1px solid #000000;
}
```

经过调整后的页面显示效果如图 4.17 所示，#content 的实际宽度依然是整个页面的 100%，但是真正的内容却只有虚线部分，右侧被#links 挤掉了。

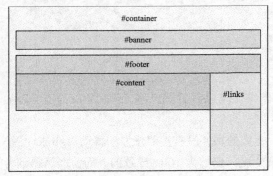

图 4.16　页面效果　　　　　　　　　　　　　图 4.17　调整后的效果

这样页面的整体框架便搭建好了，这里需要指出的是#content 块中不能放宽度太长的元素，例如很长的图片、不折行的英文等，否则#link 将再次被挤到#content 下方。

特别地，如果后期维护时希望#content 的位置与#links 对调，仅仅只需要将#content 和#links

属性中 float、padding、margin 里的 left 改成 right，right 改成 left 即可，这是传统的排版方式不可能简单实现的，也正是 CSS 排版的魅力之一。

例 4.7 在光盘的文件"第 4 章\4-7.html"中有简单的框架性示例，读者可参考。另外，需要指出如果#links 的内容比#content 的长（这种情况一般很少），在 IE 浏览器上#footer 就会贴在#content 下方而与#links 出现重合的地方，如图 4.18 所示。

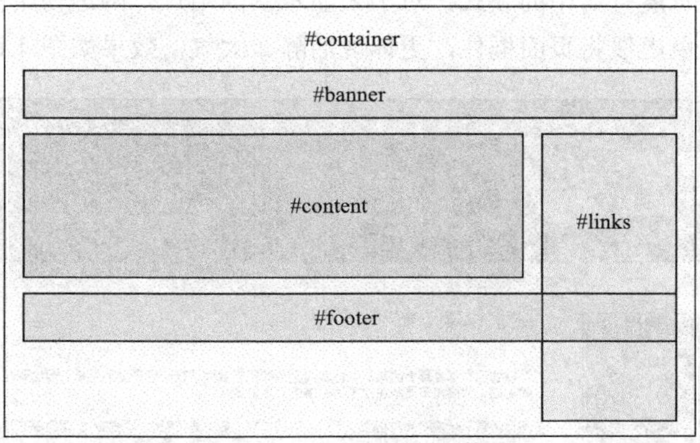

图 4.18 一种特殊情况

这是 CSS 排版中一种很麻烦的情况，需要对块作一些调整，方法是将#content 与#links 都设置为左浮动，然后再微调它们之间的距离。当然如果#links 在#content 的左方，那么就将二者都设置为右浮动即可。

对于固定宽度的页面这种情况是非常容易解决的（例如宽度为 800px 的页面），只需要指定#content 的宽度，然后二者同时向左（或者向右）浮动即可，代码如下：

```
#content {
    float: left;
    padding-right: 200px;
    width: 600px;          /* 800 - 200 = 600 */
}
```

经验：
　　在对页面采用 CSS 排版时，通常都需要绘制页面的框架图，至少做到心中有图纸。这样才能有的放矢，合理控制页面中的各个元素。

4.5　排版实例：我的博客

博客是目前网上很流行的日志形式，很多网友都拥有自己的博客，甚至拥有不止一个博客。对于自己的博客，用户往往都希望能制作出美观又适合自己风格的页面，很多博客网站也都提供自定义排版的功能，其实就是加载用户自定义的 CSS 文件。本节以一个博客首页为例，综合介绍整个页面的制作方法（光盘文件：第 4 章\4-8.html）。

4.5.1 设计分析

博客是一种需要每位用户精心维护、整理日志的网站，各种各样的色调都有。本例主要表现博客的心情、意境，岁月的流失、延伸，因此采用蓝黑色作为主色调，而页面主体背景采用白色为底色，二者配合表现出明朗、清爽与洁净的感觉。

页面设计为固定宽度且居中的版式，对于大显示器的用户，两边使用黑色将整个页面主体衬托出来，并使用灰色虚线将页面框住，更体现恬静、大气，效果如图 4.19 所示。

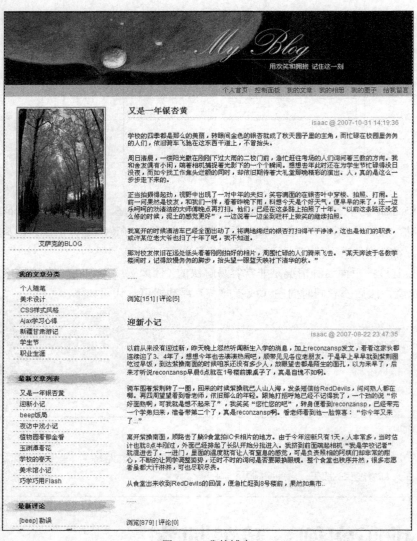

图 4.19　我的博客

4.5.2 排版构架

网络上的博客站点很多，通常个人的首页包括体现自己风格的 Banner、导航条、文章列表、评论列表，以及最新的几篇文章都会显示在首页上，考虑到实际的内容较多，一般都采用传统的文字排版模式，如图 4.20 所示。代码如例 4.8 所示。

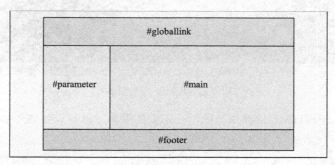

图 4.20　页面框架

【例 4.8】CSS 排版综合实例："我的博客"（光盘文件：第 4 章\4-8.html）

```
<div id="container">
    <div id="globallink"></div>
    <div id="parameter"></div>
    <div id="main"></div>
    <div id="footer"></div>
</div>
```

图 4.20 中的各个部分直接采用了 HTML 代码中各个<div>块对应的 id。#globallink 块主要包含页面的 Banner 以及导航菜单，#footer 块主要为版权、更新信息等，这两块在排版上都相对简单。而#parameter 块包括作者图片、各种导航、文章分类、最新文章列表、最新评论、友情链接等，#main 块则主要为最新文章的截取，包括文章标题、作者、日期、部分正文、浏览次数和评论数目等，这两个模块的框架如图 4.21 所示。

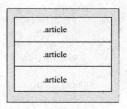

图 4.21　#parameter 与#main 的构架

这两个部分在整个页面中占主体的位置，设计时细节上的处理十分关键，直接决定着整个页面是否吸引人，相应的 HTML 代码框架如下：

```
<div id="parameter">
    <div id="author"></div>
    <div id="lcategory"></div>
    <div id="llatest"></div>
    <div id="lcomment"></div>
    <div id="lfriend"></div>
</div>
<div id="main">
    <div class="article"></div>
    <div class="article"></div>
    <div class="article"></div>
    ……
</div>
```

4.5.3　导航与 Banner

页面的整体模块中并没有将 Banner 单独分离出来，而仅仅只有导航的#globallink 模块。于是可以将 Banner 图片作为该模块的背景，而导航菜单采用绝对定位的方法进行移动，效果如图 4.22 所示。

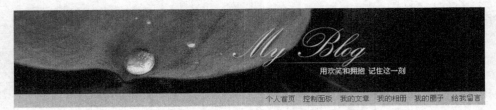

图 4.22　Banner 与导航条

#globallink 模块的 HTML 部分如下所示，主要的菜单导航都设计成了<ul>项目列表，方法十分简单。

```
<div id="globallink">
    <ul>
        <li><a href="#">个人首页</a></li>
        <li><a href="#">控制面板</a></li>
        <li><a href="#">我的文章</a></li>
        ……
    </ul>
    <br>
</div>
```

这里的 Banner 图片中并没有预留导航菜单的位置，因此必须将块的高度设置得比 Banner 图片高，然后添加相应的背景颜色作为导航菜单的背景颜色，代码如下所示，此时导航菜单的效果如图 4.23 所示。

```
#globallink{
    width:760px; height:163px;       /* 设置块的尺寸，高度大于 Banner 图片 */
    margin:0px; padding:0px;         /* 再设置背景颜色，作为导航菜单的背景色 */
    background: #9ac7ff url(banner.jpg) no-repeat top;
    font-size:12px;
}
#globallink ul{
    list-style-type:none;
    position:absolute;               /* 绝对定位 */
    width:417px;
    left:400px; top:145px;           /* 具体位置 */
    padding:0px; margin:0px;
}
#globallink li{
    float:left; text-align:center;
    padding:0px 6px 0px 6px;         /* 链接之间的距离 */
}
#globallink a:link, #globallink a:visited{
    color:#004a87;
    text-decoration:none;
}
#globallink a:hover{
    color:#FFFFFF;
    text-decoration:underline;
}
```

图 4.23　导航菜单

4.5.4　左侧列表

博客的#parameter 块包含了该 Blog 的各种信息，包括用户的自定义图片、链接、文章分类、最新文章列表、最新评论等，这些栏目都是整个博客所不可缺少的。该例中将这个大块的宽度设定为 210px，并且向左浮动，代码如下：

```
#parameter{
    position:relative;
    float:left;                    /* 左浮动 */
    width:210px;
    padding:0px; margin:0px;
}
```

设置完整体的#parameter 块后，便开始制作其中的每一个子块。其中最上面的#auther 子块让用户显示自定义的图片，HTML 框架如下：

```
<div id="author">
    <p class="mypic"><img src="mypic.jpg"></p>
    <p>艾萨克的 BLOG</p>
</div>
```

#parameter 中的其他子块除了具体的内容不同，样式上基本都一样，因此可以统一设置，每个子块的 HTML 框架如下所示（以"最新评论"#lcomment 块为例），也都采用了标题和项目列表的方式。

```
<div id="lcomment">
    <h4 class="comment"><span>最新评论</span></h4>
    <ul>
        <li><a href="#">[beep] 勘误</a></li>
        <li><a href="#">[jennifer] 你这妖言惑众</a></li>
        <li><a href="#">[li4] 哇，第一张尤其 zan！</li>
        <li><a href="#">[beep] 挺好挺好 :)</a></li>
        <li><a href="#">[bingri] 来总导这里挖坑~</a></li>
        <li><a href="#">[inming] 博士加油</a></li>
    </ul>
    <br>
</div>
```

对于每个子块中实际内容的项目列表则采用常用的方法，将<ul>标记的 list-style 属性设置为 none，然后调整<li>的 padding 等参数，代码如下：

```
#parameter div ul{
    list-style:none;
    margin:5px 15px 0px 15px;
    padding:0px;
}
#parameter div ul li{
    padding:2px 3px 2px 15px;
    background:url(icon1.gif) no-repeat 8px 7px;
    border-bottom:1px dashed #999999;        /* 虚线作为下划线 */
}
#parameter div ul li a:link, #parameter div ul li a:visited{
    color:#000000;
    text-decoration:none;
}
#parameter div ul li a:hover{
    color:#008cff;
    text-decoration:underline;
}
```

这里为每一个<li>标记都设置了虚线作为下划线，并且前端的项目符号用一幅小的 gif 背景图片替代，显示效果如图 4.24 所示。

图 4.24　设置项目列表

4.5.5　内容部分

内容部分位于页面的主体位置，将其也设置为向左浮动，并且适当地调整 margin 值，指定宽度（否则浏览器之间会有差别），代码如下：

```
#main{
    float:left;
    position:relative;
    font-size:12px;
    margin:0px 20px 5px 20px;
    width:510px;
}
```

对#main 整块进行了设置后便开始制作其中每个子块的细节。内容#main 块主要为博客最新的文章，包括文章的标题、作者、时间、正文截取、浏览次数和评论篇数等，由于文章不止一篇且又采用相同的样式风格，因此使用 CSS 的类别 class 来标记，HTML 部分示例如下：

```
<div class="article">
    <h3><a href="#">beep 饭局</a></h3>
    <p class="author">isaac @ 2007-06-27 18:47:29</p>
    <p class="content">很久没有动笔写点什么了，就简单流水一下 beep 的饭局吧。……</p>
    <p class="show">浏览[98] | 评论[2]</p>
</div>
```

从上面的代码也可以看出，对于类别为.article 的子块中的每个项目，都设置了相应的 CSS 类别，这样便能够对所有的内容精确地控制样式风格了。

设计时整体思路考虑以简洁、明快为指导思想，形式上结构清晰、干净利落。标题处采用暗红色达到突出而又不刺眼的目的，作者、时间右对齐，并且与标题用淡色虚线分离，然后再调整各个块的 margin 以及 padding 值，代码如下：

```
#main div{
    position:relative;
    margin:20px 0px 30px 0px;
}
#main div h3{
    font-size:15px;
    margin:0px;
    padding:0px 0px 3px 0px;
    border-bottom:1px dotted #999999;              /* 下划淡色虚线 */
}
#main div h3 a:link, #main div h3 a:visited{
    color:#662900;
```

```
        text-decoration:none;
    }
    #main div h3 a:hover{
        color:#0072ff;
    }
    #main p.author{
        margin:0px;
        text-align:right;
        color:#888888;
        padding:2px 5px 2px 0px;
    }
    #main p.content{
        margin:0px;
        padding:10px 0px 10px 0px;
    }
```

此时#main 块的显示效果如图 4.25 所示。

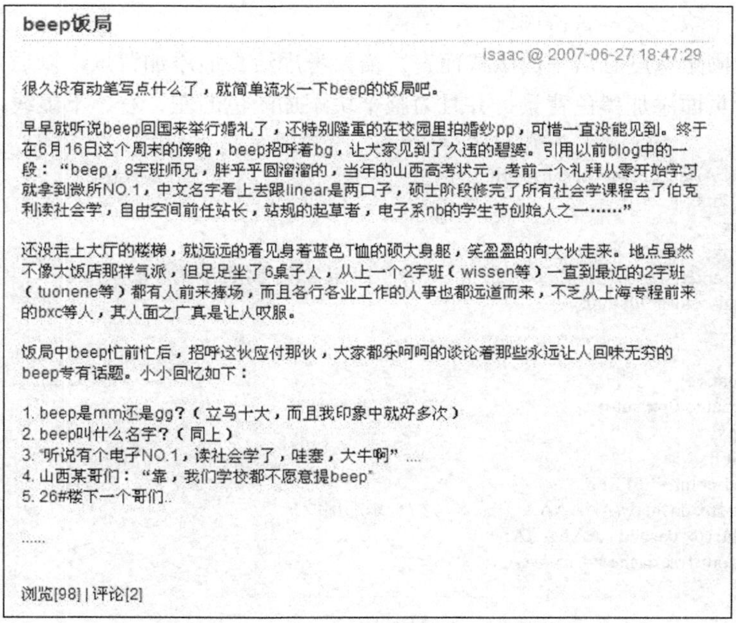

beep饭局

isaac @ 2007-06-27 18:47:29

很久没有动笔写点什么了，就简单流水一下beep的饭局吧。

早早就听说beep回国来举行婚礼了，还特别隆重的在校园里拍婚纱pp，可惜一直没能见到。终于在6月16这个周末的傍晚，beep招呼着bg，让大家见到了久违的碧婆。引用以前blog中的一段："beep，8字班师兄，胖乎乎圆溜溜的，当年的山西高考状元，考前一个礼拜从零开始学习就拿到微所NO.1，中文名字看上去跟linear是两口子，硕士阶段修完了所有社会学课程去了伯克利卖社会学，自由空间前任站长，站规的起草者，电子系nb的学生节创始人之一……"

还没走上大厅的楼梯，就远远的看见身着蓝色T恤的硕大身躯，笑盈盈的向大伙走来。地点虽然不像大饭店那样气派，但足足坐了6桌子人，从上一个2字班（wissen等）一直到最近的2字班（tuonene等）都有人前来捧场，而且各行各业工作的人事也都远道而来，不乏从上海专程前来的bxc等人，其人面之广真是让人叹服。

饭局中beep忙前忙后，招呼这伙应付那伙，大家都乐呵呵的谈论着那些永远让人回味无穷的beep专有话题。小小回忆如下：

1. beep是mm还是gg?（立马十大，而且我印象中就好多次）
2. beep叫什么名字?（同上）
3. 听说有个电子NO.1，读社会学了，哇塞，大牛啊" ....
4. 山西某哥们："靠，我们学校都不愿意提beep"
5. 26#楼下一个哥们..

......

浏览[98] | 评论[2]

图 4.25　内容部分

4.5.6　footer 脚注

#footer 脚注主要用来放一些版权信息和联系方式，贵在简单明了。其 HTML 框架也没有过多的内容，仅仅一个<div>块中包含一个<p>标记，代码如下：

```html
<div id="footer">
    <p>更新时间: 2008-06-24 &copy;All Rights Reserved </p>
</div>
```

因此，对于#footer 块的设计主要切合页面其他部分的风格即可。这里采用淡蓝色背景配合深蓝色文字，代码如下所示。显示效果如图 4.26 所示。

```css
#footer{
    clear:both;            /* 消除 float 的影响，排版相关的章节已经大量涉及 */
    text-align:center;
    background-color:#daeeff;
```

```
        margin:0px; padding:0px;
        color:#004a87;
    }
    #footer p{
        margin:0px; padding:2px;
    }
```

更新时间: 2008-06-24 ©All Rights Reserved

图 4.26　#footer 脚注

4.5.7　整体调整

通过以上对整体的排版以及各个模块的制作，整个页面已经基本成形。在制作完成的最后，还需要对页面根据效果作一些细节上的调整。例如各个块之间的 padding、margin 值是否与整体页面协调，各个子块之间是否协调统一，等等。

另外，对于固定宽度且居中的版式而言，需要考虑给页面添加背景，以适合大显示器的用户使用。这里给页面添加黑色背景，并且为整个块添加淡色的左、右、下虚线，代码如下：

```
body{
    font-family:Arial, Helvetica, sans-serif;
    font-size:12px;
    margin:0px;
    padding:0px;
    text-align:center;                        /* 居中且宽度固定的版式，参考 11.2 节 */
    background-color:#000000;
}
#container{
    position:relative;
    margin:1px auto 0px auto;
    width:760px;
    text-align:left;
    background-color:#FFFFFF;
    border-left:1px dashed #AAAAAA;            /* 添加虚线框 */
    border-right:1px dashed #AAAAAA;
    border-bottom:1px dashed #AAAAAA;
}
```

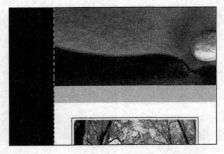

图 4.27　添加左、右、下虚线框

这样整个博客首页便制作完成了。另外，需要指出一点，对于放在公网上的站点，制作的时候需要考虑各个浏览器之间的兼容问题。通常的方法是将两个浏览器都打开，调整每一个细节的时候都相互对照，从而实现基本显示一致的效果。本例在 Firefox 中的显示效果如图 4.28 所示，与 IE 浏览器几乎完全一样。

图 4.28 Firefox 中的显示效果

4.6 JavaScript 与 CSS

正如第 1 章中所提到，JavaScript 与 CSS 都是标准 Web 的重要组成部分，CSS 实现页面的表现，而 JavaScript 主要负责页面的行为。当二者相结合的时候通常是用 JavaScript 动态的加载或是更换 CSS 来实现页面的变幻。本节主要通过实例对二者之间的运用做简单讲解。

4.6.1 颜色渐变的文字

CSS 可以很好地控制文字颜色的变化，但如果利用 JavaScript 动态加载文字的同时让其 CSS 属性也发生变化，就能够实现颜色渐变的效果。该例的最终显示效果如图 4.29 所示。

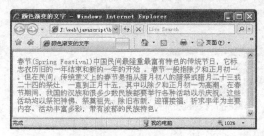

图 4.29 颜色渐变的文字

　　颜色渐变指的是颜色从一个初始值渐变到另外一个终止值，而在 Web 中如 3.4 节所介绍，颜色由 RGB 这 3 个部分组成，值为 0~255，因此颜色的渐变就转化成了数值的渐变，即 RGB 这 3 个分量分别由初始值向最终值递增或递减，每输出一个字符变化一次，变化量即为两个分量之间的差值除以整段文字的长度。计算变化量的函数如下：

```
function Delta(sHex1,sHex2,iNum){
    //计算每个字的变化量
    var iHex1 = parseInt("0x"+sHex1);
    var iHex2 = parseInt("0x"+sHex2);
    return (iHex2 - iHex1)/(iNum-1);
}
```

　　其中 sHex1 和 sHex2 均为两位十六进制颜色代码，例如"FF"、"36"等，利用 parseInt() 方法将十六进制转化为十进制，iNum 为整段文字的长度。而在文字输出时利用 for 循环，每输出一个字符，颜色就加一个变化量，代码如下：

```
for(var i=0;i<sText.length;i++){
        document.write("<font
style='color:rgb("+Math.round(sColorR)+","+Math.round(sColorG)+","+Math.round(sColorB)+");'>"+sText.substring(i,i+1)+"
</font>");
        /*每输出一个字符，颜色的 3 个分量都相应地变化
        当字符输出完成时，正好由 sColor1 变成 sColor2*/
        sColorR += fDeltaR;
        sColorG += fDeltaG;
        sColorB += fDeltaB;
}
```

　　其中 fDeltaR、fDeltaG、fDeltaB 分别为 3 个颜色分量的变化差值，sColorR、sColorG、sColorB 则正好由初始值 sColor1 变成最终值 sColor2，完整代码如例 4.9 所示。

　　【例 4.9】设置文字颜色渐变（光盘文件：第 4 章\4-9.html）

```
<html>
<head>
<title>颜色渐变的文字</title>
<script language="javascript">
function Delta(sHex1,sHex2,iNum){
    //计算每个字的变化量
    var iHex1 = parseInt("0x"+sHex1);
    var iHex2 = parseInt("0x"+sHex2);
    return (iHex2 - iHex1)/(iNum-1);
}
function Colorful(sText,sColor1,sColor2){
    if(sText.length<=1){
        //如果只有一个字符，渐变无从谈起，直接输出并返回
        document.write("<font style='color:#"+sColor1+";'>"+sText+"</font>");
        return;
    }
    //RGB 三色分离，分别获取变化的小量 delta
    var fDeltaR = Delta(sColor1.substring(0,2),sColor2.substring(0,2),sText.length);
    var fDeltaG = Delta(sColor1.substring(2,4),sColor2.substring(2,4),sText.length);
    var fDeltaB = Delta(sColor1.substring(4,6),sColor2.substring(4,6),sText.length);
    var sColorR = parseInt("0x"+sColor1.substring(0,2));
    var sColorG = parseInt("0x"+sColor1.substring(2,4));
    var sColorB = parseInt("0x"+sColor1.substring(4,6));
    for(var i=0;i<sText.length;i++){
```

```
            document.write("<font
style='color:rgb("+Math.round(sColorR)+","+Math.round(sColorG)+","+Math.round(sColorB)+");'>"+sText.substring(i,i+1)+"
</font>");
            /*每输出一个字符，颜色的 3 个分量都相应的变化
            当字符输出完成时，正好由 sColor1 变成 sColor2*/
            sColorR += fDeltaR;
            sColorG += fDeltaG;
            sColorB += fDeltaB;
        }
    }
```

Colorful("春节(Spring Festival)中国民间最隆重最富有特色的传统节日，它标志农历旧的一年结束和新的一年的开始。春节一般指除夕和正月初一 。但在民间，传统意义上的春节是指从腊月初八的腊祭或腊月二十三或二十四的祭灶，一直到正月十五，其中以除夕和正月初一为高潮。在春节期间，我国的汉族和很多少数民族都要举行各种活动以示庆祝。这些活动均以祭祀神佛、祭奠祖先、除旧布新、迎禧接福、祈求丰年为主要内容。活动丰富多彩，带有浓郁的民族特色。","FF3300","3366FF");

```
</script>
</head>
<body>
</body>
</html>
```

使用时直接调用函数 Colorful()，输入文字以及起始颜色和终止颜色值，在 Firefox 中的最终效果如图 4.30 所示。

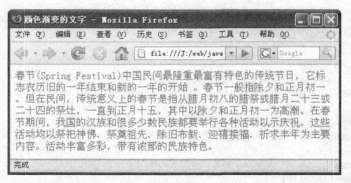

图 4.30　颜色渐变

4.6.2　鼠标文字跟随

很多个人网站、游戏站点、小型的商业网站都喜欢用鼠标文字跟随的特效，一方面可以在鼠标指针旁边就说明网站的相关信息，或者欢迎信息，另一方面也吸引用户的注意力，使其更加关注该网站。

鼠标文字跟随的特效主要是通过 JavaScript 代码来实现的，CSS 则用来设置文字的样式风格，效果如图 4.31 所示。

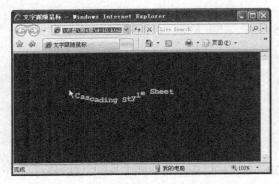

图 4.31　鼠标跟随

【例 4.10】设置鼠标文字跟随（光盘文件：第 4 章\4-10.html）

```
<html>
<head>
<title>文字跟随鼠标</title>
<style type="text/css">
<!--
body{
    background-color:#004593;
}
.spanstyle{
    color:#fff000;
    font-family:"Courier New";
    font-size:13px;
    font-weight:bold;
    position:absolute;              /* 绝对定位 */
    top:-50px;
}
-->
</style>
<script language="javascript">
var x,y;                //鼠标指针当前在页面上的位置
var step=10; //字符显示间距，为了好看，step=0 则字符显示没有间距
var flag=0;
var message="Cascading Style Sheet";         //跟随鼠标要显示的字符串
message=message.split("");         //将字符串分割为字符数组

var xpos=new Array()          //存储每个字符的 x 位置的数组
for (i=0;i<message.length;i++) {
    xpos[i]=-50;
}
var ypos=new Array()          //存储每个字符的 y 位置的数组
for (i=0;i<message.length;i++) {
    ypos[i]=-50;
}

for (i=0;i<message.length;i++) {  //动态生成显示每个字符的 span 标记，
    //使用 span 来标记字符，是为了方便使用 CSS，并可以自由地绝对定位
    document.write("<span id='span"+i+"' class='spanstyle'>");
    document.write(message[i]);
    document.write("</span>");
}
```

```
if (document.layers){
    document.captureEvents(Event.MOUSEMOVE);
}

function handlerMM(e){ //从事件得到鼠标光标在页面上的位置
    x = (document.layers) ? e.pageX : document.body.scrollLeft+event.clientX;
    y = (document.layers) ? e.pageY : document.body.scrollTop+event.clientY;
    flag=1;
}

function makesnake() {   //重定位每个字符的位置
    if (flag==1 && document.all) { //如果是 IE
        for (i=message.length-1; i>=1; i--) {
            xpos[i]=xpos[i-1]+step;   /*从尾向头确定字符的位置，每个字符为前一个字符"历史"水平坐标+step
间隔*/
            /*这样随着光标移动事件，就能得到一个动态的波浪状的显示效果
            ypos[i]=ypos[i-1];   //垂直坐标为前一字符的历史"垂直"坐标，后一个字符跟踪前一个字符运动*/
        }
        xpos[0]=x+step //第一个字符的坐标位置紧跟鼠标光标
        ypos[0]=y
        /*上面的算法将保证，如果鼠标光标移动到新位置，则连续调用 makenake 将会使这些字符一个接一个地
移动到新位置*/
        // 该算法显示字符串就有点像人类的游行队伍一样，

        for (i=0; i<=message.length-1; i++) {
            var thisspan = eval("span"+(i)+".style");   /*妙用 eval 根据字符串得到该字符串表示的对象*/
            thisspan.posLeft=xpos[i];
            thisspan.posTop=ypos[i];
        }
    }
    else if (flag==1 && document.layers) {
        for (i=message.length-1; i>=1; i--) {
            xpos[i]=xpos[i-1]+step;
            ypos[i]=ypos[i-1];
        }
        xpos[0]=x+step;
        ypos[0]=y;
        for (i=0; i<=message.length-1; i++) {
            var thisspan = eval("document.span"+i);
            thisspan.left=xpos[i];
            thisspan.top=ypos[i];
        }
    }
    var  timer=setTimeout("makesnake()",10)   /*设置 10 毫秒的定时器来连续调用 makesnake(),时刻刷新显示字符串
的位置*/
}
document.onmousemove = handlerMM;
</script>
</head>
<body onLoad="makesnake();">
</body>
</html>
```

　　例 4.10 主要是通过 JavaScript 获取鼠标的位置，并且动态地调整文字的位置。文字通过 CSS 属性 position 的绝对定位，因此很容易得到调整。采用 CSS 的绝对定位是 JavaScript 调整页面元素常用的方法，而其他 CSS 属性则可以使得文字更为美观。

　　首先将各个字符的位置存入数组中，然后每过一段时间就根据鼠标指针的位置修改文字的位置。具体 JavaScript 的原理这里不一一分析，代码中都有相应的注释，读者可以参考学习。只要修改 CSS 的样式风格即可获得不同的效果，例如修改文字的大小、颜色，并添加上划线和下划线等，如图 4.32 所示。

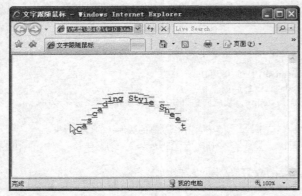

图 4.32　修改 CSS 属性

第 5 章 DOM 模型

文档对象模型 DOM（Document Object Module）定义了用户操作文档对象的接口，可以说 DOM 是自 HTML 将网上相关文档连接起来后最伟大的创新。它使得用户对 HTML 有了空前的访问能力，并使开发者能将 HTML 作为 XML 文档来处理。本章主要介绍 DOM 模型的基础，包括页面中的节点，如何使用 DOM、DOM 与 CSS 等。

5.1　网页中的 DOM 模型框架

在 1.3.2 节中一段简单的 HTML 代码（代码如下）被分解为树状图，如图 5.1 所示。

```
<html>
<head>
    <meta http-equiv="content-type" content="text/html; charset=gb2312" />
    <title>DOM Page</title>
</head>

<body>
    <h2><a href="#isaac">标题 1</a></h2>
    <p>段落 1</p>
    <ul id="myUl">
        <li>JavaScript</li>
        <li>DOM</li>
        <li>CSS</li>
    </ul>
</body>
</html>
```

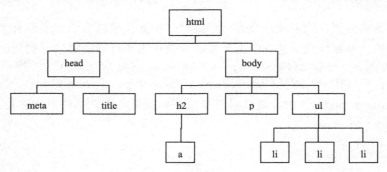

图 5.1　DOM 节点层次图

在这个树状图中，<html>标记位于最顶端，它没有父辈，也没有兄弟，称之为 DOM 的根节点。深入一层会发现，<html>有<head>和<body>两个分支，它们在同一层而不互相包含，它们之间是兄弟关系，有着共同的父元素<html>。再往下会看到<head>有两个子元素 <meta>和<title>，它们互为兄弟，而<body>有 3 个子元素，分别是<h2>、<p>和<ul>。再继续深入还会发现<h2>和<ul>都有自己的子元素。

通过这样的关系划分，整个 HTML 文档的结构清晰可见，各个元素之间的关系很容易表达出来，这正是由 DOM 完成的。

5.2 DOM 模型中的节点

节点（node）最初来源于计算机网络，它代表着网络中的一个连接点，可以说网络就是由节点构成的集合。DOM 的情况也很类似，文档可以说也是由节点构成的集合。在 DOM 中有 3 种节点，分别是元素节点、文本节点和属性节点，本节将一一介绍。

5.2.1 元素节点

可以说整个 DOM 模型都是由元素节点（element node）构成的。图 5.1 中显示的所有节点包括<html>、<body>、<meta>、<h2>、<p>、<li>等都是元素节点，各种标签便是这些元素节点的名称，例如文本段落元素的名称为"p"，无序清单的名称为"ul"等。

元素节点可以包含其他的元素，例如上例中所有的项目列表<li>都包含在<ul>中，惟一没有被包含的就只有根元素<html>。

5.2.2 文本节点

在 HTML 中光由标记搭建框架是不够的，页面的最终目的是向用户展示内容。例如上例在<h2>标记中有文本"标题 1"，项目列表<li>中有 JavaScript、DOM、CSS 等。这些具体的文本在 DOM 模型中称之为文本节点（text node）。

在 XHMTL 文档里，文本节点总是被包含在元素节点的内部，但并不是所有的元素节点都包含文本节点。例如<ul>节点里就没有直接包含任何文本节点，只是包含了一些元素节点<li>，<li>中才包含着文本节点。

5.2.3 属性节点

作为页面中的元素，或多或少会有一些属性，例如几乎所有的元素都有一个 title 属性。开发者可以利用这些属性来对包含在元素里的对象做出更准确的描述，例如：

```
<a title="CSS" href="http://picasaweb.google.com/isaacshun">isaac's Blog</a>
```

上面的代码中 title="CSS"和 href="http://picasaweb.google.com/isaacshun"就分别是两个属性节点（attribute node）。由于属性总是被放在标签里，因此属性节点总是被包含在元素节点中，如图 5.2 所示。

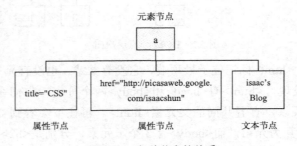

图 5.2　各种节点的关系

5.3   使用 DOM

在了解 DOM 模型的框架和节点后，最重要的是使用这些节点来处理 HTML 网页，本节主要介绍如何利用 DOM 来操作页面文档。

对于每一个 DOM 节点 node，都有一系列的属性、方法可以使用，首先将常用的罗列在表 5.1 中，供读者需要时查询。

表 5.1   node 的常用属性和方法

属性/方法	类型/返回类型	说　明
nodeName	String	节点名称，根据节点的类型而定义
nodeValue	String	节点的值，同样根据节点的类型而定义
nodeType	Number	节点类型，常量值之一
firstChild	Node	指向 childNodes 列表中的第一个节点
lastChild	Node	指向 childNodes 列表中的最后一个节点
childNodes	NodeList	所有子节点的列表，方法 item(i)可以访问第 i+1 个节点
parentNode	Node	指向节点的父节点，如果已是根节点，则返回 null
previousSibling	Node	指向前一个兄弟节点，如果该节点已经是第一个节点，则返回 null
nextSibling	Node	指向后一个兄弟节点，如果该节点已经是最后一个节点，则返回 null
hasChildNodes()	Boolean	当 childNodes 包含一个或多个节点时，返回 true
attributes	NameNodeMap	包含一个元素特性的 Attr 对象，仅用于元素节点
appendChild(node)	Node	将 node 节点添加到 childNodes 的末尾
removeChild(node)	Node	从 childNodes 中删除 node 节点
replaceChild(newnode, oldnode)	Node	将 childNodes 中的 oldnode 节点替换成 newnode 节点
insertBefore(newnode, refnode)	Node	在 childNodes 中的 refnode 节点之前插入 newnode 节点

5.3.1   访问节点

DOM 还提供了一些很便捷的方法来访问某些特定节点，这里介绍两种最常用的方法，即 getElementsByTagName()和 getElementById()。

getElementsByTagName()用来返回一个包含某个相同标签名的元素的 NodeList。例如<img> 标记的标签名为 "img"，下面这行代码返回文档中所有<li>元素的列表。

```
var oLi = document.getElementsByTagName("li");
```

这里需要特别指出的是，文档的 DOM 结构必须是在整个文档加载完毕后才能正确分析出来，因此以上语句必须在页面加载完成之后执行才能生效，如例 5.1 所示。

【例 5.1】用 getElementsByTagName()方法访问节点（光盘文件：第 5 章\5-1.html）

```
<!DOCTYPE html PUBLIC "-//W3C//DTD XHTML 1.0 Transitional//EN" "http://www.w3.org/TR/xhtml1/DTD/
xhtml1-transitional.dtd">
<html>
<head>
<title>getElementsByTagName()</title>
<script language="javascript">
function searchDOM(){
    //放在函数内，页面加载完成后才用<body>的 onload 加载
    var oLi = document.getElementsByTagName("li");
    //输出长度、标签名称以及某项的文本节点值
    alert(oLi.length + " " +oLi[0].tagName + " " + oLi[3].childNodes[0].nodeValue);
```

```
        }
    </script>
</head>
<body onload="searchDOM()">
    <ul>客户端语言
        <li>HTML</li>
        <li>JavaScript</li>
        <li>CSS</li>
    </ul>
    <ul>服务器端语言
        <li>ASP.NET</li>
        <li>JSP</li>
        <li>PHP</li>
    </ul>
</body>
</html>
```

以上页面的正文部分由两个<ul>组成，分别有一些项目列表，每个子项各有一些文本内容。通过 getElementsByTagName("li")将所有的<li>标记取出，并选择性地访问，运行结果如图5.3所示。

从运行结果可以看出，该方法将所有 6 个<li>元素提取出来，并且利用跟数组类似的方法便可以逐一访问。另外，大部分浏览器将标签名 tagName 设置为大写，应该稍加注意。

例 5.1 中如果只是希望将第 2 个<ul>下的所有<li>提取出来，则可以利用下面的代码。

```
var oUl = document.getElementsByTagName("ul");
var oLi2 = oUl[1].getElementsByTagName("li");
alert(oLi2.length + " " +oLi2[0].tagName + " " + oLi2[1].childNodes[0].nodeValue);
```

上面的代码表示 getElementsByTagName()并不是只针对 document 对象的，寻找某个节点包含的子节点也同样适用，运行结果如图5.4所示。

图 5.3　getElementsByTagName()方法　　图 5.4　节点的 getElementsByTagName()方法

除了上述方法以外，getElementById()也是最常用的方法之一，该方法返回 id 为指定值的元素。而标准的 HTML 中 id 都是惟一的，因此该方法主要用来获取某个指定的元素。例如在上例中如果某个<li>指定了 id，则可以直接访问，如例5.2所示。

【例 5.2】用 getElementById()方法获取元素（光盘文件：第 5 章\5-2.html）

```
<!DOCTYPE html PUBLIC "-//W3C//DTD XHTML 1.0 Transitional//EN" "http://www.w3.org/TR/xhtml1/DTD/
xhtml1-transitional.dtd">
    <html>
    <head>
    <title>getElementById()</title>
    <script language="javascript">
    function searchDOM(){
        var oLi = document.getElementById("cssLi");
        //输出标签名称以及文本节点值
        alert(oLi.tagName + " " + oLi.childNodes[0].nodeValue);
    }
    </script>
    </head>
    <body onload="searchDOM()">
        <ul>客户端语言
            <li>HTML</li>
            <li>JavaScript</li>
```

```
        <li id="cssLi">CSS</li>
    </ul>
    <ul>服务器端语言
        <li>ASP.NET</li>
        <li>JSP</li>
        <li>PHP</li>
    </ul>
</body>
</html>
```

以上 HTML 的文档中某个<li>被加上了 id 属性，可以看到用 getElementById("cssLi") 获 取 后 不 再 需 要 像 getElementsBy TagName()那样用类似数组的方式来访问，因为 getElementById() 方法返回的是惟一的一个节点。上例的运行结果如图 5.5 所示。

图 5.5 getElementById()方法

> **注 意：**
> 如果给定的 id 匹配某个元素的 name 属性，IE 浏览器还会返回这个元素。这是一个非常严重的 bug，也是开发者所必须注意的。在搭建 HTML 框架时应当尽量避免 id 与其他元素的 name 属性重复。

5.3.2 检测节点类型

通过节点的 nodeType 属性可以检测出节点的类型。该属性返回一个代表节点类型的整数值，总共有 12 个可取的值，例如：

```
alert(document.nodeType);
```

以上代码的显示值为 9，表示 DOCUMENT_NODE 节点。然而实际上，对于大多数情况而言，真正有用的还是 5.2 节中提到的 3 种节点，即元素节点、文本节点和属性节点，它们的 nodeType 值分别为：

（1）元素节点的 nodeType 值为 1；

（2）属性节点的 nodeType 值为 2；

（3）文本节点的 nodeType 值为 3。

这就意味着可以对某种类型的节点做单独的处理，这在搜索节点的时候非常地实用，后面的章节会马上看到这一点。

5.3.3 利用父子兄关系查找节点

父子兄关系是 DOM 模型中节点之间最重要的 3 种关系，5.3.1 节的例 5.1 中已经使用了节点的 childNodes 属性来访问元素节点所包含的文本节点，本节进一步讨论父子兄关系在查找节点中的运用。

在获取了某个节点之后，可以通过父子关系，利用 hasChildNodes()方法和 childNodes 属性获取该节点所包含的所有子节点，如例 5.3 所示。

【例5.3】DOM 获取所有子节点（光盘文件：第 5 章\5-3.html）

```
<!DOCTYPE html PUBLIC "-//W3C//DTD XHTML 1.0 Transitional//EN" "http://www.w3.org/TR/xhtml1/DTD/xhtml1-transitional.dtd">
```

```
<html>
<head>
<title>childNodes</title>
<script language="javascript">
function myDOMInspector(){
    var oUl = document.getElementById("myList");          //获取<ul>标记
    var DOMString = "";
    if(oUl.hasChildNodes()){                              //判断是否有子节点
        var oCh = oUl.childNodes;
        for(var i=0;i<oCh.length;i++)                     //逐一查找
            DOMString += oCh[i].nodeName + "\n";
    }
    alert(DOMString);
}
</script>
</head>
<body onload="myDOMInspector()">
    <ul id="myList">
        <li>糖醋排骨</li>
        <li>圆笼粉蒸肉</li>
        <li>泡菜鱼</li>
        <li>板栗烧鸡</li>
        <li>麻婆豆腐</li>
    </ul>
</body>
</html>
```

这个例子的函数中首先获取<ul>标签，然后利用 hasChildNodes()判断其是否有子节点，如果有则利用 childNodes 遍历它的所有节点。需要指出的是，运行结果在 IE 浏览器与 Firefox 浏览器之间是有区别的。在 IE 7 浏览器中的运行结果如图 5.6 所示，结果显示了 5 个"LI"子节点。

而在 Mozilla Firefox 中，不光是有标签的"LI"节点，连它们之间的空格也被当成子节点计算了进来，如图 5.7 所示。

图 5.6　IE 7 中的 5 个子 LI 节点　　　　图 5.7　Firefox 中的子节点图

这个问题一直存在，究竟谁对谁错很难说清楚，只是对于开发者而言，在编写 DOM 语句时应当引起注意，具体的处理方法稍后讲解。

通过父节点可以很轻松地找到子节点，反过来也是一样的。利用 parentNode 属性，可以获得一个节点的父节点，如例 5.4 所示。

【例 5.4】DOM 获取节点的父节点（光盘文件：第 5 章\5-4.html）

```
<!DOCTYPE html PUBLIC "-//W3C//DTD XHTML 1.0 Transitional//EN" "http://www.w3.org/TR/xhtml1/DTD
/xhtml1-transitional.dtd">
<html>
<head>
<title>parentNode</title>
```

```
<script language="javascript">
function myDOMInspector(){
    var myItem = document.getElementById("myDearFood");
    alert(myItem.parentNode.tagName);              //访问父节点
}
</script>
</head>
<body onload="myDOMInspector()">
    <ul>
        <li>糖醋排骨</li>
        <li>圆笼粉蒸肉</li>
        <li>泡菜鱼</li>
        <li id="myDearFood">板栗烧鸡</li>
        <li>麻婆豆腐</li>
    </ul>
</body>
</html>
```

通过 parentNode 属性，成功获得了指定节点的父节点，运行结果如图 5.8 所示。

由于任何节点都拥有 parentNode 属性，因此可以由子节点一直往上搜索，直到 body 为止，如例 5.5 所示。

【例 5.5】使用 parentNode 属性（光盘文件：第 5 章\5-5.html）

```
<!DOCTYPE html PUBLIC "-//W3C//DTD XHTML 1.0 Transitional//EN" "http://www.w3.org/TR/xhtml1/DTD/
xhtml1-transitional.dtd">
<html>
<head>
<title>parentNode</title>
<script language="javascript">
function myDOMInspector(){
    var myItem = document.getElementById("myDearFood");
    var parentElm = myItem.parentNode;
    while(parentElm.className != "colorful" && parentElm != document.body)
        parentElm = parentElm.parentNode;          //一路往上找
    alert(parentElm.tagName);
}
</script>
</head>
<body onload="myDOMInspector()">
<div class="colorful">
    <ul>
        <li>糖醋排骨</li>
        <li>圆笼粉蒸肉</li>
        <li>泡菜鱼</li>
        <li id="myDearFood">板栗烧鸡</li>
        <li>麻婆豆腐</li>
    </ul>
</div>
</body>
</html>
```

以上代码从某个子节点开始，一路向上搜索父节点，直到节点的 CSS 类名称为 "colorful" 或者<body>节点为止，运行结果如图 5.9 所示。

在 DOM 模型中父子关系属于两个不同层次之间的关系，而在同一个层中常用到的便是兄弟关系。DOM 同样提供了一些属性和方法来处理兄弟之间的关系，简单的示例如例 5.6 所示。

图 5.8 parentNode 图 5.9 寻找父节点

【例 5.6】DOM 的兄弟关系（光盘文件：第 5 章\5-6.html）

```
<!DOCTYPE html PUBLIC "-//W3C//DTD XHTML 1.0 Transitional//EN" "http://www.w3.org/TR/xhtml1/DTD/
xhtml1-transitional.dtd">
<html>
<head>
<title>Siblings</title>
<script language="javascript">
function myDOMInspector(){
    var myItem = document.getElementById("myDearFood");
    //访问兄弟节点
    var nextListItem = myItem.nextSibling;
    var preListItem = myItem.previousSibling;
    alert(nextListItem.tagName +" "+ preListItem.tagName);
}
</script>
</head>
<body onload="myDOMInspector()">
    <ul>
        <li>糖醋排骨</li>
        <li>圆笼粉蒸肉</li>
        <li>泡菜鱼</li>
        <li id="myDearFood">板栗烧鸡</li>
        <li>麻婆豆腐</li>
    </ul>
</body>
</html>
```

以上代码采用 nextSibling 和 previousSibling 属性访问兄弟节点，看上去无懈可击，在 IE 7 中的效果也很好，如图 5.10 所示。

但是例 5.3 就已经说明，Firefox 等其他浏览器中还包含众多的空格作为文本节点，因此以上代码是仅适用于 IE 浏览器，在 Firefox 中的显示效果如图 5.11 所示。

图 5.10 兄弟节点 图 5.11 Firefox 中的运行效果

要想使代码有很好的兼容性，则必须利用 5.3.2 节中介绍的 nodeType 属性对节点类型进行判断，如例 5.7 所示。

【例 5.7】访问相邻的兄弟节点（光盘文件：第 5 章\5-7.html）

```
<!DOCTYPE html PUBLIC "-//W3C//DTD XHTML 1.0 Transitional//EN" "http://www.w3.org/TR/xhtml1/DTD/
xhtml1-transitional.dtd">
<html>
<head>
<title>Siblings</title>
<script language="javascript">
function nextSib(node){
    var tempLast = node.parentNode.lastChild;
```

```
        //判断是否是最后一个节点，如果是则返回 null
        if(node == tempLast)
            return null;
        var tempObj = node.nextSibling;
        //逐一搜索后面的兄弟节点，直到发现元素节点为止
        while(tempObj.nodeType!=1 && tempObj.nextSibling!=null)
            tempObj = tempObj.nextSibling;
        //三目运算符，如果是元素节点则返回节点本身，否则返回 null
        return (tempObj.nodeType==1)?tempObj:null;
    }
    function prevSib(node){
        var tempFirst = node.parentNode.firstChild;
        //判断是否是第一个节点，如果是则返回 null
        if(node == tempFirst)
            return null;
        var tempObj = node.previousSibling;
        //逐一搜索前面的兄弟节点，直到发现元素节点为止
        while(tempObj.nodeType!=1 && tempObj.previousSibling!=null)
            tempObj = tempObj.previousSibling;
        return (tempObj.nodeType==1)?tempObj:null;
    }
    function myDOMInspector(){
        var myItem = document.getElementById("myDearFood");
        //获取后一个元素兄弟节点
        var nextListItem = nextSib(myItem);
        //获取前一个元素兄弟节点
        var preListItem = prevSib(myItem);
        alert(" 后一项:" + ((nextListItem!=null)?nextListItem.firstChild.nodeValue:null) + " 前一项:" + ((preListItem!=null)?preListItem.firstChild.nodeValue:null) );
    }
    </script>
</head>
<body onload="myDOMInspector()">
    <ul>
        <li>糖醋排骨</li>
        <li>圆笼粉蒸肉</li>
        <li>泡菜鱼</li>
        <li id="myDearFood">板栗烧鸡</li>
        <li>麻婆豆腐</li>
    </ul>
</body>
</html>
```

考虑到 Firefox 等浏览器的空格节点问题，以上代码利用 nodeType 属性，对兄弟节点进行逐一搜索，直到发现元素节点为止。各行代码的含义在注释中已有详细说明，这里不再重复，在 IE 7 和 Firefox 中的运行结果相同，如图 5.12 所示。

图 5.12 寻找兄弟元素

5.3.4 设置节点属性

在找到需要的节点之后通常希望对其属性做相应的设置，DOM 定义了两个便捷的方法来查询和设置节点的属性，即 getAttribute()方法和 setAttribute()方法。

getAttribute()方法是一个函数，它只有一个参数即要查询的属性名称。需要注意的是该方法不能通过 document 对象调用，只能通过一个元素节点对象来调用。下面的例5.8 用来获取图片的 title 属性。

【例5.8】用 getAttribute()方法获取节点的属性（光盘文件：第5 章\5-8.html）

```html
<!DOCTYPE html PUBLIC "-//W3C//DTD XHTML 1.0 Transitional//EN" "http://www.w3.org/TR/xhtml1/DTD/
xhtml1-transitional.dtd">
<html>
<head>
<title>getAttribute()</title>
<script language="javascript">
function myDOMInspector(){
    //获取图片
    var myImg = document.getElementsByTagName("img")[0];
    //获取图片的 title 属性
    alert(myImg.getAttribute("title"));
}
</script>
</head>
<body onload="myDOMInspector()">
<img src="01.jpg" title="情人坡" />
</body>
</html>
```

以上代码首先通过 getElementsByTagName()方法在 DOM 中将图片找到，然后再利用 getAttribute()方法读取图片的 title 属性，运行结果如图 5.13 所示。

除了获取属性外，另外一个方法 setAttribute()可以修改节点的相关属性。该方法接受两个参数，第1 个参数为属性的名称，第2 个参数为要修改的值，如例5.9 所示。

【例5.9】用 setAttribute()方法设置节点的属性（光盘文件：第5 章\5-9.html）

```html
<!DOCTYPE html PUBLIC "-//W3C//DTD XHTML 1.0 Transitional//EN" "http://www.w3.org/TR/xhtml1/DTD/
xhtml1-transitional.dtd">
<html>
<head>
<title>setAttribute()</title>
<script language="javascript">
function changePic(){
    //获取图片
    var myImg = document.getElementsByTagName("img")[0];
    //设置图片 src 和 title 属性
    myImg.setAttribute("src","02.jpg");
    myImg.setAttribute("title","紫荆公寓");
}
</script>
</head>
<body>
<img src="01.jpg" title="情人坡" onclick="changePic()" />
</body>
</html>
```

以上代码为<img>标记增添了 onclick 函数，单击图片后再利用 setAttribute()方法来替换图片的 src 和 title 属性，从而实现了单击切换的效果，如图 5.14 所示为单击后的效果。

这种单击图片直接更换的效果也是网络相册上经常使用的，通过 setAttribute()方法更新元素的各种属性来获得友好的用户体验。

图 5.13　获取属性　　　　　　　　　图 5.14　setAttribute()方法

5.3.5　创建和添加节点

除了查找节点并处理节点的属性外，DOM 同样提供了很多便捷的方法来管理节点，主要包括创建、删除、替换和插入等操作。

创建节点的过程在 DOM 中比较规范，而且对于不同的类型的节点方法还略有区别。例如创建元素节点采用 createElement()，创建文本节点采用 createTextNode()，创建文档碎片节点采用 createDocumentFragment()，等等。假设有如下 HTML 文档：

```
<html>
<head>
<title>创建新节点</title>
</head>
<body>

</body>
</html>
```

希望在<body>中动态地添加如下代码：

```
<p>这是一段感人的故事</p>
```

这便可以利用刚才所提到的两个方法来完成。首先利用 createElement()创建<p>元素，代码如下：

```
var oP = document.createElement("p");
```

然后利用 createTextNode()方法创建文本节点，并利用 appendChild()方法将其添加到 oP 节点的 childNodes 列表的最后，代码如下：

```
var oText = document.createTextNode("这是一段感人的故事");
oP.appendChild(oText);
```

最后再将已经包含了文本节点的元素<p>节点添加到<body>中，仍然采用 appendChild()方法，代码如下：

```
document.body.appendChild(oP);
```

这样便完成了<body>中<p>元素的创建，如果希望考察 appendChild()方法添加对象的位置，可以在<body>中预先设置一段文本，就会发现 appendChild()方法添加的位置永远是在节点 childNodes 列表的尾部。完整代码如例 5.10 所示。

【例 5.10】DOM 创建并添加新节点（光盘文件：第 5 章\5-10.html）

```
<!DOCTYPE html PUBLIC "-//W3C//DTD XHTML 1.0 Transitional//EN" "http://www.w3.org/TR/xhtml1/DTD/
xhtml1-transitional.dtd">
<html>
<head>
<title>创建新节点</title>
<script language="javascript">
function createP(){
    var oP = document.createElement("p");
    var oText = document.createTextNode("这是一段感人的故事");
    oP.appendChild(oText);
    document.body.appendChild(oP);
}
</script>
</head>
<body onload="createP()">
<p>事先写一行文字在这里，测试 appendChild()方法的添加位置</p>
</body>
</html>
```

代码运行结果如图 5.15 所示，<p>标签被成功地添加到了<body>的末尾。

图 5.15　添加元素节点

5.3.6　删除节点

DOM 能够添加节点自然也能够删除节点。删除节点是通过父节点的 removeChild()方法来完成的，通常的方法是找到要删除的节点，然后利用 parentNode 属性找到父节点，然后将其删除，如例 5.11 所示。

【例 5.11】DOM 删除节点（光盘文件：第 5 章\5-11.html）

```
<!DOCTYPE html PUBLIC "-//W3C//DTD XHTML 1.0 Transitional//EN" "http://www.w3.org/TR/xhtml1/DTD/
xhtml1-transitional.dtd">
<html>
<head>
<title>删除节点</title>
<script language="javascript">
function deleteP(){
    var oP = document.getElementsByTagName("p")[0];
    oP.parentNode.removeChild(oP);          //删除节点
}
</script>
</head>
<body onload="deleteP()">
<p>这行文字你看不到</p>
```

```
</body>
</html>
```

以上代码十分简洁，运行之后浏览器中一片空白，因为在页面加载完成的瞬间<p>节点已经被成功删除了，如图 5.16 所示。

图 5.16 删除节点

5.3.7 替换节点

有时不光是添加和删除，而是需要替换页面中的某个元素，DOM 提供了 replaceChild() 方法来完成这项任务。该方法同样是针对要替换节点的父节点来操作的，如例 5.12 所示。

【例 5.12】DOM 替换节点（光盘文件：第 5 章\5-12.html）

```
<!DOCTYPE html PUBLIC "-//W3C//DTD XHTML 1.0 Transitional//EN" "http://www.w3.org/TR/xhtml1/DTD/
xhtml1-transitional.dtd">
<html>
<head>
<title>替换节点</title>
<script language="javascript">
function replaceP(){
    var oOldP = document.getElementsByTagName("p")[0];
    var oNewP = document.createElement("p");           //新建节点
    var oText = document.createTextNode("这是一个感人肺腑的故事");
    oNewP.appendChild(oText);
    oOldP.parentNode.replaceChild(oNewP,oOldP);        //替换节点
}
</script>
</head>
<body onload="replaceP()">
<p>这行文字被替换了</p>
</body>
</html>
```

以上代码首先创建了一个新的<p>节点，然后利用 oOldP 父节点的 replaceChild() 方法将 oOldP 替换成了 oNewP，运行结果如图 5.17 所示。

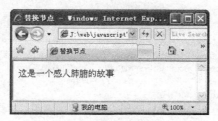

图 5.17 替换节点

5.3.8 在特定节点前插入节点

例 5.10 中新创建的元素<p>插入到了<body>子节点列表的末尾，如果希望这个节点能够插

入到已知节点之前，则可以采用 insertBefore()方法。与 replaceChild()方法一样，该方法同样接受两个参数，一个参数是新节点，另一个参数是目标节点，如例 5.13 所示。

【例 5.13】DOM 插入新的节点（光盘文件：第 5 章\5-13.html）

```
<!DOCTYPE html PUBLIC "-//W3C//DTD XHTML 1.0 Transitional//EN" "http://www.w3.org/TR/xhtml1/DTD/
xhtml1-transitional.dtd">
    <html>
    <head>
    <title>插入节点</title>
    <script language="javascript">
    function insertP(){
        var oOldP = document.getElementsByTagName("p")[0];
        var oNewP = document.createElement("p");                //新建节点
        var oText = document.createTextNode("这是一个感人肺腑的故事");
        oNewP.appendChild(oText);
        oOldP.parentNode.insertBefore(oNewP,oOldP);            //插入节点
    }
    </script>
    </head>
    <body onload="insertP()">
    <p>插入到这行文字之前</p>
    </body>
    </html>
```

以上代码同样是新建一个元素节点，然后利用 insertBefore()方法将节点插入到目标节点之前，运行结果如图 5.18 所示。

通常将节点添加到实际页面中时，页面就会立即更新并反映出这个变化。对于少量的更新前面介绍的方法是非常实用的，而一旦添加的节点非常多时，页面执行的效率就会很低。通常解决办法是创建一个文档碎片，把新的节点先添加到该碎片上，然后再一次性添加到实际的页面中，如例 5.14 所示。

【例 5.14】用 DOM 的文档碎片提高页面执行效率（光盘文件：第 5 章\5-14.html）

```
    <html>
    <head>
    <title>文档碎片</title>
    <style type="text/css">
    <!--
    p{
        padding:2px;
        margin:0px;
    }
    -->
    </style>
    <script language="javascript">
    function insertPs(){
        var aColors =
    ["red","green","blue","magenta","yellow","chocolate","black","aquamarine","lime","fuchsia","brass","azure","brown","b
ronze","deeppink","aliceblue","gray","copper","coral","feldspar","orange","orchid","pink","plum","quartz","purple"];
        var oFragment = document.createDocumentFragment();      //创建文档碎片
        for(var i=0;i<aColors.length;i++){
            var oP = document.createElement("p");
            var oText = document.createTextNode(aColors[i]);
            oP.appendChild(oText);
            oFragment.appendChild(oP);                          //将节点先添加到碎片中
        }
        document.body.appendChild(oFragment);                   //最后一次性添加到页面
    }
    </script>
    </head>
```

```
<body onload="insertPs()">
</body>
</html>
```

以上代码的运行结果如图 5.19 所示，执行的效率非常高。

图 5.18　插入节点

图 5.19　文档碎片

5.3.9　在特定节点后插入节点

DOM 提供的插入方法中只能往目标元素之前用 insertBefore()插入新的元素，或者是利用 appendChild()方法在父元素的 childNodes 末尾添加新元素。实际中往往需要往某个特定元素之后插入新的元素，而 DOM 本身没有提供 insertAfter()方法。但是完全可以利用现有的知识自行编写，代码如下：

```
function insertAfter(newElement, targetElement){
    var oParent = targetElement.parentNode;              //首先找到目标元素的父元素
    if(oParent.lastChild == targetElement)               //如果目标元素已经是最后一个元素了
    oParent.appendChild(newElement);                     //直接加到子元素列表的最后
    else                                                  //插入到目标元素的下一个兄弟元素之前
    oParent.insertBefore(newElement,targetElement.nextSibling);
}
```

以上函数的每一行代码都有注释，思路十分清晰，即首先判断目标节点是否是其父节点的最后一个子节点，如果是则直接用 appendChild()方法，否则利用 nextSibling 找到下一个兄弟节点，然后再用 insertBefore()。完整代码如例 5.15 所示。

【例 5.15】在特定节点后插入节点（自定义 insertAfter()方法）（光盘文件：第 5 章\5-15.html）

```
<!DOCTYPE html PUBLIC "-//W3C//DTD XHTML 1.0 Transitional//EN" "http://www.w3.org/TR/xhtml1/DTD/
xhtml1-transitional.dtd">
<html>
<head>
<title>insertAfter()方法</title>
<script language="javascript">
function insertAfter(newElement, targetElement){
    var oParent = targetElement.parentNode;
    if(oParent.lastChild == targetElement)
        oParent.appendChild(newElement);
    else
        oParent.insertBefore(newElement,targetElement.nextSibling);
}
function insertP(){
    var oOldP = document.getElementById("myTarget");
    var oNewP = document.createElement("p");            //新建节点
```

```
        var oText = document.createTextNode("这是一个感人肺腑的故事");
        oNewP.appendChild(oText);
        insertAfter(oNewP,oOldP);                    //插入节点
    }
</script>
</head>
<body onload="insertP()">
<p id="myTarget">插入到这行文字之后</p>
<p>也就是插入到这行文字之前，但这行没有 id，也可能不存在</p>
</body>
</html>
```

以上代码的运行结果如图 5.20 所示，可以看到新建的元素<p>成功地插入到了目标元素之后，十分实用。

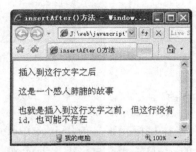

图 5.20　insertAfter()函数

技巧：
　　像 insertAfter()这样的小函数非常实用，例 5.7 中的 nextSib()和 prevSib()也是类似的情况，但 DOM 本身并没有提供这样的方法。开发者在平时练习时应当注意收集和整理这样的方法，在遇到大的工程项目时便可以随心所欲地调用了。

5.4　使用非标准 DOM innerHTML 属性

除了上面介绍的一系列标准 DOM 方法外，innerHTML 这个属性由于使用方便，也得到了目前主流浏览器的支持。该属性表示某个标记之间的所有内容，包括代码本身。该属性可以读取，同时还可以设置，如例 5.16 所示。

【例 5.16】使用标记的 innerHTML 属性（光盘文件：第 5 章\5-16.html）

```
<!DOCTYPE html PUBLIC "-//W3C//DTD XHTML 1.0 Transitional//EN" "http://www.w3.org/TR/xhtml1/DTD/
xhtml1-transitional.dtd">
<html>
<head>
<title>innerHTML</title>
<script language="javascript">
function myDOMInnerHTML(){
    var myDiv = document.getElementById("myTest");
    alert(myDiv.innerHTML);           //直接显示 innerHTML 的内容
    //修改 innerHTML，可直接添加代码
    myDiv.innerHTML = "<img src='01.jpg' title='情人坡'>";
}
</script>
```

```
</head>
<body onload="myDOMInnerHTML()">
<div id="myTest">
    <span>图库</span>
    <p>这是一行用于测试的文字</p>
</div>
</body>
</html>
```

以上代码首先读取文档中\<div\>块的 innerHTML 属性，可以看到该属性包含了所有\<div\>标记中的内容，包括代码，如图 5.21 所示。

在读取该属性的内容后，以上代码又直接修改了\<div\>块的 innerHTML 属性，将其替换成一幅图片，运行结果如图 5.22 所示。

图 5.21 innerHTML 属性

图 5.22 修改 innerHTML

注意：
这里需要说明的是 innerHTML 属性并不是 W3C DOM 的标准组成部分，虽然在插入大段 HTML 内容时它可以又快又简捷地完成任务，但它不会返回任何对刚插入的内容进行处理的对象。如果需要对刚插入的内容进行处理，还是需要标准 DOM 方法。

5.5 DOM 与 CSS

CSS 是通过标记、类型、ID 等来设置元素的样式风格的，DOM 则是通过 HTML 的框架来实现各个节点操作的。单从对 HTML 页面的结构分析来看，二者是完全相同的。本节再次回顾标准 Web 三位一体的页面结构，并简单介绍 className 的运用。

5.5.1 三位一体的页面

在 1.4 节中曾经提到过结构、表现、行为三者的分离，如今对 JavaScript、CSS 和 DOM 有了新的认识，再重新审视一下这种思路，会觉得更加清晰。

网页的结构（Structure）层由 HTML 或者 XHTML 之类的标记语言负责创建，标签（tag）对页面各个部分的含义做出描述，例如<ul>标签表示这是一个无序的项目列表，代码如下：

```
<ul>
    <li>HTML</li>
    <li>JavaScript</li>
    <li>CSS</li>
</ul>
```

以上代码的运行结果如图 5.23 所示。

页面的表现（Presentation）层由 CSS 来创建，即如何显示这些内容，例如采用蓝色，字体为 Arial，粗体显示，代码如下：

```
.myUL1{
    color:#0000FF;
    font-family:Arial;
    font-weight:bold;
}
```

图 5.23 结构层

图 5.24 表现层

行为（Behavior）层负责内容应该如何对事件做出反应，这正是 JavaScript 和 DOM 所完成的，例如当用户单击项目列表时，弹出对话框，代码如下：

```
function check(){
    var oMy = document.getElementsByTagName("ul")[0];
    alert("你点击了这个项目列表");
}

<ul onclick="check()" class="myUL1">
    <li>HTML</li>
    <li>JavaScript</li>
    <li>CSS</li>
</ul>
```

以上代码的运行结果如图 5.25 所示。

网页的表现层和行为层总是存在的，即使没有明确地给出具体的定义和指令。因为 Web 浏览器会把它的默认样式和默认事件加载到网页的结构层上。例如浏览器会在呈现文本的地方留出页边距，会在用户把鼠标指针移动到某个元素上方时弹出 title 属性的提示框，等等。

当然这 3 种技术也是存在重叠区的，例如用 DOM 来改变页面的结构层、createElement()等。CSS 中也有:hover 这样的伪属性来控制鼠标指针滑过某个元素时的样式。

现在再回头看标准 Web 三位一体的结构，对于整个站点的重要性不言而喻。

图 5.25 行为层

5.5.2 使用 className 属性

前面提到的 DOM 都是与结构层打交道的，例如查找节点、添加节点等，而 DOM 还有一个非常实用的 className 属性，可以修改一个节点的 CSS 类别，这里做简单的介绍。首先看下面的例 5.17。

【例 5.17】用 className 属性修改节点的 CSS 类别（光盘文件：第 5 章\5-17.html）

```
<!DOCTYPE html PUBLIC "-//W3C//DTD XHTML 1.0 Transitional//EN" "http://www.w3.org/TR/xhtml1/DTD/
xhtml1-transitional.dtd">
<html>
<head>
<title> className 属性</title>
<style type="text/css">
.myUL1{
    color:#0000FF;
    font-family:Arial;
    font-weight:bold;
}
.myUL2{
    color:#FF0000;
    font-family:Georgia, "Times New Roman", Times, serif;
}
</style>
<script language="javascript">
function check(){
    var oMy = document.getElementsByTagName("ul")[0];
    oMy.className = "myUL2";        //修改 CSS 类
}
</script>
</head>

<body>
    <ul onclick="check()" class="myUL1">
        <li>HTML</li>
        <li>JavaScript</li>
        <li>CSS</li>
    </ul>
</body>
</html>
```

这里还是采用了前面的项目列表，但是在单击列表时将<ul>标记的 className 属性进行了修改，用 myUL2 覆盖了 myUL1，可以看到项目列表的颜色、字体和粗细均发生了变化，如图 5.26 所示。

图 5.26　className 属性

从例 5.17 中也很清晰地看到，修改 className 属性是对 CSS 样式进行替换，而不是添加，但很多时候并不希望将原有的 CSS 样式覆盖，这时完全可以采用追加，前提是保证追加的 CSS 类别中的各个属性与原先的属性不重复，代码如下：

```
oMy.className += " myUL2"; //追加 CSS 类
```

完整代码如例 5.18 所示。

【例 5.18】追加 CSS 类别（光盘文件：第 5 章\5-18.html）

```
<!DOCTYPE html PUBLIC "-//W3C//DTD XHTML 1.0 Transitional//EN" "http://www.w3.org/TR/xhtml1/DTD/
xhtml1-transitional.dtd">
```

```
<html>
<head>
<title>追加 CSS 类别</title>
<style type="text/css">
.myUL1{
    color:#0000FF;
    font-family:Arial;
    font-weight:bold;
}
.myUL2{
    text-decoration:underline;
}
</style>
<script language="javascript">
function check(){
    var oMy = document.getElementsByTagName("ul")[0];
    oMy.className += " myUL2";        //追加 CSS 类
}
</script>
</head>

<body>
    <ul onclick="check()" class="myUL1">
        <li>HTML</li>
        <li>JavaScript</li>
        <li>CSS</li>
    </ul>
</body>
</html>
```

运行时单击项目列表后，实际上<ul>的 class 属性变为：

```
<ul onclick="check()" class="myUL1 myUL2">
```

代码的显示效果既保持了 myUL1 中的所有设置，又追加了 myUL2 中所设置的下划线，如图 5.27 所示。

图 5.27　追加 className

第 2 部分

JavaScript、CSS、DOM 高级篇

第6章 事　件

事件可以说是 JavaScript 最引人注目的特性，因为它提供了一个平台，让用户不仅可以浏览页面中的内容，而且能够跟页面进行交互。本章围绕 JavaScript 处理事件的特性进行讲解，主要包括事件流、事件的监听、事件的类型以及浏览器的兼容性问题等。

6.1　事件流

浏览器在最初开始支持事件时，同一个事件仅仅只有一个元素能够响应，而到了 IE 4 和 Netscape Navigator 4 时代，Microsoft、Netscape 这两家公司都认为仅支持单一事件是不够的，因此纷纷提出了事件流（event flow）的概念。本节主要介绍事件流的相关背景，为后续章节打下基础。

6.1.1　冒泡型事件

浏览器中的事件模型分为两种：捕获型事件和冒泡型事件。由于 IE 浏览器不支持捕获型事件，因此这里主要讲解冒泡型事件。冒泡型（dubbed bubbling）事件指的是事件按照从最特定的事件目标到最不特定的事件目标的顺序逐一触发，如例 6.1 所示。

【例 6.1】冒泡型事件（光盘文件：第 6 章\6–1.html）

```
<!DOCTYPE html PUBLIC "-//W3C//DTD XHTML 1.0 Transitional//EN" "http://www.w3.org/TR/xhtml1/DTD/xhtml1-transitional.dtd">
<html>
<head>
<title>冒泡型事件</title>
<script language="javascript">
function add(sText){
    var oDiv = document.getElementById("display");
    oDiv.innerHTML += sText; //输出单击顺序
}
</script>
</head>

<body onclick="add('body<br>');">
    <div onclick="add('div<br>');">
      <p onclick="add('p<br>');">Click Me</p>
</div>
<div id="display"></div>
</body>
</html>
```

以上代码为<p>标记、<div>标记、<body>标记都添加了 onclick 函数，用来处理单击鼠标的事件，运行页面，并单击<p>标记中的文字，效果如图 6.1 所示，会发现 3 个 onclick 函数都被触发了，且触发的顺序为<p>标记，它的父标记<div>，以及最后的<body>标记。

从例 6.1 中可以看到,单击鼠标的事件像冒泡一样从 DOM 层次结构的最底端往上一级级升,如图 6.2 所示。

图 6.1 冒泡型事件

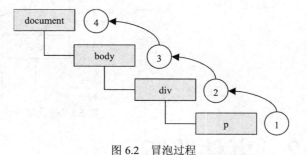

图 6.2 冒泡过程

在 IE 7 中甚至 <html> 标记都可以添加 onclick 函数,修改代码如下:

```
<html onclick="add('html<br>');">
```

这时 IE 7 上的运行结果如图 6.3 所示,冒泡过程中多了 <html> 一步。

但是这个事件在 Firefox 上的出现顺序与 IE 浏览器有出入,Firefox 上 <html> 事件出现在 <body> 事件之前,如图 6.4 所示。

图 6.3 <html> 标记的 onclick 函数

图 6.4 Firefox 上的冒泡顺序

经验:
不光 Firefox,IE 以前的版本在处理 <html> 标记级别的事件时顺序也有出入,因此无论任何情况,都应该尽量避免在 <html> 标记级别上处理事件。

6.1.2 捕获型事件

在 Netscape Navigator 4 时代,还有一种捕获型事件(event capturing),它与冒泡型事件正好是相反的,即从不精确的对象到最精确的对象。如果设置了捕获型事件,前面的例子将会反向进行,如图 6.5 所示。

这种事件也被称作自顶向下事件模型,因为它是从 DOM 层次的顶端开始向下延伸的。由于 IE 浏览器不支持这种类型的事件,因此读者只需要了解有这样一种事件即可。

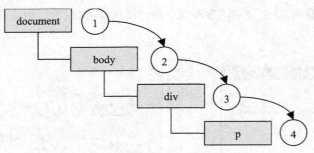

图6.5　捕获型事件

6.2　事件监听

从上一节的例子可以看到，页面中的事件都需要一个函数来响应，这类函数通常称之为事件处理函数（event handler），或者从另外一个角度来看，这些函数都在实时监听着是否有事件发生，称之为事件监听函数（event listener）。然而对于不同的浏览器而言，事件监听函数的调用区别比较大，本节分别讨论各个浏览器的事件监听方法。

6.2.1　通用监听方法

通常对于简单的事件，没有必要编写大量复杂的代码，直接在HTML的标签中就可以分配事件处理函数，而且通常兼容性很好，例如：

```
<p onclick="add('p<br>');">Click Me</p>
```

这是例6.1中的<p>标签，直接添加onclick函数进行事件的监听。在HTML中几乎所有的标签都有onclick方法。另外，还可以在标签中直接采用JavaScript语句，例如：

```
<p onclick="alert('我被点击了');">Click Me</p>
```

这种方法在主流的浏览器中的兼容性也十分地强，在Firefox中的运行结果如图6.6所示，单击<p>标签直接弹出对话框。

图6.6　直接添加监听函数

另外，考虑到结构、行为的分离，通常采用如例6.2所示的方法来实现事件监听，这种方法也是实际中运用比较多的。

【例6.2】实现事件监听（光盘文件：第6章\6-2.html）

```
<!DOCTYPE html PUBLIC "-//W3C//DTD XHTML 1.0 Transitional//EN" "http://www.w3.org/TR/xhtml1/DTD
/xhtml1-transitional.dtd">
    <html>
```

```
<head>
<title>监听函数</title>
<script language="javascript">
window.onload = function(){
    var oP = document.getElementById("myP");    //找到对象
    oP.onclick = function(){                           //设置事件监听函数
        alert('我被点击了');
    }
}
</script>
</head>

<body>
    <div>
        <p id="myP">Click Me</p>
    </div>
</body>
</html>
```

以上代码没有在 HTML 文档结构中采用任何 JavaScript，仅仅只是设置了<p>标签的 id 属性。然后在代码段中为该标记添加了和以下代码所示的匿名函数。

```
oP.onclick = function(){                //设置事件监听函数
    alert('我被点击了');
}
```

同时将这段函数放到了 window 对象的 onload 函数中，这也保证了 DOM 结构在完全建立后再搜索<p>节点。该例的运行结果如图 6.7 所示。

图 6.7　onclick 函数

以上介绍的这两种方法都十分便捷，在处理一些小功能时通常被广大开发者所喜爱。但是对于同一个事件，它们都只能添加一个函数。例如对于<p>标记的 onclick 函数，利用这两种方法都只能有一个函数。因此，IE 浏览器有了自己的解决办法，同时标准 DOM 则规定了另外一种方法。

6.2.2　IE 中的监听方法

在 Microsoft 公司的 IE 浏览器中，每个元素都有两个方法来处理事件的监听，分别是 attachEvent()和 detachEvent()。从它们的函数名称就能看出来，attachEvent()是用来给某个元素添加事件处理的函数，而 detachEvent()则是用来删除元素上的事件监听的函数，它们的语法如下：

```
[object].attachEvent("event_handler", fnHandler);
[object].detachEvent("event_handler", fnHandler);
```

其中 event_handler 表示事件的名称，如"onclick"、"onload"、"onmouseover"等，fnHandler 即为监听函数的名称。

> **注意：**
> 这里使用的是函数的名称，而不是加上括号的运行结果，类似"fnHandler()"是错误的写法。

　　上一节的示例中可以用 attachEvent()方法替代添加监听函数，而当单击了一下以后，可以用 detachEvent()将监听函数删除，使其不再响应单击事件，如例 6.3 所示。

　　【例 6.3】IE 的事件监听函数（光盘文件：第 6 章\6-3.html）

```
<!DOCTYPE html PUBLIC "-//W3C//DTD XHTML 1.0 Transitional//EN" "http://www.w3.org/TR/xhtml1/DTD/
xhtml1-transitional.dtd">
    <html>
    <head>
    <title>IE 的监听函数</title>
    <script language="javascript">
    function fnClick(){
        alert("我被点击了");
        oP.detachEvent("onclick",fnClick);          //单击了一次后删除监听函数
    }
    var oP;
    window.onload = function(){
        oP = document.getElementById("myP");     //找到对象
        oP.attachEvent("onclick",fnClick);          //添加监听函数
    }
    </script>
    </head>

    <body>
        <div>
            <p id="myP">Click Me</p>
        </div>
    </body>
    </html>
```

　　通过以上的代码可以清晰地看到 attachEvent()和 detachEvent()的使用方法，在 IE 7 中运行的结果如图 6.8 所示。在用户单击了一次<p>标记后，监听函数被删除，再单击则没有对话框弹出，这也是前面的方法所无法实现的。

图 6.8　IE 的监听函数

　　正如前面提到的，这种方法可以为同一个元素添加多个监听函数，如例 6.4 所示。

　　【例 6.4】同时添加多个事件监听函数（光盘文件：第 6 章\6-4.html）

```
<!DOCTYPE html PUBLIC "-//W3C//DTD XHTML 1.0 Transitional//EN" "http://www.w3.org/TR/xhtml1/DTD/
xhtml1-transitional.dtd">
    <html>
    <head>
    <title>多个监听函数</title>
    <script language="javascript">
    function fnClick1(){
        alert("我被 fnClick1 点击了");
    }
    function fnClick2(){
        alert("我被 fnClick2 点击了");
    }
    var oP;
    window.onload = function(){
        oP = document.getElementById("myP");      //找到对象
        oP.attachEvent("onclick",fnClick1);     //添加监听函数 1
        oP.attachEvent("onclick",fnClick2);     //添加监听函数 2
    }
    </script>
```

```
</head>

<body>
    <div>
        <p id="myP">Click Me</p>
    </div>
</body>
</html>
```

这样在单击标签<p>时两个函数便同时调用了，如图 6.9 所示。这里还需要注意两个函数调用的顺序，在 IE 7 中实测，后加入的函数 fnClick2()先被调用了，而先加入的 fnClick1 是后调用的。

图 6.9　多个监听函数

尽管 fnClick2()先调用，但并不意味着这两个函数是严格意义上的先后，在 fnClick2()开始运行后 fnClick1()马上也开始运行，因为它们都实时监听着<p>标记的 onclick 事件。为了证明这一点，可以在 fnClick2()中加入 detachEvent()语句来删除 fnClick1()，代码如下：

```
function fnClick2(){
    alert("我被 fnClick2 点击了");
    oP.detachEvent("onclick",fnClick1);          //删除监听函数 1
}
```

可以看到第一次单击<p>标签时显示弹出了"我被 fnClick2 点击了"，确定后又弹出了"我被 fnClick1 点击了"，之后的再次单击才是只有 fnClick2()生效，读者可以自行试验。

6.2.3　标准 DOM 的监听方法

与 IE 浏览器的两个方法对应，标准 DOM 也定义了两个方法分别来添加和删除监听函数，即 addEventListener()和 removeEventListener()。与 IE 不同之处在于这两个函数接受 3 个参数，即事件的名称、要分配的函数名和是用于冒泡阶段还是捕获阶段。第 3 个参数如果是捕获阶段则为 true，否则为 false，语法如下：

```
[object].addEventListener("event_name", fnHandler, bCapture);
[object].removeEventListener("event_name", fnHandler, bCapture);
```

这两个函数的使用方法与 IE 的基本类似，只不过需要注意 event_name 中的名称是"click"、"mousemove"等，而不是 IE 中的"onclick"或者"onmousemove"。另外，第 3 个参数 bCapture 通常设置为 false，即冒泡阶段，如例 6.5 所示。

【例 6.5】标准 DOM 的事件监听方法（光盘文件：第 6 章\6-5.html）

```
<!DOCTYPE html PUBLIC "-//W3C//DTD XHTML 1.0 Transitional//EN" "http://www.w3.org/TR/xhtml1/DTD/
xhtml1-transitional.dtd">
    <html>
    <head>
    <title>标准 DOM 的事件监听</title>
```

```
<script language="javascript">
function fnClick1(){
    alert("我被 fnClick1 点击了");
    //oP.removeEventListener("click",fnClick2,false);      //删除监听函数 2
}
function fnClick2(){
    alert("我被 fnClick2 点击了");
}
var oP;
window.onload = function(){
    oP = document.getElementById("myP");               //找到对象
    oP.addEventListener("click",fnClick1,false);        //添加监听函数 1
    oP.addEventListener("click",fnClick2,false);        //添加监听函数 2
}
</script>
</head>

<body>
    <div>
            <p id="myP">Click Me</p>
    </div>
</body>
</html>
```

例 6.5 直接由例 6.4 修改而来，可以看到同样可以为同一个对象的相同事件添加多个监听函数，但运行结果却有较大的区别。在 Firefox 中与 IE 正好相反，先添加的监听函数 fnClick1()先运行，后添加的 fnClick2()后运行，如图 6.10 所示。

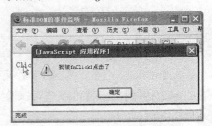

图 6.10　标准 DOM 浏览器的监听函数

如果在先添加的函数 fnClick1()中使用 removeEventListener()将 fnClick2()删除，就会发现标准 DOM 中的监听函数是严格按顺序执行的，即执行完 fnClick1()后才执行 fnClick2()，因此 fnClick1()中的 removeEventListener()会使得 fnClick2()不再运行，这与 IE 浏览器也是比较大的区别，读者可以自行试验。

6.3　事件对象

浏览器中的事件都是以对象的形式存在的，同样 IE 浏览器与标准 DOM 浏览器之间在获取事件对象上也存在差别。在 IE 浏览器中事件对象是 window 对象的一个属性 event，访问时通常采用如下方法。

```
oP.onclick = function(){
    var oEvent = window.event;
}
```

尽管它是 window 对象的属性，但 event 对象还是只能在事件发生时被访问，所有的事件处理函数执行完之后，该对象就消失了。

而标准的 DOM 中规定 event 对象必须作为惟一的参数传给事件处理函数，因此在类似 Firefox 浏览器中访问事件对象通常将其作为参数，代码如下：

```
oP.onclick = function(oEvent){

}
```

因此为了兼容两种浏览器，通常采用下面的方法。

```
oP.onclick = function(oEvent){
    if(window.event) oEvent = window.event;
}
```

浏览器在获取了事件对象后就可以通过它的一系列属性和方法来处理各种具体事件了，例如鼠标事件、键盘事件和浏览器事件等。表 6.1 罗列了事件常用的属性和方法，供读者具体使用时查询。

表 6.1　　　　　　　　　　　　　　事件常用的属性和方法

IE	标准 DOM	类　　型	可读/可写	说　　明
altKey	altKey	Boolean	R/W	按下 Alt 键则为 true，否则为 false
button	button	Integer	R/W	鼠标事件，值对应按下的鼠标键，详见 6.4.1 节
cancelBubble	cancelBubble	Boolean	IE 中 R/W，标准 DOM 中 R	IE 中设置为 true 可取消事件向上冒泡，标准 DOM 中只读
--	stopPropagation()	Function	N/A	可以调用该方法来阻止事件向上冒泡
clientX	clientX	Integer	IE 中 R/W，标准 DOM 中 R	鼠标指针在客户端区域的坐标，不包括工具栏、滚动条等
chilentY	clientY			
ctrlKey	ctrlKey	Boolean	同上	按下 Ctrl 键则为 true，否则为 false
fromElement	relatedTarget	Element	同上	鼠标指针所离开的元素
toElement	relatedTarget	Element	同上	鼠标指针正在进入的元素
--	charCode	Integer	R	按下按键的 Unicode 值
keyCode	keyCode	Integer	R/W	IE 中 keypress 事件表示按下按键的 Unicode 值，keydown/keyup 事件为按键的数字代号。标准 DOM 中 keypress 时为 0，其余为按下按键的数字代号
--	detail	Integer	R	鼠标按键被单击的次数
returnValue	--	Boolean	R/W	设置为 false 时可取消事件的默认行为
--	preventDefault()	Function	N/A	可以调用该方法来阻止事件的默认行为
screenX	screenX	Integer	IE 中 R/W，标准 DOM 中 R	鼠标指针相对于整个计算机屏幕的坐标值
screenY	screenY			
shiftKey	shiftKey	Boolean	同上	按下 Shift 键则为 true，否则为 false
srcElement	target	Element	同上	引起事件的元素/对象
type	type	String	同上	事件的名称

从表 6.1 中可以看出，两类浏览器处理事件还是有一些相似之处的，例如 type 属性便是各种浏览器所兼容的，它表示获取的事件类型，返回类似"click"、"mousemove"之类的值。

```
var sType = oEvent.type;
```

这对于同一个函数处理多种事件时十分有用，如例 6.6 所示。

【例 6.6】用同一个函数处理多种事件（光盘文件：第 6 章\6-6.html）

```
<!DOCTYPE html PUBLIC "-//W3C//DTD XHTML 1.0 Transitional//EN" "http://www.w3.org/TR/xhtml1/DTD/xhtml1-transitional.dtd">
```

```
<html>
<head>
<title>事件的类型</title>
<script language="javascript">
function handle(oEvent){
    var oDiv = document.getElementById("display");
    if(window.event) oEvent = window.event;              //处理兼容性，获得事件对象
    if(oEvent.type == "click")                           //检测事件名称
        oDiv.innerHTML += "你点击了我  ";
    else if( oEvent.type == "mouseover")
        oDiv.innerHTML += "你移动到我上方了  ";

}
window.onload = function(){
    var oImg = document.getElementsByTagName("img")[0];
    oImg.onclick = handle;
    oImg.onmouseover = handle;
}
</script>
</head>

<body>
    <img src="01.jpg" border="0">
    <div id="display"></div>
</body>
</html>
```

以上代码为图片<img>添加了两个事件响应函数，而这两个事件采用的却是同一个函数，在这个函数中首先考虑兼容性获得事件对象，然后利用 type 属性判断事件的名称。运行结果如图 6.11 所示。

图 6.11　事件的类型

在检测 Shift、Alt、Ctrl 这 3 个按键时，两类浏览器使用的方法也完全一样，都具有 shiftKey、altKey 和 ctrlKey 这 3 个属性，代码如下：

```
var bShift = oEvent.shiftKey;
var bAlt = oEvent.altKey;
var bCtrl = oEvent.ctrlKey;
```

另外，在获取鼠标指针位置上两类浏览器都有两套值可用，分别为 clientX、clientY 和 screenX、screenY。其中 clientX 和 clientY 表示鼠标指针在客户端区域的位置，不包括浏览器的状态栏、菜单栏等，代码如下，效果如图 6.12 所示。

```
var iClientX = oEvent.clientX;
var iClientY = oEvent.clientY;
```

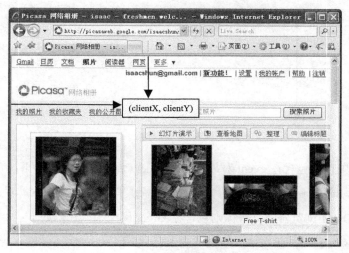

图 6.12　clientX 和 clientY

而 screenX 和 screenY 则指的是鼠标指针在整个计算机屏幕的位置，代码如下，效果如图 6.13 所示。

```
var iScreenX = oEvent.screenX;
var iScreenY = oEvent.screenY;
```

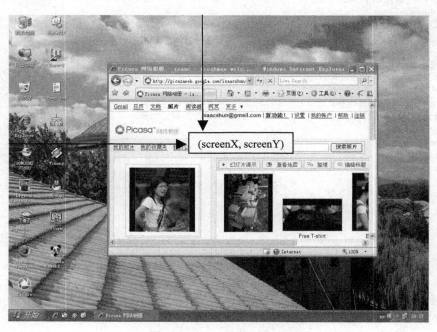

图 6.13　screenX 和 screenY

在这两种获取鼠标指针位置的方法中坐标的原点都是各自的左上角，x 轴的正方向为从左到右，y 轴的正方向为从上到下，如图 6.14 所示。

很多时候，开发者希望知道事件是由哪个对象触发的，即事件的目标（target）。假设为<p>元素分配 onclick 事件处理函数，触发 click 事件时<p>就被认为是目标。

图 6.14　坐标系

在 IE 浏览器中目标包含在 event 对象的 srcElement 属性中，代码如下：

```
var oTarget = oEvent.srcElement;
```

而在标准的 DOM 浏览器中，目标则包含在 target 属性中，代码如下：

```
var oTarget = oEvent.target;
```

完整代码如例 6.7 所示。

【例 6.7】获取事件的目标（光盘文件：第 6 章\6-7.html）

```
<!DOCTYPE html PUBLIC "-//W3C//DTD XHTML 1.0 Transitional//EN" "http://www.w3.org/TR/xhtml1/DTD/
xhtml1-transitional.dtd">
<html>
<head>
<title>事件的目标</title>
<script language="javascript">
function handle(oEvent){
    if(window.event) oEvent = window.event;        //处理兼容性，获得事件对象
    var oTarget;
    if(oEvent.srcElement)                           //处理兼容性，获取事件目标
        oTarget = oEvent.srcElement;
    else
        oTarget = oEvent.target;
    alert(oTarget.tagName);                         //弹出目标的标记名称
}
window.onload = function(){
    var oImg = document.getElementsByTagName("img")[0];
    oImg.onclick = handle;
}
</script>
</head>

<body>
    <img src="02.jpg" border="0">
</body>
</html>
```

由于事件目标的属性在两类浏览器上不同，因此代码首先必须保证兼容性，通常的做法就是直接将对象作为 if 语句的条件，代码如下：

```
if(oEvent.srcElement)                           //处理兼容性，获取事件目标
    oTarget = oEvent.srcElement;
else
    oTarget = oEvent.target;
```

这种方法在其他属性中也是常用的，代码的运行结果如图 6.15 所示。当单击图片时对话框显示了事件的目标 IMG。

图 6.15 对象的目标

6.4 事件的类型

对于用户而言，最常用的事件无非是鼠标、键盘和浏览器，本节对这 3 种事件分别进行介绍，使读者对处理具体的事件问题有一个总体的概念。

6.4.1 鼠标事件

鼠标事件是用户最常用的事件，通常包括表 6.2 中所列的几种。

表 6.2 　　　　　　　　　　　　　　　　鼠标事件的种类

事 件 名 称	说　　　明
click	单击鼠标左键时触发
dbclick	双击鼠标左键时触发
mousedown	单击任意一个鼠标按键时触发
mouseout	鼠标指针在某个元素上，移出该元素边界时触发
mouseover	鼠标指针移到另一个元素上时触发
mouseup	松开鼠标任意一个按键时触发
mousemove	鼠标指针在某个元素上移动时持续触发

表 6.2 中的这些事件几乎每个都被频繁使用，下面的例 6.8 简单地描述了鼠标事件的类型，也可以用来测试各种鼠标事件。

【例 6.8】控制鼠标事件（光盘文件：第 6 章\6–8.html）

```
<!DOCTYPE html PUBLIC "-//W3C//DTD XHTML 1.0 Transitional//EN" "http://www.w3.org/TR/xhtml1/DTD
/xhtml1-transitional.dtd">
<html>
<head>
<title>鼠标事件</title>
<script language="javascript">
function handle(oEvent){
    if(window.event) oEvent = window.event;        //处理兼容性，获得事件对象
    var oDiv = document.getElementById("display");
    oDiv.innerHTML += oEvent.type + "<br>";              //输出事件名称
}
window.onload = function(){
    var oImg = document.getElementsByTagName("img")[0];
    oImg.onmousedown = handle;    //将鼠标事件除了 mousemove 外都监听
```

```
        oImg.onmouseup = handle;
        oImg.onmouseover = handle;
        oImg.onmouseout = handle;
        oImg.onclick = handle;
        oImg.ondblclick = handle;
    }
</script>
</head>

<body>
    <img src="03.jpg" border="0" style="float:left; padding:0px 8px 0px 0px;">
    <div id="display"></div>
</body>
</html>
```

以上代码将除了 mousemove 外的所有鼠标事件都予以监听，这样便可以很清楚地看到鼠标在图片上的动作所触发的一系列事件。例如单击鼠标左键会先触发 mousedown，然后是 mouseup，最后才是常用的 click 事件，如图 6.16 所示。

而如果是双击鼠标左键，两类浏览器又再次发生了区别，标准的 DOM 浏览器会按照 mousedown→mouseup→click→mousedown→mouseup→click→dblclick 的顺序触发，即两次单击合成一次双击。在 Firefox 中的效果如图 6.17 所示。

图 6.16　鼠标的 click 事件

图 6.17　鼠标的双击 dblclick 事件

而双击事件在 IE 浏览器中的触发顺序为 mousedown→mouseup→click→mouseup→dblclick，即一次单击紧接着 mouseup，然后判断为双击。

经验：
对于鼠标事件的触发，如果编程时需要涉及双击事件，应当尽量避免使用它的触发过程，原因就在于两类浏览器的不同。

对于其他鼠标事件的触发过程，情况也是十分类似的，读者可以利用该程序自己测试，这里就不一一讲解。

鼠标事件中另外一个重要的属性就是 button，它表示鼠标按键的键值。非常遗憾的是 IE、

Firefox 这两个浏览器对该属性的支持大相径庭，具体如表 6.3 所示。

表 6.3   button 属性及其不同浏览器中的键值

button 的值	IE 中的按键	Firefox 中的按键
0	未按下按键	左键
1	左键	中键（滑轮）
2	右键	右键
3	同时按下左、右键	不支持组合键，未按下任何键时 button 值为 undefined
4	中键（滑轮）	
5	同时按下左、中键	
6	同时按下右、中键	
7	同时按下左、中、右键	

简单的测试程序如例 6.9 所示。

【例 6.9】输出鼠标事件 button 属性的值（光盘文件：第 6 章\6-9.html）

```
<!DOCTYPE html PUBLIC "-//W3C//DTD XHTML 1.0 Transitional//EN" "http://www.w3.org/TR/xhtml1/DTD/
xhtml1-transitional.dtd">
<html>
<head>
<title>button 属性</title>
<script language="javascript">
function TestClick(oEvent){
    var oDiv = document.getElementById("display");
    if(window.event)
        oEvent = window.event;
    oDiv.innerHTML += oEvent.button;        //输出 button 的值
}
document.onmousedown = TestClick;
window.onload = TestClick;        //测试未按下任何键
</script>
</head>

<body>
<div id="display"></div>
</body>
</html>
```

以上代码简单地将鼠标事件 mousedown 的 button 值进行输出。由于 mousedown 在按任何按键时都能响应，因此能很好地描述 button 的各项值，其中 window.onload 测试未按下任何按键时 button 的值。在 IE 中的运行结果如图 6.18 所示。

实际测试中会发现，当同时按下两个按键时，都会显示两个值，前一个是其中某个按键的值，后一个才是两个按键同时按下时的值。这也是因为任何双击都不可能做到 1 毫秒不差，浏览器非常灵敏的缘故。同时按下 3 键则会显示 3 个值，道理是一样的。

而以上代码在 Firefox 浏览器中的运行效果如图 6.19 所示，初始化时为 undefined，之后只有 0、1、2 这 3 个值。

图 6.18   IE 中 button 属性的值

图 6.19   Firefox 中的 button 属性值

6.4.2　键盘事件

除了鼠标之外，与用户打交道最多的恐怕就是键盘了。键盘的事件种类不多，仅 3 种事件，具体如表 6.4 所示。

表6.4　　　　　　　　　　　　　　　　　　键盘事件的种类

事　件	说　明
keydown	按下键盘上某个按键时触发，一直按住某键则会持续触发
keypress	按下某个按键并产生字符时触发，即忽略 Shift、Alt、Ctrl 等功能键
keyup	释放某个按键时触发

尽管所有的元素都支持键盘事件，但通常键盘事件只有在文本框中才显得有实际的意义，测试程序如例 6.10 所示。

【例 6.10】控制键盘事件（光盘文件：第 6 章\6–10.html）

```
<!DOCTYPE html PUBLIC "-//W3C//DTD XHTML 1.0 Transitional//EN" "http://www.w3.org/TR/xhtml1/DTD/
xhtml1-transitional.dtd">
<html>
<head>
<title>键盘事件</title>
<script language="javascript">
function handle(oEvent){
    if(window.event) oEvent = window.event;        //处理兼容性，获得事件对象
    var oDiv = document.getElementById("display");
    oDiv.innerHTML += oEvent.type + "  ";        //输出事件名称
}
window.onload = function(){
    var oTextArea = document.getElementsByTagName("textarea")[0];
    oTextArea.onkeydown = handle;  //监听所有键盘事件
    oTextArea.onkeyup = handle;
    oTextArea.onkeypress = handle;
}
</script>
</head>

<body>
    <textarea rows="4" cols="50"></textarea>
    <div id="display"></div>
</body>
</html>
```

与例 6.8 一样，该例对所有的键盘事件都进行监听，可以看到按下某个会产生字符的按键时，触发的顺序为 keydown→keypress→keyup。IE 7 和 Firefox 中运行效果分别如图 6.20 和图 6.21 所示，两类浏览器中的显示结果是相同的。

图 6.20　IE 7 键盘事件

图 6.21　Firefox 键盘事件

对于键盘事件而言，最重要的并不是事件的名称，而是所按的是什么键。由于 IE 浏览器没有 charCode 属性，而 keyCode 只有在 keydown、keyup 事件发生时才与标准 DOM 的 keyCode 相同，在 keypress 事件中等同于 charCode，因此常采用如下方法。

```
oEvent.charCode = (oEvent.type == "keypress") ? oEvent.keyCode : 0;
```

之所以通常不采用 keyCode 是因为它表示键盘按键，而不是输出的字符，因此输出"a"和"A"时，keyCode 的值是相等的，charCode 则以字符为区分。另外，在 keypress 事件中，标准 DOM 的 keyCode 值始终为 0，如例 6.11 所示。

【例 6.11】键盘事件的相关属性（光盘文件：第 6 章\6-11.html）

```
<!DOCTYPE html PUBLIC "-//W3C//DTD XHTML 1.0 Transitional//EN" "http://www.w3.org/TR/xhtml1/DTD/xhtml1-transitional.dtd">
<html>
<head>
<title>键盘事件</title>
<script language="javascript">
function handle(oEvent){
    if(window.event){
        oEvent = window.event;        //处理兼容性，获得事件对象
        //设置 IE 的 charCode 值
        oEvent.charCode = (oEvent.type == "keypress") ? oEvent.keyCode : 0;
    }
    var oDiv = document.getElementById("display");
    //输出测试
    oDiv.innerHTML += oEvent.type + ": charCode:" + oEvent.charCode + " keyCode:" + oEvent.keyCode + "<br>";
}
window.onload = function(){
    var oTextArea = document.getElementsByTagName("textarea")[0];
    oTextArea.onkeypress = handle;
    oTextArea.onkeydown = handle;
}
</script>
</head>

<body>
    <textarea rows="4" cols="50"></textarea>
    <div id="display"></div>
</body>
</html>
```

在 IE 浏览器中先输入小写字母"a"，再按 Shift 键输入一个大写字母"A"，可以看到 charCode 和 keyCode 在不同事件类型中的值，如图 6.22 所示。

可以看到只有 keypress 事件的 charCode 能够很好地区分键值（"a"为 97，"A"为 65）。第 3 行为按 Shift 键，charCode 不予显示。keyCode 并不能区分大小写，"a"和"A"都输出了 65。

在 Firefox 中的情况类似，charCode 的值较明显地反映了输出字符，而 keyCode 却不能运行在 keypress 事件中，如图 6.23 所示。

图 6.22 IE 中的 charCode 和 keyCode

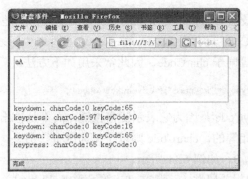

图 6.23　Firefox 中的 charCode 和 keyCode

6.4.3　HTML 事件

对于浏览器而言，各种 HTML 对象同样有着自己的事件，有一些也是用户常常会接触到的，例如 load、error 和 select 等。一些常用的 HTML 事件如表 6.5 所示。

表 6.5　　　　　　　　　　　　　　　常用的 HTML 事件

事　　件	说　　　明
load	页面完全加载后在 window 对象上触发，图片加载完成后在其上触发
unload	页面完全卸载后在 window 对象上触发，图片卸载完成后在其上触发
error	脚本出错时在 window 对象上触发，图像无法载入时在其上触发
select	选择了文本框的一个或多个字符时触发
change	文本框失去焦点时，并且在它获取焦点后内容发生过改变时触发
submit	单击"提交"按钮时在表单 form 上触发
focus	任何元素或窗口获取焦点时触发
blur	任何元素或窗口失去焦点时触发

载入事件 load 是最常用的事件之一，因为在页面载入完成之前，DOM 的框架还没有搭建完毕，因此任何相关操作都不能发生。给 window 对象分配 load、unload 事件等同于<body>标记的 onload、onunload 方法，即：

```
<script language="javascript">
window.onload = function(){
    alert("Page Loaded.");
}
</script>
```

等同于：

```
<body onload="alert('Page Loaded.');">
```

unload 事件与 load 正好相反，发生在页面卸载的时候，使用频率不高，但一些电子商务的网站通常在用户关闭窗口后弹出对话框表示感谢、欢迎再次光临等效果，就是采用 unload 事件实现的。

6.5　实例 1：屏蔽鼠标右键

有时为了某些原因需要屏蔽鼠标的右键，让用户不能使用它的快捷功能，而只能使用网页本身提供的功能。本例介绍两种方法以分别实现不同的屏蔽效果。

6.5.1　方法 1

如 6.4.1 节中所描述，鼠标事件中 button 的值在各个浏览器上大相径庭，但非常幸运的是按下鼠标右键时值都为 2，因此屏蔽鼠标右键最直接的方法莫过于在 button 值为 2 的时候进行相应的处理，如例 6.12 所示。

【例 6.12】屏蔽鼠标右键方法 1（光盘文件：第 6 章\6-12.html）

```
<!DOCTYPE html PUBLIC "-//W3C//DTD XHTML 1.0 Transitional//EN" "http://www.w3.org/TR/xhtml1/DTD/
xhtml1-transitional.dtd">
<html>
<head>
<title>屏蔽鼠标右键</title>
<script language="javascript">
function block(oEvent){
    if(window.event)
        oEvent = window.event;
    if(oEvent.button == 2)
        alert("鼠标右键不可用");
}
document.onmousedown = block;
</script>
</head>

<body>
    <p>屏蔽鼠标右键</p>
</body>
</html>
```

以上代码在 IE 浏览器中的运行结果如图 6.24 所示。单击鼠标右键时弹出了对话框，因此右键的菜单被变相屏蔽了。

不过非常可惜的是，这种想当然的方法在 Firefox 中再次遇到了困难。Firefox 并没有因为变相地弹出对话框而屏蔽掉右键的菜单，如图 6.25 所示。

图 6.24　屏蔽鼠标右键　　　　　　　图 6.25　Firefox 中的情况

从图 6.25 中可以看到，确实弹出了警告对话框，但右键菜单也在其上弹了出来，这是浏览器兼容性方面的问题。接下来将要介绍的第 2 种方法能够解决这个兼容性问题。

6.5.2　方法 2

其实鼠标右键会触发另外一个事件，即右键菜单 contextmenu 事件。如果希望彻底屏蔽鼠标右键，最有效的办法就是屏蔽 document 对象的 contextmenu 事件。这里需要应用 IE 浏览器的

returnValue 属性和标准 DOM 的 preventDefault()方法，如例 6.13 所示。

【例 6.13】屏蔽鼠标右键方法 2（光盘文件：第 6 章\6–13.html）

```
<!DOCTYPE html PUBLIC "-//W3C//DTD XHTML 1.0 Transitional//EN" "http://www.w3.org/TR/xhtml1/DTD/
xhtml1-transitional.dtd">
<html>
<head>
<title>屏蔽鼠标右键</title>
<script language="javascript">
function block(oEvent){
    if(window.event){
        oEvent = window.event;
        oEvent.returnValue = false;        //取消默认事件
    }else
        oEvent.preventDefault();            //取消默认事件
}
document.oncontextmenu = block;
</script>
</head>

<body>
    <p>屏蔽鼠标右键</p>
</body>
</html>
```

以上代码将右键菜单完全屏蔽了，而且在两个浏览器中的效果都很好，运行结果如图 6.26 所示。

图 6.26　屏蔽鼠标右键

contextmenu 事件在自定义右键菜单时也常常使用，即屏蔽系统菜单后自定义一个<div>块来显示新的菜单，读者可以自己试验。

6.6　实例 2：伸缩的两级菜单

在 3.8.2 节的例 3.26 中介绍了无需表格的菜单的制作方法，但该例的菜单只有一级，实际网页中常常需要多级菜单。本节在原例的基础之上加入了 JavaScript 代码，实现两级菜单的单击显隐，最终效果如图 6.27 所示。

图 6.27　伸缩的两级菜单

6.6.1 建立 HTML 框架

首先并不一定所有的一级菜单都有子菜单；其次考虑到代码的通用性，一级菜单和二级菜单的项数随时都可能变化，因此 HTML 框架如例 6.14 所示。

【例 6.14】制作伸缩的两级菜单（光盘文件：第 6 章\6-14.html）

```
<div id="navigation">
    <ul id="listUL">
        <li><a href="#">Home</a></li>
        <li><a href="#">News</a>
        <ul>
            <li><a href="#">Lastest News</a></li>
            <li><a href="#">All News</a></li>
        </ul>
        </li>
        <li><a href="#">Sports</a>
        <ul>
            <li><a href="#">Basketball</a></li>
            <li><a href="#">Football</a></li>
            <li><a href="#">Volleyball</a></li>
        </ul>
        </li>
        <li><a href="#">Weather</a>
        <ul>
            <li><a href="#">Today's Weather</a></li>
            <li><a href="#">Forecast</a></li>
        </ul>
        </li>
        <li><a href="#">Contact Me</a></li>
    </ul>
</div>
```

以上 HTML 框架直接由原来的例 3.26 修改而来，可以看到首尾两个一级菜单没有子菜单，而中间的 3 个都有子菜单。

6.6.2 设置各级菜单的 CSS 样式风格

考虑到子菜单的样式风格应该区别于一级菜单，因此将原来的 CSS 样式都加入子选择器。代码如下：

```
#navigation > ul {
    list-style-type:none;                /* 不显示项目符号 */
    margin:0px;
    padding:0px;
}
#navigation > ul > li {
    border-bottom:1px solid #ED9F9F;     /* 添加下划线 */
}
#navigation > ul > li > a{
    display:block;                       /* 区块显示 */
    padding:5px 5px 5px 0.5em;
    text-decoration:none;
    border-left:12px solid #711515;      /* 左边的粗红边 */
    border-right:1px solid #711515;      /* 右侧阴影 */
}
#navigation > ul > li > a:link, #navigation > ul > li > a:visited{
    background-color:#c11136;
```

```
    color:#FFFFFF;
}
#navigation > ul > li > a:hover{               /*  鼠标经过时  */
    background-color:#990020;                  /*  改变背景色  */
    color:#ffff00;                             /*  改变文字颜色  */
}
```

这样的话原先设置的 CSS 样式只能作用到一级菜单，此时显示效果如图 6.28 所示。如果读者对子选择器有不清楚的地方，可参考 3.3.6 节。

为了配合一级菜单，可为二级菜单也添加相应的 CSS 样式风格，代码如下：

```
/*  子菜单的 CSS 样式  */
#navigation ul li ul{
    list-style-type:none;
    margin:0px;
    padding:0px 0px 0px 0px;
}
#navigation ul li ul li{
    border-top:1px solid #ED9F9F;
}
#navigation ul li ul li a{
    display:block;
    padding:3px 3px 3px 0.5em;
    text-decoration:none;
    border-left:28px solid #a71f1f;
    border-right:1px solid #711515;
}
#navigation ul li ul li a:link, #navigation ul li ul li a:visited{
    background-color:#e85070;
    color:#FFFFFF;
}
#navigation ul li ul li a:hover{
    background-color:#c2425d;
    color:#ffff00;
}
```

这些样式风格都是基于一级菜单的，具体的设置细节这里不再重复，方法与一级菜单的完全相同，读者可参照例 3.26 中的讲解。此时显示效果如图 6.29 所示。

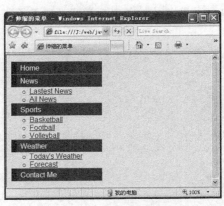

图 6.28 修改 CSS

图 6.29 二级菜单

考虑到二级菜单伸缩的两种不同状态，为其分别添加两个 CSS 样式应用于其中的 <ul> 标记上，代码如下：

```
#navigation ul li ul.myHide{     /* 隐藏子菜单 */
    display:none;
}
#navigation ul li ul.myShow{     /* 显示子菜单 */
    display:block;
}
```

而 HTML 部分也做相应的修改，为二级菜单的\<ul\>标记添加 class 属性，并设置为 myHide，使得初始化加载页面时二级菜单隐藏，例如：

```
<li><a href="#">News</a>
    <ul class="myHide">
        <li><a href="#">Lastest News</a></li>
        <li><a href="#">All News</a></li>
    </ul>
</li>
```

此时显示效果如图 6.30 所示。

图 6.30　初始化隐藏二级菜单

6.6.3　为菜单添加伸缩效果

由于一级菜单和二级菜单在实际运用中项数变化较大，因此所有的事件控制均采用动态加载的方法，即放在 window.onload 函数中：

```
window.onload = function(){
    //...
}
```

首先找到一级菜单中所有的\<li\>元素，即\<ul id="listUL"\>中的所有子\<li\>（不包括孙\<li\>），然后对于每一个\<li\>判断其是否拥有二级菜单，即\<li\>是否包含\<ul\>，如果包含则说明有二级菜单，可为其添加 onclick 事件，代码如下：

```
window.onload = function(){
    var oUl = document.getElementById("listUL");
    var aLi = oUl.childNodes;          //子元素
    var oA;
    for(var i=0;i<aLi.length;i++){
        //如果子元素为 li，且这个 li 有子菜单 ul
        if(aLi[i].tagName == "LI" && aLi[i].getElementsByTagName("ul").length){
            oA = aLi[i].firstChild;          //找到超链接
            oA.onclick = change;             //动态添加单击函数
        }
    }
}
```

之所以要在 for 循环中再次判断 aLi[i].tagName == "LI"，是为了兼容在 Firefox 中空格也为子元素的特点，这点在前面的章节中也反复提到了。

通过 DOM 对<li>的遍历，无论以后菜单的项数怎么变化，只需要修改 HTML 框架即可，JavaScript 部分则不需要再改动。

而 change 函数的思路很简单，即通过 className 属性，单击鼠标时切换二级菜单中<ul>的风格样式即可，代码如下：

```
function change(){
    //通过父元素 li, 找到兄弟元素 ul
    var oSecondDiv = this.parentNode.getElementsByTagName("ul")[0];
    //CSS 交替更换来实现显、隐
    if(oSecondDiv.className == "myHide")
        oSecondDiv.className = "myShow";
    else
        oSecondDiv.className = "myHide";
}
```

这样便完成了整个菜单单击鼠标的伸缩效果，完整代码在光盘第 6 章\6-13.html 文件中，读者可以自行查阅。在 Firefox 中的运行效果如图 6.31 所示，与 IE 中完全相同。

图 6.31　伸缩的菜单

对于三级或更多级的菜单，其制作原理与二级菜单是完全相同的，读者可以自行练习其制作。

第7章 表格与表单

表格与表单都是网页中所不可缺少的元素，作为数据的承载体，表格<table>是最合适不过的标签，而表单作为与用户交互的窗口，时刻都扮演着信息获取和反馈的角色。本章围绕表格和表单介绍 JavaScript、CSS 控制它们的方法，以及实际运用中的一些技巧。

7.1 用 CSS 控制表格样式

在具体探讨动态控制表格<table>之前，先来简单看看表格的风格样式。因为这也是第一眼呈现在用户面前的。

7.1.1 理解表格的相关标记

表格在最初 HTML 设计时，仅仅是用于存放各种数据的，包括班里的同学名单、公司里月末的结算、书店架上书本的目录、地铁线路的班次等。因此，表格有很多数据相关的标记，十分方便。图 7.1 所示是一个没有经过任何 CSS 修饰的表格。

图 7.1 表格

该表格的源码如例 7.1 所示。

【例 7.1】正确使用表格中的标记（光盘文件：第 7 章\7-1.html）

```
<html>
<head>
<title>财政报表</title>
<style>
<!--
-->
</style>
</head>
<body>
<table summary="This table shows the yearly income for years 2005 through 2008" border="1">
    <caption>财政报表  2005 - 2008</caption>
```

```
            <tbody>
            <tr>
                <th></th>
                <th scope="col">2005</th>
                <th scope="col">2006</th>
                <th scope="col">2007</th>
                <th scope="col">2008</th>
            </tr>
            <tr>
                <th scope="row">拨款</th>
                <td>11,980</td>
                <td>12,650</td>
                <td>9,700</td>
                <td>10,600</td>
            </tr>
            <tr>
                <th scope="row">捐款</th>
                <td>4,780</td>
                <td>4,989</td>
                <td>6,700</td>
                <td>6,590</td>
            </tr>
            <tr>
                <th scope="row">投资</th>
                <td>8,000</td>
                <td>8,100</td>
                <td>8,760</td>
                <td>8,490</td>
            </tr>
            <tr>
                <th scope="row">募捐</th>
                <td>3,200</td>
                <td>3,120</td>
                <td>3,700</td>
                <td>4,210</td>
            </tr>
            <tr>
                <th scope="row">销售</th>
                <td>28,400</td>
                <td>27,100</td>
                <td>27,950</td>
                <td>29,050</td>
            </tr>
            <tr>
                <th scope="row">杂费</th>
                <td>2,100</td>
                <td>1,900</td>
                <td>1,300</td>
                <td>1,760</td>
            </tr>
            <tr>
                <th scope="row">总计</th>
                <td>58,460</td>
                <td>57,859</td>
                <td>58,110</td>
                <td>60,700</td>
            </tr>
            </tbody>
        </table>
    </body>
</html>
```

在<table>标记中除了使用了 border 属性勾勒出表格的边框外，还使用了 summary 属性。该属性的值用于概括整个表格的内容，它对于正常浏览器而言并不可见，但对于机器人，如搜索引擎则十分重要。

　　<caption>标记的作用跟它的名称一样，就是表格的大标题，该标记可以出现在<table>与</table>之间的任意位置，不过通常习惯放在表格的第一行，即紧接着<table>标记。设计者同样可以使用一个普通的行来显示表格的标题，但<caption>标记无论是对于好的编码习惯，还是搜索引擎而言，都是占有绝对优势的。

　　<th>标记在表格中主要用于行或者列的名称，本例中行和列都使用了各自的名称，如第 1 行中的"2004"、"2006" 等，第 1 列中的"投资"、"销售" 等。因此<th>标记中的 scope 属性就是专门用来区分行名称和列名称的，分别设置 scope 的值为 row 或者 col，即可分别指定行的名称或者列的名称。

　　在表格中正确地使用各种标记是非常重要的，对于 CSS 而言，给表格添加类别（例如.datalist）后，如果表格的各种标记运用得当，就可以轻松地设置各种样式，例如表格标题的".datalist caption"、表格行的".datalist tr" 等。

> **经验：**
> 在 HTML 页面中构建表格框架时应该尽量遵循表格的标准标记，养成良好的编写习惯，并适当利用 tab、空格和空行使得代码的可读性提高，降低后期维护的成本。

7.1.2　设置表格的颜色

　　表格颜色的设置十分简单，与文字颜色的设置完全一样，用 color 属性设置表格中文字的颜色，用 background 属性设置表格的背景颜色，等等。例 7.1 中的表格没有做任何 CSS 的修饰，这里仅仅加上最简单的颜色、背景色，其 CSS 部分如例 7.2 所示。

　　【例 7.2】设置表格颜色（光盘文件：第 7 章\7-2.html）

```
<style>
<!--
body{
    background-color:#ebf5ff;              /* 页面背景色 */
    margin:0px; padding:4px;
    text-align:center;                     /* 居中对齐（IE 有效） */
}
.datalist{
    color:#0046a6;                         /* 表格文字颜色 */
    background-color:#d2e8ff;              /* 表格背景色 */
    font-family:Arial;                     /* 表格字体 */
}
.datalist caption{
    font-size:18px;                        /* 标题文字大小 */
    font-weight:bold;                      /* 标题文字粗体 */
}
.datalist th{
    color:#003e7e;                         /* 行、列名称颜色 */
    background-color:#7bb3ff;              /* 行、列名称的背景色 */
}
-->
</style>
```

　　此时表格的效果如图 7.2 所示，可以看到页面的背景色、表格背景色、行列的名称颜色、字体等都进行了相应的变化，而这些设置与文字本身的 CSS 设置完全相同，与页面背景的设置也完全一样。

图 7.2　表格的颜色

7.1.3　设置表格的边框

　　边框作为表格的分界在显示时往往必不可少，在 HTML 的<table>标记中，也有很多关于表格边框的属性。border 属性是最常用的属性之一，它设置表格边框的粗细，当设置其值为 0 时，表明表格没有边框，如图 7.3 所示为设置"<table border="5">"时，分别在 IE 和 Firefox 中的显示效果。

图 7.3　border 属性

　　<table>标记中的 bordercolor 属性可以用来设置表格边框的颜色，它的值跟普通颜色的设置一样，采用十六进制的颜色 RGB 模式，当设置为如下语句时：

```
<table border="5" bordercolor="#007eff">
```

　　在 IE 与 Firefox 中的显示效果如图 7.4 所示，可以发现两个浏览器对于该属性的支持有着很明显的区别。考虑到不同的用户可能使用不同的浏览器，因此不推荐使用这种方法来设置边框的颜色。

　　相比直接采用 HTML 标记，使用 CSS 设置表格边框显得更为明智。CSS 中设置边框同样是通过 border 属性，设置方法跟图片的边框完全一样，只不过在表格中需要特别注意单元格之间的关系。当仅仅设置表格的边框时，单元格并不会有任何的边线，代码如下，效果如图 7.5 所示。

```
.datalist{
    border:1px solid #429fff;    /* 表格边框 */
```

```
        font-family:Arial;
    }
```

图 7.4　bordercolor 属性

因此采用 CSS 设置表格边框时，需要为单元格也单独设置相应的边框，代码如下，显示效果如图 7.6 所示。

```
.datalist th, .datalist td{
    border:1px solid #429fff;      /* 单元格边框 */
}
```

图 7.5　表格边框　　　　　　　　　　　　　　　　　　　　图 7.6　单元格也需要设置边框

读者会发现用刚才的方法设置完成后，单元格的边框之间会有令人讨厌的空隙，这时候就需要设置 CSS 中整个表格的 border-collapse 属性，使得边框重叠在一起，具体的 CSS 如下，两个浏览器中的显示效果如图 7.7 所示。

```
.datalist{
    border:1px solid #429fff;      /* 表格边框 */
    font-family:Arial;
    border-collapse:collapse;      /* 边框重叠 */
}
```

最后综合文字字体、文字大小和背景颜色等的调整，得到最终的表格效果，如图 7.8 所示，相对纯 HTML 设置的表格要绚丽得多。

其最终的 CSS 部分代码如例 7.3 所示，读者可以根据自己的需要定制不同的 CSS 样式风格来配合不同的网站和数据需求。

图 7.7　边框重叠　　　　　　　　　　　　　　　　　　图 7.8　综合各方面设置

【例 7.3】设置表格的边框（光盘文件：第 7 章\7–3.html）

```
<style>
<!--
.datalist{
    border:1px solid #429fff;    /* 表格边框 */
    font-family:Arial;
    border-collapse:collapse;    /* 边框重叠 */
}
.datalist caption{
    padding-top:3px;
    padding-bottom:2px;
    font:bold 1.1em;
    background-color:#f0f7ff;
    border:1px solid #429fff;    /* 表格标题边框 */
}
.datalist th{
    border:1px solid #429fff;    /* 行、列名称边框 */
    background-color:#d2e8ff;
    font-weight:bold;
    padding-top:4px; padding-bottom:4px;
    padding-left:10px; padding-right:10px;
    text-align:center;
}
.datalist td{
    border:1px solid #429fff;    /* 单元格边框 */
    text-align:right;
    padding:4px;
}
-->
</style>
```

7.2　用 DOM 动态控制表格

利用 DOM 模型的属性和方法可以很轻松地操作页面上的元素，包括添加、删除等。而对于表格，HTML DOM 还提供了一套专用的特性，使得操作更加方便。本节主要介绍动态控制表格的方法，包括添加、删除表格的行、列、单元格等。

为了读者查询方便，首先将针对表格常用的 DOM 操作列于表 7.1 中。

表 7.1   表格常用的 DOM 操作

属性/方法	说　明
针对\<table\>元素	
caption	指向\<caption\>元素（如果存在）
tBodies	指向\<tbody\>元素的集合
tFoot	指向\<tfoot\>元素（如果存在）
tHead	指向\<thead\>元素（如果存在）
rows	表格中所有行的集合
deleteRow(position)	删除指定位置上的行
insertRow(position)	在 rows 集合中的指定位置插入一个新行
creatCaption()	创建\<caption\>元素并将其放入表格中
deleteCaption()	删除\<caption\>元素
针对\<tbody\>元素	
rows	\<tbody\>中所有行的集合
deleteRows(position)	删除指定位置上的行
insertRows(position)	在 rows 集合中的指定位置插入一个新行
针对\<tr\>元素	
cells	\<tr\>中所有单元格的集合
deleteCell(position)	删除给定位置上的单元格
insertCell(position)	在 cells 集合的给定位置上插入一个新的单元格

7.2.1　动态添加表格

　　表格的添加操作是最常用的各项操作之一，其中包括加入一行数据和每一行中添加单元格，主要采用的是 insertRow()和 insertCell()方法，例如人员表格如图 7.9 所示。

　　如果希望在第一个人的后面插入一行新的数据，因为前面还有一行标题，因此相当于插入的行号为 2（从 0 开始计算），代码如下：

```
var oTr = document.getElementById("member").insertRow(2);
```

　　变量 oTr 即为新插入行的对象，然后再利用 insertCell()方法为这一行插入新的数据。同样利用 DOM 的 createTextNode 方法添加文本节点，然后 appendChild 给 oTd 对象，该对象即为新的单元格，代码如下：

```
var aText = new Array();
aText[0] = document.createTextNode("fresheggs");
aText[1] = document.createTextNode("W610");
aText[2] = document.createTextNode("Nov 5th");
aText[3] = document.createTextNode("Scorpio");
aText[4] = document.createTextNode("1038818");
for(var i=0;i<aText.length;i++){
    var oTd = oTr.insertCell(i);
    oTd.appendChild(aText[i]);
}
```

　　这样便完成了新数据的加入，执行效果如图 7.10 所示。

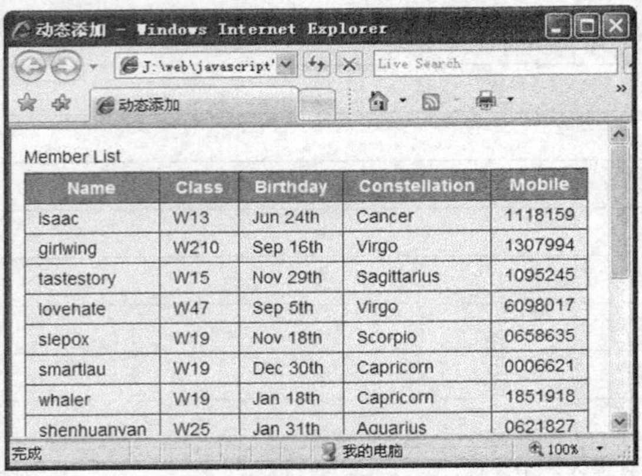

图 7.9　数据表格

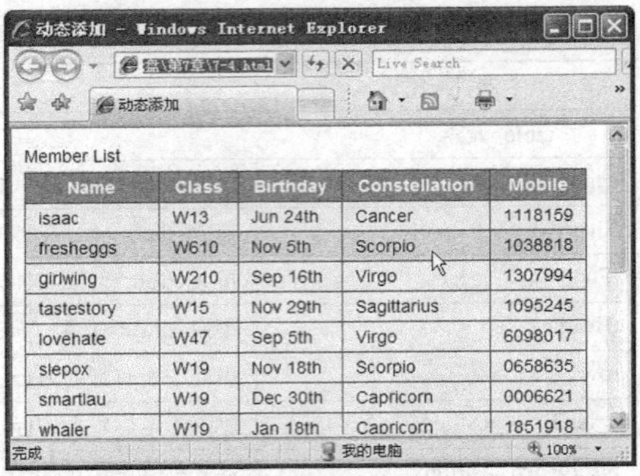

图 7.10　动态添加数据

完整代码如例 7.4 所示。

【例 7.4】动态添加表格的行（光盘文件：第 7 章\7-4.html）

```
<!DOCTYPE html PUBLIC "-//W3C//DTD XHTML 1.0 Transitional//EN" "http://www.w3.org/TR/xhtml1/DTD/
xhtml1-transitional.dtd">
<html>
<head>
<title>动态添加</title>
<style>
<!--
.datalist{
    border:1px solid #0058a3;          /* 表格边框 */
    font-family:Arial;
    border-collapse:collapse;          /* 边框重叠 */
    background-color:#eaf5ff;          /* 表格背景色 */
    font-size:14px;
}
.datalist caption{
    padding-bottom:5px;
    font:bold 1.4em;
    text-align:left;
}
.datalist th{
    border:1px solid #0058a3;          /* 行名称边框 */
    background-color:#4bacff;          /* 行名称背景色 */
    color:#FFFFFF;                     /* 行名称颜色 */
    font-weight:bold;
    padding-top:4px; padding-bottom:4px;
    padding-left:12px; padding-right:12px;
    text-align:center;
}
.datalist td{
    border:1px solid #0058a3;          /* 单元格边框 */
    text-align:left;
    padding-top:4px; padding-bottom:4px;
    padding-left:10px; padding-right:10px;
}
.datalist tr:hover, .datalist tr.altrow{
    background-color:#c4e4ff;          /* 动态变色 */
}
-->
</style>
<script language="javascript">
```

```
window.onload=function(){
    var oTr = document.getElementById("member").insertRow(2);//插入一行
    var aText = new Array();
    aText[0] = document.createTextNode("fresheggs");
    aText[1] = document.createTextNode("W610");
    aText[2] = document.createTextNode("Nov 5th");
    aText[3] = document.createTextNode("Scorpio");
    aText[4] = document.createTextNode("1038818");
    for(var i=0;i<aText.length;i++){
        var oTd = oTr.insertCell(i);
        oTd.appendChild(aText[i]);
    }
}
</script>
</head>
<body>
<table class="datalist" summary="list of members in EE Studay" id="member">
    <caption>Member List</caption>
    <tr>
        <th scope="col">Name</th>
        <th scope="col">Class</th>
        <th scope="col">Birthday</th>
        <th scope="col">Constellation</th>
        <th scope="col">Mobile</th>
    </tr>
    <tr>
        <td>isaac</td>
        <td>W13</td>
        <td>Jun 24th</td>
        <td>Cancer</td>
        <td>1118159</td>
    </tr>
    ……
    <tr>
        <td>lightyear</td>
        <td>W311</td>
        <td>Mar 23th</td>
        <td>Aries</td>
        <td>1002908</td>
    </tr>
</table>
</body>
</html>
```

7.2.2　修改单元格内容

当表格建立了以后，可以通过 HTML DOM 属性直接对单元格进行引用，相比 getElementById()、getElementsByTagName()等方法一个个寻找要方便得多，代码如下：

```
oTable.rows[i].cells[j]
```

以上代码通过 rows、cells 两个属性便轻松访问到了表格的特定单元格第 i 行第 j 列（都是从 0 开始计数）。获得单元格的对象后便可以通过 innerHTML 属性修改相应的内容了。例如某人的手机丢失，需要将号码改为"lost"，则可以用以下代码：

```
var oTable = document.getElementById("member");
oTable.rows[3].cells[4].innerHTML = "lost";
```

运行结果如图 7.11 所示，完整代码读者可参考光盘文件第 7 章\7-5.html（【例 7.5】修改单元格内容）。

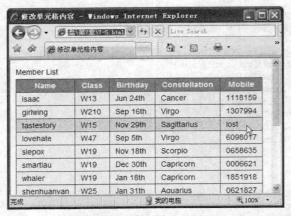

图 7.11 修改单元格内容

7.2.3 动态删除表格

既然有添加、修改操作，自然还有删除操作，对于表格而言无非是删除某一行、某一列或者某一个单元格。删除某一行可以直接调用<table>的 deleteRow(i)方法，其中 i 为行号；删除某一个单元格则可以调用<tr>的 deleteCell(j)方法。

同样采用上述表格的数据，下面的语句则删除了表格的第 2 行以及原先第 3 行的第 2 个单元格。

```
var oTable = document.getElementById("member");
oTable.deleteRow(2);                    //删除一行，后面的行号自动补齐
oTable.rows[2].deleteCell(1);                    //删除一个单元格，后面的也自动补齐
```

从以上代码可以看到，删除第 2 行数据后，原先的第 3 行则变成了第 2 行，即自动补齐了。删除单元格也是同样的效果，如图 7.12 所示。

完整代码可以参考光盘文件第 7 章\7-6.html（【例 7.6】动态删除表格的行 1），这里不再一一讲解每个重复的细节。通常考虑到用户操作的友好，在每一行数据的最后都附加一个删除链接，单击这个链接则删除这一行，如图 7.13 所示。

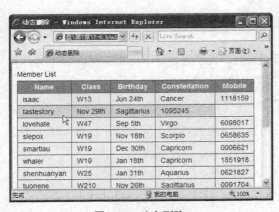

图 7.12 动态删除

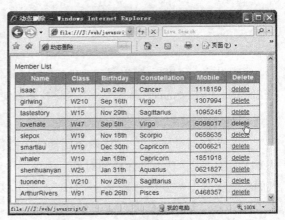

图 7.13 删除链接

考虑到不影响原先表格的数据，再者实际操作中表格的行数可能较多，因此采用动态添加

该删除链接的方法，而不修改原先的 HTML 框架，代码如下：

```
var oTd;
//动态添加 delete 链接
for(var i=1;i<oTable.rows.length;i++){
    oTd = oTable.rows[i].insertCell(5);
    oTd.innerHTML = "<a href='#'>delete</a>";
    oTd.firstChild.onclick = myDelete;          //添加删除事件
}
```

以上代码十分简捷，即遍历表格的每一行，然后在每行的最后添加一个单元格，设置单元格的 innerHTML 为相应的链接。最后再为每个链接添加鼠标 onclick 事件 myDelete。

myDelete 函数中首先可以利用 this 关键字获得超链接的引用，从而利用 DOM 的父子关系轻松找到所在行<tr>的父节点，然后利用 removeChild()方法即可，代码如下：

```
function myDelete(){
    var oTable = document.getElementById("member");
    //删除该行
    this.parentNode.parentNode.parentNode.removeChild(this.parentNode.parentNode);
}
```

相对于例 7.6 改动的部分如例 7.7 所示。

【例 7.7】动态删除表格的行 2（光盘文件：第 7 章\7-7.html）

```
<style>
<!--
.datalist td a:link, .datalist td a:visited{
    color:#004365;
    text-decoration:underline;
}
.datalist td a:hover{
    color:#000000;
    text-decoration:none;
}
-->
</style>
<script language="javascript">
function myDelete(){
    var oTable = document.getElementById("member");
    //删除该行
    this.parentNode.parentNode.parentNode.removeChild(this.parentNode.parentNode);
}
window.onload=function(){
    var oTable = document.getElementById("member");
    var oTd;
    //动态添加 delete 链接
    for(var i=1;i<oTable.rows.length;i++){
        oTd = oTable.rows[i].insertCell(5);
        oTd.innerHTML = "<a href='#'>delete</a>";
        oTd.firstChild.onclick = myDelete;          //添加删除事件
    }
}
</script>
```

运行结果在 Firefox 中如图 7.14 所示，兼容性很强。

对于表格的动态删除而言，很多时候需要删除某一列，而 DOM 中没有直接的方法可以调用，因此需要自己手动编写 deleteColumn()方法。

该 deleteColumn() 方法接受两个参数, 第一个参数为表格对象, 另一个参数为希望删除的列号。编写方法十分简单, 即利用 deleteCell() 方法, 每一行都删除相应的单元格即可, 代码如下:

```
function deleteColumn(oTable,iNum){
    //自定义删除列函数, 即每行删除相应单元格
    for(var i=0;i<oTable.rows.length;i++)
        oTable.rows[i].deleteCell(iNum);
}
```

例如希望删除表格的第 2 列, 不再提供具体的生日 Birthday 信息, 则可以直接调用该方法, 代码如下:

```
window.onload=function(){
    var oTable = document.getElementById("member");
    deleteColumn(oTable,2);
}
```

运行结果如图 7.15 所示, 完整代码可以参考光盘文件第 7 章\7-8.html (【例 7.8】动态删除表格的列)。作为练习读者可以为每一列的最后都添加 "删除" 链接, 单击该链接即可删除该列。

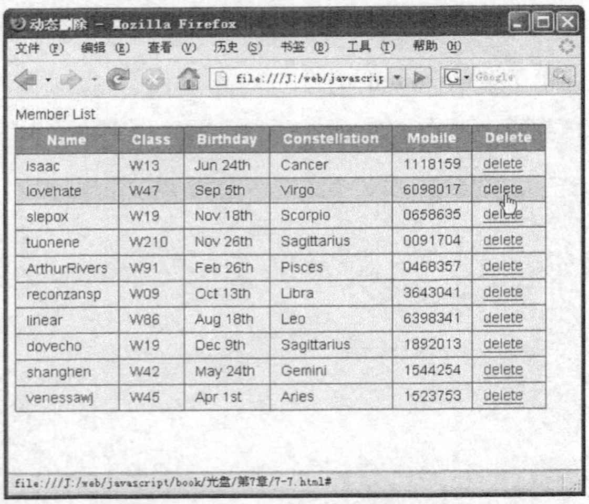

图 7.14　动态删除表格的行

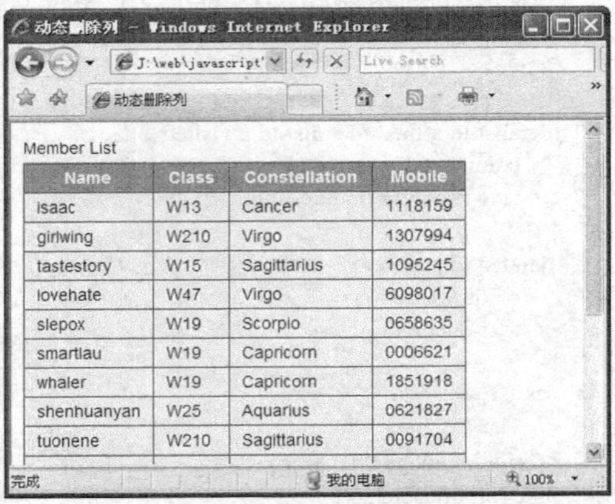

图 7.15　动态删除列

7.3　控制表单

表单 <form> 是与用户交互最频繁的元素之一, 它通过各种形式接收用户的数据, 包括下拉列表框、单选按钮、复选框和文本框等。本节主要介绍表单中一些常用的属性和方法, 改善用户在使用页面时的体验。

7.3.1　理解表单的相关标记与表单元素

在 JavaScript 中可以很方便地操作表单, 例如获取表单的数据进行有效验证、自动给表单域赋值、处理表单事件等。此时每一对 <form>...</form> 标记都解析为一个对象, 即 form 对象, 可以通过 document.form 集合来引用这些对象, 例如一个 name 属性为 "myForm1" 的表单可以用如下语句来获得。

document.forms["myForm1"]

其中 HTML 部分为：

```
<form method="post" name="myForm1" action="addInfo.aspx">
```

不仅如此，还可以通过表单在文档中的索引来引用表单对象，例如下面的代码表示引用文档中的第 2 个表单对象。

document.forms[1]

表单 form 对象同样有很多实用的属性和方法，常用的如表 7.2 所示。

表 7.2 form 表单对象的属性和方法

属性/方法	说　明
action	表单所要提交到的 URL 地址
elements	数组，表单中所有表单域的集合
enctype	表单向服务器发送数据时，数据应该使用的编码方法，默认为 application/x-www-form-urlencoded，如果要上传文件，则应该使用 multipart/form-data
length	表单域的数量
method	浏览器发送 GET 请求或者 POST 请求
name	表单的名称，即<form>标记中的 name 属性
submit()	提交表单到指定页面，相当于单击 submit 按钮
reset()	重置表单中的各项到初始值，相当于单击 reset 按钮

例 7.9 便为一个普通的表单。

【例 7.9】设置基本的表单元素（光盘文件：第 7 章\7-9.html）

```
<!DOCTYPE html PUBLIC "-//W3C//DTD XHTML 1.0 Transitional//EN" "http://www.w3.org/TR/xhtml1/DTD/xhtml1-transitional.dtd">
<html>
<head>
<title>Form Example</title>
</head>
<body>
<form method="post" name="myForm1" action="addInfo.aspx">
<p><label for="name">请输入您的姓名:</label><br><input type="text" name="name" id="name"></p>
<p><label for="passwd">请输入您的密码:</label><br><input type="password" name="passwd" id="passwd"></p>
<p><label for="color">请选择你最喜欢的颜色:</label><br>
<select name="color" id="color">
    <option value="red">红</option>
    <option value="green">绿</option>
    <option value="blue">蓝</option>
    <option value="yellow">黄</option>
    <option value="cyan">青</option>
    <option value="purple">紫</option>
</select></p>
<p>请选择你的性别:<br>
    <input type="radio" name="sex" id="male" value="male"><label for="male">男</label><br>
    <input type="radio" name="sex" id="female" value="female"><label for="female">女</label></p>
<p>你喜欢做些什么:<br>
    <input type="checkbox" name="hobby" id="book" value="book"><label for="book">看书</label>
    <input type="checkbox" name="hobby" id="net" value="net"><label for="net">上网</label>
    <input type="checkbox" name="hobby" id="sleep" value="sleep"><label for="sleep">睡觉</label></p>
<p><label for="comments"> 我 要 留 言 :</label><br><textarea name="comments" id="comments" cols="30" rows="4"></textarea></p>
<p><input type="submit" name="btnSubmit" id="btnSubmit" value="Submit">
```

```
<input type="reset" name="btnReset" id="btnReset" value="Reset"></p>
</form>
</body>
</html>
```

例 7.9 中描述了普通文本框、密码输入框、下拉列表框、单选按钮、复选框、多行文本框、提交按钮、重置按钮等多种<form>元素，在 IE 和 Firefox 中的显示效果如图 7.16 所示。

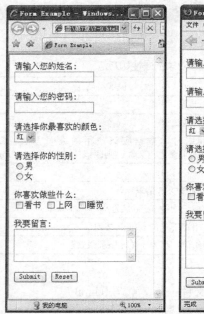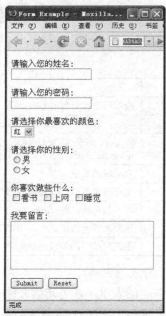

图 7.16　表单示例

其中每个元素相应的文字描述都有<label>标记。该标记用于将文字绑定到相应的表单元素上，它的 for 属性指定它所绑定的表单元素 id。绑定后单击文字，鼠标就能聚焦到相应的文本框中，如果是单选按钮或者复选框，单击绑定的文字便能选中相应的选项。这大大提高了用户的使用体验。

如果安装了某些桌面主题，对于单选按钮和复选框，只要鼠标移动到相应的绑定文字上，选项本身还会变色来予以提示。如图 7.17 所示，为默认 Windows XP 风格的桌面主题。

图 7.17　IE 中的变色提示

> **经验：**
> 在编写表单时应当尽量使用<label>标记来提高用户的体验，并且每个表单的元素都应该分配 name 和 id 属性。name 用来将数据提交给服务器，id 用于 label 的绑定。二者尽可能地用相同的或相关的值。

7.3.2　用 CSS 控制表单样式

与表格一样，在具体探讨动态控制表单<form>之前，先来简单看看表单的风格样式。因为这也是第一眼呈现在用户面前的。首先直接利用 CSS 对各个标记进行控制，对整个表单添加简单的样式风格，包括边框、背景色、宽度和高度等，如例 7.10 所示。

【例 7.10】用 CSS 控制表单样式 1（光盘文件：第 7 章\7-10.html）

```
<style>
<!--
/* 直接控制各个标记 */
form {
    border: 1px dotted #AAAAAA;
    padding: 3px 6px 3px 6px;
    margin:0px;
    font:14px Arial;
}
input {
    color: #00008B;
    background-color: #ADD8E6;
    border: 1px solid #00008B;
}
select {
    width: 80px;
    color: #00008B;
    background-color: #ADD8E6;
    border: 1px solid #00008B;
}
textarea {
    width: 200px;
    height: 40px;
    color: #00008B;
    background-color: #ADD8E6;
    border: 1px solid #00008B;
}
-->
</style>
```

此时表单看上去就不那么的单调了。不过仔细观察会发现单选按钮和复选框对于边框的显示效果在浏览器 IE 和 Firefox 中有明显的区别，如图 7.18 所示。

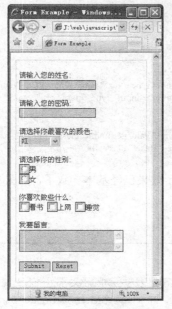

图 7.18 简单的 CSS 样式风格

图 7.18 中显示的二者区别，主要在于 IE 中单选按钮和复选框的边框，因此在设计表单时通常的方法是给具体的各项添加类别属性，进行单独的设置，如例 7.11 所示。

【例 7.11】用 CSS 控制表单样式 2（光盘文件：第 7 章\7-11.html）

```
<style>
<!--
form{
    border: 1px dotted #AAAAAA;
    padding: 1px 6px 1px 6px;
    margin:0px;
    font:14px Arial;
}
input{                                    /*  所有 input 标记  */
    color: #00008B;
}
input.txt{                                /*  文本框单独设置  */
    border: 1px inset #00008B;
    background-color: #ADD8E6;
}
input.btn{                                /*  按钮单独设置  */
    color: #00008B;
    background-color: #ADD8E6;
    border: 1px outset #00008B;
    padding: 1px 2px 1px 2px;
}
select{
    width: 80px;
    color: #00008B;
    background-color: #ADD8E6;
    border: 1px solid #00008B;
}
textarea{
    width: 200px;
    height: 40px;
    color: #00008B;
    background-color: #ADD8E6;
    border: 1px inset #00008B;
}
-->
</style>

<form method="post" name="myForm1" action="addInfo.aspx">
<p><label for="name">请输入您的姓名:</label><br><input type="text" name="name" id="name" class="txt"></p>
<p><label for="passwd"> 请 输 入 您 的 密 码 :</label><br><input type="password" name="passwd" id="passwd" class="txt"></p>
……
<p><input type="submit" name="btnSubmit" id="btnSubmit" value="Submit" class="btn">
<input type="reset" name="btnReset" id="btnReset" value="Reset" class="btn"></p>
</form>
```

经过单独的 CSS 类型设置，两个浏览器显示效果已经基本一致了，如图 7.19 所示。这种方法在实际设计中经常使用，读者可以举一反三。

经验：
　　各个浏览器之间显示的差异通常都是因为各浏览器对部分 CSS 属性的默认值不同导致的，通常的解决办法就是指定该值，而不让浏览器使用默认值即可。

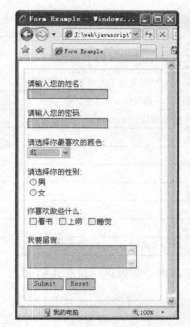

图 7.19　单独设置各个元素

7.3.3　访问表单中的元素

每个表单中的元素，无论是文本框、单选按钮、下拉列表框或者其他的内容，都包含在 form 的 elements 集合中。可以利用元素在集合中的位置或者元素的 name 属性来获得该元素的引用，代码如下：

```
var oForm = document.forms["myForm1"];        //获取表单
var oTextName = oForm.elements[0];             //获取第一个元素
var oTextPasswd = oForm.elements["passwd"];    //获取 name 属性为 passwd 的元素
```

另外，还有一种使用频率最高也是最直观的方法，即直接通过元素的 name 属性来访问，代码如下：

```
var oTextComments = oForm.elements.comments;// 获取 name 属性为 comments 的元素
```

经验：
当然也可以使用 document.getElementById()和表单元素的 id 值来访问某个特定元素，但对于表单中某些特定元素，例如单选按钮，使用上面介绍的方法显然更方便向服务器传送数据。因为单选按钮各项之间 name 的值相同，而 id 值不同。因此，本书中的表单操作统一使用上述方法。

7.3.4　公共属性与方法

所有表单中的元素（除了隐藏元素）都有一些共同的属性、方法，这里将常用的一些罗列在表 7.3 中。

173

表 7.3　　　　　　　　　　　　　　　　表单中元素的共同属性和方法

属性/方法	说　明
checked	对于单选按钮和复选框而言，选中则为 true
defaultChecked	对于单选按钮和复选框而言，如果初始时是选中的则为 true
value	除了下拉菜单以外，所有元素的 value 属性值
defaultValue	对于文本框和多行文本框而言，初始设定的 value 值
form	指向元素所在的 \<form>
name	元素的 name 属性
type	元素的类型
blur()	使焦点离开某个元素
focus()	聚焦到某个元素上
click()	模拟用户单击该元素
select()	对于文本框、多行文本框而言，选中并高亮显示其中的文本

表 7.3 中对各个属性和方法的讲解十分清晰，读者可以逐一试验，例如：

```
var oForm = document.forms["myForm1"];
var oTextComments = oForm.elements.comments;
alert(oForm.type);        //查看元素类型

var oTextPasswd = oForm.elements["passwd"];
oTextPasswd.focus();      //聚焦到特定元素上
```

7.3.5　提交表单

表单的提交通常通过按钮或者具备按钮功能的图片来完成，HTML 代码如下：

```
<input type="submit" name="btnSubmit" id="btnSubmit" value="Submit">
<input type="image" name="picSubmit" id="picSubmit" src="submit.jpg">
```

当用户单击其中一个按钮，或者按回车键就可以直接提交表单，无需其他的代码。可以通过在 \<form> 的 action 属性中加入代码来检测表单是否被提交，例如：

```
<form method="post" name="myForm1" action="javascript:alert('Submitted');">
```

很多时候开发者并不希望使用按钮，但仍然能提交表单，这时可以采用表单的 submit() 方法，这对于验证和提交表单都是十分有用的，例如：

```
var oForm = document.forms["myForm1"];
oForm.submit();
```

或者自定义按钮分配 onclick() 事件，例如：

```
<input type="button" value="Submit" onclick="document.forms['myForm1'].submit();" />
```

注意：
　　如果使用 submit() 方法来提交表单则不会触发 \<form> 的 onsubmit() 事件，这与用提交按钮是不同的。因此，如果使用 submit() 方法来提交，所有验证表单的过程都应该在其之前完成。

Web 用户在提交表单时往往会由于网速过慢而反复单击提交按钮，这对于服务器而言是很大的负担，通常可以使用 disabled 属性来禁止这种行为，例如：

```
<input type="button" value="Submit" onclick="this.disabled=true; this.form.submit();" />
```

7.4　设置文本框

文本框是表单中与用户打交道最多的元素之一，它包括单行文本框<input type="text">和多行文本框<textarea>，更广义的还可以包括密码输入框<input type="password">。本节围绕 JavaScript 处理文本框做简要的介绍，目的在于合理利用 JavaScript 提高用户体验。

7.4.1　控制用户输入字符个数

对于单行文本框<input type="text">和密码输入框<input type="password">而言，可以利用自身的 maxlength 属性控制用户输入字符的个数，例如：

```
<input type="text" name="name" id="name" class="txt" value="姓名" maxlength="10">
```

而对于多行文本框<textarea>没有类似的属性，可以自定义类似的属性，并对 onkeypress 事件做相应的处理，例如：

```
<textarea name="comments" id="comments" cols="40" rows="4" maxlength="50" onkeypress="return LessThan(this);"></textarea>
```

以上代码中 maxlength 为自定义属性，其值为最多允许输入的字符个数。在 onkeypress 事件发生时则调用返回 LessThan()函数的返回值，函数如下：

```
function LessThan(oTextArea){
    //返回文本框字符个数是否符合要求的 boolean 值
    return oTextArea.value.length < oTextArea.getAttribute("maxlength");
}
```

以上函数直接返回目前<textarea>中字符个数与规定个数的比较结果，如果已经超出则返回 false，使得用户不能再输入。完整代码如例 7.12 所示。

【例 7.12】控制 textarea 的字符个数（光盘文件：第 7 章\7-12.html）

```
<!DOCTYPE html PUBLIC "-//W3C//DTD XHTML 1.0 Transitional//EN" "http://www.w3.org/TR/xhtml1/DTD/xhtml1-transitional.dtd">
<html>
<head>
<title>控制 textarea 的字符个数</title>
<script language="javascript">
function LessThan(oTextArea){
    //返回文本框字符个数是否符合要求的 boolean 值
    return oTextArea.value.length < oTextArea.getAttribute("maxlength");
}
</script>
</head>
<body>
<form method="post" name="myForm1" action="addInfo.aspx">
<p><label for="name">请输入您的姓名:</label>
<input type="text" name="name" id="name" class="txt" value="姓名" maxlength="10"></p>
<p><label for="comments">我要留言:</label><br>
<textarea    name="comments"    id="comments"    cols="40"    rows="4"    maxlength="50"    onkeypress="return
```

```
LessThan(this);"></textarea></p>
        <p><input type="submit" name="btnSubmit" id="btnSubmit" value="Submit" class="btn">
        <input type="reset" name="btnReset" id="btnReset" value="Reset" class="btn"></p>
        </form>
        </body>
        </html>
```

以上代码的运行结果如图 7.20 所示（回车也算 1 个字符），当字符数到达 50 上限时则无法再输入，而且在 IE 和 Firefox 中的运行结果相同。

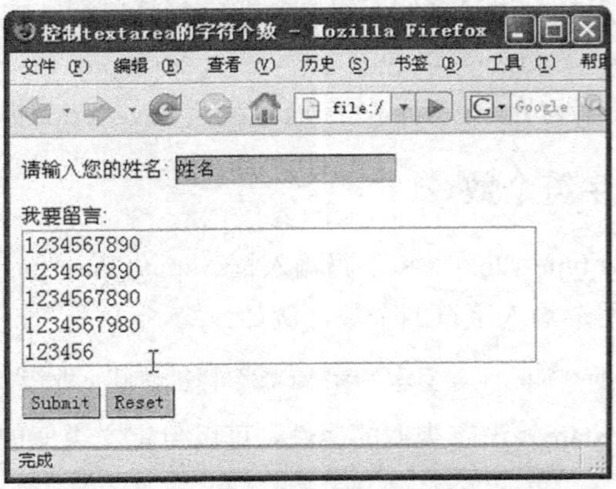

图 7.20　控制字符个数

7.4.2　设置鼠标经过时自动选择文本

通常在用户名、密码等文本框中希望鼠标指针经过时自动聚焦，并且能够选中默认值以便用户直接删除。首先是鼠标指针经过时自动聚焦，代码如下：

```
onmouseover="this.focus()"
```

其次是聚焦后自动选中所有文本，代码如下：

```
onfocus="this.select()"
```

完整代码如例 7.13 所示，作为对比，该例仅在输入用户名的文本框中运用了上述方法，输入密码的文本框保持原样。

【例 7.13】自动选择文本（光盘文件：第 7 章\7-13.html）

```
<!DOCTYPE html PUBLIC "-//W3C//DTD XHTML 1.0 Transitional//EN" "http://www.w3.org/TR/xhtml1/DTD/
xhtml1-transitional.dtd">
        <html>
        <head>
        <title>Automatic Selecting</title>
        <style>
        <!--
        form{
            padding:0px;    margin:0px;
            font:14px Arial;
        }
        input.txt{
            border: 1px inset #00008B;
            background-color: #ADD8E6;
        }
```

```
input.btn{
    color: #00008B;
    background-color: #ADD8E6;
    border: 1px outset #00008B;
    padding: 1px 2px 1px 2px;
}
-->
</style>
</head>
<body>
<form method="post" name="myForm1" action="addInfo.aspx">
<p><label for="name">请输入您的姓名:</label>
<input type="text" name="name" id="name" class="txt" value="姓 名" onmouseover="this.focus()" onfocus="this.select()"></p>
<p><label for="passwd">请输入您的密码:</label>
<input type="password" name="passwd" id="passwd" class="txt"></p>
<p><input type="submit" name="btnSubmit" id="btnSubmit" value="Submit" class="btn">
<input type="reset" name="btnReset" id="btnReset" value="Reset" class="btn"></p>
</form>
</body>
</html>
```

以上代码的运行结果如图 7.21 所示，可以看到当鼠标指针移动到文本框上方时，文本框立即聚焦并且其中的内容被自动选中了。

对于一些已经制作好的大型页面，如果不希望在<input>标记中添加事件，仍可以利用 JavaScript 来实现上述功能，并遵循行为（JavaScript）与结构（HTML）分离的原则，如例 7.14 所示。

【例 7.14】JavaScript 分离实现自动选择文本（光盘文件：第 7 章\7-14.html）

```
<script language="javascript">
function myFocus(){
    this.focus();
}
function mySelect(){
    this.select();
}
window.onload = function(){
    var oForm = document.forms["myForm1"];
    oForm.name.onmouseover = myFocus;
    oForm.name.onfocus = mySelect;
}
</script>
```

以上代码在 Firefox 中的运行结果如图 7.22 所示，与 IE 浏览器中完全相同，并且没有破坏页面原有的 HTML 框架。

图 7.21 自动选中文本框内容　　　　　　图 7.22 自动选中文本框内容

7.5　设置单选按钮

单选按钮在表单中即<input type="radio">，它是一组供用户选择的对象，但是只能选取其中的一个。每一项都有布尔值 checked 属性，当任何一项被设置为 true 时，其他项都会自动变为 false。例 7.15 为单选按钮的简单示例。

【例 7.15】控制表单中的单选按钮（光盘文件：第 7 章\7-15.html）

```
<!DOCTYPE html PUBLIC "-//W3C//DTD XHTML 1.0 Transitional//EN" "http://www.w3.org/TR/xhtml1/DTD/
xhtml1-transitional.dtd">
<html>
<head>
<title>单选按钮</title>
<style>
<!--
form{
    padding:0px; margin:0px;
    font:14px Arial;
}
p{
    padding:2px; margin:0px;
}
-->
</style>
</head>
<body>
<form method="post" name="myForm1" action="addInfo.aspx">
您使用的相机品牌：
<p>
    <input type="radio" name="camera" id="canon" value="Canon">
    <label for="canon">Canon</label>
</p>
<p>
    <input type="radio" name="camera" id="nikon" value="Nikon">
    <label for="nikon">Nikon</label>
</p>
<p>
    <input type="radio" name="camera" id="sony" value="Sony" checked>
    <label for="sony">Sony</label>
</p>
<p>
    <input type="radio" name="camera" id="olympus" value="Olympus">
    <label for="olympus">Olympus</label>
</p>
<p>
    <input type="radio" name="camera" id="samsung" value="Samsung">
    <label for="samsung">Samsung</label>
</p>
<p>
    <input type="radio" name="camera" id="pentax" value="Pentax">
    <label for="pentax">Pentax</label>
</p>
<p>
    <input type="radio" name="camera" id="others" value="其他">
    <label for="others">others</label>
</p>
<p><input type="submit" name="btnSubmit" id="btnSubmit" value="Submit" class="btn"></p>
```

```
</form>
</body>
</html>
```

首先从以上代码中可以很清楚地看到表单中 id 与 name 的区别，在一组单选按钮中它们的 name 属性是相同的，只能有一个被选中，而 id 属性则是不同的，用于\<label\>绑定以及其他需要特指某一项的操作。

为了说明单选按钮如何读取被选中选项的值，可为上述代码添加两个按钮，一个用于读取当前被选中的选项，另一个设置某一项被选中，如图 7.23 所示。

添加的两个按钮的代码如下：

```
<p><input type="button" value="检测选中对象" onclick="getChoice();">
<input type="button" value="设置为 Canon" onclick="setChoice(0);"></p>
```

检测选中对象的过程主要是对整个单选按钮列表进行遍历，当发现其中某一项的 checked 值为 true 时则找到了被选中对象，代码如下：

```
function getChoice(){
    var oForm = document.forms["myForm1"];
    var aChoices = oForm.camera;
    for(i=0;i<aChoices.length;i++)    //遍历整个单选按钮列表
        if(aChoices[i].checked)       //如果发现了被选中项则退出
            break;
    alert("您使用的相机品牌是："+aChoices[i].value);
}
```

以上代码的运行结果如图 7.24 所示。

图 7.23 单选按钮

图 7.24 检测选中对象

对于设置某选项被选中，则直接将该项的 checked 值设置为 true 即可，此时其他选项的 checked 值会自动设置为 false，代码如下：

```
function setChoice(iNum){
    var oForm = document.forms["myForm1"];
    oForm.camera[iNum].checked = true;
}
```

以上代码的运行结果如图 7.25 所示，选项成功地设置成了第 1 项 "Canon"。

图 7.25　设置选项

7.6　设置复选框

与单选按钮不同，复选框<input type="checkbox">可以同时选中多项，然后一起进行处理，例如邮箱中的每条邮件之前都有一个复选框就是典型的运用，图 7.26 所示为 Gmail 邮箱的截图，上面的各种链接可以分类选中不同的复选框。

图 7.26　复选框示例

例 7.16 模拟了邮箱中类似的情况，每一项数据之前都有一个复选框。最顶端有 3 个按钮，分别为全选、全不选和反选。单击全选按钮时所有复选框都被选中；单击"全不选"按钮则所有复选框都不选；单击"反选"按钮则原先选中的变成不选，原先不选的则变成选中。

【例7.16】控制表单中的复选框（光盘文件：第7章\7-16.html）

```
<!DOCTYPE html PUBLIC "-//W3C//DTD XHTML 1.0 Transitional//EN" "http://www.w3.org/TR/xhtml1/DTD/
xhtml1-transitional.dtd">
<html>
<head>
<title>多选项</title>
<style>
<!--
form{
    padding:0px; margin:0px;
    font:14px Arial;
}
p{
    padding:2px; margin:0px;
}
-->
</style>
</head>
<body>
<form method="post" name="myForm1" action="addInfo.aspx">
您喜欢做的事情：
<p>
    <input type="checkbox" name="hobby" id="ball" value="ball">
    <label for="ball">打球</label>
</p>
<p>
    <input type="checkbox" name="hobby" id="TV" value="TV">
    <label for="TV">看电视</label>
</p>
<p>
    <input type="checkbox" name="hobby" id="net" value="net">
    <label for="net">上网</label>
</p>
<p>
    <input type="checkbox" name="hobby" id="book" value="book">
    <label for="book">看书</label>
</p>
<p>
    <input type="checkbox" name="hobby" id="trip" value="trip">
    <label for="trip">旅游</label>
</p>
<p>
    <input type="checkbox" name="hobby" id="music" value="music">
    <label for="music">听音乐</label>
</p>
<p>
    <input type="checkbox" name="hobby" id="others" value="其他">
    <label for="others">其他</label>
</p>
<p>
<input type="button" value="全选" />
<input type="button" value="全不选" />
<input type="button" value="反选" />
</p>
</form>
</body>
</html>
```

其显示效果如图7.27所示，下面重点讨论3个按钮上的代码。

对于这 3 个按钮，考虑到 checked 属性值为布尔值，因此"全选"和"全不选"可以采用传递参数 1 和 0 的方式，而"反选"则随意传递一个其他数字。遍历整个复选框列表，再根据参数做不同的设置，代码如下：

```javascript
<input type="button" value="全选" onclick="changeBoxes(1);" />
<input type="button" value="全不选" onclick="changeBoxes(0);" />
<input type="button" value="反选" onclick="changeBoxes(-1);" />

<script language="javascript">
function changeBoxes(action){
    var oForm = document.forms["myForm1"];
    var oCheckBox = oForm.hobby;
    for(var i=0;i<oCheckBox.length;i++)     //遍历每一个选项
        if(action<0)                        //反选
            oCheckBox[i].checked = !oCheckBox[i].checked;
        else            //action 为 1 时则全选，为 0 时则全不选
            oCheckBox[i].checked = action;
}
</script>
```

以上代码用一个函数的不同参数同时实现了全选、全不选和反选，这主要是利用了复选框的 checked 属性是布尔值的特点。反选只需要将原来的值取反，全选则设置为 1，全不选则设置为 0。在 Firefox 中的运行结果如图 7.28 所示，与 IE 中的效果完全相同。

图 7.27　复选框

图 7.28　操作复选框

7.7　设置下拉菜单

下拉菜单<select>是表单元素中比较特殊的一种，通过<option>来设置所有列表项。当它是单选时功能相当于单选按钮，而当它是多选时（<select multiple="multiple">）功能相当于复选框，但是所占用的页面面积却少很多。

下拉菜单有一些独立于其他表单元素的属性，如表 7.4 所示。

表 7.4　　　　　　　　　　　　　　　　下拉菜单的属性

属　　性	说　　明
length	表示选项<option>的个数
selected	布尔值，表示选项<option>是否被选中

续表

属　　性	说　　明
SelectedIndex	被选中的选项序号，如果没有选项被选中则为-1。对于多选下拉菜单而言，返回被选中的第一个选项序号。从 0 开始计数
text	选项的文本
value	选项的 value 值
type	下拉菜单的类型。单选返回 select-one，多选返回 select-multiple
options	获取选项的数组，例如 oSelectBox.options[2]表示下拉菜单 oSelectBox 中的第 3 项

7.7.1 访问选中项

下拉菜单中最重要的莫过于访问被用户选中的选项，对于单选下拉菜单可以通过 selectedIndex 属性轻松地访问到被选项，如例 7.17 所示。

【例 7.17】访问单选下拉菜单中的选中项（光盘文件：第 7 章\7–17.html）

```
<!DOCTYPE html PUBLIC "-//W3C//DTD XHTML 1.0 Transitional//EN" "http://www.w3.org/TR/xhtml1/DTD/
xhtml1-transitional.dtd">
<html>
<head>
<title>下拉菜单，单选</title>
<style>
<!--
form{
    padding:0px; margin:0px;
    font:14px Arial;
}
-->
</style>
<script language="javascript">
function checkSingle(){
    var oForm = document.forms["myForm1"];
    var oSelectBox = oForm.constellation;
    var iChoice = oSelectBox.selectedIndex;    //获取选中项
    alert("您选中了" + oSelectBox.options[iChoice].text);
}
</script>
</head>
<body>
<form method="post" name="myForm1">
<label for="constellation">星座：</label>
<p>
<select id="constellation" name="constellation">
    <option value="Aries" selected="selected">白羊</option>
    <option value="Taurus">金牛</option>
    <option value="Gemini">双子</option>
    <option value="Cancer">巨蟹</option>
    <option value="Leo">狮子</option>
    <option value="Virgo">处女</option>
    <option value="Libra">天秤</option>
    <option value="Scorpio">天蝎</option>
    <option value="Sagittarius">射手</option>
    <option value="Capricorn">摩羯</option>
    <option value="Aquarius">水瓶</option>
    <option value="Pisces">双鱼</option>
</select>
</p>
<input type="button" onclick="checkSingle()" value="查看选项" />
```

```
</form>
</body>
</html>
```

以上代码中的函数 checkSingle()思路清晰，方法简捷。获取到下拉菜单 constellation 对象后直接通过 selectedIndex 属性获取到了被选中项，运行结果如图 7.29 所示。

图 7.29　单选下拉菜单

如果该下拉菜单是多选，selectedIndex 只能返回被选中项的第一项的序号，因此要找到所有选中项，则必须遍历整个下拉菜单，如例 7.18 所示。

【例 7.18】访问多选下拉菜单中的选中项（光盘文件：第 7 章\7-18.html）

```
<!DOCTYPE html PUBLIC "-//W3C//DTD XHTML 1.0 Transitional//EN" "http://www.w3.org/TR/xhtml1/DTD/
xhtml1-transitional.dtd">
<html>
<head>
<title>下拉菜单，多选</title>
<style>
<!--
form{
    padding:0px; margin:0px;
    font:14px Arial;
}
p{
    margin:0px; padding:2px;
}
-->
</style>
<script language="javascript">
function checkMultiple(){
    var oForm = document.forms["myForm1"];
    var oSelectBox = oForm.constellation;
    var aChoices = new Array();
    //遍历整个下拉菜单
    for(var i=0;i<oSelectBox.options.length;i++)
        if(oSelectBox.options[i].selected)    //如果被选中
            aChoices.push(oSelectBox.options[i].text);    //压入到数组中
    alert("您选了：" + aChoices.join());    //输出结果
}
</script>
</head>
<body>
<form method="post" name="myForm1">
<label for="constellation">星座：</label>
<p>
<select id="constellation" name="constellation" multiple="multiple" style="height:180px;">
    <option value="Aries">白羊</option>
```

```
    <option value="Taurus">金牛</option>
    <option value="Gemini">双子</option>
    <option value="Cancer">巨蟹</option>
    <option value="Leo">狮子</option>
    <option value="Virgo">处女</option>
    <option value="Libra">天秤</option>
    <option value="Scorpio">天蝎</option>
    <option value="Sagittarius">射手</option>
    <option value="Capricorn">摩羯</option>
    <option value="Aquarius">水瓶</option>
    <option value="Pisces">双鱼</option>
</select>
</p>
<input type="button" onclick="checkMultiple()" value="查看选项" />
</form>
</body>
</html>
```

以上代码中创建了一个数组 aChoices 来存放被选中的项。然后遍历整个下拉菜单，当发现 selected 值为 true 时则将该选项压入数组，运行结果如图 7.30 所示。

例 7.17 和例 7.18 分别对单选和多选下拉菜单进行了分析，但有些表单中这两种情况同时存在。虽然例 7.18 的方法也可以用于单选的情况，但浪费了大量的系统资源。因此，在获取选中项之前，可以通过下拉菜单的 type 属性进行判断，如果是单选下拉菜单则采用例 7.17 所示的方法，反之则遍历整个菜单，代码如下：

图 7.30 多选下拉菜单

```
function getSelectValue(Box){
    var oForm = document.forms["myForm1"];
    var oSelectBox = oForm.elements[Box];    //根据参数相应地选择下拉菜单
    if(oSelectBox.type == "select-one"){     //判断是单选还是多选
        var iChoice = oSelectBox.selectedIndex;    //获取选中项
        alert("单选，您选中了" + oSelectBox.options[iChoice].text);
    }else{
        var aChoices = new Array();
        //遍历整个下拉菜单
        for(var i=0;i<oSelectBox.options.length;i++)
            if(oSelectBox.options[i].selected)    //如果被选中
                aChoices.push(oSelectBox.options[i].text);//压入到数组中
        alert("多选，您选了： " + aChoices.join());    //输出结果
    }
}
```

完整示例如例 7.19 所示，该例中有两个下拉菜单，其中一个为单选，另一个为多选，都调用相同的 getSelectValue() 来获取被选中项的值，传入参数分别为对应的下拉菜单。

【例 7.19】通用的访问下拉菜单选中项的方法（光盘文件：第 7 章\7-19.html）

```
<!DOCTYPE html PUBLIC "-//W3C//DTD XHTML 1.0 Transitional//EN" "http://www.w3.org/TR/xhtml1/DTD/
xhtml1-transitional.dtd">
<html>
<head>
<title>下拉菜单，通用</title>
```

```
<style>
<!--
form{
    padding:0px; margin:0px;
    font:14px Arial;
}
p{
    margin:0px; padding:3px;
}
input{
    margin:0px;
    border:1px solid #000000;
}
-->
</style>
<script language="javascript">
function getSelectValue(Box){
    var oForm = document.forms["myForm1"];
    var oSelectBox = oForm.elements[Box];   //根据参数相应地选择下拉菜单
    if(oSelectBox.type == "select-one"){       //判断是单选还是多选
        var iChoice = oSelectBox.selectedIndex;     //获取选中项
        alert("单选，您选中了" + oSelectBox.options[iChoice].text);
    }else{
        var aChoices = new Array();
        //遍历整个下拉菜单
        for(var i=0;i<oSelectBox.options.length;i++)
            if(oSelectBox.options[i].selected)      //如果被选中
                aChoices.push(oSelectBox.options[i].text);//压入到数组中
        alert("多选，您选了： " + aChoices.join());       //输出结果
    }
}
</script>
</head>
<body>
<form method="post" name="myForm1">
星座：
<p>
<select id="constellation1" name="constellation1">
    <option value="Aries" selected="selected">白羊</option>
    <option value="Taurus">金牛</option>
    <option value="Gemini">双子</option>
    <option value="Cancer">巨蟹</option>
    <option value="Leo">狮子</option>
    <option value="Virgo">处女</option>
    <option value="Libra">天秤</option>
    <option value="Scorpio">天蝎</option>
    <option value="Sagittarius">射手</option>
    <option value="Capricorn">摩羯</option>
    <option value="Aquarius">水瓶</option>
    <option value="Pisces">双鱼</option>
</select>
<input type="button" onclick="getSelectValue('constellation1')" value="查看选项" />
</p>
<p>
<select id="constellation2" name="constellation2" multiple="multiple" style="height:120px;">
    <option value="Aries">白羊</option>
    <option value="Taurus">金牛</option>
    <option value="Gemini">双子</option>
    <option value="Cancer">巨蟹</option>
    <option value="Leo">狮子</option>
    <option value="Virgo">处女</option>
    <option value="Libra">天秤</option>
```

```
        <option value="Scorpio">天蝎</option>
        <option value="Sagittarius">射手</option>
        <option value="Capricorn">摩羯</option>
        <option value="Aquarius">水瓶</option>
        <option value="Pisces">双鱼</option>
    </select>
    <input type="button" onclick="getSelectValue('constellation2')" value="查看选项" />
    </p>
    </form>
    </body>
    </html>
```

在 Firefox 中的运行结果如图 7.31 所示，无论是单选还是多选，都能很好地找到用户的选中项，并且保证了方法的通用性。

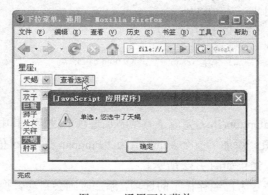

图 7.31　通用下拉菜单

7.7.2　添加、替换、删除选项

很多时候开发者需要对下拉菜单的选项进行添加、删除、替换等一系列操作，尤其是与数据库绑定的下拉菜单，更是频繁地使用类似的控制。

添加<option>的操作与添加其他的 DOM 元素差不多，不过可以通过构造函数 Option()直接添加 value、text 等信息，相当方便，代码如下：

```
var oOption = new Option(text, value, defaultSelected, selected);
```

最后两项默认值为 0，如果不希望添加的选项被默认选中则可以忽略。添加选项时通常将<select>列表的第 length 项直接设置为新的选项，即在末尾增加，如例 7.20 所示。

【例 7.20】添加下拉菜单的选项（光盘文件：第 7 章\7-20.html）

```
<!DOCTYPE html PUBLIC "-//W3C//DTD XHTML 1.0 Transitional//EN" "http://www.w3.org/TR/xhtml1/DTD/
xhtml1-transitional.dtd">
    <html>
    <head>
    <title>添加选项</title>
    <style>
    <!--
    form{padding:0px; margin:0px; font:14px Arial;}
    p{margin:0px; padding:3px;}
    input{margin:0px; border:1px solid #000000;}
    -->
    </style>
```

```
<script language="javascript">
function AddOption(Box){    //添加选项
    var oForm = document.forms["myForm1"];
    var oBox = oForm.elements[Box];
    var oOption = new Option("乒乓球","Pingpang");
    oBox.options[oBox.options.length] = oOption;
}
</script>
</head>
<body>
<form method="post" name="myForm1">
球类：
<p>
<select id="ball" name="ball" multiple="multiple">
    <option value="Football">足球</option>
    <option value="Basketball">篮球</option>
    <option value="Volleyball">排球</option>
</select>
</p>
<input type="button" value="添加乒乓球" onclick="AddOption('ball');" />
</form>
</body>
</html>
```

以上代码中函数 AddOption(Box)完成了整个添加选项的过程，其中 Box 参数为要添加选项的<select>的 name 属性值。添加了一个 value 值为"Pingpang"，text 值为"乒乓球"的新选项在整个列表的末尾，运行结果如图 7.32 所示。

如果下拉菜单中的序号为已经存在了的选项，添加时则会自动替换原有的选项，代码如下：

```
oBox.options[iNum] = oOption; //替换第 iNum 个选项
```

完整的示例如例 7.21 所示，在该例中将第 2 项篮球替换为乒乓球。

【例 7.21】替换下拉菜单的选项（光盘文件：第 7 章\7-21.html）

```
<!DOCTYPE html PUBLIC "-//W3C//DTD XHTML 1.0 Transitional//EN" "http://www.w3.org/TR/xhtml1/DTD/
xhtml1-transitional.dtd">
<html>
<head>
<title>替换选项</title>
<style>
<!--
form{padding:0px; margin:0px; font:14px Arial;}
p{margin:0px; padding:3px;}
input{margin:0px; border:1px solid #000000;}
-->
</style>
<script language="javascript">
function ReplaceOption(Box,iNum){    //替换选项
    var oForm = document.forms["myForm1"];
    var oBox = oForm.elements[Box];
    var oOption = new Option("乒乓球","Pingpang");
    oBox.options[iNum] = oOption;    //替换第 iNum 个选项
}
</script>
</head>
<body>
<form method="post" name="myForm1">
球类：
<p>
```

```
<select id="ball" name="ball" multiple="multiple">
    <option value="Football">足球</option>
    <option value="Basketball">篮球</option>
    <option value="Volleyball">排球</option>
</select>
</p>
<input type="button" value="篮球替换为乒乓球" onclick="ReplaceOption('ball',1);" />
</form>
</body>
</html>
```

以上代码中函数 ReplaceOption(Box,iNum)负责整个替换过程，其中 iNum 参数为希望替换的选项序号，运行结果如图 7.33 所示，第 2 项被替换成了"乒乓球"。

图 7.32　添加选项　　　　　　　　　图 7.33　替换选项

很多实际情况中，开发者希望将选项添加到指定的位置，而不是添加到最后或者仅仅替换掉某个选项，这种情况则需要使用 DOM 的 insertBefore()方法来完成，代码如下：

```
function AddOption(Box,iNum){
    var oForm = document.forms["myForm1"];
    var oBox = oForm.elements[Box];
    var oOption = new Option("乒乓球","Pingpang");
    oBox.insertBefore(oOption,oBox.options[iNum]);
}
```

以上代码将新选项插入到 iNum 的位置，看似很完美，但在 IE 中却出现了很奇怪的现象，完整代码如例 7.22 所示。

【例 7.22】添加选项到下拉菜单的具体位置（光盘文件：第 7 章\7-22.html）

```
<!DOCTYPE html PUBLIC "-//W3C//DTD XHTML 1.0 Transitional//EN" "http://www.w3.org/TR/xhtml1/DTD/
xhtml1-transitional.dtd">
<html>
<head>
<title>添加到具体位置</title>
<style>
<!--
form{padding:0px; margin:0px; font:14px Arial;}
p{margin:0px; padding:3px;}
input{margin:0px; border:1px solid #000000;}
-->
</style>
<script language="javascript">
function AddOption(Box,iNum){
    var oForm = document.forms["myForm1"];
    var oBox = oForm.elements[Box];
```

```
    var oOption = new Option("乒乓球","Pingpang");
    oBox.insertBefore(oOption,oBox.options[iNum]);
}
</script>
</head>
<body>
<form method="post" name="myForm1">
球类:
<p>
<select id="ball" name="ball" multiple="multiple">
    <option value="Football">足球</option>
    <option value="Basketball">篮球</option>
    <option value="Volleyball">排球</option>
</select>
</p>
<input type="button" value="添加乒乓球" onclick="AddOption('ball',1);" />
</form>
</body>
</html>
```

以上代码将新选项"乒乓球"添加到选项"篮球"之前,在 IE 和 Firefox 中的运行结果如图 7.34 所示。Firefox 十分顺利地插入了新选项,而 IE 7 中虽然在正确的位置插入了选项,但内容却没有显示出来。

图 7.34　插入选项到具体位置

为了解决这个问题,可以将选项先用原来的办法添加到列表的最后,再用 insertBefore()将其移动到相应的位置,修改后的 AddOption()函数如例 7.23 所示。

【例 7.23】解决添加下拉菜单选项的 IE 兼容性问题(光盘文件:第 7 章\7-23.html)

```
function AddOption(Box,iNum){
    var oForm = document.forms["myForm1"];
    var oBox = oForm.elements[Box];
    var oOption = new Option("乒乓球","Pingpang");
    //兼容 IE7,先添加选项到最后,再移动
    oBox.options[oBox.options.length] = oOption;
    oBox.insertBefore(oOption,oBox.options[iNum]);
}
```

这时再运行便可以看到新选项成功地插入到了相应的位置,如图 7.35 所示。

注意:

类似这样的小技巧通常称之为 hack,即跳过浏览器的某些 bug 或限制来实现预定的目的。这种方法虽然有时降低了程序效率,但却十分实用。

图 7.35 插入选项到具体位置

删除下拉菜单中的某个选项是相对最简单的，只需要将这个选项设置为 null 即可，代码如下：

```
oBox.options[iNum] = null;
```

具体示例如例 7.24 所示。

【例 7.24】删除下拉菜单的选项（光盘文件：第 7 章\7-24.html）

```
<!DOCTYPE html PUBLIC "-//W3C//DTD XHTML 1.0 Transitional//EN" "http://www.w3.org/TR/xhtml1/DTD/
xhtml1-transitional.dtd">
<html>
<head>
<title>删除选项</title>
<style>
<!--
form{padding:0px; margin:0px; font:14px Arial;}
p{margin:0px; padding:3px;}
input{margin:0px; border:1px solid #000000;}
-->
</style>
<script language="javascript">
function RemoveOption(Box,iNum){
    var oForm = document.forms["myForm1"];
    var oBox = oForm.elements[Box];
    oBox.options[iNum] = null; //删除选项
}
</script>
</head>
<body>
<form method="post" name="myForm1">
球类：
<p>
<select id="ball" name="ball" multiple="multiple">
    <option value="Football">足球</option>
    <option value="Basketball">篮球</option>
    <option value="Volleyball">排球</option>
</select>
</p>
<input type="button" value="删除篮球" onclick="RemoveOption('ball',1);" />
</form>
</body>
</html>
```

以上代码中函数 RemoveOption(Box,iNum)完成了整个删除的过程，其中 iNum 为希望删除的选项序号。运行结果如图 7.36 所示，可以看到当某个选项被删除后，它后面的选项会自动补齐。

图 7.36　删除选项

7.8　实例：自动提示的文本框

开发者不得不承认，很多时候用户在网上填写表单是十分不情愿的，尤其是需要键盘输入的内容，常常带来十分不好的用户体验。为了尽可能地方便用户，提供良好的自动提示功能就成为很多顶级公司的努力方向。

本例以填写颜色为例，为用户提供自动提示，展示该效果的基本制作方法，运行结果如图7.37 所示。

图 7.37　自动提示的文本框

7.8.1　建立框架结构

自动提示的文本框首先离不开文本框<input type="text">本身，而提示框则采用<div>块内嵌项目列表<ul>来实现。当用户在文本框中每输入一个字符（onkeyup 事件）时就在预定的"颜色名称集"中查找，找到匹配的项就动态加载到<ul>中，显示给用户选择，HTML 框架如下：

```
<body>
<form method="post" name="myForm1">
Color: <input type="text" name="colors" id="colors" onkeyup="findColors();" />
</form>
<div id="popup">
    <ul id="colors_ul"></ul>
</div>
</body>
```

考虑到<div>块的位置必须出现在输入框的下面，因此采用 CSS 的绝对定位，并设置两个边框属性，一个用于有匹配结果时显示提示框<div>，另一个用于未查到匹配项时隐藏提示框。
相应的页面设置和表单的 CSS 样式如下：

```
<style>
<!--
body{
    font-family:Arial, Helvetica, sans-serif;
    font-size:12px; padding:0px; margin:5px;
}
form{padding:0px; margin:0px;}
input{
    /* 用户输入框的样式 */
    font-family:Arial, Helvetica, sans-serif;
    font-size:12px; border:1px solid #000000;
    width:200px; padding:1px; margin:0px;
}
#popup{
    /* 提示框 div 块的样式 */
    position:absolute; width:202px;
    color:#004a7e; font-size:12px;
    font-family:Arial, Helvetica, sans-serif;
    left:41px; top:25px;
}
#popup.show{
    /* 显示提示框的边框 */
    border:1px solid #004a7e;
}
#popup.hide{
    /* 隐藏提示框的边框 */
    border:none;
}
-->
</style>
```

此时页面在 IE 和 Firefox 中的显示效果如图 7.38 所示。

图 7.38　页面框架

7.8.2　实现匹配用户输入

当用户在文本框中输入任意一个字符时，则在预定好的"颜色名称集"中搜索。如果找到
匹配的项则存在一个数组中，并传递给显示提示框的函数 setColors()，否则利用函数 clearColors()
清除提示框，代码如下：

```
var oInputField;    //考虑到很多函数中都要使用
var oPopDiv;            //因此采用全局变量的形式
var oColorsUl;
```

```
var aColors =
["red","green","blue","magenta","yellow","chocolate","black",……  ,"darkcyan","darkgreen","darkhaki","ivory","darkm
agenta","cornfloewrblue"];
    aColors.sort();        //按字母排序，使显示结果更友好
    function initVars(){
        //初始化变量
        oInputField = document.forms["myForm1"].colors;
        oPopDiv = document.getElementById("popup");
        oColorsUl = document.getElementById("colors_ul");
    }
    function findColors(){
        initVars();         //初始化变量
        if(oInputField.value.length > 0){
            var aResult = new Array();          //用于存放匹配结果
            for(var i=0;i<aColors.length;i++)    //从颜色表中找匹配的颜色
                //必须是从单词的开始处匹配
                if(aColors[i].indexOf(oInputField.value) == 0)
                    aResult.push(aColors[i]);       //压入结果
            if(aResult.length>0)    //如果有匹配的颜色则显示出来
                setColors(aResult);
            else                        //否则清除，用户多输入一个字母
                clearColors();    //就有可能从有匹配到无，到无的时候需要清除
        }
        else
            clearColors();          //无输入时清除提示框（例如用户按 del 键）
    }
```

从以上代码中可以看出，所谓"颜色名称集"就是一个特定的数组 aColors，里面存放了很多预定好的颜色名称。实际运用中这个数组很可能是存放在服务器上的动态数据，这在后续的章节中还会提到。

setColors()和 clearColors()分别用来显示和清除提示框，用户每输入一个字符就调用一次 findColors()函数，找到匹配项时调用 setColors()，否则调用 clearColors()。

7.8.3　显示提示框

传递给 setColors()的参数是一个数组，里面存放着所有匹配用户输入的数据，因此 setColors()的职责就是将这些匹配项一个个放入<li>中，并添加到<ul>里，而 clearColors()则直接清除整个提示框即可。这两个函数的代码如下：

```
function clearColors(){
    //清除提示内容
    for(var i=oColorsUl.childNodes.length-1;i>=0;i--)
        oColorsUl.removeChild(oColorsUl.childNodes[i]);
    oPopDiv.className = "hide";
}
function setColors(the_colors){
    //显示提示框，传入的参数即为匹配出来的结果组成的数组
    clearColors();      //每输入一个字母就先清除原先的提示，再继续
    oPopDiv.className = "show";
    var oLi;
    for(var i=0;i<the_colors.length;i++){
        //将匹配的提示结果逐一显示给用户
        oLi = document.createElement("li");
        oColorsUl.appendChild(oLi);
        oLi.appendChild(document.createTextNode(the_colors[i]));

        oLi.onmouseover = function(){
```

```
        this.className = "mouseOver";      //鼠标指针经过时高亮
        }
        oLi.onmouseout = function(){
            this.className = "mouseOut";      //鼠标指针离开时恢复原样
        }
        oLi.onclick = function(){
            //用户单击某个匹配项时，设置输入框为该项的值
            oInputField.value = this.firstChild.nodeValue;
            clearColors();      //同时清除提示框
        }
    }
}
```

从以上代码中还可以看到，考虑到用户使用的友好，提示框中的每一项<li>还添加了鼠标事件，鼠标指针经过时高亮显示，单击鼠标时则自动将选项赋给输入框，并清空提示框。因此添加<ul>的 CSS 样式风格如下：

```
<style>
<!--
/* 提示框的样式风格 */
ul{
    list-style:none;
    margin:0px; padding:0px;
}
li.mouseOver{
    background-color:#004a7e;
    color:#FFFFFF;
}
li.mouseOut{
    background-color:#FFFFFF;
    color:#004a7e;
}
-->
</style>
```

这样整个自动提示框便制作完成，在 Firefox 中的显示结果如图 7.39 所示，与 IE 中的显示结果完全相同。完整代码如例 7.25 所示。

图 7.39　自动提示的文本框

【例 7.25】制作自动提示的文本框（光盘文件：第 7 章\7-25.html）

```
<!DOCTYPE html PUBLIC "-//W3C//DTD XHTML 1.0 Transitional//EN" "http://www.w3.org/TR/xhtml1/DTD/
xhtml1-transitional.dtd">
<html>
<head>
```

```html
<title>自动提示的文本框</title>
<style>
<!--
body{
    font-family:Arial, Helvetica, sans-serif;
    font-size:12px; padding:0px; margin:5px;
}
form{padding:0px; margin:0px;}
input{
    /* 用户输入框的样式 */
    font-family:Arial, Helvetica, sans-serif;
    font-size:12px; border:1px solid #000000;
    width:200px; padding:1px; margin:0px;
}
#popup{
    /* 提示框 div 块的样式 */
    position:absolute; width:202px;
    color:#004a7e; font-size:12px;
    font-family:Arial, Helvetica, sans-serif;
    left:41px; top:25px;
}
#popup.show{
    /* 显示提示框的边框 */
    border:1px solid #004a7e;
}
#popup.hide{
    /* 隐藏提示框的边框 */
    border:none;
}
/* 提示框的样式风格 */
ul{
    list-style:none;
    margin:0px; padding:0px;
}
li.mouseOver{
    background-color:#004a7e;
    color:#FFFFFF;
}
li.mouseOut{
    background-color:#FFFFFF;
    color:#004a7e;
}
-->
</style>
<script language="javascript">
var oInputField;        //考虑到很多函数中都要使用
var oPopDiv;            //因此采用全局变量的形式
var oColorsUl;
var aColors =
["red","green","blue","magenta","yellow","chocolate","black","aquamarine","lime",……,"darkgreen","darkkhaki","ivory","darkmagenta","cornfloewrblue"];
aColors.sort( );    //按字母排序，使显示结果更友好
function initVars(){
    //初始化变量
    oInputField = document.forms["myForm1"].colors;
    oPopDiv = document.getElementById("popup");
    oColorsUl = document.getElementById("colors_ul");
}
function clearColors(){
    //清除提示内容
    for(var i=oColorsUl.childNodes.length-1;i>=0;i--)
        oColorsUl.removeChild(oColorsUl.childNodes[i]);
```

```
            oPopDiv.className = "hide";
    }
    function setColors(the_colors){
        //显示提示框，传入的参数即为匹配出来的结果组成的数组
        clearColors();      //每输入一个字母就先清除原先的提示，再继续
        oPopDiv.className = "show";
        var oLi;
        for(var i=0;i<the_colors.length;i++){
            //将匹配的提示结果逐一显示给用户
            oLi = document.createElement("li");
            oColorsUl.appendChild(oLi);
            oLi.appendChild(document.createTextNode(the_colors[i]));

            oLi.onmouseover = function(){
                this.className = "mouseOver";      //鼠标指针经过时高亮
            }
            oLi.onmouseout = function(){
                this.className = "mouseOut";       //鼠标指针离开时恢复原样
            }
            oLi.onclick = function(){
                //用户单击某个匹配项时，设置输入框为该项的值
                oInputField.value = this.firstChild.nodeValue;
                clearColors();     //同时清除提示框
            }
        }
    }
    function findColors(){
        initVars();        //初始化变量
        if(oInputField.value.length > 0){
            var aResult = new Array();         //用于存放匹配结果
            for(var i=0;i<aColors.length;i++)     //从颜色表中找匹配的颜色
                //必须是从单词的开始处匹配
                if(aColors[i].indexOf(oInputField.value) == 0)
                    aResult.push(aColors[i]);          //压入结果
            if(aResult.length>0)   //如果有匹配的颜色则显示出来
                setColors(aResult);
            else                //否则清除，用户多输入一个字母
                clearColors();          //就有可能从有匹配到无，到无的时候需要清除
        }
        else
            clearColors();      //无输入时清除提示框（例如用户按 del 键）
    }
    </script>
    </head>
    <body>
    <form method="post" name="myForm1">
    Color: <input type="text" name="colors" id="colors" onkeyup="findColors();" />
    </form>
    <div id="popup">
        <ul id="colors_ul"></ul>
    </div>
    </body>
    </html>
```

第8章　JavaScript 的调试与优化

编写 JavaScript 程序时或多或少会遇到各种各样的错误，有语法错误、逻辑错误等。短小的代码可以通过仔细检查来排除问题，但稍微大一点的程序，调试错误便是一件令开发者头疼的事情。另外，即使代码没有问题，对于大网站而言，执行的效率也是十分关键的，这就直接关系到代码的优化。

本章围绕 JavaScript 的错误处理和优化做简要的介绍，包括常见的错误和异常、调试的技巧、调试的工具、优化的细则等。

8.1　常见的错误和异常

错误主要分为语法错误和运行时的错误，前者在代码解析时就会产生，影响程序的进一步执行，后者通常称为异常，影响它所发生的线程。本节将简单地介绍 JavaScript 中的一些常见错误。

8.1.1　拼写错误

任何开发者在编写 JavaScript 程序时都犯过拼写错误，例如将 getElementsByTagName() 漏写成 getElementByTagName()，将 getElementById() 拼成 getElementByID()，等等。还有一些则是大小写的问题，在打字时顺手误按 Shift 键等，例如：

```
If(photo.href){
    var url = photo.href;
}
```

以上代码将关键字"if"拼成了"If"，导致了语法错误。这种拼写错误通常可以通过编写软件的语法高亮来发现，例如 Dreamweaver 的代码界面就会给关键字加粗、变色，如图 8.1 所示。

而另外一些变量上的拼写错误则稍微麻烦一些，通常需要开发者耐心地检查，如例 8.1 所示。

【例 8.1】拼写错误（光盘文件：第 8 章\8-1.html）

```
var PhotoAlbum = "isaac";
var PhotoAlbumWife = "fresheggs";
alert( "the photos:\n" +
        PhotoAblum +
        "and" + PhotoAblumWife );
```

以上代码会提示 PhotoAblum 未定义，如图 8.2 所示。因为定义了"PhotoAlbum"，而不是"PhotoAblum"。

图 8.1　Dreamweaver 中的语法高亮

图 8.2　拼写错误

8.1.2 访问不存在的变量

最规范的变量定义通常使用关键字 var，但 JavaScript 允许不使用关键字而直接定义变量，例如下面两行代码都是合法的。

```
var isaac = "husband of fresheggs";
fresheggs = "wife of isaac";
```

这就无形中给错误检查增加了麻烦，像下面这几行代码的错误是比较容易发现的，浏览器也会相应地指出变量不存在的位置。

```
var isaac = "husband of fresheggs";
alert(fresheggs);
fresheggs = "wife of isaac";
```

但是很多时候这类型的错误却十分隐蔽，如例 8.2 所示的代码。

【例 8.2】访问不存在的变量（光盘文件：第 8 章\8-2.html）

```
<!DOCTYPE html PUBLIC "-//W3C//DTD XHTML 1.0 Transitional//EN" "http://www.w3.org/TR/xhtml1/DTD/
xhtml1-transitional.dtd">
<html>
<head>
<title>访问不存在的变量</title>
<style>
<!--
#popup{
    position:absolute; width:202px;
    color:#004a7e; font-size:12px;
    font-family:Arial, Helvetica, sans-serif;
    left:41px; top:25px;
}
#popup.show{border:1px solid #004a7e;}
#popup.hide{border:none;}
li.mouseOver{
    background-color:#004a7e;
    color:#FFFFFF;
}
li.mouseOut{
    background-color:#FFFFFF;
    color:#004a7e;
}
-->
</style>
<script language="javascript">
var oInputField;
var oPopDiv;
var oColorsUl;
var aColors =
["red","green","blue","magenta","yellow","cornfloewrblue"];
function clearColors(){
    for(var i=oColorsUl.childNodes.length-1;i>=0;i--)
        oColorsUl.removeChild(oColorsUl.childNodes[i]);
    oPopDiv.className = "hide";
}
function setColors(the_clors){
    oInputField = document.forms["myForm1"].colors;
    oPopDiv = document.getElementById("popup");
    oColorsUl = document.getElementById("colors_ul");
    clearColors();
    oPopDiv.className = "show";
```

```
        var oLi;
        for(var i=0;i<aColors.length;i++){
            oLi = document.createElement("li");
            oColorsUl.appendChild(oLi);
            oLi.appendChild(document.createTextNode(the_colors[i]));

            oLi.onmouseover = function(){
                this.className = "mouseOver";
            }
            oLi.onmouseout = function(){
                this.className = "mouseOut";
            }
            oLi.onclick = function(){
                oInputField.value = this.firstChild.nodeValue;
                clearColors();
            }
        }
    }
</script>
</head>
<body>
<form method="post" name="myForm1">
Color: <input type="text" name="colors" id="colors" onkeyup="setColors(aColors);" />
</form>
<div id="popup">
    <ul id="colors_ul"></ul>
</div>
</body>
</html>
```

浏览器会告知 the_colors 变量没有定义，如图 8.3 所示。

图 8.3　错误提示

但是仔细检测第 45 行却发现不了任何错误，如图 8.4 所示。

图 8.4　错误提示行无错误

因为真正的错误并不在第 45 行，而在第 35 行函数参数的拼写错误，如图 8.5 所示。像这样提示与实际错误位置不相吻合的情况大大增加了调试代码的难度。

```
function setColors(the_clors){
    oInputField = document.forms["myForm1"].colors;
    oPopDiv = document.getElementById("popup");
    oColorsUl = document.getElementById("colors_ul");
    clearColors();
    oPopDiv.className = "show";
    var oLi;
    for(var i=0;i<aColors.length;i++){
        oLi = document.createElement("li");
        oColorsUl.appendChild(oLi);
        oLi.appendChild(document.createTextNode(the_colors[i]));

        oLi.onmouseover = function(){
            this.className = "mouseOver";
        }
        oLi.onmouseout = function(){
```

第 35 行，第 31 列

图 8.5　真实错误所在

8.1.3　括号不匹配

编写比较长的逻辑关系代码时常常需要反复使用花括号"{"、"}"和小括号"("、")"，很多时候因为删除某些代码，导致前括号和后括号的个数不匹配。这也是编写程序时经常犯的错误，即使是老程序员也不可避免。例如例 8.3 所示。

【例 8.3】括号不匹配（光盘文件：第 8 章\8-3.html）

```
<script language="javascript">
function testPic(x, start, end){
if(x<=end && x>=start){
if(x==start){
alert(x+" is the start of the range");
}
if(x==end){
alert(x+" is the end of the range");
}
if(x!=start && x!=end){
alert(x+" is in the range");
} else{
alert(x+" is not in the range");
}
}
testPic(7,5,8);
</script>
```

错误报告在第 21 行缺少"}"，如图 8.6 所示。这说明代码中缺少"}"，但行数不一定在第 21 行，必须仔细检查代码。

图 8.6　括号不匹配

本例真正漏后括号"}"的地方是第 16 行，正确代码如例 8.4 所示。

【例 8.4】正确的代码格式（光盘文件：第 8 章\8-4.html）

```javascript
<script language="javascript">
function testPic(x, start, end){
    if(x<=end && x>=start){
        if(x==start){
            alert(x+" is the start of the range");
        }
        if(x==end){
            alert(x+" is the end of the range");
        }
        if(x!=start && x!=end){
            alert(x+" is in the range");
        }
    } else{
        alert(x+" is not in the range");
    }
}
testPic(7,5,8);
</script>
```

从正确的代码中可以看到，要避免括号的遗漏最有效的办法便是养成规范的编写习惯，适当地运用 Tab、空行等。

8.1.4　字符串和变量连接错误

在 JavaScript 输出结果时常常需要将字符串和变量相连接，因为加号和引号都比较多，常常容易错漏，如例 8.5 所示。

【例 8.5】连接错误（光盘文件：第 8 章\8-5.html）

```javascript
<script language="javascript">
father = "isaac";
mother = "fresheggs";
child = "none";
family = father+" "+mother+" "child;
</script>
```

以上代码在设定字符串 family 时不小心漏写了一个加号，浏览器报错消息为缺少 "；"，如图 8.7 所示。

还有一种典型的错误便是忽略了 JavaScript 的自动类型转换，如例 8.6 所示。

【例 8.6】JavaScript 的自动类型转换错误（光盘文件：第 8 章\8-6.html）

```javascript
<script language="javascript">
a = 10;
b = 20;
c = 30;
alert("a+b+c="+a+b+c);
</script>
```

以上代码看上去很完美，也没有任何的语法错误，但运行结果如图 8.8 所示，这显然不是开发者想要的。

上述问题的解决办法是利用括号，在输出结果时将数值部分和字符串分别处理，最后再加到一块，如例 8.7 所示。

【例 8.7】使用括号避免自动类型转换（光盘文件：第 8 章\8-7.html）

```javascript
<script language="javascript">
a = 10;
```

```
b = 20;
c = 30;
alert("a+b+c="+(a+b+c));
</script>
```

此时输出结果如图 8.9 所示，得到了正确的答案。JavaScript 类似这样自动类型转换的错误还很多，通常都是采用多加括号进行分离的办法来解决。

图 8.7 连接错误

图 8.8 连接错误

图 8.9 正确的连接

8.1.5 等号与赋值混淆

在 if 条件判断中，常常会把等号"=="误写成赋值符号"="，而这样的错误在语法上没有任何问题，JavaScript 会把它处理成赋值是否成功来判断真假，例如：

```
if(isaac = "talking"){
    fresheggs.hear();
}
```

以上代码执行的结果是将变量 isaac 赋值为"talking"，赋值若成功，则执行花括号中的 fresheggs.hear()。但是显然开发者的本意是：

```
if(isaac == "talking"){
    fresheggs.hear();
}
```

即当 isaac 变量的值等于"talking"时运行 fresheggs.hear()。这样的错误在检查程序时是非常难发现的。

8.2 错误处理

了解错误是解决问题的一方面，在 JavaScript 中还提供了一些能够帮助开发者解决部分问题的方法。本节将简单介绍 JavaScript 调试错误的方法。

8.2.1 用 alert()和 document.write()方法监视变量值

alert()与 document.write()方法恐怕是实际调试程序中运用得最多也是最为有效的办法。在程序出错的地方或者代码运行的过程中添加合理的 alert()、document.write()命令来监视变量的值，对解决问题十分奏效。

alert()在弹出对话框显示变量值的同时，会停止代码的继续运行，直到用户单击"确定"按钮，而 document.write()则在输出值之后继续运行代码。这就给了开发者很大的空间来选择这两种方法。例如在如下代码中：

```
for(var i=0;i<aColors.length;i++)
    if(aColors[i].indexOf(oInputField.value) == 0)
        aResult.push(aColors[i]);
```

为了很好地检测加入到数组 aResult 里的值，往往在 if 语句中适当地嵌入 alert() 语句。如果加入的值很多，则可以选用 document.write() 方法，避免反复单击"确定"按钮，代码如下：

```
for(var i=0;i<aColors.length;i++)
    if(aColors[i].indexOf(oInputField.value) == 0){
        alert(aColors[i]);
        aResult.push(aColors[i]);
    }
```

8.2.2 用 onerror 事件找到错误

当页面出现异常时，error 事件会在 window 对象上触发，它能够在一定程度上告诉开发者出现了错误，并帮助开发者找到错误所在，如例 8.8 所示。

【例 8.8】理解 onerror 事件（光盘文件：第 8 章\8-8.html）

```
<html>
<head>
<title>onerror</title>
<script language="javascript">
window.onerror = function(){
    alert("出错啦！");
}
</script>
</head>
<body onload="nonExistent()">
</body>
</html>
```

代码运行时 <body> 标记的 onload 事件调用了一个不存在的函数 nonExistent()，产生了异常，如图 8.10 所示。

不过，这时浏览器本身的代码调试错误也出现了，如图 8.11 所示。

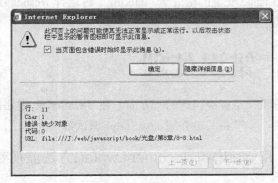

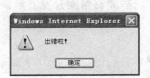

图 8.10　onerror 事件　　　　　　图 8.11　浏览器的错误信息

要避免浏览器自己的错误提示很简单，只需要在 onerror 事件的处理函数最后返回 true 便可，代码如例 8.9 所示。

【例 8.9】用 onerror 事件找错误（光盘文件：第 8 章\8-9.html）

```
<html>
<head>
<title>onerror</title>
<script language="javascript">
window.onerror = function(){
```

```
        alert("出错啦！");
        return true;        //屏蔽系统事件
    }
    </script>
    </head>
    <body onload="nonExistent()">
    </body>
    </html>
```

但是，这样处理之后对于解决错误并没有任何的帮助。其实 onerror 还提供了 3 个参数来确认错误的性质，代码如例 8.10 所示。

【例 8.10】用 onerror 事件的参数确认错误的性质（光盘文件：第 8 章\8-10.html）

```
<html>
<head>
<title>onerror</title>
<script language="javascript">
window.onerror = function(sMessage, sUrl, sLine){
    alert("出错啦:\n" + sMessage + "\nUrl: " + sUrl + "\n 行号: " + sLine);
    return true;        //屏蔽系统事件
}
</script>
</head>
<body onload="nonExistent()">
</body>
</html>
```

以上代码在 IE 7 和 Firefox 中的运行结果分别如图 8.12 和图 8.13 所示。

图 8.12　onerror 在 IE 中的参数　　　　图 8.13　onerror 在 firefox 中的参数

注意：
　　在 IE 浏览器中发生 error 事件时，正常的代码会继续执行，所有的变量和数据都保存下来，并可通过 onerror 事件处理函数访问。而在 Firefox 中，正常的代码执行都会结束，同时所有错误发生之前的变量和数据都会被销毁。

8.2.3　用 try...catch 语句找到错误

在 ECMAScript 的第 3 版中，借鉴了 Java 语言的特点，引入了 try...catch 语句。该语句首先运行 try 里面的代码，如果发现错误则跳转到运行 catch() 里面的代码。如果有 finally，则无论是否出错最后都运行其中的代码。try...catch 语句的语法如下：

```
try{
    //代码
} catch([exception]){
```

```
    //如果 try 中代码有错，则运行
} [finally{
    //最后运行，无论是否出错
}]
```

简单示例如例 8.11 所示。

【例 8.11】用 try...catch 语句找错误（光盘文件：第 8 章\8-11.html）

```
<html>
<head>
<title>try...catch</title>
<script language="javascript">
try{
    alert("this is an example");
    alert(fresheggs);
} catch(exception){
    var sError = "";
    for(var i in exception)
        sError += i + ":" + exception[i] + "\n";
    alert(sError);
}
</script>
</head>
<body>
</body>
</html>
```

以上代码在 try 中特意输出一个从未定义的变量 fresheggs，导致了异常，因此运行了 catch
中的代码段，在 IE 和 Firefox 中的输出结果分别如图 8.14 和图 8.15 所示。

图 8.14　IE 中的 try...catch　　　　　　　图 8.15　Firefox 中的 try...catch

通过 try...catch 可以很轻松地找到错误的问题，不过很可惜的是，该语句并不能很好地处理
语法错误，如例 8.12 所示。

【例 8.12】try...catch 语句的局限性（光盘文件：第 8 章\8-12.html）

```
<html>
<head>
<title>try...catch</title>
<script language="javascript">
try{
    alert("this is an example") );
} catch(exception){
    var sError = "";
    for(var i in exception)
        sError += i + ":" + exception[i] + "\n";
    alert(sError);
}
</script>
</head>
<body>
```

```
</body>
</html>
```

例 8.12 中 try 语句的代码里出现了典型的括号不匹配错误,而整个代码并没有运行 catch 中的模块,而是浏览器弹出了错误提示框,如图 8.16 所示。

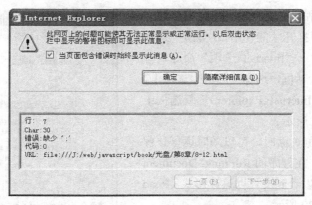

图 8.16 语法错误无能为力

8.3 使用调试器

程序语言的开发大都离不开代码的调试,尽管 JavaScript 本身不具备调试器,但 IE 和 Firefox 都有可以使用的调试器或调试器插件。本节主要介绍几个常用的调试器和调试方法,供读者参考。

8.3.1 用 Firefox 错误控制台调试

Firefox 的错误控制台是该浏览器自带的一个 JavaScript 调试器,而且十分有用。选择菜单栏中的"工具"→"错误控制台"命令便可以打开它,如图 8.17 所示。

所有在浏览器中运行时产生的错误、警告、消息都会传到错误控制台中,如图 8.18 所示。单击每一条记录都会打开相对应的代码,并高亮提示。

图 8.17 错误控制台

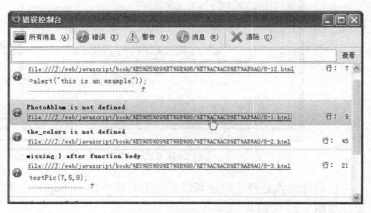

图 8.18 错误记录

Firefox 的错误控制台提供的错误提示相对于 IE 浏览器要全面而且准确得多,在没有特殊

调试需求时是一个非常好的选择。

8.3.2　用 Microsoft Script Debugger 调试

Microsoft Script Debugger 是 Microsoft 公司随 IE 4 一块发布的一个浏览器插件，可以从
Microsoft 的官方网站上免费下载。安装后必须把
IE 浏览器的调试选项打开才能使用，方法是：选择
菜单栏中的"工具"→"Internet 选项"命令，打
开"Internet 选项"对话框，选择"高级"选项卡，
将"禁用脚本调试（Internet Explorer）"复选框中
的勾去掉，如图 8.19 所示。

当 IE 浏览器浏览页面时，可以随时运行该程
序，以例 7.25 为例，在程序的 Running Document
面板里双击打开，可以看到文件以只读形式（Read
only）开启，如图 8.20 所示。

在需要加入断点的地方按"F9"快捷键，或者
单击工具栏中的 Toggle Breakpoint 按钮，这时要
是再在 IE 浏览器中进行操作，便会在断点处停止，
如图 8.21 所示。

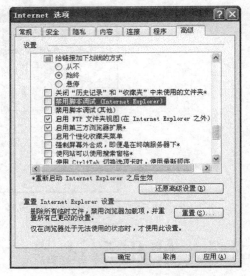

图 8.19　"高级"选项卡

图 8.20　Microsoft Script Debugger

代码在断点处停止后便可以通过工具栏中的 Debug 栏上的按钮，像调试 C 语言一样进行调
试，如图 8.22 所示。

另外，一个非常有用的功能是 Command Window，可以在代码断点停止时，在其中输入变量名
称，直接按回车键显示出此时变量的值，它甚至可以接受简单的 JavaScript 命令，如图 8.23 所示。

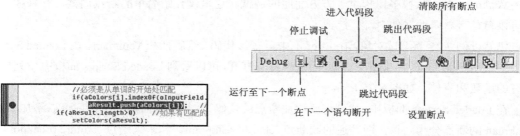

图 8.21 添加断点   图 8.22 调试工具栏

图 8.23 Command Window

当单击"停止调试"按钮或者程序运行完成时便退出整个调试过程。可以看到，该插件是一个针对 IE 浏览器十分有用的工具。

但是很讽刺的是，Microsoft Script Debugger 自身还存在一些问题，有时会导致整个 IE 浏览器死掉。不过只要重启浏览器便又能正常地使用。

8.3.3 用 Venkman 调试

Venkman 是一款针对 Mozilla 的脚本调试器，它的功能比 Microsoft Script Debugger 强大很多，在 Mozilla 的官方网站上可以免费下载。安装后在 Firefox 的菜单栏中的"工具"菜单中会多出"JavaScript Debugger"命令，运行该命令则会展开整个 Venkman 的界面，如图 8.24 所示。

图 8.24 Venkman

Venkman 的面板很多，提供了方方面面的调试。这里仅介绍简单的断点调试，有兴趣的读者可以自行查看帮助文件。

仍然以例 7.25 为调试对象，在 Firefox 中运行该代码，然后打开 Venkman。在 Loaded Scripts 面板中双击 7-25.html 在 Source Code 面板中将其打开，可以看到 Loaded Scripts 面板中罗列出了所有的函数和事件，如图 8.25 所示。

在 Loaded Scripts 面板中，找到需要添加断点的代码，在行号前面单击鼠标便可以添加断点。Venkman 的断点分为两种，即普通的硬断点（hard breakpoint）和未来断点（future breakpoint）。单击一次鼠标添加红色的普通硬断点 "B"，这种断点通常用于函数体内。单击两次鼠标则添加桔黄色的未来断点 "F"，这种断点则用于函数体外，页面加载时就运行的代码，如图 8.26 所示。

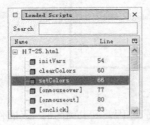

图 8.25　Loaded Scripts 面板

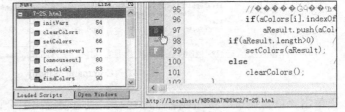

图 8.26　添加断点

在添加了断点之后，再在 Firefox 中执行相关操作，便可以看到 Venkman 的强大。在工具栏中各种按钮可以控制流程，与 Microsoft Script Debugger 差不多，而在 Local Variable 面板中则会自动加载相关的变量，并时时显示变量值，如图 8.27 所示。

图 8.27　断点调试

更重要的是，Venkman 在运行时效率很高，并且整个插件运行稳定，是一款非常值得推荐的脚本调试器。

8.4　JavaScript 优化

JavaScript 是一门解释性的语言，它不像 C、Java 等程序设计语言，由编译器先进行编译再运行，而是直接下载到用户的客户端进行执行。因此代码本身的优劣直接决定了代码下载的速度以及执行的效率。本节主要介绍 JavaScript 的优化问题，包括代码下载的时间、优化的相关原则等。

8.4.1　减缓代码下载时间

Web 浏览器下载的是 JavaScript 的源码，其中包含的长变量名、注释、空格和换行等多余字符大大减缓了代码下载的时间。这些字符对于团队编写代码时十分有效，但在最后工程完成上传到服务器时，应当将它们全部删除。例如：

```
function showMeTheMoney(money)
{
    if (!money) {
      return false;
    } else {
      ...
    }
}
```

可以优化成：

```
function showMeTheMoney(money){if(!money){reutrn false;}else{...}}
```

这样，优化后节约了 25 个字节，倘若是一个大的 JavaScript 工程，将节省出非常大的空间，不但提高了用户下载的速度，也减轻了服务器的压力。

另外，对于布尔型的值 true 和 false，true 都可以用 1 来替换，而 false 可以用 0 来替换。对于 true 节省了 3 个字节，而 false 则节省了 4 个字节，例如：

```
var bSearch = false;
for(var i=0;i<aChoices.length && !bSearch;i++){
    if(aChoices[i]==vValue)
      bSearch = true;
}
```

替换成：

```
var bSearch = 0;
for(var i=0;i<aChoices.lesgth && !bSearch;i++){
    if(aChoices[i]==vValue)
      bSearch = 1;
}
```

替换了布尔值之后，代码执行的效率、结果都相同，但节省了 7 个字节。

代码中常常会出现检测某个值是否为有效值的语句，而很多条件非的判断就是判断某个变量是否为 "undefined"、"null" 或者 "false"，例如：

```
if(myValue != undefined){
    //...
}

if(myValue != null){
```

```
    //...
}

if(myValue != false){
    //...
}
```

这些虽然都正确，但采用逻辑非操作符 "!" 也可以有同样的效果，代码如下：

```
if(!myValue){
    //...
}
```

这样的替换也可以节省一部分字节，而且不太影响代码的可读性。类似的代码优化还有将数组定义时的 new Array() 直接用 "[]" 代替，对象定义时的 new Object() 用 "{}" 代替等，例如：

```
var myArray = new Array();
var myArray = [];
var myObject = new Object();
var myObject = {};
```

显然，第 2 行和第 4 行的代码较为精简，而且也很容易理解。

另外，在编写代码时往往为了提高可读性，函数名称、变量名称使用了很长的英文单词，同时也大大增加了代码的长度，例如：

```
function AddThreeVarsTogether(firstVar, secondVar, thirdVar){
    return (firstVar + secondVar + thirdVar);
}
```

可以优化成：

```
function A(a,b,c){return (a+b+c);}
```

> **经验：**
> 在进行变量名称替换时，必须十分小心，尤其不推荐使用文本编辑器的 "查找"、"替换" 功能，因为编辑器不能很好地区分变量名称或者其他代码。例如，希望将变量 "tion" 全部替换成 "io"，很可能导致关键字 "function" 也被破坏。

对于上面介绍的这些减少代码体积的方法，有一些很实用的小工具可以自动完成类似的工作，例如 ECMAScript Cruncher、JSMin、Online JavaScript Compressor 等。有兴趣的读者可以自己试验，这里不再详细介绍。

8.4.2　合理声明变量

减少代码的体积仅仅只能使得用户下载的速度变快，但执行程序的速度并没有改变。要提高代码执行的效果，还得在各方面做调整。

在浏览器中，JavaScript 默认的变量范围是 window 对象，也就是全局变量。全局变量只有在浏览器关闭后才释放。而 JavaScript 也有局部变量，通常在 function 中执行完毕就会立即被释放。因此在函数体中要尽可能使用 var 关键字来声明变量，如例 8.13 所示。

【例 8.13】JavaScript 中的变量作用域（光盘文件：第 8 章\8-13.html）

```
<html>
<head>
```

```
<title>使用 var 声明局部变量</title>
<script language="javascript">
function First(){
    a = "字母";    //直接使用变量
}
function Second(){
    alert(a);
}
First();
Second();
</script>
</head>
<body>
</body>
</html>
```

以上代码在函数 First()中直接使用变量 a，而函数 Second()中没有声明，直接调用。运行的结果是函数 Second()顺利地读到了 a 变量的值，如图 8.28 所示。

这说明在函数 First()中，变量 a 被当成了一个全局变量，直到页面关闭时才会被销毁，浪费了不必要的资源。再看例 8.14 的代码。

【例 8.14】使用 var 声明局部变量（光盘文件：第 8 章\8-14.html）

```
<html>
<head>
<title>使用 var 声明局部变量</title>
<script language="javascript">
function First(){
    var a = "字母";    //用 var 声明
}
function Second(){
    alert(a);
}
First();
Second();
</script>
</head>
<body>
</body>
</html>
```

当在函数 First()中用 var 声明变量 a 后，在函数 Second()中便不能够再访问到 a，说明变量 a 被当成了一个局部变量，在执行完 First()后便立即被销毁了。如图 8.29 所示，浏览器提示变量 a 未定义。

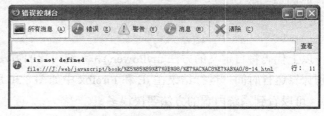

图 8.28　全局变量　　　　　　　　　　图 8.29　局部变量

因此，在函数体中，如果不是特别需要的全局变量，都应当使用 var 进行声明，从而节省系统资源。

8.4.3　使用内置函数缩短编译时间

只要可能，应当尽量使用 JavaScript 的内置函数。因为这些内置的属性、方法都是用类似 C、

C++之类的语言编译过的，运行起来比实时编译的 JavaScript 快很多。例如计算指数函数，可以自己编写如例 8.15 所示的代码。

【例 8.15】自定义函数（光盘文件：第 8 章\8-15.html）

```
<head>
<title>内置函数</title>
<script language="javascript">
function myPower(iNum, n){
    var iResult = iNum;
    for(var i=1;i<n;i++)
        iResult *= iNum;
    return iResult;
}
document.write(myPower(7,8));
</script>
</head>
```

以上代码自定义了一个 myPower()函数，虽然逻辑完全正确，但效率肯定比内置的函数 Math.pow()要低很多。为了证明这一点这里编写了一个比较程序，如例 8.16 所示。

【例 8.16】内置函数与自定义函数的速度比较（光盘文件：第 8 章\8-16.html）

```
<head>
<title>内置函数</title>
<script language="javascript">
function myPower(iNum, n){
    var iResult = iNum;
    for(var i=1;i<n;i++)
        iResult *= iNum;
    return iResult;
}
var myDate1 = new Date();
for(var i=0;i<150000;i++){
    myPower(7,8);            //自定义方法
}
var myDate2 = new Date();
document.write(myDate2-myDate1);
document.write("<br>");
myDate1 = new Date();
for(var i=0;i<150000;i++){
    Math.pow(7,8);          //采用系统内置方法
}
myDate2 = new Date();
document.write(myDate2-myDate1);
</script>
</head>
```

以上代码将自定义的方法 myPower()和系统内置的方法 Math.pow()各运算了 15 万次，然后分别计算运行时间。运行结果在 IE 和 Firefox 中如图 8.30 所示（不同的计算机运行速度会有差别），可以看到系统内置的方法要快很多。

图 8.30　使用系统内置函数

8.4.4 合理书写 if 语句

if 语句恐怕是所有代码中使用最频繁的，然而很可惜的是它执行的效率并不是很高。在用 if 语句和多个 else 语句时，一定要把最有可能的情况放在第一个，然后是可能性第二的，依次类推。例如预计到某个数值在 0～100 之间出现的概率最大，则可以这样安排代码：

```
if(iNum>0 && iNum<100){
    alert("在 0 和 100 之间");
} else if(iNum>99 && iNum<200){
    alert("在 100 和 200 之间");
} else if(iNum>199 && iNum<300){
    alert("在 200 和 300 之间");
} else{
    alert("小于等于 0 或者大于等于 300");
}
```

总是将出现概率最多的情况放在前面，这样就减少了进行多次测试后才能遇到正确条件的情况。当然也要尽可能减少使用 else if 语句，例如上面的代码还可以进一步优化成如下代码：

```
if(iNum>0){
    if(iNum<100){
        alert("在 0 和 100 之间");
    } else{
        if(iNum<200){
            alert("在 100 和 200 之间");
        } else{
            if(iNum<300){
                alert("在 200 和 300 之间");
            } else{
                alert("大于等于 300");
            }
        }
    }
} else{
    alert("小于等于 0");
}
```

以上代码看上去比较复杂，但因为考虑了很多代码潜在的判断、执行问题，因此执行速度要较前面的代码快。

另外，通常当超过两种情况时，最好能够使用 switch 语句。经常用 switch 语句替代 if 语句，可令执行速度快甚至 10 倍。另外，由于 case 语句可以使用任何类型，也大大方便了 switch 语句的编写。

8.4.5 最小化语句数量

脚本中的语句越少执行的时间就越短，而且代码的体积也会相应减小。例如用 var 语句定义变量时可以一次定义多个，代码如下：

```
var iNum = 365;
var sColor = "yellow";
var aMyNum = [8,7,12,3];
var oMyDate = new Date();
```

上面的多个定义可以用 var 关键字一次性定义，代码如下：

```
var iNum = 365, sColor = "yellow", aMyNum = [8,7,12,3], oMyDate = new Date();
```

同样在很多迭代运算的时候，也应该尽可能减少代码量，如下两行代码：

```
var sCar = aCars[i];
i++;
```

则可以优化成一句代码：

```
var sCar = aCars[i++];
```

8.4.6　节约使用 DOM

JavaScript 对 DOM 的处理可能是最耗费时间的操作之一。每次 JavaScript 对 DOM 的操作都会改变页面的表现，并重新渲染整个页面，从而有明显的时间消耗。比较快捷的方法就是尽可能不在页面中进行 DOM 操作，如下例中为 ul 添加了 10 个条目。

```
var oUl = document.getElementById("ulItem");
for (var i = 0; i < 10; i++) {
    var oLi = document.createElement("li");
    oUl.appendChild(oLi);
    oLi.appendChild(document.createTextNode("Item " + i);
}
```

以上代码在循环中调用 oUl.appendChild(oLi)，每次执行这条语句后，浏览器就会重新渲染页面。其次，给列表添加文本节点 oLi.appendChind(document.createTextNode("Item " + i)，这也会造成页面重新被渲染。因此每次运行都会造成两次重新渲染页面，共 20 次。

通常应当尽量减少 DOM 的操作，将列表项目在添加文本节点之后再添加，并合理地使用 createDocumentFragment()，代码如下：

```
var oUl = document.getElementById("ulItem");
var oTemp = document.createDocumentFragment();
for (var i = 0; i < 10; i++) {
    var oLi = document.createElement("li");
    oLi.appendChild(document.createTextNode("Item " + i);
    oTemp.appendChild(oLi);
}
oUl.appendChild(oTemp);
```

第9章 Ajax

随着网络技术的不断发展，Web 技术日新月异。人们迫切希望在浏览网页时，就像在使用自己计算机上的桌面程序一样，能够方便、迅速地进行每一项操作，而 Ajax 就是这样一种全新的技术，它使得浏览器与桌面应用程序之间的距离越来越近。

本章围绕 Ajax 的基本概念，介绍异步链接服务器对象 XMLHttpRequest，以及 Ajax 的一些实例，并对 Ajax 技术进行简单分析。

9.1 认识 Ajax

Ajax（Asynchronous JavaScript and XML，即异步 JavaScript 与 XML）是一个相对较新的名字，是由咨询顾问 Jesse James Garrett 首先提出来的，通常被人们叫作"阿贾克斯"。近些年由于 Google 等公司对 Ajax 技术的成功运用，使得 Web 浏览器的潜力被大力地挖掘了出来，从而 Ajax 也越来越受到人们的关注。本节主要介绍 Ajax 的基本概念，为后续章节打下基础。

9.1.1 Ajax 的基本概念

用户在浏览网页时，无论是打开一段新的评论，还是填写一张调查问卷，都需要反复与服务器进行交互。但是传统的 Web 应用采用同步交互的形式，即用户向服务器发送一个请求，然后 Web 服务器根据用户的请求执行相应的任务，并返回结果，如图 9.1 所示。这是一种十分不连贯的运行模式，常常伴随着长时间的等待以及整个页面的刷新，即通常所说的"白屏"现象。

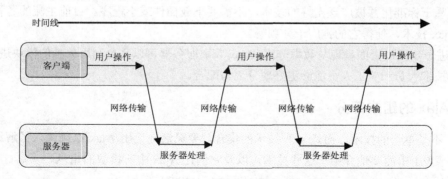

图 9.1　传统 Web 应用程序模式

图 9.1 中当客户端将请求传给服务器后，往往需要长时间等待服务器返回处理好的数据。但是通常用户仅仅需要更新页面中的一小部分数据，而不是整个页面的刷新，这就更增加了用户等待的时间。数据的重复传递也浪费了大量的资源和网络带宽。

Ajax 与传统的 Web 应用不同，它采用的是异步交互的方式，它在客户端与服务器之间引入了一个中间媒介，从而改变了同步交互过程中"处理——等待——处理——等待"的模式。用户的浏览器在执行任务时即装载了 Ajax 引擎。该引擎是 JavaScript 编写的，通常位于页面的框架中，负责转发客户端和服务器之间的交互。另外，通过 JavaScript 调用 Ajax 引擎，可以使得页面不再被整体刷新，而仅仅更新用户需要的部分，不但避免了"白屏"现象，还大大节省了带宽，加快了 Web 浏览的速度。基于 Ajax 的 Web 框架如图 9.2 所示。

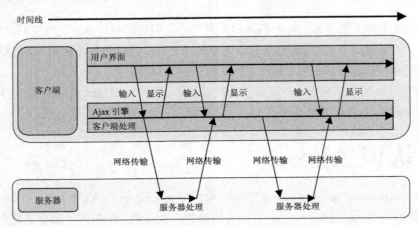

图 9.2 基于 Ajax 的 Web 应用模型

在网页中合理地使用 Ajax 可以使如今纷繁的 Web 应用焕然一新，它带来的好处可以归纳为如下几点。

（1）减轻服务器的负担，加快浏览速度。Ajax 在运行时仅仅按照用户的需求从服务器上获取数据，而不是每次都获取整个页面，这样可以最大限度地减少冗余请求，减轻服务器的负担，从而大大提高浏览速度。

（2）带来更好的用户体验。传统的 Web 模式下"白屏"现象很不友好，而 Ajax 局部刷新的技术使得用户在浏览页面时就像使用自己计算机上的桌面程序一样。

（3）基于标准化并被广泛支持的技术，不需要下载插件或小程序。目前主流的各种浏览器都支持 Ajax 技术，使得它的推广十分顺畅。

（4）进一步促进页面呈现与数据分离。Ajax 获取服务器可以完全利用单独的模块进行操作，从而使得技术人员和美工人员能够更好地分工与配合。

9.1.2 Ajax 的组成部分

Ajax 不是单一的技术，而是 4 种技术的集合，要灵活地运用 Ajax 必须深入了解这些不同的技术，表 9.1 中简要地介绍了这些技术，以及它们在 Ajax 中所扮演的角色。

表 9.1 4 种 Ajax 技术及其说明

技 术 名 称	说 明
JavaScript	JavaScript 是通用的脚本语言，用来嵌入在某种应用之中。Ajax 应用程序是使用 JavaScript 编写的
CSS	CSS 为 Web 页面元素提供了可视化样式的定义方法。Ajax 应用中，用户界面的样式可以通过 CSS 独立修改
DOM	通过 JavaScript 修改 DOM，Ajax 应用程序可以在运行时改变用户界面，或者局部更新页面中的某个节点
XMLHttpRequest 对象	XMLHttpRequest 对象允许 Web 程序员从 Web 服务器以后台的方式获取数据。数据的格式通常是 XML，或者是文本

在上述 Ajax 的 4 个部分中，JavaScript 就像胶水一样将各个部分粘合在一起。例如通过 JavaScript 操作 DOM 来改变和刷新用户界面，通过修改 className 来改变 CSS 样式风格，等等。JavaScript、CSS、DOM 这 3 项技术前面章节都已经做了详细的介绍。

XMLHttpRequest 对象则用来与服务器进行异步通信，在用户工作时提交用户的请求并获取最新的数据。图 9.3 中显示了 Ajax 中这几个关键技术的配合。

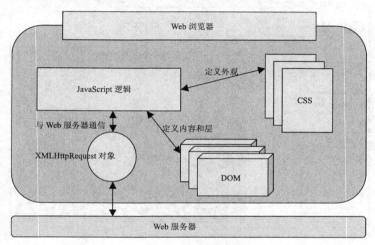

图 9.3　Ajax 的 4 个部分配合

Ajax 通过发送异步请求，大大延长了 Web 页面的使用寿命。通过与服务器进行异步通信，不需要打断用户的操作，是 Web 技术的一个飞跃。它的核心是 XmlHttpRequest 对象。该对象在 Internet Explorer 5 中首次被引入，它是一种支持异步请求的技术。

另外值得一提的是，目前主流的各种浏览器对上述 4 项技术的支持都十分完善，包括微软的 Internet Explorer 浏览器，Mozillia 系列的 Firefox、Mozilla Suite 等，苹果公司的 Safari 浏览器、Opera 浏览器等，这就为 Ajax 技术的不断进步铺平了道路。

经验：
　　使用 Ajax 制作网页，同样要求主流浏览器之间的显示效果基本一致。通常的做法是一边编写 Ajax、JavaScript 代码，一边在两个不同的浏览器上进行预览，并及时地调整各个细节，这对深入掌握 JavaScript 也是很有好处的。

9.2　Ajax 应用成功案例

9.1 节对 Ajax 做了简要的理论介绍，本节通过网上流行的案例，对目前 Ajax 的实际运用做进一步的分析，使读者对 Ajax 有更加深入的认识。

9.2.1　Google Maps

Google 公司是使得因特网上 Ajax 盛行的第一人，他将 Ajax 的各个特性都发挥到了极致，其中的 Google Maps 便是最早让人们认识 Ajax 的案例之一。图 9.4 所示是 Google Map （http://maps.google.com/）的一个截图，当用户在地图中任意地拖动、缩放时，刷新的不是整个页面，而仅仅是地图区域的一块，同时还可以进行其他操作而不被打断。整个页面浏览起来十分流畅，好像在浏览自己本地的一个桌面应用程序一样。

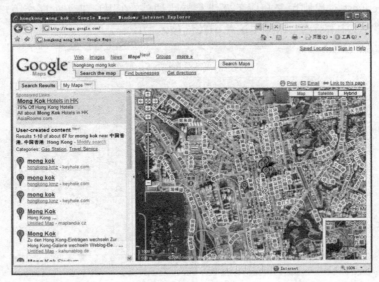

图 9.4   Google Maps

Google Maps 中还有一个非常实用的功能就是动态信息提示。当用户将鼠标指针移动到相应的位置上时（有时需要单击），会出现相关位置的详细信息，如图 9.5 所示。而且这些信息都是即时获取的，而不是事先保存在浏览器本地的，这也是 Ajax 获取数据的一个原则。

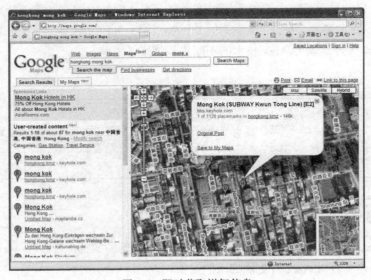

图 9.5   即时获取详细信息

9.2.2   Gmail

Gmail 是 Google 公司推出的另一个巧妙运用 Ajax 的服务，它成功地将 Ajax 运用在邮件系统中，获得了很好的用户口碑（http://www.gmail.com）。

使用过 Gmail 的用户也一定知道，在邮箱的网页上，如果有新的邮件发到了 Gmail 信箱，用户不需要刷新页面，就会看到"收件箱"自动变成了蓝色粗体字，并且括号里记录了新邮件的数目。收件箱中也会自动添加一行，显示出邮件的标题，如图 9.6 所示。

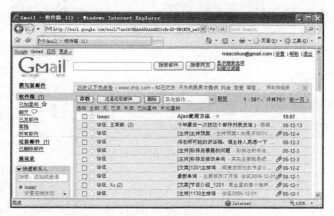

图 9.6　Gmail 自动获取服务器上的邮件

这些收取邮件的工作都是在不知不觉中进行的，与用户的任何其他操作都无关，就是所谓的异步。整个网页在后端与服务器进行着通信，自动完成了邮件的获取工作，就像桌面的 Outlook 程序一样，每过一段时间自动收取一次邮件，这也是 Ajax 的典型应用之一。

此外，用 Gmail 撰写新邮件时，当在"收件人"一栏输入一个字母，便会自动进行提示，列出相关的邮件列表供用户选择，如图 9.7 所示，十分方便。这些邮件列表数据也都是由 Ajax 异步获取的。

图 9.7　自动提示邮件列表

另外，Gmail 会将同一主题的邮件自动分组，只显示标题。单击标题（或选择"全部显示"）时再通过 Ajax 展开查看邮件的具体内容，如图 9.8 所示。

目前各大门户网站的邮件系统也都进行了或多或少的更新，将 Ajax 技术运用到各自的页面当中，为用户提供更好的使用体验。

图 9.8   同主题邮件自动归类

9.2.3   Netflix

Netflix 是一家网上销售 DVD 的网站，其出售的 DVD 种类繁多，在网络上享有一定的名气。图 9.9 所示是其子页面的一个截图，上面罗列了很多 DVD 的封面截图，当鼠标指针移动到某个封面时，就会自动弹出该 DVD 的详细信息，供用户参考。这种人性化的设计无疑为网站增添了不少色彩，给用户更好的购物体验。这些详细的信息也都是通过 Ajax 异步获得的，并不是事先保存到客户端本地的。

图 9.9   信息提示

这种自动提示的功能如今已被大量使用在各种网页里，其与 Google Maps 中地点的详细信息提示有一定的类似，都是通过 Ajax 获取信息且无需刷新整个页面。

9.2.4   Amazon 钻石搜索

亚马逊最早作为网上购书的站点而享誉全球，如今已经发展成为网上销售各种商品的大型购物网站（http://www.amazon.com），国内很多购物网站都源于 Amazon 的创意。其中亚马逊的钻石搜索十分有特点，将 Ajax 技术很好地运用其中，如图 9.10 所示。

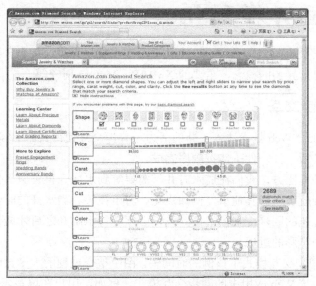

图 9.10　Amazon 钻石搜索

它将钻石分成形状、价格、重量、成色和颜色等各个类别，然后每个类别都用一个可滑动的横条表示。当用户拖动横条时自动获取相关的搜索结果，而不需要刷新页面。这种 Ajax 的方法不但给用户全新的搜索体验，而且让用户对钻石的各个细节一目了然，十分人性化。

9.2.5　Ajax 游戏

Ajax 不仅可以用于地图、邮件系统、购物提示、搜索选项等常见网络应用形式，甚至还可以用来制作游戏。图 9.11 所示的就是一个用 Ajax 制作的国际象棋小游戏（http://www.jesperol-sen.net/PChess/）。

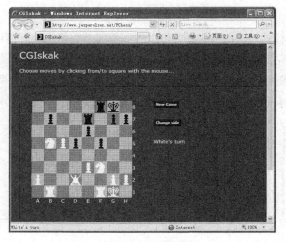

图 9.11　Ajax 游戏

通常网络联机的游戏都需要用户安装各种客户端程序，而对于这个 Ajax 的网络游戏不需要安装任何多余的程序，仅仅用浏览器便可进行人机对战，这也是 Ajax 如此红火的原因之一。

9.3　Ajax 异步交互

Ajax 之所以能够提高用户的体验，一个关键的因素就是异步连接服务器。本节围绕异步交互做简要的介绍，包括异步的概念、重要的 XMLHttpRequest 对象等。

9.3.1　什么是异步交互

Ajax 的异步交互给 Web 技术注入了新的活力，异步交互使得页面能够同时处理多件事务，而传统的同步交互必须一件一件事情按顺序完成。

用生活中的例子打比方，我们在烧水时并不需要等到水烧开再去做其他事情，往往是加满水插上电插头，然后就可以做其他事，例如浇花、看电视等。当水开的时候，电水壶则会自动提醒我们。但是在传统的同步交互模式下，我们必须等待水烧开之后才能做其他事情，中间很可能错过电视中一个精彩的进球。

图 9.12 表示了同步交互模式下该例的时间轴。图中整个过程的大多数时间都在等待水烧开中度过，这类似于传统 Web 应用中的同步交互模式。例如，用户在填写表单后单击提交按钮，屏幕上一片空白，在表单提交完成前用户除了等待什么都不能做，更不能在等待时查看原先表单旁边相关的统计数据等。

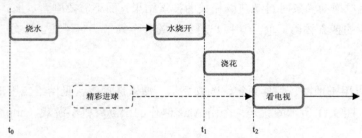

图 9.12　同步交互

图 9.13 为异步交互模式下的时间轴图，可以看到不需要等待水烧开便可以浇花、看电视，而水烧开时电水壶会自动提醒。这种模式引入到 Web 技术中无疑是因特网上一场新的革命，用户不再需要无意义地等待表单提交完成，也不会再看到页面整个白屏，而可以在表单提交的过程中做其他的事情，例如浏览一下表单旁边的问卷统计数据等，表单提交完成后则会自动提示用户。

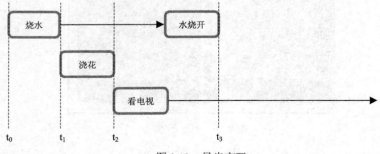

图 9.13　异步交互

不太严谨地说，异步交互就是一个简单的多线程，它能够使用户同时进行多项操作而不间断。Ajax 的异步交互在后台默默地工作着，呈献给用户一个无刷新的页面。

9.3.2 异步对象连接服务器

在 Web 中异步访问是通过 XMLHttpRequest 对象来实现的。该对象最早是在 IE 5 中被作为 ActiveX 控件引入的，随后各个浏览器都纷纷开始支持该异步对象。要使用该对象，首先必须创建对象，代码如下：

```
var xmlHttp;
function createXMLHttpRequest(){
    if(window.ActiveXObject)
        xmlHttp = new ActiveXObject("Microsoft.XMLHTTP");
    else if(window.XMLHttpRequest)
        xmlHttp = new XMLHttpRequest();
}
```

以上代码首先声明了一个全局变量 xmlHttp，这主要是考虑到异步对象在整个页面进程中都有可能使用到。然后是创建异步对象的函数 createXMLHttpRequest()。在该函数中主要利用 if 语句进行浏览器的判断，如果是 IE 浏览器则采用 ActiveXObject 的创建方法，如果不是则直接利用 XMLHttpRequest()函数。

整个创建过程思路清晰，考虑到兼容性，因此需要浏览器的判断。这基本上是 Ajax 中创建异步对象的通用方法。

在创建了异步对象之后，自然是利用该对象来链接服务器。该对象拥有一系列十分有用的属性和方法，如表 9.2 所示。

表 9.2   异步对象的属性和方法

属性/方法	说　　明
abort()	取消请求
getAllResponseHeaders()	获取响应的所有 Http 头
getResponseHeader()	获取指定的 Http 头
open(method, url)	创建请求，method 指定请求类型，如 GET、POST 等
send()	发送请求
setRequestHeader()	指定请求的 Http 头
onreadystatechange	发生任何状态变化时的事件控制对象
readyState	请求的状态： 0 为尚未初始化； 1 为正在发送请求； 2 为请求完成； 3 为请求成功，正接收数据； 4 为数据接收成功
responseText	服务器返回的文本
responseXML	服务器返回的 XML，可以当作 DOM 处理
status	服务器返回的 HTTP 请求响应值，常用的有： 200 表示请求成功； 202 表示请求被接收，但处理未完成； 400 表示错误的请求； 404 表示资源未找到； 500 表示内部服务器错误，如 aspx 代码错误等

创建完 XMLHttpRequest 对象后首先是利用 open()方法建立一个请求，并向服务器发送，该方法的完整表达式如下：

```
open(method, url, asynchronous, user, password)
```

其中 method 表示请求的类型，通常为 GET、POST 等。url 即请求的地址，可以是绝对地址，也可以是相对地址。asynchronous 是一个布尔值，表示是否为异步请求，默认值为异步请求 true。user、password 分别为可选的用户名、密码。创建了异步对象后，要建立一个到服务器的请求可使用如下代码：

```
xmlHttp.open("GET","9-1.aspx",true);
```

以上代码用 GET 方法请求相对地址为 9-1.aspx 的页面，方式是异步的。在发出了请求之后便需要使用请求的状态 readyState 属性来判断目前请求的情况，如果该属性变化了，就会触发 onreadystatechange 事件，因此通常的代码如下：

```
xmlHttp.onreadystatechange = function(){
    if(xmlHttp.readyState == 4)
        //do something
}
```

也就是直接编写 onreadystatechange 的事件函数，如果 readyState 的状态为 4（数据接收成功）则继续操作。但是通常情况下，不但需要判断请求的状态，还需要判断服务器返回的响应状态 status。因此上述代码改为：

```
xmlHttp.onreadystatechange = function(){
    if(xmlHttp.readyState == 4 && xmlHttp.status == 200)
        //do something
}
```

以上两段代码仅仅只是建立了请求，并编写了请求状态变化时的处理函数，然而并没有将该请求发送给服务器，还需要使用 send()方法来发送请求。该方法的原型如下：

```
send(body);
```

该方法仅有一个参数 body，它表示要向服务器发送的数据，其格式为查询字符串的形式，例如：

```
var body = "myName=isaac&age=25";
```

如果在 open 中指定的是 GET 方式，则这些参数作为查询字符串提交，如果指定的是 POST 方式，则作为 HTTP 的 POST 方法提交。对于 send()方法而言，body 参数是必需的，如果不发送任何数据，则可以使用：

```
xmlHttp.send(null);
```

特别地，如果使用 POST 方法进行提交请求，那么在发送之前必须使用如下的语句来设置 HTTP 的头，语法如下：

```
xmlHttp.setRequestHeader("Content-Type","application/x-www-form-urlencoded");
```

服务器在收到客户端请求之后，根据请求返回相应的结果，这个结果通常有两种形式，一种是文本形式，存储在 responseText 中；另一种是 XML 格式，存储在 responseXML 中。客户端程序可以对前者进行字符串的处理，对后者进行 DOM 相关的处理。例如可以对服务器返回值做如下的处理：

```
alert("服务器返回: " + xmlHttp.responseText);
```

上述整个异步连接服务器的过程如例 9.1 所示。

【例 9.1】异步连接服务器（光盘文件：第 9 章\9-1.html 和 9-1.aspx）

```
<!DOCTYPE html PUBLIC "-//W3C//DTD XHTML 1.0 Transitional//EN" "http://www.w3.org/TR/xhtml1/DTD/
xhtml1-transitional.dtd">
    <html>
    <head>
    <title>XMLHttpRequest</title>
    <script language="javascript">
    var xmlHttp;
    function createXMLHttpRequest(){
        if(window.ActiveXObject)
            xmlHttp = new ActiveXObject("Microsoft.XMLHTTP");
        else if(window.XMLHttpRequest)
            xmlHttp = new XMLHttpRequest();
    }
    function startRequest(){
        createXMLHttpRequest();
        xmlHttp.open("GET","9-1.aspx",true);
        xmlHttp.onreadystatechange = function(){
            if(xmlHttp.readyState == 4 && xmlHttp.status == 200)
                alert("服务器返回: " + xmlHttp.responseText);
        }
        xmlHttp.send(null);
    }
    </script>
    </head>
    <body>
    <input type="button" value="测试异步通信" onClick="startRequest()">
    </body>
    </html>
```

服务器端的代码为直接返回一个字符串（这里采用 ASP.NET 代码，其他语言的代码原理是一样的，只是语法不同而已），代码如下：

```
<%@ Page Language="C#" ContentType="text/html" ResponseEncoding="gb2312" %>
<%@ Import Namespace="System.Data" %>
<%
    Response.Write("异步测试成功");
%>
```

代码运行结果如图 9.14 所示，单击按钮即返回服务器的字符串。

图 9.14　异步连接服务器

在例 9.1 中，当单击了一次"测试异步通信"按钮之后，如果将服务器的代码修改，使其返回值不再是"异步测试成功"，例如：

```
<%
    Response.Write("异步测试成功，很高兴");
%>
```

此时在 IE 浏览器中，无论怎么刷新 9-1.html，单击按钮出现的都还是之前的返回值"异步测试成功"，而 Firefox 则可以正常刷新，如图 9.15 所示。

图 9.15　IE 刷新的 bug

这是因为 IE 浏览器会自动缓存异步通信的结果，解决的办法是使每次异步请求的 url 地址不相同，如例 9.2 所示。

【例 9.2】解决异步连接服务器时 IE 的缓存问题（光盘文件：第 9 章\9-2.html 和 9-1.aspx）

```
var sUrl = "9-1.aspx?" + new Date().getTime();    //地址不断的变化
xmlHttp.open("GET",sUrl,true);
```

在真实访问地址的末尾加一个与时间的毫秒数相关的参数，使得每次单击按钮所请求的地址都不一样，而该参数服务器却是不需要的，从而欺骗 IE 浏览器。完整代码在光盘文件第 9 章\9-2.html，读者可参考，运行结果如图 9.16 所示。

图 9.16　解决刷新的问题

注意：
　　尽管 Ajax 的客户端代码可以在 HTML 文件中完成，但如果希望正常交互，则必须搭建服务器来访问 ASP.NET、PHP、JSP 等代码，例如采用"http://localhost"的方式。通常可以使用 IIS、Apache 等服务器工具。

9.3.3　GET 和 POST 模式

在上面的示例中除了请求异步服务以外，并没有向服务器发送额外的数据。通常在 HTML 请求中有 GET 和 POST 两种模式，这两种模式都可以作为异步请求发送数据的方式。

如果是 GET 请求，则直接将数据放入到异步请求的 URL 地址中，而 send()方法不发送任何数据，例如：

```
var queryString = "firstName=isaac&birthday=0624";
var url = "9-3.aspx? " + queryString + "&timestamp=" + new Date().getTime();
```

```
xmlHttp.open("GET",url);
xmlHttp.send(null);        //该语句只发送 null
```

如果是 POST 模式则将数据统一在 send()方法中发送，请求地址没有任何信息，并且必须设置请求文件头，例如：

```
var queryString = "firstName=isaac&birthday=0624";
var url = "9-3.aspx?timestamp=" + new Date().getTime();
xmlHttp.open("POST",url);
xmlHttp.setRequestHeader("Content-Type","application/x-www-form-urlencoded");
xmlHttp.send(queryString);     //该语句负责发送数据
```

为了更清楚地演示 GET 与 POST 的区别，编写示例代码，首先创建两个文本框用于输入用户的姓名与生日，并建立两个按钮分别用 GET 和 POST 两种方法来发送异步请求，代码如下：

```
<form>
    <input type="text" id="firstName" /><br />
    <input type="text" id="birthday" />
</form>
<form>
    <input type="button" value="GET" onclick="doRequestUsingGET();" /><br>
    <input type="button" value="POST" onclick="doRequestUsingPOST();" />
</form>
```

其中用户填写的请求数据统一用函数 createQueryString()编写，需要时予以调用，代码如下：

```
function createQueryString(){
    var firstName = document.getElementById("firstName").value;
    var birthday = document.getElementById("birthday").value;
    var queryString = "firstName=" + firstName + "&birthday=" + birthday;
    return queryString;
}
```

服务器接收到请求数据后根据不同的数据返回相应的文本，客户端接收到文本后显示在指定的 DIV 块中，代码如下：

```
function handleStateChange(){
    if(xmlHttp.readyState == 4 && xmlHttp.status == 200){
        var responseDiv = document.getElementById("serverResponse");
        responseDiv.innerHTML = xmlHttp.responseText;
    }
}
```

GET 和 POST 分别建立各自的函数 doRequestUsingGET()和 doRequestUsingPOST()，并采用前面提到的方法，完整代码如例 9.3 所示。

【例 9.3】异步传输方式中的 GET VS. POST（光盘文件：第 9 章\9-3.html 和 9-3.aspx）

```
<html>
<head>
<title>GET VS. POST</title>
<script language="javascript">
var xmlHttp;
function createXMLHttpRequest(){
    if(window.ActiveXObject)
        xmlHttp = new ActiveXObject("Microsoft.XMLHttp");
    else if(window.XMLHttpRequest)
        xmlHttp = new XMLHttpRequest();
}
function createQueryString(){
```

```
        var firstName = document.getElementById("firstName").value;
        var birthday = document.getElementById("birthday").value;
        var queryString = "firstName=" + firstName + "&birthday=" + birthday;
        return queryString;
    }
    function doRequestUsingGET(){
        createXMLHttpRequest();
        var queryString = "9-3.aspx?";
        queryString += createQueryString() + "&timestamp=" + new Date().getTime();
        xmlHttp.onreadystatechange = handleStateChange;
        xmlHttp.open("GET",queryString);
        xmlHttp.send(null);
    }
    function doRequestUsingPOST(){
        createXMLHttpRequest();
        var url = "9-3.aspx?timestamp=" + new Date().getTime();
        var queryString = createQueryString();
        xmlHttp.open("POST",url);
        xmlHttp.onreadystatechange = handleStateChange;
        xmlHttp.setRequestHeader("Content-Type","application/x-www-form-urlencoded");
        xmlHttp.send(queryString);
    }
    function handleStateChange(){
        if(xmlHttp.readyState == 4 && xmlHttp.status == 200){
            var responseDiv = document.getElementById("serverResponse");
            responseDiv.innerHTML = xmlHttp.responseText;
        }
    }
</script>
</head>

<body>
<h2>输入姓名和生日</h2>
<form>
    <input type="text" id="firstName" /><br />
    <input type="text" id="birthday" />
</form>
<form>
    <input type="button" value="GET" onclick="doRequestUsingGET();" /><br>
    <input type="button" value="POST" onclick="doRequestUsingPOST();" />
</form>
<div id="serverResponse"></div>
</body>
</html>
```

服务器端的代码主要是根据用户的输入以及请求的类型分别返回不同的字符串，ASP.NET
代码如下：

```
<%
    if(Request.HttpMethod == "POST")
        Response.Write("POST: " + Request["firstName"] + ", your birthday is " + Request["birthday"]);
    else if(Request.HttpMethod == "GET")
        Response.Write("GET: " + Request["firstName"] + ", your birthday is " + Request["birthday"]);
%>
```

以上代码的运行结果如图 9.17 所示，可以看到 GET 和 POST 都成功地发送了异步请求。
通常在数据不多的时候采用 GET 方式，而数据量稍大的时候采用 POST 方式。

图 9.17　GET VS. POST

在例 9.3 中如果发送中文字符会发现 GET 方法运行正常，而 POST 方法则会出现乱码，如图 9.18 所示。这是因为异步对象 xmlhttp 在处理返回的 responseText 的时候，是按 UTF-8 编码进行解码的。

图 9.18　POST 的乱码问题

通常的解决办法是用 escape()对发送的数据进行编码，然后在返回的 responseText 上再用 unescape()进行解码。然而在 JavaScript 编程中通常不推荐使用 escape()和 unescape()，而推荐使用 encodeURI()和 decodeURI()。这里要正常运行，必须对发送的数据进行两次 encodeURI()编码，代码如下：

```
function createQueryString(){
    var firstName = document.getElementById("firstName").value;
    var birthday = document.getElementById("birthday").value;
    var queryString = "firstName=" + firstName + "&birthday=" + birthday;
    return encodeURI(encodeURI(queryString));    //两次编码解决中文乱码问题
}
```

而且在返回数据 responseText 时再进行一次解码，代码如下：

```
function handleStateChange(){
    if(xmlHttp.readyState == 4 && xmlHttp.status == 200){
        var responseDiv = document.getElementById("serverResponse");
        responseDiv.innerHTML = decodeURI(xmlHttp.responseText);    //解码
    }
}
```

这时便可以在 POST 方法下正常地使用中文了，而 GET 方法也不受任何影响，运行结果如图 9.19 所示。

图 9.19　解决中文编码问题

9.3.4　服务器返回 XML

XML 是 eXtensible Markup Language 的缩写，即可扩展标记语言。它是一种可以用来创建自定义标记的语言，由万维网协会（W3C）创建，用来克服 HTML 的局限。从实际功能上来看，XML 主要用于数据的存储。

在 Ajax 中，服务器如果返回 XML 文档，可通过异步对象的 responseXML 属性来获取。开发者可以利用 DOM 的所有方法对其进行处理。

假设服务器返回 XML 文档，如例 9.4 所示。

【例 9.4】服务器返回 XML 文档（光盘文件：第 9 章\9-4.html 和 9-4.xml）

```xml
<?xml version="1.0" encoding="gb2312"?>
<list>
    <caption>Member List</caption>
    <student>
        <name>isaac</name>
        <class>W13</class>
        <birth>Jun 24th</birth>
        <constell>Cancer</constell>
        <mobile>1118159</mobile>
    </student>
    <student>
        <name>fresheggs</name>
        <class>W610</class>
        <birth>Nov 5th</birth>
        <constell>Scorpio</constell>
        <mobile>1038818</mobile>
    </student>
    ......
    <student>
        <name>lightyear</name>
        <class>W311</class>
        <birth>Mar 23th</birth>
        <constell>Aries</constell>
        <mobile>1002908</mobile>
    </student>
</list>
```

下面利用异步对象获取该 XML，并将所有的项都罗列在表格中。初始化异步对象的方法与获取文本完全相同，代码如下：

```
var xmlHttp;
function createXMLHttpRequest(){
    if(window.ActiveXObject)
        xmlHttp = new ActiveXObject("Microsoft.XMLHttp");
    else if(window.XMLHttpRequest)
        xmlHttp = new XMLHttpRequest();
}
```

当用户单击按钮时发送异步请求，并获取 responseXML 对象，代码如下：

```
function getXML(addressXML){
    var url = addressXML + "?timestamp=" + new Date();
    createXMLHttpRequest();
    xmlHttp.onreadystatechange = handleStateChange;
    xmlHttp.open("GET",url);
    xmlHttp.send(null);
}
function handleStateChange(){
    if(xmlHttp.readyState == 4 && xmlHttp.status == 200)
        DrawTable(xmlHttp.responseXML);     //responseXML 获取到 XML 文档
}
```

其中 DrawTable() 为后期处理 XML 的函数，将服务器返回的 XML 对象 responseXML 直接作为参数传递，HTML 部分如下：

```
<body>
<input type="button" value="获取 XML" onclick="getXML('9-4.xml');"><br><br>
<table class="datalist" summary="list of members in EE Studay" id="member">
    <tr>
        <th scope="col">Name</th>
        <th scope="col">Class</th>
        <th scope="col">Birthday</th>
        <th scope="col">Constellation</th>
        <th scope="col">Mobile</th>
    </tr>
</table>
</body>
```

当用户单击按钮时触发函数 getXML()，并将 XML 的地址 9-4.xml 作为参数传入，如图 9.20 所示。

图 9.20　发送异步请求

而函数 DrawTable() 的任务就是把 XML 中的数据拆分，并重新组装到表格 "member" 中，代码如下，可以看到处理 XML 的方法与 DOM 处理 HTML 完全相同。

```
function DrawTable(myXML){
    //用 DOM 方法操作 XML 文档
    var oMembers = myXML.getElementsByTagName("member");
    var oMember = "", sName = "", sClass = "", sBirth = "", sConstell = "", sMobile = "";
```

```
        for(var i=0;i<oMembers.length;i++){
            oMember = oMembers[i];
            sName = oMember.getElementsByTagName("name")[0].firstChild.nodeValue;
            sClass = oMember.getElementsByTagName("class")[0].firstChild.nodeValue;
            sBirth = oMember.getElementsByTagName("birth")[0].firstChild.nodeValue;
            sConstell = oMember.getElementsByTagName("constell")[0].firstChild.nodeValue;
            sMobile = oMember.getElementsByTagName("mobile")[0].firstChild.nodeValue;
            //添加一行
            addTableRow(sName, sClass, sBirth, sConstell, sMobile);
        }
    }
```

其中 addTableRow()函数将拆分出来的每一组 XML 数据组装成表格<table>的一行，添加到页面中，代码如下：

```
function addTableRow(sName, sClass, sBirth, sConstell, sMobile){
    //表格添加一行的相关操作，可参看 7.2.1 节
    var oTable = document.getElementById("member");
    var oTr = oTable.insertRow(oTable.rows.length);
    var aText = new Array();
    aText[0] = document.createTextNode(sName);
    aText[1] = document.createTextNode(sClass);
    aText[2] = document.createTextNode(sBirth);
    aText[3] = document.createTextNode(sConstell);
    aText[4] = document.createTextNode(sMobile);
    for(var i=0;i<aText.length;i++){
        var oTd = oTr.insertCell(i);
        oTd.appendChild(aText[i]);
    }
}
```

最后再考虑页面的美观，添加相应的 CSS 样式风格，代码如下：

```
<style>
<!--
.datalist{
    border:1px solid #744011;        /* 表格边框 */
    font-family:Arial;
    border-collapse:collapse;         /* 边框重叠 */
    background-color:#ffd2aa;         /* 表格背景色 */
    font-size:14px;
}
.datalist th{
    border:1px solid #744011;         /* 行名称边框 */
    background-color:#a16128;         /* 行名称背景色 */
    color:#FFFFFF;                    /* 行名称颜色 */
    font-weight:bold;
    padding-top:4px; padding-bottom:4px;
    padding-left:12px; padding-right:12px;
    text-align:center;
}
.datalist td{
    border:1px solid #744011;    /* 单元格边框 */
    text-align:left;
    padding-top:4px; padding-bottom:4px;
    padding-left:10px; padding-right:10px;
}
.datalist tr:hover, .datalist tr.altrow{
    background-color:#dca06b;    /* 动态变色 */
}
input{    /* 按钮的样式 */
```

```
    border:1px solid #744011;
    color:#744011;
}
-->
</style>
```

最终运行结果如图 9.21 所示，完整代码在光盘文件第 9 章\9-4.html 中。

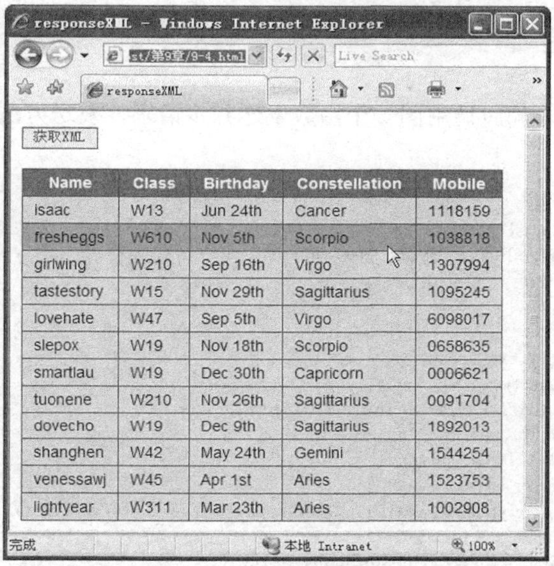

Name	Class	Birthday	Constellation	Mobile
isaac	W13	Jun 24th	Cancer	1118159
fresheggs	W610	Nov 5th	Scorpio	1038818
girlwing	W210	Sep 16th	Virgo	1307994
tastestory	W15	Nov 29th	Sagittarius	1095245
lovehate	W47	Sep 5th	Virgo	6098017
slepox	W19	Nov 18th	Scorpio	0658635
smartlau	W19	Dec 30th	Capricorn	0006621
tuonene	W210	Nov 26th	Sagittarius	0091704
dovecho	W19	Dec 9th	Sagittarius	1892013
shanghen	W42	May 24th	Gemini	1544254
venessawj	W45	Apr 1st	Aries	1523753
lightyear	W311	Mar 23th	Aries	1002908

图 9.21　异步获取 XML 文档

实际网站中返回 XML 的工作通常是由 ASP.NET、JSP、PHP 等服务器脚本动态生成的，换句话说，xmlHttp.open()中的 URL 地址仍然是.aspx 等动态页面的后缀。它们返回的 XML 是根据用户的请求生成的，这在后面的实例中也会看到。

9.3.5　处理多个异步请求

以上的几个实例中，异步对象 xmlHttp 都是作为一个全局变量而存在的，这样做主要是因为很多函数里都需要调用它，因此比较方便。

而实际的页面中往往不止一个异步请求，例如一张很大的表单，很多单元格都需要发送异步请求来验证。再加上网络速度的影响，第 1 个异步请求尚未完成，很可能就已经被第 2 个请求覆盖。

为了模拟无间隔的请求并发，同时发送两个请求，如例 9.5 所示。

【例 9.5】Ajax 中的多个异步对象存在的问题（光盘文件：第 9 章\9-5.html 和 9-5.aspx）

```
<head>
<title>多个异步对象</title>
<script language="javascript">
function test(){
    //同时发送两个不同的异步请求
    getData('9-5.aspx','first','firstSpan');
    getData('9-5.aspx','second','secondSpan');
}
</script>
</head>
```

```
<body>
<form>
    first: <input type="text" id="first">
    <span id="firstSpan"></span>
<br>
    second: <input type="text" id="second">
    <span id="secondSpan"></span>
<br>
    <input type="button" value="发送" onclick="test()">
</form>
</body>
```

当用户单击按钮时，同时调用同一个函数发送异步请求，发送方法与前面的例完全相同，代码如下：

```
var xmlHttp;     //全局变量
function createQueryString(oText){
    var sInput = document.getElementById(oText).value;
    var queryString = "oText=" + sInput;
    return queryString;
}
function getData(oServer, oText, oSpan){
    if(window.ActiveXObject)
        xmlHttp = new ActiveXObject("Microsoft.XMLHttp");
    else if(window.XMLHttpRequest)
        xmlHttp = new XMLHttpRequest();
    var queryString = oServer + "?";
    queryString += createQueryString(oText) + "&timestamp=" + new Date().getTime();
    xmlHttp.onreadystatechange = function(){
        if(xmlHttp.readyState == 4 && xmlHttp.status == 200){
            var responseSpan = document.getElementById(oSpan);
            responseSpan.innerHTML = xmlHttp.responseText;
        }
    }
    xmlHttp.open("GET",queryString);
    xmlHttp.send(null);
}
```

而服务器端直接返回用户的输入，代码如下：

```
<%
    Response.Write(Request["oText"]);
%>
```

这个时候任意输入一些内容并单击按钮，会发现第 1 个请求没有任何响应，因为它被第 2 个请求覆盖了，如图 9.22 所示。

以上所显示的仅仅只是错误情况的一种，在实际网络中即使两次请求间隔的时间很长，不会发生上述覆盖，但服务器返回数据的时间是不确定的，很可能导致前几次请求的返回数据被最后一次覆盖。

通常的解决办法是将 xmlHttp 对象作为局部变量来处理，并且在收到服务器的返回值后手动将其删除，如例 9.6 所示。

【例 9.6】解决 Ajax 中的多个异步对象的问题（光盘文件：第 9 章\9-6.html 和 9-5.aspx）

```
function getData(oServer, oText, oSpan){
    var xmlHttp;     //处理为局部变量
    if(window.ActiveXObject)
        xmlHttp = new ActiveXObject("Microsoft.XMLHttp");
    else if(window.XMLHttpRequest)
```

```
        xmlHttp = new XMLHttpRequest();
    var queryString = oServer + "?";
    queryString += createQueryString(oText) + "&timestamp=" + new Date().getTime();
    xmlHttp.onreadystatechange = function(){
        if(xmlHttp.readyState == 4 && xmlHttp.status == 200){
            var responseSpan = document.getElementById(oSpan);
            responseSpan.innerHTML = xmlHttp.responseText;
            delete xmlHttp;          //收到返回结果后手动删除
            xmlHttp = null;
        }
    }
    xmlHttp.open("GET",queryString);
    xmlHttp.send(null);
}
```

这时再测试多个异步请求，便不会再发生冲突。因为函数中的局部变量是每次调用时单独
建立的，函数执行完便自动销毁，如图 9.23 所示。

图 9.22　第 1 个请求被覆盖

图 9.23　处理多个异步请求

9.4　Ajax 框架

前面的章节已经对 Ajax 创建异步对象访问服务器做了详细的介绍，可以看出无论什么目
的，整个过程的一些步骤是相对不变的。换句话说，没有必要每次发送请求都抄写一遍代码。
一些 Ajax 的开发人员将这些步骤封装成了固定的框架，为后来人提供了便利。本节简要介绍两
个 Ajax 框架，即 AjaxLib 和 AjaxGold。

9.4.1　使用 AjaxLib

AjaxLib 是一个非常小巧的 Ajax 框架，可以在 http://karaszewski.com/tools/ajaxlib 上直接下
载其.js 文件，并通过如下语句导入到页面中：

```
<script language="javascript" src="ajaxlib.js"></script>
```

该框架是一个直接获取 XML 的框架，调用函数如下：

```
loadXMLDoc(url, callback, boolean);
```

其中 url 为异步请求的地址；callback 为请求成功返回之后调用的函数名称；boolean 表示是
否需要去掉 XML 文档中的空格，true 为去掉空格。例如：

```
<input type="button" value="display" onclick="loadXMLDoc('9-7.aspx',decodeXML,false);">
```

以上 HTML 代码表示发送异步请求给 9-7.aspx，成功返回 XML 时调用函数 decodeXML()，
不需要去掉返回 XML 中的空白。

采用 AjaxLib 框架返回的 XML 文档保存在全局变量 resultXML 中，可以在 decodeXML 中编写程序对其进行分析，例如：

```
function decodeXML(){
    var oTemp = resultXML.getElementsByTagName("temp");
    document.getElementById("targetID").innerHTML = oTemp[0].firstChild.nodeValue;
}
```

完整代码如例 9.7 所示，可以看到代码长度较原先的例短小了很多，运行结果如图 9.24 所示。

【例 9.7】使用 ajaxlib 框架（光盘文件：第 9 章\9-7.html 和 9-7.aspx）

```
<html>
<head>
<title>ajaxlib</title>
<script language="javascript" src="ajaxlib.js"></script>
<script language="javascript">
function decodeXML(){
    var oTemp = resultXML.getElementsByTagName("temp");
    document.getElementById("targetID").innerHTML = oTemp[0].firstChild.nodeValue;
}
</script>
</head>

<body>
<h3>Testing ajaxlib</h3>
<form>
    <input type="button" value="display" onclick="loadXMLDoc('9-7.aspx',decodeXML,false);">
</form>
<div id="targetID">the fetched data will go here</div>
</body>
</html>
```

图 9.24　AjaxLib 框架

服务器返回 XML 的代码 9-7.aspx 如下：

```
<%@ Page Language="C#" ContentType="text/xml" ResponseEncoding="gb2312" %>
<%@ Import Namespace="System.Data" %>
<%
    Response.ContentType = "text/xml";
    Response.CacheControl = "no-cache";
    Response.AddHeader("Pragma","no-cache");

    string xml = "<temp>test</temp>";
    Response.Write(xml);
%>
```

9.4.2　使用 AjaxGold

AjaxGold 是另外一款非常实用而短小的 Ajax 框架，在本书的光盘中可以找到它（第 9 章\

ajaxgold.js)。它提供了 4 个函数供开发者调用，分别是：

- getDataReturnText(url, callback);
- getDataReturnXML(url, callback);
- postDataReturnText(url, data, callback);
- postDataReturnXML(url, data, callback)。

从它们的名称就能看出来前两个用于 GET 请求，分别返回文本和 XML，后两个函数则用于发送 POST 请求，分别返回文本和 XML。下面以 postDataReturnText(url, data, callback)为例，简要地说明该框架的用法。

首先将该框架导入到页面中：

```
<script language="javascript" src="ajaxgold.js"></script>
```

接着，建立按钮发送异步请求，并创建<div>块用于显示返回的结果，代码如下：

```
<body>
<form>
    <input type="button" value="get the message" onclick="postDataReturnText('9-8.aspx','a=2&b=3',display);">
</form>
<div id="targetID">The fetch data will go here</div>
</body>
```

以上代码中单击按钮则向 9-8.aspx 发送异步请求，并且传送数据"a=2&b=3"，服务器成功返回之后调用函数 display()对返回值进行处理。

在 AjaxGold 框架中，返回的文本是作为 callback 函数的惟一参数来使用的，因此 display()函数可以类似这样编写：

```
function display(text){
    document.getElementById("targetID").innerHTML = text;
}
```

即直接将服务器返回的文本 text 显示在<div>块中。而服务器端脚本则将获取到的数据"a=2&b=3"求和再返回，代码如下：

```
<%@ Page Language="C#" ContentType="text/html" ResponseEncoding="gb2312" %>
<%@ Import Namespace="System.Data" %>
<%@ Import Namespace="System.Data.OleDb" %>
<%@ Import Namespace="System.IO" %>
<%
    Response.ContentType = "text/xml";
    Response.CacheControl = "no-cache";
    Response.AddHeader("Pragma","no-cache");

    int a = int.Parse(Request["a"]);
    int b = int.Parse(Request["b"]);
    Response.Write(a+b);
%>
```

完整代码如例 9.8 所示，运行结果如图 9.25 所示，正确显示出了 a、b 的和。

【例 9.8】使用 AjaxGold 框架（光盘文件：第 9 章\9-8.html 和 9-8.aspx）

```
<!DOCTYPE html PUBLIC "-//W3C//DTD XHTML 1.0 Transitional//EN" "http://www.w3.org/TR/xhtml1/DTD/
xhtml1-transitional.dtd">
    <html>
    <head>
```

```
<meta http-equiv="Content-Type" content="text/html; charset=gb2312" />
<title>test</title>
<script language="javascript" src="ajaxgold.js"></script>
<script language="javascript">
function display(text){
    document.getElementById("targetID").innerHTML = text;
}
</script>
</head>

<body>
<form>
    <input type="button" value="get the message" onclick="postDataReturnText('9-8.aspx','a=2&b=3',display);">
</form>
<div id="targetID">The fetch data will go here</div>
</body>
</html>
```

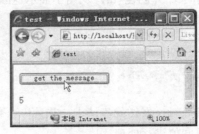

图 9.25　AjaxGold 框架

9.5　实例 1：制作可自动校验的表单

在传统的网页中，表单的校验通常是用户填写完整张表单后统一进行的。对于某些需要查看数据库的校验，例如注册时用户名是否被占用，传统的校验显然缓慢而笨拙。

当 Ajax 出现之后，这种校验有了很大的改观，因为用户在填写其他表单项的时候，前面的表单项已经不知不觉发送给了服务器。例如 TOM 的邮箱注册，如图 9.26 所示，当用户填写完"邮箱地址"继续填写其他表单项时，刚才的填写已经不知不觉发送给了服务器进行数据库的查询，并在查询好之后无需页面刷新就自动给出了提示。

图 9.26　TOM 邮箱注册

类似这样的运用大大提高了用户的体验。本节简单介绍自动校验表单的制作方法，从原理上分析 Ajax 的作用。

9.5.1 搭建框架

首先搭建 HTML 的页面框架，这里以校验用户名为例，页面中除了该文本框外还有密码框和确认密码的文本框，表单<form>的 HTML 代码如下：

```
<form name="register">
<table cellpadding="5" cellspacing="0" border="0">
    <tr><td>用户名:</td><td><input type="text" name="User"></td></tr>
    <tr><td>输入密码:</td><td><input type="password" name="passwd1"></td></tr>
    <tr><td>确认密码:</td><td><input type="password" name="passwd2"></td></tr>
    <tr>
        <td colspan="2" align="center">
        <input type="submit" value="注册">
        <input type="reset" value="重置">
        </td>
    </tr>
</table>
</form>
```

另外，考虑页面的外观，加入简单的 CSS 代码，如下所示。此时页面的显示效果如图 9.27所示，3 个文本框依次排列。

```
<style type="text/css">
<!--
form{
    padding:0px; margin:0px;
    font-size:12px;
    font-family:Arial, Helvetica, sans-serif;
}
input{
    border:1px solid #004082;
    font-size:12px;
    font-family:Arial, Helvetica, sans-serif;
}
-->
</style>
```

图 9.27　页面框架

考虑到与服务器异步通信后返回的提示，在各个文本框的后面再添加一列，用于显示服务器的返回值，并为第 1 行用户名后的单元格添加<span>标记，代码如下：

```
<table cellpadding="5" cellspacing="0" border="0">
    <tr><td>用户名:</td><td><input type="text" name="User"></td> <td><span id="UserResult"></span></td> </tr>
    <tr><td>输入密码:</td><td><input type="password" name="passwd1"></td> <td></td> </tr>
```

```
<tr><td>确认密码:</td><td><input type="password" name="passwd2"></td> <td></td> </tr>
<tr>
    <td colspan="2" align="center">
    <input type="submit" value="注册">
    <input type="reset" value="重置">
    </td> <td></td>
</tr>
</table>
```

9.5.2　建立异步请求

当用户输入完"用户名"开始输入别的表单项时进行后台校验，因此采用文本框的 onblur() 方法，即当光标离开该文本框时调用相关的函数，代码如下：

```
<input type="text" onblur="startCheck(this)" name="User">
```

在函数 startCheck() 中，直接发送 this 关键字，将文本框对象自己作为参数传递，而函数本身则首先判断用户输入是否为空，如果为空则直接返回，并聚焦到用户名的文本框，给出相应的提示，代码如下：

```
function startCheck(oInput){
    //首先判断是否有输入，没有输入则直接返回，并提示
    if(!oInput.value){
        oInput.focus();          //聚焦到用户名的文本框
        document.getElementById("UserResult").innerHTML = "User cannot be empty.";
        return;
    }
    //创建异步请求
    //……
}
```

当输入为空时，显示结果如图 9.28 所示。

图 9.28　输入为空

当用户输入正确时，则将输入的"用户名"用 toLowerCase() 方法转化为小写字母，并建立异步请求，方法与前面章节介绍的完全类似，代码如下。其中 showResult() 函数用来处理服务器返回的 responseText 文本，这部分内容稍后介绍。

```
<script language="javascript">
var xmlHttp;
function createXMLHttpRequest(){
    if(window.ActiveXObject)
        xmlHttp = new ActiveXObject("Microsoft.XMLHTTP");
    else if(window.XMLHttpRequest)
        xmlHttp = new XMLHttpRequest();
```

```
}
function startCheck(oInput){
    //首先判断是否有输入，没有输入则直接返回，并提示
    if(!oInput.value){
        oInput.focus();          //聚焦到用户名的文本框
        document.getElementById("UserResult").innerHTML = "User cannot be empty.";
        return;
    }
    //创建异步请求
    createXMLHttpRequest();
    var sUrl = "9-9.aspx?user=" + oInput.value.toLowerCase() + "&timestamp=" + new Date().getTime();
    xmlHttp.open("GET",sUrl,true);
    xmlHttp.onreadystatechange = function(){
        if(xmlHttp.readyState == 4 && xmlHttp.status == 200)
            showResult(xmlHttp.responseText);      //显示服务器结果
    }
    xmlHttp.send(null);
}
</script>
```

9.5.3　服务器端处理

通常服务器端接收到用户的输入后会查询数据库，检验该用户名是否已经被注册，然后将查询结果返回给客户端。这里仅仅说明 Ajax 的作用，不在服务器端做大量数据库的编程介绍，模拟返回结果的 ASP.NET 代码如下（9-9.aspx）：

```
<%@ Page Language="C#" ContentType="text/html" ResponseEncoding="gb2312" %>
<%@ Import Namespace="System.Data" %>
<%
Response.CacheControl = "no-cache";
Response.AddHeader("Pragma","no-cache");

if(Request["user"]=="isaac")
    Response.Write("Sorry, " + Request["user"] + " already exists.");
else
    Response.Write(Request["user"]+" is ok.");
%>
```

以上代码假设系统中只有一个用户"isaac"，当用户输入"isaac"时返回该用户名已经存在，否则提示可以使用。

9.5.4　显示异步查询结果

当用户还在输入表单其他项目时，异步返回结果在后台悄悄地完成了。完成的速度取决于服务器查询的速度以及网络的状况等。客户端浏览器在接收到服务器返回后，根据不同的返回结果给出相应的提示，代码如下：

```
function showResult(sText){
    var oSpan = document.getElementById("UserResult");
    oSpan.innerHTML = sText;
    if(sText.indexOf("already exists") >= 0)
        //如果用户名已被占用
        oSpan.style.color = "red";
    else
        oSpan.style.color = "black";
}
```

以上代码直接在<span>中显示服务器的返回结果，如果该用户名已经被占用，则将<span>

块的颜色设置为红色，如图 9.29 所示。

　　如果该用户名可以使用，则提示 ok，并将<span>设置为黑色，不打扰用户的其他输入，如图 9.30 所示。

<table>
<tr><td>图 9.29　用户名已被占用</td><td>图 9.30　用户名可以使用</td></tr>
</table>

　　该例的完整代码如例 9.9 所示。

　　【例 9.9】Ajax 制作可自动校验的表单（光盘文件：第 9 章\9-9.html 和 9-9.aspx）

```
<!DOCTYPE html PUBLIC "-//W3C//DTD XHTML 1.0 Transitional//EN" "http://www.w3.org/TR/xhtml1/DTD
/xhtml1-transitional.dtd">
    <html>
    <head>
    <title>自动校验的表单</title>
    <style type="text/css">
    <!--
    form{
        padding:0px; margin:0px;
        font-size:12px; font-family:Arial, Helvetica, sans-serif;
    }
    input{
        border:1px solid #004082;
        font-size:12px;
        font-family:Arial, Helvetica, sans-serif;
    }
    -->
    </style>
    <script language="javascript">
    var xmlHttp;
    function createXMLHttpRequest(){
        if(window.ActiveXObject)
            xmlHttp = new ActiveXObject("Microsoft.XMLHTTP");
        else if(window.XMLHttpRequest)
            xmlHttp = new XMLHttpRequest();
    }
    function showResult(sText){
        var oSpan = document.getElementById("UserResult");
        oSpan.innerHTML = sText;
        if(sText.indexOf("already exists") >= 0)
            //如果用户名已被占用
            oSpan.style.color = "red";
        else
            oSpan.style.color = "black";
    }
    function startCheck(oInput){
        //首先判断是否有输入，没有输入则直接返回，并提示
        if(!oInput.value){
```

```
        oInput.focus();          //聚焦到用户名的文本框
        document.getElementById("UserResult").innerHTML = "User cannot be empty.";
        return;
    }
    //创建异步请求
    createXMLHttpRequest();
    var sUrl = "9-9.aspx?user=" + oInput.value.toLowerCase() + "&timestamp=" + new Date().getTime();
    xmlHttp.open("GET",sUrl,true);
    xmlHttp.onreadystatechange = function(){
        if(xmlHttp.readyState == 4 && xmlHttp.status == 200)
            showResult(xmlHttp.responseText);     //显示服务器结果
    }
    xmlHttp.send(null);
}
</script>
</head>
<body>
<form name="register">
<table cellpadding="5" cellspacing="0" border="0">
    <tr><td>用 户 名 :</td><td><input  type="text"  onblur="startCheck(this)"  name="User"></td>  <td><span
id="UserResult"></span></td> </tr>
    <tr><td>输入密码:</td><td><input type="password" name="passwd1"></td> <td></td> </tr>
    <tr><td>确认密码:</td><td><input type="password" name="passwd2"></td> <td></td> </tr>
    <tr>
        <td colspan="2" align="center">
        <input type="submit" value="注册">
        <input type="reset" value="重置">
        </td> <td></td>
    </tr>
</table>
</form>
</body>
</html>
```

9.6 实例 2：制作带自动提示的文本框

在 7.8 节的例 7.25 中已经介绍过自动提示的文本框的制作方法，不过当时的提示过程没有与服务器交互，而是将"颜色名称集"用数组存在了页面中。如果这个预定"颜色名称集"非常庞大，下载到客户端是不可想象的负担。

在实际的网页运用中，类似的提示都是通过服务器异步交互来完成的，例如著名的 Google Suggest。图 9.31 所示为 Google 中国的首页，根据用户的输入给出了各种提示，而这些提示内容都是通过异步交互实现的。

本节在例 7.25 的基础上进行修改，将"颜色名称集"放置到服务器上，通过异步交互来完成自动提示。

整体框架保持不变，删除"颜色名称集" aColors 数组及相关排序代码，添加异步交互对象 xmlHttp 和初始化函数 createXML-HttpRequest()，代码如下：

图 9.31 谷歌的自动提示

```
var xmlHttp;
function createXMLHttpRequest(){
    if(window.ActiveXObject)
        xmlHttp = new ActiveXObject("Microsoft.XMLHTTP");
    else if(window.XMLHttpRequest)
        xmlHttp = new XMLHttpRequest();
}
```

修改响应用户输入的 findColors()函数，不再在本地判断颜色的匹配，而是将用户的输入通过异步请求直接发送给服务器，代码如下：

```
function findColors(){
    initVars();              //初始化变量
    if(oInputField.value.length > 0){
        createXMLHttpRequest();          //将用户输入发送给服务器
        var sUrl = "9-10.aspx?sColor=" + oInputField.value + "&timestamp=" + new Date().getTime();
        xmlHttp.open("GET",sUrl,true);
        xmlHttp.onreadystatechange = function(){
            if(xmlHttp.readyState == 4 && xmlHttp.status == 200){
                //处理返回结果
            }
        }
        xmlHttp.send(null);
    }
    else
        clearColors();       //无输入时清除提示框（例如用户按 Del 键）
}
```

考虑使用 responseText，服务器端返回的匹配结果用字符串表示，每个匹配项之间用逗号","分隔，然后用 split()方法转换为数组，传递给 setColors()函数。完整的 findColors()函数如下：

```
function findColors(){
    initVars();              //初始化变量
    if(oInputField.value.length > 0){
        createXMLHttpRequest();          //将用户输入发送给服务器
        var sUrl = "9-10.aspx?sColor=" + oInputField.value + "&timestamp=" + new Date().getTime();
        xmlHttp.open("GET",sUrl,true);
        xmlHttp.onreadystatechange = function(){
            if(xmlHttp.readyState == 4 && xmlHttp.status == 200){
                var aResult = new Array();
                if(xmlHttp.responseText.length){
                    aResult = xmlHttp.responseText.split(",");
                    setColors(aResult);      //显示服务器结果
                }
                else
                    clearColors();
            }
        }
        xmlHttp.send(null);
    }
    else
        clearColors();       //无输入时清除提示框（例如用户按 Del 键）
}
```

这样便完成了整个异步交互的客户端修改，别的部分与例 7.25 完全一致，这里不再重复，直接给出 JavaScript 部分的代码，如例 9.10 所示。

【例 9.10】Ajax 制作带自动提示的文本框（光盘文件：第 9 章\9-10.html 和 9-10.aspx）

```
<script language="javascript">
var oInputField;    //考虑到很多函数中都要使用
```

```
var oPopDiv;          //因此采用全局变量的形式
var oColorsUl;
var xmlHttp;
function createXMLHttpRequest(){
    if(window.ActiveXObject)
        xmlHttp = new ActiveXObject("Microsoft.XMLHTTP");
    else if(window.XMLHttpRequest)
        xmlHttp = new XMLHttpRequest();
}
function initVars(){
    //初始化变量
    oInputField = document.forms["myForm1"].colors;
    oPopDiv = document.getElementById("popup");
    oColorsUl = document.getElementById("colors_ul");
}
function clearColors(){
    //清除提示内容
    for(var i=oColorsUl.childNodes.length-1;i>=0;i--)
        oColorsUl.removeChild(oColorsUl.childNodes[i]);
    oPopDiv.className = "hide";
}
function setColors(the_colors){
    //显示提示框，传入的参数即为匹配出来的结果组成的数组
    clearColors();      //每输入一个字母就先清除原先的提示，再继续
    oPopDiv.className = "show";
    var oLi;
    for(var i=0;i<the_colors.length;i++){
        //将匹配的提示结果逐一显示给用户
        oLi = document.createElement("li");
        oColorsUl.appendChild(oLi);
        oLi.appendChild(document.createTextNode(the_colors[i]));

        oLi.onmouseover = function(){
            this.className = "mouseOver";      //鼠标指针经过时高亮
        }
        oLi.onmouseout = function(){
            this.className = "mouseOut";       //离开时恢复原样
        }
        oLi.onclick = function(){
            //用户单击某个匹配项时，设置文本框为该项的值
            oInputField.value = this.firstChild.nodeValue;
            clearColors();      //同时清除提示框
        }
    }
}
function findColors(){
    initVars();      //初始化变量
    if(oInputField.value.length > 0){
        createXMLHttpRequest();          //将用户输入发送给服务器
        var sUrl = "9-10.aspx?sColor=" + oInputField.value + "&timestamp=" + new Date().getTime();
        xmlHttp.open("GET",sUrl,true);
        xmlHttp.onreadystatechange = function(){
            if(xmlHttp.readyState == 4 && xmlHttp.status == 200){
                var aResult = new Array();
                if(xmlHttp.responseText.length){
                    aResult = xmlHttp.responseText.split(",");
                    setColors(aResult);      //显示服务器结果
                }
                else
                    clearColors();
            }
        }
```

```
            xmlHttp.send(null);
        }
        else
            clearColors();      //无输入时清除提示框（例如用户按 Del 键）
    }
</script>
```

修改后的代码不再有大段的"颜色名称集"，而且适用于各种其他输入的情况。服务器端根据用户的输入进行判断，然后返回自动提示结果，可以是非常复杂的 C#程序。这里仅仅模拟简单的判断，将匹配结果组合成字符串，并用逗号分隔，代码如下（9-10.aspx）：

```
<%@ Page Language="C#" ContentType="text/html" ResponseEncoding="gb2312" %>
<%@ Import Namespace="System.Data" %>
<%
    Response.CacheControl = "no-cache";
    Response.AddHeader("Pragma","no-cache");
    string sInput = Request["sColor"].Trim();
    if(sInput.Length == 0)
        return;
    string sResult = "";

    string[] aColors = new string[]{"aliceblue","antiquewith",…,"yellowgreen"};

    for(int i=0;i<aColors.Length;i++){
        if(aColors[i].IndexOf(sInput) == 0)
            sResult += aColors[i] + ",";
    }
    if(sResult.Length>0)                          //如果有匹配项
        sResult = sResult.Substring(0,sResult.Length-1);   //去掉最后的","号
    Response.Write(sResult);                      //返回匹配结果
%>
```

最终显示结果如图 9.32 所示，所有提示均由服务器异步给出，大大增强了用户的体验。

图 9.32　Ajax 实现带自动提示的文本框

精通

JavaScript + jQuery

第 3 部 分

jQuery 框架篇

第10章 jQuery 基础

随着 JavaScript、CSS、DOM 和 Ajax 等技术的不断进步，越来越多的开发者将一个又一个丰富多彩的功能进行封装，供更多的人在遇到类似情况时使用，jQuery 就是其中的优秀一员。从本章开始，陆续介绍 jQuery 的相关知识，本章作为介绍 jQuery 的第 1 章，将重点讲解 jQuery 的概念以及一些简单的基础运用。

10.1 jQuery 概述

本节重点介绍 jQuery 的概念，并通过实例来展示页面中引入 jQuery 的优势，以及如何下载和使用 jQuery。

10.1.1 jQuery 是什么

就像 9.4 节中提到的 Ajax 框架一样，简单地说，jQuery 是一个优秀的 JavaScript 框架，它能使用户更方便地处理 HTML 文档、events 事件、动画效果和 Ajax 交互等。它的出现极大程度地改变了开发者使用 JavaScript 的习惯，掀起了一场新的网页革命。

jQuery 由美国人 John Resig 于 2006 年最初创建，至今已吸引了来自世界各地的众多 JavaScript 高手加入其团队。最开始的时候，jQuery 所提供的功能非常有限，仅仅可以增强 CSS 的选择器功能。但随着时间的推移，jQuery 的新版本一个接一个地发布，它也越来越受到人们的关注。

如今 jQuery 已经发展到集各种 JavaScript、CSS、DOM 和 Ajax 功能于一体的强大框架，可以用简单的代码轻松地实现各种网页效果。它的宗旨就是让开发者写更少的代码，做更多的事情（Write less, do more）。

目前 jQuery 主要提供如下功能。

（1）访问页面框架的局部。这是第 5 章介绍的 DOM 模型所完成的主要工作之一，通过前面章节的示例也可以看到，DOM 获取页面中某个节点或者某一类节点有固定的方法，而 jQuery 则大大地简化了其操作的步骤。

（2）修改页面的表现（Presentation）。CSS 的主要功能就是通过样式风格来修改页面的表现。然而由于各个浏览器对 CSS3 标准的支持程度不同，使得很多 CSS 的特性没能很好地体现。jQuery 的出现很好地解决了这个问题，它通过封装好的 JavaScript 代码，使得各种浏览器都能很好地使用 CSS3 标准，极大地丰富了 CSS 的运用。

（3）更改页面的内容。通过强大而方便的 API，jQuery 可以很方便地修改页面的内容，包括文本的内容、插入新的图片、表单的选项，甚至整个页面的框架。

（4）响应事件。在第 6 章中介绍了 JavaScript 处理事件的相关方法，而引入 jQuery 之后，可以更加轻松地处理事件，而且开发人员不再需要考虑讨厌的浏览器兼容性问题。

（5）为页面添加动画。通常在页面中添加动画都需要开发大量的 JavaScript 代码，而 jQuery

大大简化了这个过程。jQuery 的库提供了大量可自定义参数的动画效果。

（6）与服务器异步交互。类似 9.4 节中介绍的 Ajax 框架可以简化代码的编写，jQuery 也提供了一整套 Ajax 相关的操作，大大方便了异步交互的开发和使用。

（7）简化常用的 JavaScript 操作。jQuery 还提供了很多附加的功能来简化常用的 JavaScript 操作，例如数组的操作、迭代运算等。

10.1.2　jQuery 的优势

下面通过"隔行变色的表格"来具体说明 jQuery 的优势。

页面中常常会遇到各种各样的数据表格，例如学校的人员花名册，公司的年度收入报表，股市的行情统计，等等。当表格的行列都很多，并且数据量很大的时候，单元格如果采用相同的背景色，用户在实际使用时会感到凌乱。通常的解决办法就是采用隔行变色，使得奇数行和偶数行的背景颜色不一样，达到数据一目了然的目的，如图 10.1 所示。

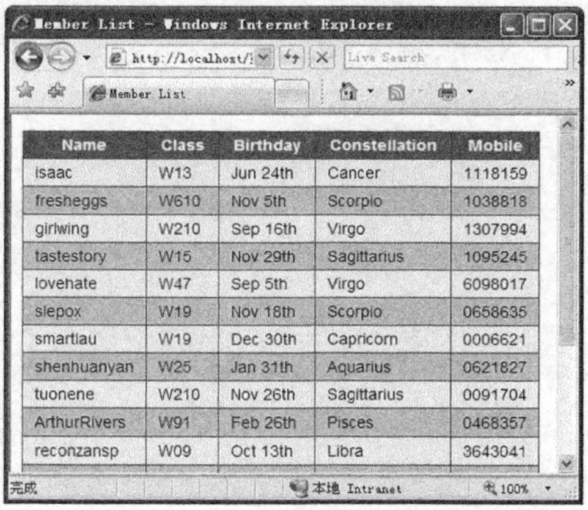

图 10.1　隔行变色的表格

对于纯 CSS 页面，要实现隔行变色的效果，通常是给偶数行的<tr>标记都添加上单独的 CSS 样式，代码如下：

```
<tr class="altrow">
```

而奇数行保持表格本身的背景颜色不变，完整代码如例 10.1 所示。

【例 10.1】CSS 实现隔行变色的表格（光盘文件：第 10 章\10-1.html）

```
<html>
<head>
<title>CSS 实现隔行变色的表格</title>
<style>
<!--
.datalist{
    border:1px solid #007108;
    font-family:Arial;
    border-collapse:collapse;
    background-color:#d9ffdc;    /* 表格背景色 */
    font-size:14px;
}
......
.datalist tr.altrow{
```

```
        background-color:#a5e5aa;   /* 隔行变色 */
    }
    -->
    </style>
    </head>
    <body>
    <table class="datalist" summary="list of members in EE Studay" id="oTable">
        <tr>
            <th scope="col">Name</th>
            <th scope="col">Class</th>
            <th scope="col">Birthday</th>
            <th scope="col">Constellation</th>
            <th scope="col">Mobile</th>
        </tr>
        <tr>                         <!-- 奇数行 -->
            <td>isaac</td>
            <td>W13</td>
            <td>Jun 24th</td>
            <td>Cancer</td>
            <td>1118159</td>
        </tr>
        <tr class="altrow">          <!-- 偶数行 -->
            <td>fresheggs</td>
            <td>W610</td>
            <td>Nov 5th</td>
            <td>Scorpio</td>
            <td>1038818</td>
        </tr>
        ......
    </table>
    </body>
    </html>
```

以上代码的运行结果如图 10.2 所示。可以看出纯 CSS 设置隔行变色需要将表格中所有的偶数行都手动加上单独的 CSS 类别，如果表格数据量大，则十分麻烦。另外，如果希望在某两行数据中间插入一行，则改动将更大。

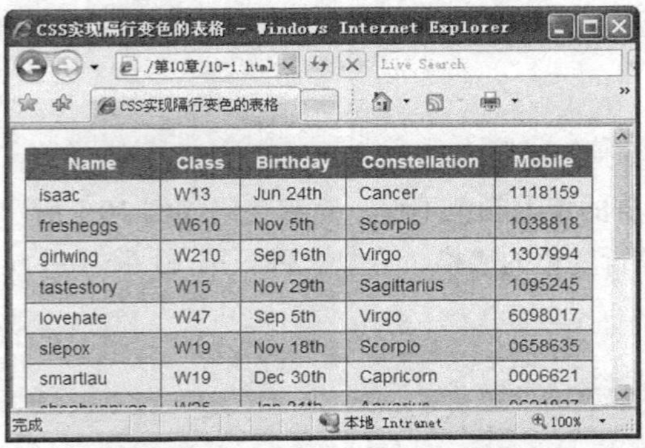

图 10.2　纯 CSS 实现隔行变色的表格

当页面中引入 JavaScript 时，上述的情况得到了很好的改观，不再需要一行行手动添加 CSS 类别。只需要用 for 循环遍历所有表格的行，当行号为偶数时则添加单独的 CSS 类别，如例 10.2 所示。

【例 10.2】JavaScript 实现隔行变色的表格（光盘文件：第 10 章\10-2.html）

```
<script language="javascript">
window.onload = function(){
```

```
        var oTable = document.getElementById("oTable");
        for(var i=0;i<oTable.rows.length;i++){
            if(i%2==0)      //偶数行时
                oTable.rows[i].className = "altrow";
        }
    }
</script>
</head>
<body>
<table class="datalist" summary="list of members in EE Studay" id="oTable">
    <tr>
        <th scope="col">Name</th>
        <th scope="col">Class</th>
        <th scope="col">Birthday</th>
        <th scope="col">Constellation</th>
        <th scope="col">Mobile</th>
    </tr>
    <tr>
        <td>isaac</td>
        <td>W13</td>
        <td>Jun 24th</td>
        <td>Cancer</td>
        <td>1118159</td>
    </tr>
    <tr>
        <td>fresheggs</td>
        <td>W610</td>
        <td>Nov 5th</td>
        <td>Scorpio</td>
        <td>1038818</td>
    </tr>
    ……      <!-- 不再需要手动添加 CSS 类别 -->
</table>
</body>
</html>
```

以上代码不再需要手动为偶数行逐一添加 CSS 类别，所有的操作都在 JavaScript 中完成。JavaScript 代码是由开发者自己设计的，运行结果如图 10.3 所示。另外，当需要对表格添加或删除某行时，也不需要修改变色的代码。

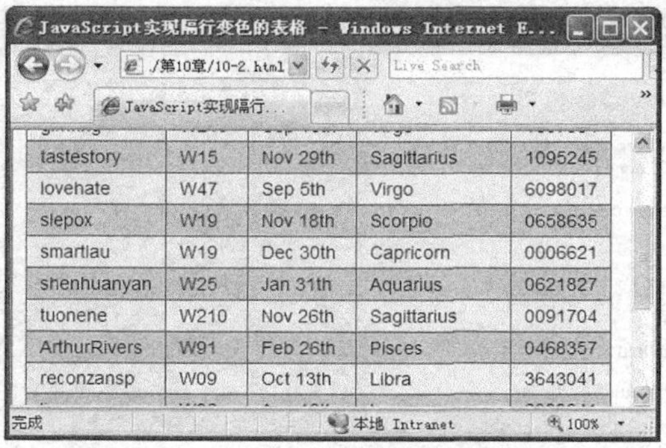

图 10.3　JavaScript 实现隔行变色的表格

当 jQuery 引入到页面中时，则不再需要开发者设计类似例 10.2 的算法，jQuery 中的选择器可以直接选中表格的奇数行或者偶数行。选中之后再添加 CSS 类别即可，如例 10.3 所示。

【例 10.3】jQuery 实现隔行变色的表格（光盘文件：第 10 章\10-3.html）

```
<script language="javascript" src="jquery.min.js"></script>
<script language="javascript">
$(function(){
    $("table.datalist tr:nth-child(odd)").addClass("altrow");
});
</script>
```

以上 JavaScript 代码首先调用 jQuery 框架，然后使用 jQuery，只需要一行代码便可以轻松实现表格的隔行变色，其语法也十分简单，后面的章节会陆续介绍，运行结果如图 10.4 所示，与例 10.1 和例 10.2 的运行结果完全相同。

reconzansp	W09	Oct 13th	Libra	3643041
linear	W86	Aug 18th	Leo	6398341
laopiao	W41	May 17th	Taurus	1254004
dovecho	W19	Dec 9th	Sagittarius	1892013
shanghen	W42	May 24th	Gemini	1544254
venessawj	W45	Apr 1st	Aries	1523753
lightyear	W311	Mar 23th	Aries	1002908

图 10.4　jQuery 实现隔行变色的表格

10.1.3　下载并使用 jQuery

jQuery 的官方网站（http://jquery.com/）提供了最新的 jQuery 框架下载，如图 10.5 所示。通常只需要下载最小的 jQuery 包（Minified）即可。

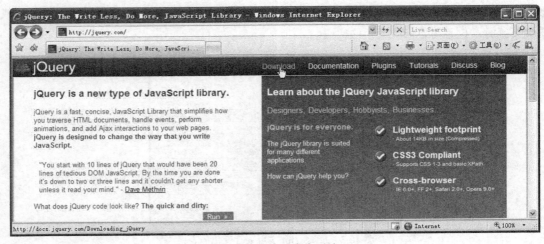

图 10.5　jQuery 官方网站

下载完成后不需要任何安装过程，直接将下载的.js 文件用<script>标记导入到自己的页面中即可，代码如下：

```
<script language="javascript" src="jquery.min.js"></script>
```

在导入 jQuery 框架后，便可以按照它的语法规则随意地使用了。

10.2　jQuery 的 "$"

在 jQuery 中，最频繁使用的莫过于美元符号 "$"，它提供了各种各样丰富的功能，包括选择页面中的一个或是一类元素、作为功能函数的前缀、window.onload 的完善、创建页面的 DOM 节点等。本节主要介绍 jQuery 中 "$" 的使用方法，作为以后的章节的基础。

10.2.1　选择器

在 CSS 中选择器的作用是选择页面中某一类（类别选择器）元素或者某一个元素（id 选择器），而 jQuery 中的 "$" 作为选择器，同样是选择某一类或某一个元素，只不过 jQuery 提供了更多更全面的选择方式，并且为用户处理了浏览器的兼容问题。

例如，在 CSS 中可以通过如下代码来选择<h2>标记下包含的所有子标记<a>，然后添加相应的样式风格。

```
h2 a{
    /* 添加 CSS 属性 */
}
```

而在 jQuery 则可以通过如下代码来选中<h2>标记下包含的所有子标记<a>，作为一个对象数组，供 JavaScript 调用。

```
$("h2 a")
```

如例 10.4 所示，文档中有两个<h2>标记，分别包含了<a>子元素。

【例 10.4】使用 "$" 选择器（光盘文件：第 10 章\10-4.html）

```
<!DOCTYPE html PUBLIC "-//W3C//DTD XHTML 1.0 Transitional//EN" "http://www.w3.org/TR/xhtml1/DTD/
xhtml1-transitional.dtd">
<html>
<head>
<title>$选择器</title>
<script language="javascript" src="jquery.min.js"></script>
<script language="javascript">
window.onload = function(){
    var oElements = $("h2 a");         //选择匹配元素
    for(var i=0;i<oElements.length;i++)
        oElements[i].innerHTML = i.toString();
}
</script>
</head>

<body>
<h2><a href="#">正文</a>内容</h2>
<h2>正文<a href="#">内容</a></h2>
</body>
</html>
```

运行结果如图 10.6 所示。可以看到 jQuery 很轻松地实现了元素的选择。如果使用 DOM，类似这样的节点选择将需要大量的 JavaScript 代码。

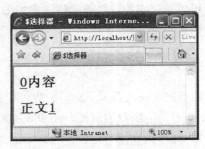

图 10.6　$选择器

jQuery 中选择器的通用语法如下：

$(selector)

或者：

jQuery(selector)

其中 selector 符合 CSS3 标准，这在后面的章节会详细地介绍，下面列出了一些典型的 jQuery 选择元素的例子：

$ ("#showDiv")

id 选择器，相当于 JavaScript 中的 document.getElementById("#showDiv")，可以看到 jQuery 的表示方法简洁很多。

$(".SomeClass")

类别选择器，选择 CSS 类别为"SomeClass"的所有节点元素，在 JavaScript 中要实现相同的选择，需要用 for 循环遍历整个 DOM。

$("p:odd")

选择所有位于奇数行的<p>标记。几乎所有的标记都可以使用":odd"或者":even"来实现奇偶的选择。

$("td:nth-child(1)")

所有表格行的第一个单元格，就是第一列。这在修改表格的某一列的属性时是非常有用的，不再需要一行行遍历表格。

$("li > a")

子选择器，返回<li>标记的所有子元素<a>，不包括孙标记。

$("a[href$=pdf]")

选择所有超链接，并且这些超链接的 href 属性是以"pdf"结尾的。有了属性选择器，可以很好地选择页面中的各种特性元素。

关于 jQuery 的选择器的使用还有很多技巧，在后面的章节都会陆续介绍。

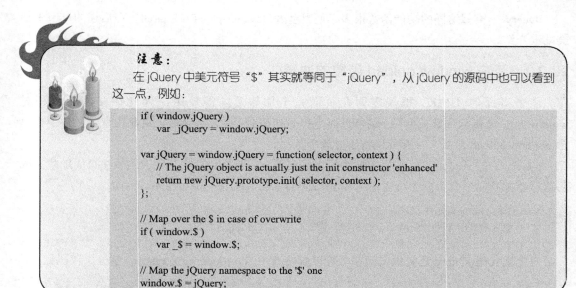

> **注意:**
> 在 jQuery 中美元符号 "$" 其实就等同于 "jQuery"，从 jQuery 的源码中也可以看到这一点，例如:
>
> ```
> if ( window.jQuery )
>     var _jQuery = window.jQuery;
>
> var jQuery = window.jQuery = function( selector, context ) {
>     // The jQuery object is actually just the init constructor 'enhanced'
>     return new jQuery.prototype.init( selector, context );
> };
>
> // Map over the $ in case of overwrite
> if ( window.$ )
>     var _$ = window.$;
>
> // Map the jQuery namespace to the '$' one
> window.$ = jQuery;
> ```

为了编写代码的方便，通常都采用 "$" 来代替 "jQuery"。

10.2.2 功能函数前缀

在 JavaScript 中，开发者经常需要编写一些小函数来处理各种操作细节，例如在用户提交表单时，需要将文本框中的最前端和最末端的空格清理掉。JavaScript 没有提供类似 trim() 的功能，而引入 jQuery 后，便可以直接使用 trim() 函数，例如:

```
$.trim(sString);
```

以上代码相当于:

```
jQuery. trim(sString);
```

即 trim() 函数是 jQuery 对象的一个方法，用例 10.5 做简单的检验。

【例 10.5】jQuery 中去除首尾空格的$.trim()方法（光盘文件：第 10 章\10-5.html）

```
<head>
<title>$.trim()</title>
<script language="javascript" src="jquery.min.js"></script>
<script language="javascript">
var sString = "  1234567890 ";
sString = $.trim(sString);
alert(sString.length);
</script>
</head>
```

以上代码的运行结果如图 10.7 所示，字符串 sString 首尾的空格都被 jQuery 去掉了。

图 10.7 去除首尾空格

jQuery 中类似这样的功能函数很多，而且涉及 JavaScript 的方方面面，在后续的章节中都会陆续介绍。

10.2.3   解决 window.onload 函数的冲突

由于页面的 HMTL 框架需要在页面完全加载后才能使用，因此在 DOM 编程时 window.onload 函数频繁被使用。倘若页面中有多处都需要使用该函数，或者其他.js 文件中也包含 window.onload 函数，冲突问题将十分棘手。

jQuery 中的 ready()方法很好地解决了上述问题，它能够自动将其中的函数在页面加载完成后运行，并且同一个页面中可以使用多个 ready()方法，而且不相互冲突。例如：

```
$(document).ready(function(){
    $("table.datalist tr:nth-child(odd)").addClass("altrow");
});
```

对上述代码 jQuery 还提供了简写，可以省略其中的"(document).ready"部分，代码如下：

```
$(function(){
    $("table.datalist tr:nth-child(odd)").addClass("altrow");
});
```

这就是例 10.3 中使表格隔行变色的代码。

10.2.4   创建 DOM 元素

利用 DOM 方法创建元素节点，通常需要将 document.createElement()、document.create TextNode()、appendChild()配合使用，十分麻烦，而 jQuery 使用"$"则可以直接创建 DOM 元素，例如：

```
var oNewP = $("<p>这是一个感人肺腑的故事</p>")
```

以上代码等同于 JavaScript 中的如下代码：

```
var oNewP = document.createElement("p");          //新建节点
var oText = document.createTextNode("这是一个感人肺腑的故事");
oNewP.appendChild(oText);
```

另外，jQuery 还提供了 DOM 元素的 insertAfter()方法，因此 5.3.6 节中的例 5.15 可用 jQuery 重写，如例 10.6 所示。

【例 10.6】jQuery 中创建 DOM 元素（光盘文件：第 10 章\10-6.html）

```
<html>
<head>
<title>创建 DOM 元素</title>
<script language="javascript" src="jquery.min.js"></script>
<script language="javascript">
$(function(){                          //ready()函数
    var oNewP = $("<p>这是一个感人肺腑的故事</p>");        //创建 DOM 元素
    oNewP.insertAfter("#myTarget");        //insertAfter()方法
});
</script>
</head>
<body>
    <p id="myTarget">插入到这行文字之后</p>
    <p>也就是插入到这行文字之前，但这行没有 id，也可能不存在</p>
</body>
</html>
```

　　运行结果如图 10.8 所示。可以看到利用 jQuery 大大缩短了代码长度，节省了编写时间，为开发者提供了便利。

图 10.8　jQuery 创建 DOM 元素

10.2.5　自定义添加 "$"

　　从上面的几小节中已经看到 jQuery 的强大，但无论如何，jQuery 都不可能满足所有用户的所有需求，而且有一些特殊的需求十分小众，也不适合放到整个 jQuery 框架中。正是意识到了这一点，因此在 jQuery 中提供了用户自定义添加 "$" 的方法。

　　例如 jQuery 中并没有将一组表单元素设置为不可用的 disable() 方法，用户可以自定义该方法，代码如下：

```
$.fn.disable = function(){
    return this.each(function(){
        if(typeof this.disabled != "undefined") this.disabled = true;
    });
}
```

　　以上代码首先设置 "$.fn.disable"，表明为 "$" 添加一个方法 "disable()"，其中 "$.fn" 是扩展 jQuery 时所必需的。

　　然后利用匿名函数定义这个方法，即用 each() 将调用这个方法的每个元素的 disabled 属性均设置为 true（如果该属性存在）。

　　例 10.7 为 7.3.2 节的例 7.11 直接修改而来，添加了 $.fn.disable 和 $.fn.enable 两个 jQuery方法。

　　【例 10.7】扩展 jQuery 的功能（光盘文件：第 10 章\10-7.html）

```
<script language="javascript" src="jquery.min.js"></script>
<script language="javascript">
$.fn.disable = function(){
    //扩展 jQuery，表单元素统一 disable
    return this.each(function(){
        if(typeof this.disabled != "undefined") this.disabled = true;
    });
}
$.fn.enable = function(){
    //扩展 jQuery，表单元素统一 enable
    return this.each(function(){
        if(typeof this.disabled != "undefined") this.disabled = false;
    });
}
</script>
```

并且在复选框旁设置了按钮，对这两个方法进行调用，代码如下：

```
function SwapInput(oName,oButton){
    if(oButton.value == "Disable"){
        //如果按钮的值为 Disable，则调用 disable()方法
        $("input[name="+oName+"]").disable();
        oButton.value = "Enable";
    }else{
        //如果按钮的值为 Enable，则调用 enable()方法
        $("input[name="+oName+"]").enable();
        oButton.value = "Disable";    //然后设置按钮的值为 Disable
    }
}

<p>你喜欢做些什么:
<input type="button" name="btnSwap" id="btnSwap" value="Disable" class="btn" onclick="SwapInput('hobby',this)"><br>
<input type="checkbox" name="hobby" id="book" value="book"><label for="book">看书</label>
<input type="checkbox" name="hobby" id="net" value="net"><label for="net">上网</label>
<input type="checkbox" name="hobby" id="sleep" value="sleep"><label for="sleep">睡觉</label>
</p>
```

方法 SwapInput(oName,oButton)根据按钮的值进行判断，如果是不可用"Disable"，则调用 disable()将元素设置为不可用，同时修改按钮的值为"Enable"。反之则调用 enable()方法。运行结果如图 10.9 所示。

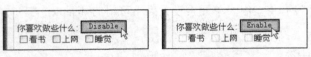

图 10.9 扩展 jQuery 的功能

10.2.6 解决 "$" 的冲突

与上一节的情况类似，尽管 jQuery 已经非常强大，但有些时候开发者需要使用其他的类库框架。这时则需要很小心，因为其他框架中可能也使用了"$"，从而发生冲突。jQuery 同样提供了 noConflict()方法来解决"$"的冲突问题，例如：

```
jQuery.noConflict();
```

以上代码便可以使"$"按照其他 JavaScript 框架的方式运算。这时在 jQuery 中便不能再使用"$"，而必须使用"jQuery"，例如$("div p")必须写成 jQuery("div p")。

10.3 jQuery 与 CSS3

在 3.3 节中对 CSS 选择器做了详细的介绍，但由于浏览器兼容性问题，很多 CSS3 的新特性没有介绍。当 jQuery 引入到页面中后，有必要重新探讨一下 CSS3 的选择器。

本节简单地介绍 CSS3 的相关知识，包括 CSS3 的新特性、浏览器的兼容性问题，以及 jQuery 所带来的变革等。

10.3.1 CSS3 标准

CSS 早在 1996 年的时候就作为标准被 W3C 推出，当时的版本是 CSS1。紧接着，为了适

应快速发展的 Web 页面，1998 年 W3C 推出了新的 CSS 2 版本，并陆续得到大多数浏览器的支持，其中 Microsoft 公司 2006 年发布的 Internet Explorer 7 浏览器便以 CSS2 为基础。

随着 Ajax 的流行以及 jQuery 的出现，CSS 也在不断地完善自我。CSS3 各个细节的发布则经历了很多过程，例如早在 1999 年，关于颜色的设置就发布了 CSS3 的版本，而关于 CSS 的盒子模型，最新的 CSS3 标准则是 2007 年 8 月才发布的。

注意：
关于 CSS3 的版本细节，有兴趣的读者可以参考 W3C 的官方网站关于 CSS3 的部分，网址是 http://www.w3.org/Style/CSS/current-work.html#CSS3。

CSS3 充分吸取了多年来 Web 发展的需求，提出了很多新颖的 CSS 特性，例如很受欢迎的圆角矩形 border-radius 属性，读者可以在 Firefox 或者 Safari 3 中尝试运行例 10.8。

【例 10.8】CSS3 标准中的圆角矩形（光盘文件：第 10 章\10-8.html）

```
<!DOCTYPE html PUBLIC "-//W3C//DTD XHTML 1.0 Transitional//EN" "http://www.w3.org/TR/xhtml1/DTD/
xhtml1-transitional.dtd">
<html>
<head>
<title>圆角矩形</title>
<style type="text/css">
<!--
div{
    width:200px;height:120px;
    border:2px solid #000000;
    background-color:#FFFF00;
    border-radius:20px;                 /* CSS3 中的圆角矩形 */
    -moz-border-radius:20px;            /* mozilla 中的圆角矩形 */
    -webkit-border-radius:20px;         /* Safari 3 中的圆角矩形 */
}
-->
</style>
</head>
<body>
<div></div>
</body>
</html>
```

在 Firefox 和 IE 7 中的显示效果如图 10.10 所示。

图 10.10　圆角矩形

10.3.2　浏览器的兼容性

CSS3 的新特性中最令人兴奋的莫过于选择器的增强，例如属性选择器可以根据某个属性值来选择标记，位置选择器可以根据子元素的位置来选择标记，等等。很可惜的是，由于 IE 7 主要基于 CSS2，大部分属性选择器都支持得不够理想。

读者可以通过 http://www.css3.info/selectors-test/test.html 来测试自己的浏览器对各种选择器的支持情况。图 10.11 为 IE 7 浏览器的测试结果，其中红色的块非常多，表明 IE 7 对选择器支持得很不好。

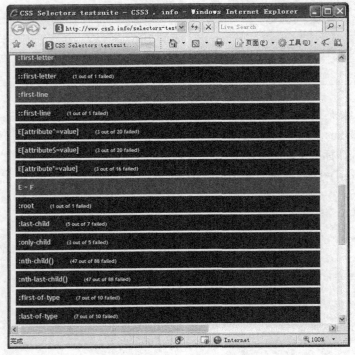

图 10.11　IE 7 的测试结果

正因为浏览器对 CSS3 的兼容性问题，使得很多方便的 CSS 属性没能推广。我们也期待着各个浏览器的新版本能提供更好的标准支持。

10.3.3　jQuery 的引入

jQuery 的框架中通过预先的 JavaScript 编程，提供了几乎所有 CSS3 标准下的选择器，开发者可以利用这些选择器轻松地选择各种元素，供 JavaScript 编程调用。

更重要的是，jQuery 的这些选择器的兼容性非常好，在目前主流的浏览器中都可以使用，这就使得这些理论上的 CSS3 选择器一下子变成了事实。开发者可以首先按照以前的方法定义各种 CSS 类别，然后通过 jQuery 的 addClass()方法或者元素的 className 属性将其添加到指定元素集中，如例 10.9 所示。

【例 10.9】jQuery 带来的变革（光盘文件：第 10 章\10-9.html）

```
<!DOCTYPE html PUBLIC "-//W3C//DTD XHTML 1.0 Transitional//EN" "http://www.w3.org/TR/xhtml1/DTD/
xhtml1-transitional.dtd">
```

```
<html>
<head>
<title>属性选择器</title>
<style type="text/css">
<!--
.myClass{
    /* 设定某个 CSS 类别 */
    background-color:#005890;
    color:#4eff00;
}
-->
</style>
<script language="javascript" src="jquery.min.js"></script>
<script language="javascript">
$(function(){
    //先用 CSS3 的选择器，然后添加样式风格
    $("li:nth-child(2)").addClass("myClass");
});
</script>
</head>
<body>
<ul>
    <li>糖醋排骨</li>
    <li>圆笼粉蒸肉</li>
    <li>泡菜鱼</li>
    <li>板栗烧鸡</li>
    <li>麻婆豆腐</li>
</ul>
</body>
</html>
```

以上选择器 li:nth-child(2)表示选中<li>中位于第 2 个子元素的标记，在 IE 7 和 Firefox 2.0 上的运行结果如图 10.12 所示，兼容性很棒。

图 10.12　jQuery 的引入

10.4　使用选择器

10.3 节中已经介绍了 jQuery 带来的选择器的变化，本节重点讲解 jQuery 中丰富多彩的选择器以及它们的基本用法。

10.4.1　属性选择器

在 3.3 节中介绍的 CSS 选择器均可以用 jQuery 的"$"进行选择，从例 10.4 也可以看到这

一点，这里特别需要指出的是，那些目前浏览器还没有支持或者支持的还不充分的选择器，使用 jQuery 来进行操作是很方便的。例如 CSS3 中定义属性选择器，目前的主流浏览器都不支持，本节就来介绍如何用 jQurey 实现属性选择器。

属性选择器的语法是在标记的后面用中括号"["和"]"添加相关的属性，然后再赋予不同的逻辑关系，如例 10.10 所示。

【例 10.10】使用 jQuery 中的属性选择器（光盘文件：第 10 章\10–10.html）

```
<!DOCTYPE html PUBLIC "-//W3C//DTD XHTML 1.0 Transitional//EN" "http://www.w3.org/TR/xhtml1/DTD/xhtml1-transitional.dtd">
<html>
<head>
<title>属性选择器</title>
<style type="text/css">
<!--
a{
    text-decoration:none;
    color:#000000;
}
.myClass{
    /*  设定某个 CSS 类别  */
    background-color:#d0baba;
    color:#5f0000;
    text-decoration:underline;
}
-->
</style>
</head>
<body>
<ul>
    <li><a href="http://picasaweb.google.com/isaacshun">isaac photo</a>
      <ul>
          <li>10-6.html</li>
          <li><a href="10-7.html">10-7.html</a></li>
          <li><a href="10-8.html" title="圆角矩形">10-8.html</a></li>
          <li><a href="10-9.html">10-9.html</a></li>
          <li><a href="Pageisaac.html" title="制作中...">isaac</a></li>
      </ul>
    </li>
</ul>
</body>
</html>
```

以上代码定义了 HTML 框架结构，以及相关的 CSS 类别，供测试使用，此时的显示效果如图 10.13 所示。

在页面中如果希望选择设置了 title 属性的标记，则直接采用如下语法：

```
$("a[title]")
```

这在 3.3.7 节中也已经提到，本例中如果使用如下代码将使得"10-8.html"和"isaac"所在的超链接增加 myClass 样式风格。

```
<script language="javascript" src="jquery.min.js"></script>
<script language="javascript">
$(function(){
    $("a[title]").addClass("myClass");
});
</script>
```

其显示效果如图 10.14 所示，设置了 title 属性的两个超链接被添加了 myClass 样式。

图 10.13　页面框架　　　　　　　图 10.14　属性选择器 a[title]

如果希望根据属性的值进行判断，例如为 href 属性值等于"10-9.html"的超链接添加 myClass 样式风格，则可以使用如下代码：

```
$("a[href=10-9.html]").addClass("myClass");
```

其运行结果如图 10.15 所示。

以上两种是比较简单的属性选择器，jQuery 中还可以根据属性值的某一部分进行匹配，例如下面的代码表示 href 属性值以"http://"开头的所有超链接。

```
$("a[href^=http://]")
```

这对于网站中选取所有外部的超链接十分有用，可以将页面中所有外部超链接赋予相同的操作，例如：

```
$("a[href^=http://]").addClass("myClass");
```

运行结果如图 10.16 所示。

图 10.15　属性选择器 a[href=10-9.html]　　　　图 10.16　属性选择器 a[href^=http://]

既然可以根据属性值的开头来匹配选择，自然也可以根据属性值的结尾来进行匹配，如下代码表示 href 值以"html"结尾的超链接集合。

```
$("a[href$=html]")
```

这种方法通常用来选取网站中某些下载资源，例如所有的 jpg 图片、所有的 pdf 文件等，例如：

```
$("a[href$=html]").addClass("myClass");
```

其运行结果如图 10.17 所示。

另外还可以利用"*="进行任意匹配，例如下面的代码选中 href 值中包含字符串"isaac"

的所有超链接，并添加样式风格。

```
$("a[href*=isaac]").addClass("myClass");
```

其运行结果如图 10.18 所示。

图 10.17　属性选择器 a[href$=html]

图 10.18　属性选择器[href*=isaac]

10.4.2　包含选择器

jQuery 中还提供了"包含选择器"，用来选择包含了某种特殊标记的元素。同样采用例 10.10 中的 HTML 框架，则下面的代码表示包含了超链接的所有<li>标记。

```
$("li:has(a)")
```

下面的代码将选中二级项目列表中所有包含了超链接的<li>标记，在 IE 7 和 Firefox 2.0 中的运行结果如图 10.19 所示。

```
$("ul li ul li:has(a)").addClass("myClass");
```

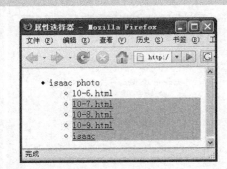

图 10.19　包含择器"ul li ul li:has(a)"

从运行结果可以看出，IE 和 Firefox 都准确地选择了二级项目列表中的后 4 项，但是在设置下划线的样式风格上发生了分歧。这是因为在 CSS 中，a 的样式风格与.myClass 样式风格都设置了 text-decoration，从而产生了冲突。

经验：
即便是 jQuery，也不能完全处理页面中本身存在的矛盾冲突。因此在编写 CSS、JavaScript、DOM、Ajax 等脚本时，应当分别规范各自的代码。

表 10.1 中罗列了 jQuery 支持的 CSS3 最基本的选择器，供读者需要时查询。

表 10.1　　　　　　　　　　　jQuery 支持的 CSS3 最基本的选择器

选　择　器	说　　明
*	所有标记
E	所有名称为 E 的标记
E F	所有名称为 F 的标记，并且是 E 标记的子标记（包括孙、重孙等）
E > F	所有名称为 F 的标记，并且是 E 标记的子标记（不包括孙标记）
E + F	所有名称为 F 的标记，并且该标记紧接着前面的 E 标记
E ~ F	所有名称为 F 的标记，并且该标记前面有一个 E 标记
E:has(F)	所有名称为 E 的标记，并且该标记包含 F 标记
E.C	所有名称为 E 的标记，属性类别为 C，如果去掉 E，就是属性选择器.C
E#I	所有名称为 E 的标记，id 为 I，如果去掉 E，就是 id 选择器#I
E[A]	所有名称为 E 的标记，并且设置了属性 A
E[A=V]	所有名称为 E 的标记，并且属性 A 的值等于 V
E[A^=V]	所有名称为 E 的标记，并且属性 A 的值以 V 开头
E[A$=V]	所有名称为 E 的标记，并且属性 A 的值以 V 结尾
E[A*=V]	所有名称为 E 的标记，并且属性 A 的值中包含 V

10.4.3　位置选择器

CSS3 中还允许通过标记所处的位置来进行选择，例如例 10.3 中位于奇数行的\<tr\>标记就是位置选择器的一种。

不光是\<tr\>标记，页面中几乎所有的标记都可以运用位置选择器，例如有例 10.11 所示的 HTML 框架。

【例 10.11】使用 jQuery 中的位置选择器（光盘文件：第 10 章\10-11.html）

```
<!DOCTYPE html PUBLIC "-//W3C//DTD XHTML 1.0 Transitional//EN" "http://www.w3.org/TR/xhtml1/DTD/
xhtml1-transitional.dtd">
<html>
<head>
<title>位置选择器</title>
<style type="text/css">
<!--
div{
    font-size:12px;
    border:1px solid #003a75;
    margin:5px;
}
p{
    margin:0px;
    padding:4px 10px 4px 10px;
}
.myClass{
    /* 设定某个 CSS 类别 */
    background-color:#c0ebff;
    text-decoration:underline;
}
-->
</style>
</head>
<body>
```

```
<div>
    <p>1. 大礼堂</p>
    <p>2. 清华学堂</p>
</div>
<div>
    <p>3. 图书馆</p>
</div>
<div>
    <p>4. 紫荆公寓</p>
    <p>5. C 楼</p>
    <p>6. 清清地下</p>
</div>
</body>
</html>
```

在上述代码中有 3 个<div>块，每个<div>块都包含文章段落<p>标记，其中第 1 个<div>块包含 2 个<p>，第 2 个<div>块包含 1 个<p>，最后一个包含 3 个<p>标记。在没有任何 jQuery 代码的情况下，显示结果如图 10.20 所示。

图 10.20 位置选择器

在页面中如果希望选择每个<div>块的第 1 个<p>标记，则可以通过:first-child 来选择，代码如下：

```
$("p:first-child")
```

以上代码表示选择所有的<p>标记，并且这些<p>标记是其父标记的第 1 个子标记。jQuery 会自动清除 Firefox 中的空格问题（5.3.3 节进行了详细说明），因此下面的代码在 IE 和 Firefox 中的运行结果如图 10.21 所示，兼容性非常好。

```
<script language="javascript" src="jquery.min.js"></script>
<script language="javascript">
$(function(){
    $("p:first-child").addClass("myClass");
});
</script>
```

例 10.3 中所使用的隔行变色也是位置选择器的一种，在上面的例 10.11 中，同样可以通过类似的方法选中每个<div>块中的奇数行，例如：

```
$("p:nth-child(odd)").addClass("myClass");
```

以上代码的运行结果如图 10.22 所示。

图 10.21 位置选择器 p:first-child

:nth-child(odd|even)中的奇偶顺序是根据各自的父元素单独排序的，因此上面的代码选中的是 1.大礼堂、3.图书馆、4.紫荆公寓、6.清清地下。如果希望将页面中整个<p>元素表进行排序，则可以直接使用:even 或者:odd，例如：

```
$("p:even").addClass("myClass");
```

以上代码的显示结果如图 10.23 所示，可以从第 3 个<div>块中看到与:nth-child 的区别。

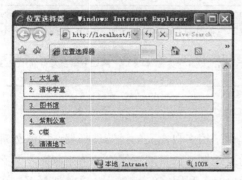

图 10.22 位置选择器 p:nth-child(odd)　　　图 10.23 位置选择器 p:even

另外，可以从第 1 个<div>块中发现，:nth-child(odd)与 p:even 选择出的结果一致。这是因为:nth-child 相关的 CSS 选择器是从 1 开始计数的，而其他选择器是从 0 开始计数的。例如下面的代码匹配所有<p>列表中的第 5 个。

```
$("p:eq(4)").addClass("myClass");
```

以上代码的运行结果如图 10.24 所示，"5. C 楼"被添加了 myClass 样式风格。

图 10.24 位置选择器 p:eq(4)

表 10.2 中罗列了所有 jQuery 支持的 CSS3 位置选择器，读者可以自己试验其中的每一项，这里不再一一重复。

表 10.2　　　　　　　　　　　　　　jQuery 支持的 CSS3 位置选择器

选　择　器	说　　明
:first	第 1 个元素，例如 div p:first 选中页面中所有 p 元素的第 1 个，且该 p 元素是 div 的子元素
:last	最后一个元素，例如 div p:last 选中页面中所有 p 元素的最后一个，且该 p 元素是 div 的子元素
:first-child	第一个子元素，例如 ul:first-child 选中所有 ul 元素，且该 ul 元素是其父元素的第一个子元素
:last-child	最后一个子元素，例如 ul:last-child 选中所有 ul 元素，且该 ul 元素是其父元素的最后一个子元素
:only-child	所有没有兄弟的元素，例如 p:only-child 选中所有 p 元素，如果该 p 元素是其父元素的惟一子元素
:nth-child(n)	第 n 个子元素，例如 li:nth-child(2)选中所有 li 元素，且该 li 元素是其父元素的第 2 个子元素（从 1 开始计数）
:nth-child(odd|even)	所有奇数号或者偶数号子元素，例如 li:nth-child(odd)选中所有 li 元素，且这些 li 元素为其父元素的第奇数个元素（从 1 开始计数）
:nth-child(nX+Y)	利用公式来计算子元素的位置，例如 li:nth-child(5n+1)选中所有 li 元素，且这些 li 元素为其父元素的第 5n+1 个元素（1，6，11，16…）
:odd 或者:even	对于整个页面而言的奇数号或偶数号元素，例如 p:even 为页面中所有排在偶数的 p 元素（从 0 开始计数）
:eq(n)	页面中第 n 个元素，例如 p:eq(4)为页面中的第 5 个 p 元素
:gt(n)	页面中第 n 个元素之后的所有元素（不包括第 n 个本身），例如 p:gt(0)为页面中第 1 个 p 元素之后的所有 p 元素
:lt(n)	页面中第 n 个元素之前的所有元素（不包括第 n 个元素本身），例如 p:lt(2)为页面中第 3 个 p 元素之前的所有 p 元素

10.4.4　过滤选择器

除了 CSS3 中的一些选择器外，jQuery 还提供了很多自定义的过滤选择器，用来处理更复杂的选择。例如很多时候希望知道用户所选中的复选框，如果通过属性的值来判断，那么只能获得初始状态下的选中情况，而不是真实的选择情况。利用 jQuery 的:checked 选择器则可以轻松获得用户的选择，如例 10.12 所示。

【例 10.12】使用 jQuery 中的过滤选择器（光盘文件：第 10 章\10–12.html）

```
<html>
<head>
<title>jQuery 的过滤选择器</title>
<style type="text/css">
<!--
form{
    font-size:12px;
    margin:0px; padding:0px;
}
input.btn{
    border:1px solid #005079;
    color:#005079;
    font-family:Arial, Helvetica, sans-serif;
    font-size:12px;
}
.myClass{
    /*  设定某个 CSS 类别  */
    background-color:#FF0000;
    text-decoration:underline;
}
```

```
-->
</style>
<script language="javascript" src="jquery.min.js"></script>
<script language="javascript">
function ShowChecked(oCheckBox){
    //使用:checked 过滤出被用户选中的
    $("input[name="+oCheckBox+"]:checked").addClass("myClass");
}
</script>
</head>
<body>
<form name="myForm">
<input type="checkbox" name="sports" id="football"><label for="football">足球</label><br>
<input type="checkbox" name="sports" id="basketball"><label for="basketball">篮球</label><br>
<input type="checkbox" name="sports" id="volleyball"><label for="volleyball">排球</label><br>
<br><input type="button" value="Show Checked" onclick="ShowChecked('sports')" class="btn">
</form>
</body>
</html>
```

以上代码中有 3 个复选框，通过 jQuery 的过滤选择器:check 便可以很容易地筛选出用户选择的项，并赋予特殊的 CSS 样式，运行结果如图 10.25 所示。

图 10.25　jQuery 的过滤选择器

另外，过滤选择器之间可以迭代使用，例如：

```
:checkbox:checked:enabled
```

表示<input type="checkbox">中所有被用户选中而且没有被禁用的。表 10.3 罗列了 jQuery 中常用的过滤选择器。

表 10.3　　　　　　　　　　　　　jQuery 中常用的过滤选择器

选 择 器	说 明
:animated	所有处于动画中的元素
:button	所有按钮，包括 input[type=button]、input[type=submit]、input[type=reset]和<button>标记
:checkbox	所有复选框，等同于 input[type=checkbox]
:contains(foo)	选择所有包含了文本"foo"的元素
:disabled	页面中被禁用了的元素
:enabled	页面中没有被禁用的元素
:file	上传文件的元素，等同于 input[type=file]
:header	选中所有标题元素，例如<h1>~<h6>
:hidden	页面中被隐藏了的元素
:image	图片提交按钮，等同于 input[type=image]

选　择　器	说　　明
:input	表单元素，包括\<input>、\<select>、\<textarea>、\<button>
:not(filter)	反向选择
:parent	选择所有拥有子元素（包括文本）的元素，空元素将被排除
:password	密码文本框，等同于 input[type=password]
:radio	单选按钮，等同于 input[type=radio]
:reset	重置按钮，包括 input[type=reset]和 button[type=reset]
:selected	下拉菜单中被选中的项
:submit	提交按钮，包括 input[type=submit]和 button[type=submit]
:text	文本输入框，等同于 input[type=text]
:visible	页面中的所有可见元素

10.4.5　实现反向过滤

在上述过滤选择器中:not(filter)过滤器可以进行反向的选择，其中 filter 参数可以是任意其他的过滤选择器，例如下面的代码表示\<input>标记中所有的非 radio 元素。

```
input:not(:radio)
```

另外，过滤选择器还可以迭代使用，如例 10.13 所示。

【例 10.13】使用 jQuery 的反向过滤功能（光盘文件：第 10 章\10-13.html）

```
<!DOCTYPE html PUBLIC "-//W3C//DTD XHTML 1.0 Transitional//EN" "http://www.w3.org/TR/xhtml1/DTD/
xhtml1-transitional.dtd">
<html>
<head>
<title>反向过滤</title>
<style type="text/css">
<!--
form{
    font-size:12px;
    margin:0px; padding:0px;
}
p{
    padding:5px; margin:0px;
}
.myClass{
    background-color:#ffbff4;
    text-decoration:underline;
    border:1px solid #0000FF;
    font-family:Arial, Helvetica, sans-serif;
    font-size:12px;
}
-->
</style>
<script language="javascript" src="jquery.min.js"></script>
<script language="javascript">
$(function(){
    //迭代使用选择器
    $(":input:not(:checkbox):not(:radio)").addClass("myClass");
});
```

```
</script>
</head>
<body>
<form method="post" name="myForm1" action="addInfo.aspx">
<p><label for="name">姓名:</label> <input type="text" name="name" id="name"></p>
<p><label for="passwd">密码:</label> <input type="password" name="passwd" id="passwd"></p>
<p><label for="color">最喜欢的颜色:</label>
<select name="color" id="color">
    <option value="red">红</option>
    <option value="green">绿</option>
    <option value="blue">蓝</option>
    <option value="yellow">黄</option>
    <option value="cyan">青</option>
    <option value="purple">紫</option>
</select></p>
<p>性别:
    <input type="radio" name="sex" id="male" value="male"><label for="male">男</label>
    <input type="radio" name="sex" id="female" value="female"><label for="female">女</label></p>
<p>你喜欢做些什么:<br>
    <input type="checkbox" name="hobby" id="book" value="book"><label for="book">看书</label>
    <input type="checkbox" name="hobby" id="net" value="net"><label for="net">上网</label>
    <input type="checkbox" name="hobby" id="sleep" value="sleep"><label for="sleep">睡觉</label></p>
<p><label for="comments">我要留言:</label><br><textarea name="comments" id="comments" cols="30"
rows="4"></textarea></p>
<p><input type="submit" name="btnSubmit" id="btnSubmit" value="Submit">
<input type="reset" name="btnReset" id="btnReset" value="Reset"></p>
</form>
</body>
</html>
```

以上代码中的选择器如下：

```
$(":input:not(:checkbox):not(:radio)").addClass("myClass");
```

表示所有<input>、<select>、<textarea>或<button>中非 checkbox 和非 radio 的元素，这里需要注意 "input" 与 ":input" 的区别。运行结果如图 10.26 所示，除了单选按钮和复选框，表单的其余元素均运用了 myClass 样式风格。

图 10.26　反向过滤

> **注意：**
> 　　在:not(filter)中，filter 参数必须是过滤选择器，而不能是其他的选择器，下面的代码是典型的错误语法：
>
> 　　　div:not(p:hidden)
>
> 　　正确的写法为：
>
> 　　　div p:not(:hidden)

10.5　管理选择结果

　　用 jQuery 选择出来的元素与数组非常类似，可以通过 jQuery 提供的一系列方法对其进行处理，包括获取长度、查找某个元素、截取某个段落等。

10.5.1　获取元素的个数

　　在 jQuery 中可以通过 size()方法获取选择器中元素的个数，它类似于数组中的 length 属性，返回整数值，例如：

```
$("img").size()
```

　　获得页面中所有图片<img>的数目。例 10.14 是一个稍微复杂一点的示例，用来添加并计算页面中的<div>块。

　　【例 10.14】获取 jQuery 选择器中元素的个数（光盘文件：第 10 章\10–14.html）

```
<!DOCTYPE html PUBLIC "-//W3C//DTD XHTML 1.0 Transitional//EN" "http://www.w3.org/TR/xhtml1/DTD/
html1-transitional.dtd">
<html>
<head>
<title>size()方法</title>
<style type="text/css">
<!--
html{
    cursor:help; font-size:12px;
    font-family:Arial, Helvetica, sans-serif;
}
div{
    border:1px solid #003a75;
    background-color:#FFFF00;
    margin:5px; padding:20px;
    text-align:center;
    height:20px; width:20px;
    float:left;
}
-->
</style>
<script language="javascript" src="jquery.min.js"></script>
<script language="javascript">
document.onclick = function(){
    var i = $("div").size()+1;     //获取 div 块的数目（此时还没有添加 div 块）
    $(document.body).append($("<div>"+i+"</div>"));     //添加一个 div 块
    $("span").html(i);             //修改显示的总数
}
```

```
</script>
</head>
<body>
页面中一共有<span>0</span>个 div 块。单击鼠标添加 div:
</body>
</html>
```

以上代码首先通过 document.onclick 为页面添加单击的响应函数。然后通过 size()获取页面中<div>块的数目，并且使用 append()为页面添加 1 个<div>块，然后利用 html()方法将总数显示在<span>标记中。运行结果如图 10.27 所示，随着鼠标的单击，<div>块在不断地增加。

图 10.27　size()获取元素个数

10.5.2　提取元素

在 jQuery 的选择器中，如果想提取某个元素，最直接的方法是采用方括号加序号的形式，例如：

```
$("img[title]")[1]
```

获取所有设置了 title 属性的 img 标记中的第 2 个元素。jQuery 同样提供了 get(index)方法来提取元素，以下代码与上面的完全等效。

```
$("img[title]").get(1)
```

另外，get()方法在不设置任何参数时，可以将元素转化为一个元素对象的数组，如例 10.15 所示。

【例 10.15】jQuery 提取选择器中的元素（光盘文件：第 10 章\10-15.html）

```
<!DOCTYPE html PUBLIC "-//W3C//DTD XHTML 1.0 Transitional//EN" "http://www.w3.org/TR/xhtml1/DTD/
xhtml1-transitional.dtd">
<html>
<head>
<title>get()方法</title>
<style type="text/css">
<!--
div{
    border:1px solid #003a75;
    color:#CC0066;
    margin:5px; padding:5px;
    font-size:12px;
    font-family:Arial, Helvetica, sans-serif;
    text-align:center;
    height:20px; width:20px;
    float:left;
}
-->
</style>
```

```
<script language="javascript" src="jquery.min.js"></script>
<script language="javascript">
function disp(divs){
    for(var i=0;i<divs.length;i++)
        $(document.body).append($("<div
style='background:"+divs[i].style.background+";'>"+divs[i].innerHTML+"</div>"));
}
$(function(){
    var aDiv = $("div").get();     //转化为 div 对象数组
    disp(aDiv.reverse());          //反序，传给处理函数
});
</script>
</head>
<body>
<div style="background:#FFFFFF">1</div>
<div style="background:#CCCCCC">2</div>
<div style="background:#999999">3</div>
<div style="background:#666666">4</div>
<div style="background:#333333">5</div>
<div style="background:#000000">6</div>
</body>
</html>
```

以上代码将页面中本身的 6 个 div 块用 get()方法转换为数组，然后用数组的反序 reverse()方法（数组的 reverse()方法在 2.3.5 节的例 2.19 中有详细介绍），并传给 disp()函数，再将其一个个显示在页面中。运行结果如图 10.28 所示。

get(index)方法可以获取指定位置的元素，反过来 index(element)方法可以查找元素 element 所处的位置，例如：

```
var iNum = $("li").index($("li[title=isaac]")[0])
```

以上代码将获取<li title="isaac">标记在整个<li>标记列表中所处的位置，并将该位置返回给整数 iNum。例 10.16 为 index(element)方法的典型运用。

【例 10.16】用 index( )方法获取元素的序号（光盘文件：第 10 章\10-16.html）

```
<!DOCTYPE html PUBLIC "-//W3C//DTD XHTML 1.0 Transitional//EN" "http://www.w3.org/TR/xhtml1/DTD/
xhtml1-transitional.dtd">
<html>
<head>
<title>index(element)方法</title>
<style type="text/css">
<!--
body{
    font-size:12px;
    font-family:Arial, Helvetica, sans-serif;
}
div{
    border:1px solid #003a75;
    background:#fcff9f;
    margin:5px; padding:5px;
    text-align:center;
    height:20px; width:20px;
    float:left;
    cursor:help;
}
-->
</style>
<script language="javascript" src="jquery.min.js"></script>
```

```
<script language="javascript">
$(function(){
    //click()添加单击事件
    $("div").click(function(){
        //将块本身用 this 关键字传入，从而获取自身的序号
        var index = $("div").index(this);
        $("span").html(index.toString());
    });
});
</script>
</head>
<body>
<div>0</div><div>1</div><div>2</div><div>3</div><div>4</div><div>5</div>
单击的 div 块序号为：<span></span>
</body>
</html>
```

以上代码将块本身用 this 关键字传入 index()方法中，获取自身的序号。并且利用 click()添加事件，将序号显示出来，运行结果如图 10.29 所示。

图 10.28　get()方法

图 10.29　index(element)方法

10.5.3　添加、删除、过滤元素

除了获取选择元素的相关信息外，jQuery 还提供了一系列方法来修改这些元素的集合，例如可以利用 add()方法来添加元素，代码如下：

```
$("img[alt]").add("img[title]")
```

以上代码将所有设置了 alt 属性的<img>和所有设置了 title 属性的<img>组合在了一起，供别的方法统一调用，它完全等同于：

```
$("img[alt],img[title]")
```

例如，可以将组合后的元素集统一设置添加 CSS 属性，代码如下：

```
$("img[alt]").add("img[title]").addClass("myClass");
```

与 add()方法相反，not()方法可以去除元素集中的某些元素，例如：

```
$("li[title]").not("[title*=isaac]")
```

表示选中所有设置了 title 属性的<li>标记，但不包括 title 值中任意匹配字符串"isaac"的那些。例 10.17 为 not()方法的一种典型运用。

【例 10.17】使用 not()方法（光盘文件：第 10 章\10-17.html）

```
<!DOCTYPE html PUBLIC "-//W3C//DTD XHTML 1.0 Transitional//EN" "http://www.w3.org/TR/xhtml1/DTD/
xhtml1-transitional.dtd">
    <html>
```

```
<head>
<title>not()方法</title>
<style type="text/css">
<!--
div{
    background:#fcff9f;
    margin:5px; padding:5px;
    height:40px; width:40px;
    float:left;
}
.green{ background:#66FF66; }
.gray{ background:#CCCCCC; }
#blueone{ background:#5555FF; }
.myClass{
    border:2px solid #000000;
}
-->
</style>
<script language="javascript" src="jquery.min.js"></script>
<script language="javascript">
$(function(){
    $("div").not(".green, #blueone").addClass("myClass");
});
</script>
</head>
<body>
    <div></div>
    <div id="blueone"></div>
    <div></div>
    <div class="green"></div>
    <div class="green"></div>
    <div class="gray"></div>
    <div></div>
</body>
</html>
```

以上代码中共有 7 个<div>块，其中 3 个没有设置任何类型或者 id，一个设置了 id 为 "blueone"，两个设置了样式风格 "green"，另外一个设置了样式风格 "gray"。jQuery 代码首先选中所有的<div>块，然后通过 not()方法去掉样式风格为 "green" 和 id 为 "blueone" 的<div>块，给剩下的添加 CSS 样式 myClass，运行结果如图 10.30 所示。

图 10.30   not()方法

注意：
　　not()方法所接受的参数都不能包含特定的元素，只能是通用的表达式，例如下面是典型的错误代码：
```
$("li[title]").not("img[title*=isaac]")
```
正确的写法为：
```
$("li[title]").not("[title*=isaac]")
```

除了 add()和 not()外，jQuery 还提供了更强大的 filter()方法来筛选元素。filter()可以接受两种类型的参数，一种与 not()方法一样，接受通用的表达式，代码如下：

```
$("li").filter("[title*=isaac]")
```

以上代码表示在<li>标记的列表中筛选出那些属性 title 值任意匹配字符串"isaac"的标记。这看上去与下面的代码相同。

```
$("li[title*=isaac]")
```

但 filter()主要用于 jQuery 语句的链接，如例 10.18 所示。

【例 10.18】filter()方法的基础运用（光盘文件：第 10 章\10-18.html）

```
<!DOCTYPE html PUBLIC "-//W3C//DTD XHTML 1.0 Transitional//EN" "http://www.w3.org/TR/xhtml1/DTD/
xhtml1-transitional.dtd">
<html>
<head>
<title>filter()方法</title>
<style type="text/css">
<!--
div{
    margin:5px; padding:5px;
    height:40px; width:40px;
    float:left;
}
.myClass1{
    background:#fcff9f;
}
.myClass2{
    border:2px solid #000000;
}
-->
</style>
<script language="javascript" src="jquery.min.js"></script>
<script language="javascript">
$(function(){
    $("div").addClass("myClass1").filter("[class*=middle]").addClass("myClass2");
});
</script>
</head>
<body>
    <div></div>
    <div class="middle"></div>
    <div class="middle"></div>
    <div class="middle"></div>
    <div class="middle"></div>
    <div></div>
</body>
</html>
```

以上代码中有 6 个<div>块，其中中间 4 个设置了 class 属性为 middle。在 jQuery 代码中首先给所有的<div>块都添加"myClass1"样式风格，然后通过 filter()方法，将 class 属性匹配"middle"的选择出来，再添加"myClass2"样式风格。

其运行结果如图 10.31 所示，可以看到所有的<div>块都运用了 myClass1 的背景颜色，而只有被筛选出来的中间<div>块运用了 myClass2 的边框。

图 10.31　filter()方法

> **注意：**
> 在 filter()的参数中，不能使用直接的等于匹配（=），只能使用前匹配（^=）、后匹配（&=）或者任意匹配（*=），例如例 10.18 中的 filter()，如果写成如下的语句将得不到想要的过滤效果：
>
>   filter("[class=middle]")

filter()另外一种类型的参数是函数。函数参数的功能非常强大，它可以让用户自定义筛选函数。该函数要求返回布尔值，对于返回值为 true 的元素则保留，否则去除。例 10.19 展示了该方法的使用。

【例 10.19】filter()方法接受函数作为参数（光盘文件：第 10 章\10–19.html）

```html
<!DOCTYPE html PUBLIC "-//W3C//DTD XHTML 1.0 Transitional//EN" "http://www.w3.org/TR/xhtml1/DTD/xhtml1-transitional.dtd">
<html>
<head>
<title>filter()方法</title>
<style type="text/css">
<!--
div{
    margin:5px; padding:5px;
    height:40px; width:40px;
    float:left;
}
.myClass1{
    background:#fcff9f;
}
.myClass2{
    border:2px solid #000000;
}
-->
</style>
<script language="javascript" src="jquery.min.js"></script>
<script language="javascript">
$(function(){
    $("div").addClass("myClass1").filter(function(index){
        return index == 1 || $(this).attr("id") == "fourth";
    }).addClass("myClass2");
});
</script>
</head>
<body>
    <div id="first"></div>
    <div id="second"></div>
    <div id="third"></div>
    <div id="fourth"></div>
```

```
    <div id="fifth"></div>
</body>
</html>
```

以上代码首先将所有的<div>块赋予 myClass1 样式风格，然后利用 filter()返回的函数值将<div>列表中位于第 1 个的，以及 id 为 "fourth" 的元素筛选出来，并赋予 myClass2 样式风格，运行结果如图 10.32 所示。

图 10.32　filter()方法

10.5.4　查询过滤新元素集合

jQuery 还提供了一些很实用的小方法，通过查询来获取新的元素集合。例如 find()方法，通过匹配选择器来筛选元素，代码如下：

```
$("p").find("span")
```

以上代码表示在所有<p>标记的元素中搜索<span>标记，获得一个新的元素集合，它完全等同于以下代码：

```
$("span",$("p"))
```

实际运用如例 10.20 所示。

【例 10.20】用 find()方法查找元素（光盘文件：第 10 章\10-20.html）

```
<!DOCTYPE html PUBLIC "-//W3C//DTD XHTML 1.0 Transitional//EN" "http://www.w3.org/TR/xhtml1/DTD/xhtml1-transitional.dtd">
<html>
<head>
<title>find()方法</title>
<style type="text/css">
<!--
.myClass{
    background:#ffde00;
}
-->
</style>
<script language="javascript" src="jquery.min.js"></script>
<script language="javascript">
$(function(){
    $("p").find("span").addClass("myClass");
});
</script>
</head>
<body>
    <p><span>Hello</span>, how are you?</p>
```

```
        <p>Me? I'm <span>good</span>.</p>
        <span>What about you?</span>
    </body>
</html>
```

例 10.20 的运行结果如图 10.33 所示，可以看到位于\<p\>
标记中的\<span\>被运用了新的样式风格，而最后一行
\<span\>没有任何变化。

另外，还可以通过 is()方法来检测是否包含指定的元
素，例如可以通过以下代码来检测页面的\<div\>块中是否包
含图片。

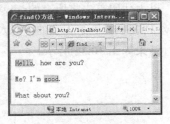

图 10.33　find()方法

```
var bHasImage = $("div").is("img");
```

is()方法返回布尔值，当至少包含一个匹配项时为 true，否则为 false。

10.6　采用 jQuery 链

从前面的例中也可以反复看到，jQuery 的语句可以链接在一起。这不仅可以缩短代码的长
度，而且很多时候可以实现特殊的效果。如例 10.19 中的如下代码：

```
$("div").addClass("myClass1").filter(function(index){
    return index == 1 || $(this).attr("id") == "fourth";
}).addClass("myClass2");
```

以上代码为整个\<div\>列表增加样式风格"myClass1"，然后进行筛选，再为筛选出的元素
单独增加样式风格"myClass2"。如果不采用 jQuery 链，实现上述效果将非常麻烦。

在 jQuery 链中，后面的操作都是以前面的操作结果为对象的。如果希望操作对象为上一步
的对象，则可以使用 end()方法，如例 10.21 所示。

【例 10.21】用 end()方法控制 jQuery 链（光盘文件：第 10 章\10-21.html）

```
<!DOCTYPE html PUBLIC "-//W3C//DTD XHTML 1.0 Transitional//EN" "http://www.w3.org/TR/xhtml1/DTD/
xhtml1-transitional.dtd">
    <html>
    <head>
    <title>end()方法</title>
    <style type="text/css">
    <!--
    .myClass1{
        background:#ffde00;
    }
    .myClass2{
        border:1px solid #0000FF;
    }
    -->
    </style>
    <script language="javascript" src="jquery.min.js"></script>
    <script language="javascript">
    $(function(){
        $("p").find("span").addClass("myClass1").end().addClass("myClass2");
    });
    </script>
    </head>
    <body>
```

```
    <p>Hello, <span>how</span> are you?</p>
    <span>very nice,</span> thank you.
</body>
</html>
```

以上代码在<p>标记中搜索<span>标记，然后添加样式风格"myClass1"，利用 end()方法将操作对象往回设置为$("p")，并添加样式风格"myClass2"，运行结果如图 10.34 所示。

另外，还可以通过 andSelf()将前面两个对象进行组合后共同处理，如例 10.22 所示。

【例 10.22】用 andSelf()方法控制 jQuery 链（光盘文件：第 10 章\10-22.html）

图 10.34　end()方法

```
<!DOCTYPE html PUBLIC "-//W3C//DTD XHTML 1.0 Transitional//EN" "http://www.w3.org/TR/xhtml1/DTD/
xhtml1-transitional.dtd">
<html>
<head>
<title>andSelf()方法</title>
<style type="text/css">
<!--
.myBackground{
    background:#ffde00;
}
.myBorder{
    border:2px solid #0000FF;
}
p{
    margin:8px; padding:4px;
    font-size:12px;
}
-->
</style>
<script language="javascript" src="jquery.min.js"></script>
<script language="javascript">
$(function(){
    $("div").find("p").addClass("myBackground").andSelf().addClass("myBorder");
});
</script>
</head>
<body>
<div>
    <p>第一段</p>
    <p>第二段</p>
</div>
</body>
</html>
```

图 10.35　andSelf()方法

以上 jQuery 代码首先在<div>块中搜索<p>标记，添加背景相关的样式风格"myBackground"，这个风格只对<p>标记有效。然后利用 andSelf()方法将<div>和<p>组合在一起，添加边框相关的样式风格"myBorder"，这个风格对<div>和<p>均有效。运行结果如图 10.35 所示。

第 11 章 jQuery 控制页面

上一章讲解了 jQuery 的基础知识，以及如何使用 jQuery。从本章开始将陆续介绍 jQuery 的实用功能。本章主要介绍 jQuery 如何控制页面，包括页面元素的属性、CSS 样式风格、DOM 模型、表单元素和事件处理等。

11.1 标记的属性

在 HTML 中每一个标记都具有一些属性，它们表示这个标记在页面中呈现的各种状态，例如下面的<a>标记：

```
<a href="http://picasaweb.google.com/isaacshun" title="isaac's photo" target="_blank" id="LinkIsaac">
```

该标记中<a>表示标记的名称，为一个超链接，另外还有 href、title、target、id 等属性来表示这个超链接在页面中的各种状态。

在 5.3.4 节中曾经对节点的属性做了相关的介绍，本节从 jQuery 的角度出发，进一步讲解页面中标记属性的控制方法。

11.1.1 each()遍历元素

each(callback)方法主要用于对选择器中的元素进行遍历，在 10.2.5 节的例 10.7 中也有使用。它接受一个函数作为参数，该函数接受一个参数，指代元素的序号。对于标记的属性而言，可以利用 each()方法配合 this 关键字来获取或者设置选择器中每个元素相对应的属性值。如例 11.1 所示。

【例 11.1】用 each()方法遍历所有元素（光盘文件：第 11 章\11-1.html）

```
<!DOCTYPE html PUBLIC "-//W3C//DTD XHTML 1.0 Transitional//EN" "http://www.w3.org/TR/xhtml1/DTD/
xhtml1-transitional.dtd">
<html>
<head>
<title>each()方法</title>
<style type="text/css">
<!--
img{
    border:1px solid #003863;
}
-->
</style>
<script language="javascript" src="jquery.min.js"></script>
<script language="javascript">
$(function(){
    $("img").each(function(index){
        this.title = "这是第" + index + "幅图，id 是：" + this.id;
    });
});
</script>
</head>
```

```
<body>
<img src="01.jpg" id="Tsinghua01">
<img src="02.jpg" id="Tsinghua02">
<img src="03.jpg" id="Tsinghua03">
<img src="04.jpg" id="Tsinghua04">
<img src="05.jpg" id="Tsinghua05">
</body>
</html>
```

以上代码所表示的页面中共有 5 幅图片，首先利用$("img")获取页面中所有图片的集合，然后通过 each()方法遍历所有图片，通过 this 关键字对图片进行访问，获取图片的 id，并设置图片的 title 属性。其中 each()方法的函数参数 index 为元素所处的序号（从零开始计数）。显示结果如图 11.1 所示。

图 11.1   each()方法

11.1.2   获取属性的值

除了遍历整个选择器中的元素，很多时候需要得到某个对象的某个特定属性的值，在 jQuery 中可以通过 attr(name)方法很轻松地实现这一点。该方法获取元素集中第一项的属性值，如果没有匹配项则返回 undefined，如例 11.2 所示。

【例 11.2】用 attr()方法获取属性的值（光盘文件：第 11 章\11-2.html）

```
<!DOCTYPE html PUBLIC "-//W3C//DTD XHTML 1.0 Transitional//EN" "http://www.w3.org/TR/xhtml1/DTD/
xhtml1-transitional.dtd">
<html>
<head>
<title>attr(name)方法</title>
<style type="text/css">
<!--
em{
    color:#002eb2;
}
p{
    font-size:14px;
    margin:0px; padding:5px;
    font-family:Arial, Helvetica, sans-serif;
}
-->
</style>
<script language="javascript" src="jquery.min.js"></script>
<script language="javascript">
$(function(){
    var sTitle = $("em").attr("title");//获取第一个<em>元素的 title 属性值
    $("span").text(sTitle);
});
```

```
</script>
</head>
<body>
<p>从前有一只大<em title="huge, gigantic">恐龙</em>...</p>
<p>在树林里面<em title="running">跑啊跑</em>...</p>
<p>title 属性的值是：<span></span></p>
</body>
</html>
```

以上代码通过$("em").attr ("title")获取了第一个<em>标记的 title 属性值，运行结果如图 11.2 所示。

如果第一个<em>标记的 title 属性没有设置，例如：

```
<p>从前有一只大<em>恐龙</em>...</p>
<p>在树林里面<em title="running">跑啊跑</em>...</p>
```

那么$("em").attr ("title")将返回空，而不是第 2 个<em>标记的 title 属性值。如果希望获取第 2 个<em>标记的 title 属性值，可以通过位置选择器来完成，例如：

```
var sTitle = $("em:eq(1)").attr("title");
```

此时运行结果如图 11.3 所示。

图 11.2　attr(name)方法　　　　　图 11.3　获取第 2 个<em>标记的 title 属性值

11.1.3　设置属性的值

attr()方法除了可以获取元素的属性值外，还可以设置属性的值，通用表达式为：

```
attr(name,value)
```

该方法设置元素集中所有项的属性 name 的值为 value，例如下面的代码将使得页面中所有的外部超链接都在新窗口中打开。

```
$("a[href^=http://]").attr("target","_blank");
```

正因为设置针对所有选择器中的元素，因此位置选择器在该方法中的使用十分频繁，如例 11.3 所示。

【例 11.3】用 attr()方法设置属性的值（光盘文件：第 11 章\11-3.html）

```
<!DOCTYPE html PUBLIC "-//W3C//DTD XHTML 1.0 Transitional//EN" "http://www.w3.org/TR/xhtml1/DTD/
xhtml1-transitional.dtd">
<html>
<head>
<title>attr(name,value)方法</title>
<style type="text/css">
<!--
button{
    border:1px solid #950074;
```

```
}
-->
</style>
<script language="javascript" src="jquery.min.js"></script>
<script language="javascript">
function DisableBack(){
    $("button:gt(0)").attr("disabled","disabled");
}
</script>
</head>
<body>
    <button onclick="DisableBack()">第一个 Button</button> 
    <button>第二个 Button</button> 
    <button>第三个 Button</button> 
</body>
</html>
```

通过位置选择器:gt(0)，当单击第 1 个按钮时后面的两个按钮将同时被禁用，运行结果如图 11.4 所示。

很多时候希望属性的值能够根据不同的元素有规律地变化，这时可以使用方法 attr(name,fn)。它的第 2 个参数为一个函数，该函数接受一个参数，为元素的序号，返回值为字符串，如例 11.4 所示。

【例 11.4】用 attr()方法接受函数作为参数（光盘文件：第 11 章\11-4.html）

```
<!DOCTYPE html PUBLIC "-//W3C//DTD XHTML 1.0 Transitional//EN" "http://www.w3.org/TR/xhtml1/DTD/
xhtml1-transitional.dtd">
<html>
<head>
<title>attr(name,fn)方法</title>
<style type="text/css">
<!--
div{
    font-size:14px;
    margin:0px; padding:5px;
    font-family:Arial, Helvetica, sans-serif;
}
span{
    font-weight:bold;
    color:#794100;
}
-->
</style>
<script language="javascript" src="jquery.min.js"></script>
<script language="javascript">
$(function(){
    $("div").attr("id", function(index){
        //将 id 设置为序号相关的参数
        return "div-id" + index;
    }).each(function(){
        //找到每一项的 span 标记
        $(this).find("span").html("(id='" + this.id + "')");
    });
});
</script>
</head>
<body>
    <div>第 0 项 <span></span></div>
    <div>第 1 项 <span></span></div>
    <div>第 2 项 <span></span></div>
```

```
</body>
</html>
```

以上代码通过 attr(name,fn)将页面中所有<div>块的 id 属性设置为序号相关的参数，并通过
each()方法遍历<div>块，将 id 值显示在各自的<span>标记中，运行结果如图 11.5 所示。从例 11.4
中同样也可以看出 jQuery 链的强大。

图 11.4　attr(name,value)方法

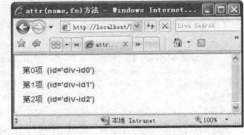

图 11.5　attr(name,fn)方法

有的时候对于某些元素，希望同时设置它的很多不同属性，如果采用上面的方法则需要一
个个属性设置，十分麻烦。然而 jQuery 很人性化，attr()还提供了一个列表设置的 attr(properties)
方法，可以同时设置多个属性，如例 11.5 所示。

【例 11.5】用 attr()方法接受属性列表（光盘文件：第 11 章\11-5.html）

```
<!DOCTYPE html PUBLIC "-//W3C//DTD XHTML 1.0 Transitional//EN" "http://www.w3.org/TR/xhtml1/DTD/
xhtml1-transitional.dtd">
<html>
<head>
<title>attr(properties)方法</title>
<style type="text/css">
<!--
img{
    border:1px solid #003863;
}
-->
</style>
<script language="javascript" src="jquery.min.js"></script>
<script language="javascript">
$(function(){
    $("img").attr({
        src: "06.jpg",
        title: "紫荆公寓",
        alt: "紫荆公寓"
    });
});
</script>
</head>
<body>
<img>
<img>
<img>
<img>
<img>
</body>
</html>
```

在以上代码中对页面中所有的<img>标记进行了属性的统一设置，并同时设置了多个属性
值，运行结果如图 11.6 所示。

图 11.6　attr(properties)方法

11.1.4　删除属性

当设置某个元素的属性值时，可以通过 removeAttr(name)方法将该属性值删除。这时元素将恢复默认的设置，例如下面的代码将使得所有按钮均不被禁用。

$("button").removeAttr("disabled")

注意：
removeAttr(name)删除属性相当于 HTML 的标记中不设置该属性，并不是取消了该标记的这个特点。上述代码运行后，页面中的所有按钮依然具有被设置为禁用的能力。

11.2　设置元素的样式

CSS 是页面所不可分割的部分，jQuery 中也提供了一些 CSS 相关的实用方法，前面章节的例中也曾反复使用 addClass()来为元素添加 CSS 样式风格。本节主要介绍 jQuery 如何设置页面的样式风格，包括添加、删除 CSS 类别，动态切换，等等。

11.2.1　添加、删除 CSS 类别

为元素添加 CSS 类别采用 addClass(names)方法，这在前面章节的例中已经反复出现。倘若希望给某个元素添加多个 CSS 类别，依然可以用该方法一块添加，类别之间用空格分离，如例 11.6 所示。

【例 11.6】用 addClass()方法添加 CSS 类别（光盘文件：第 11 章\11-6.html）

```
<!DOCTYPE html PUBLIC "-//W3C//DTD XHTML 1.0 Transitional//EN" "http://www.w3.org/TR/xhtml1/DTD/
xhtml1-transitional.dtd">
<html>
<head>
<title>addClass()方法</title>
<style type="text/css">
<!--
```

```
.myClass1{
    border:1px solid #750037;
    width:120px; height:80px;
}
.myClass2{
    background-color:#ffcdfc;
}
-->
</style>
<script language="javascript" src="jquery.min.js"></script>
<script language="javascript">
$(function(){
    //同时添加多个 CSS 类别
    $("div").addClass("myClass1 myClass2");
});
</script>
</head>
<body>
    <div></div>
</body>
</html>
```

以上代码为<div>块同时添加了"myClass1"和"myClass2"两个 CSS 类别，运行结果如图
11.7 所示。

图 11.7   同时添加多个 CSS 类别

与 addClass(names)相对应，removeClass(names)用于删除元素的 CSS 类别，如果需要同时删掉多
个类别，同样可以一次性删除，类别名称之间用空格分离。这里不再重复举例，读者可以自行试验。

11.2.2   在类别间动态切换

很多时候根据用户的操作状态，希望某些元素的样式风格在某个类别之间切换，时而
addClass()类别，时而 removeClass()类别。jQuery()提供了一个直接的方法 toggleClass(name)来进
行类似的操作，如例 11.7 所示。

【例 11.7】用 toggleClass()方法动态切换 CSS 类别（光盘文件：第 11 章\11-7.html）

```
<!DOCTYPE html PUBLIC "-//W3C//DTD XHTML 1.0 Transitional//EN" "http://www.w3.org/TR/xhtml1/DTD/
xhtml1-transitional.dtd">
<html>
<head>
<title>toggleClass()方法</title>
<style type="text/css">
<!--
p{
    color:blue; cursor:help;
```

```
        font-size:13px;
        margin:0px; padding:5px;
}
.highlight{
        background-color:#FFFF00;
}
-->
</style>
<script language="javascript" src="jquery.min.js"></script>
<script language="javascript">
$(function(){
    $("p").click(function(){
        //点击的时候不断切换
        $(this).toggleClass("highlight");
    });
});
</script>
</head>
<body>
    <p>高亮？</p>
</body>
</html>
```

以上代码首先设置了 CSS 类别 highlight，然后对<p>标记添加鼠标单击事件，当单击鼠标时对 highlight 样式风格进行切换，运行结果如图 11.8 所示。

图 11.8　toggleClass()方法

注意：

toggleClass(name)方法中，只能设定一种 CSS 类别，不能同时对多个 CSS 类别进行切换，因此下面的代码是错误的。

```
$(this).toggleClass("highlight under");
```

运用了 jQuery 的方法后，6.6 节的例 6.14 "伸缩的菜单" 的 JavaScript 部分可用 jQuery 重写（HTML 部分不变，CSS 部分不再需要 "myShow" 这个样式风格了），如例 11.8 所示。

【例 11.8】jQuery 制作伸缩的菜单（光盘文件：第 11 章\11-8.html）

```
<script language="javascript" src="jquery.min.js"></script>
<script language="javascript">
$(function(){
    //找到所有 li 标记中包含的 ul 标记
    //然后找到它的前一个标记（即<a>），并添加 click()事件
    $("li").find("ul").prev().click(function(){
        //单击<a>时让它后面的兄弟（即<ul>）切换 CSS 样式
```

```
        $(this).next().toggleClass("myHide");
    });
});
</script>
```

可以看到主要代码仅两行，非常简单。运行结果也与例 6.14 完全相同，如图 11.9 所示。

图 11.9　用 jQuery 重写伸缩的菜单

11.2.3　实例：制作隔行颜色交替变换的表格

网上经常能够看到根据鼠标操作进行变色的元素，例如当鼠标指针移动到其上方时是一种颜色，移开时是另外一种颜色。交替变幻的表格就是其中的一种，首先表格本身是隔行变色的，其次当鼠标指针移动到表格上方时隔行的颜色会发生交替，奇数行的颜色变成偶数行，偶数行的颜色变成奇数行。

利用上一节介绍的 toggleClass()方法可以很容易地实现这一点，如例 11.9 所示，直接修改例 10.3 的 jQuery 部分。

【例 11.9】jQuery 制作交替变幻的表格（光盘文件：第 11 章\11-9.html）

```
<script language="javascript" src="jquery.min.js"></script>
<script language="javascript">
$(function(){
    $("table.datalist tr:nth-child(odd)").addClass("altrow");
    $("table").mouseover(function(){
        $("tr:gt(0)").toggleClass("altrow");
    });
    $("table").mouseout(function(){
        $("tr:gt(0)").toggleClass("altrow");
    });
});
</script>
```

以上代码首先制作隔行变色的表格，然后为表格添加 mouseover 和 mouseout 事件，在事件中对表格的行进行 CSS 样式风格的变幻，从而实现了交替变幻的表格，运行结果如图 11.10 所示。

图 11.10 交替变幻的表格

11.2.4 直接获取、设置样式

与 attr()方法完全类似，jQuery 提供了 css()方法来直接获取、设置元素的样式风格。该方法的使用与 attr()几乎一模一样，例如可以通过 css(name)来获取某种样式风格的值，通过 css(properties)列表来同时设置元素的多种样式，通过 css(name,value)来设置元素的某种样式，如例 11.10 所示。

【例 11.10】jQuery 直接设置元素的样式风格（光盘文件：第 11 章\11-10.html）

```
<!DOCTYPE html PUBLIC "-//W3C//DTD XHTML 1.0 Transitional//EN" "http://www.w3.org/TR/xhtml1/DTD/
xhtml1-transitional.dtd">
    <html>
    <head>
    <title>css(name,value)方法</title>
    <script language="javascript" src="jquery.min.js"></script>
    <script language="javascript">
    $(function(){
        $("p").mouseover(function(){
            $(this).css("color","red");
        });
        $("p").mouseout(function(){
            $(this).css("color","black");
        });
    });
    </script>
    </head>
    <body>
        <p>把鼠标放上来试试？</p>
        <p>或者再移动出去？</p>
    </body>
    </html>
```

以上代码为<p>标记添加了 mouseover 和 mouseout 事件，当这两个事件触发时通过css(name,value)来修改标记的颜色，运行结果如图 11.11 所示。

另外，值得一提的是，css()方法提供了透明度的 opacity 属性，并且解决了浏览器的兼容性问题，不需要开发者对 IE 和 Firefox 分别使用不同的方法来实现透明度。opacity 属性的值取范围为 0.0～1.0，如例 11.11 所示。

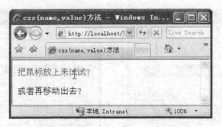

图 11.11　css(name,value)方法

【例 11.11】jQuery 设置对象的透明度（光盘文件：第 11 章\11-11.html）

```
<!DOCTYPE html PUBLIC "-//W3C//DTD XHTML 1.0 Transitional//EN" "http://www.w3.org/TR/xhtml1/DTD/
xhtml1-transitional.dtd">
<html>
<head>
<title>设置 opacity</title>
<style type="text/css">
<!--
body{
    /* 设置背景图片，以突出透明度的效果 */
    background:url(bg1.jpg);
    margin:20px; padding:0px;
}
img{
    border:1px solid #FFFFFF;
}
-->
</style>
<script language="javascript" src="jquery.min.js"></script>
<script language="javascript">
$(function(){
    //设置透明度，兼容性很好
    $("img").mouseover(function(){
        $(this).css("opacity","0.5");
    });
    $("img").mouseout(function(){
        $(this).css("opacity","1.0");
    });
});
</script>
</head>
<body>
    <img src="07.jpg">
</body>
</html>
```

以上代码的思路与例 11.10 完全一样，只不过设置对象为图片的透明度。在 IE 和 Firefox 中的运行结果如图 11.12 所示，可以看到兼容性十分好。

另外，还可以通过 hasClass(name)方法来判断某个元素是否设置了某个 CSS 类别，如果设置了则返回 true，否则为 false。例如：

```
$("li:last").hasClass("myClass")
```

回想 10.5.4 节中介绍的 is()方法，上述代码与下面的代码效果完全相同。

```
$("li:last").is(".myClass")
```

图 11.12 设置 opacity

注意：
在 jQuery 中其实 hasClass()方法内部调用的就是 is()方法，只不过代码可读性更高一些，源码相关部分如下：

```
hasClass: function( selector ) {
    return this.is( "." + selector );
}
```

11.3 处理页面的元素

对于页面的元素，在 DOM 编程中可以通过各种查询、修改手段进行管理，但很多时候都非常麻烦。jQuery 提供了一整套方法来处理页面中的元素，包括元素的内容、复制、移动和替换等，本节重点介绍一些最常用的功能。

11.3.1 直接获取、编辑内容

在 jQuery 中，主要是通过 html()和 text()两个方法来获取和编辑页面内容的。其中 html()相当于获取节点的 innerHTML 属性，添加参数 html(text)时，则为设置 innerHTML；而 text()则用来获取元素的纯文本，text(content)为设置纯文本。

这两种方法有时候会配合着使用，text()通常用来过滤页面中的标记，而 html(text)用来设置节点中的 innerHTML，如例 11.12 所示。

【例 11.12】用 text()与 html()方法编辑内容（光盘文件：第 11 章\11-12.html）

```
<!DOCTYPE html PUBLIC "-//W3C//DTD XHTML 1.0 Transitional//EN" "http://www.w3.org/TR/xhtml1/DTD/
xhtml1-transitional.dtd">
<html>
<head>
<title>text()与 html()</title>
<style type="text/css">
<!--
p{
```

```
        margin:0px; padding:5px;
        font-size:15px;
    }
    -->
    </style>
    <script language="javascript" src="jquery.min.js"></script>
    <script language="javascript">
    $(function(){
        var sString = $("p:first").text();      //获取纯文本
        $("p:last").html(sString);
    });
    </script>
    </head>
    <body>
        <p><b>文本</b>段 落<em>示</em>例</p>
        <p></p>
    </body>
    </html>
```

以上代码首先采用 text()方法将第 1 个<p>段落的纯文本提取出来，然后通过 html()赋给第 2
个<p>段落，显示结果如图 11.13 所示，可以看到粗体
<b>和斜体<em>这些标记均被过滤掉了。

例 11.12 对 text()和 html()做了简单的讲解，下面
的例 11.13 或许会让读者对这两种方法有更深入的
认识。

【例 11.13】text()与 html()方法的巧用（光盘文件：
第 11 章\11-13.html）

图 11.13　text()与 html()方法

```
    <!DOCTYPE html PUBLIC "-//W3C//DTD XHTML 1.0 Transitional//EN" "http://www.w3.org/TR/xhtml1/DTD/
    xhtml1-transitional.dtd">
    <html>
    <head>
    <title>text()与 html()</title>
    <style type="text/css">
    <!--
    p{
        margin:0px; padding:5px;
        font-size:15px;
    }
    -->
    </style>
    <script language="javascript" src="jquery.min.js"></script>
    <script language="javascript">
    $(function(){
        $("p").click(function(){
            var sHtmlStr = $(this).html();      //获取 innerHTML
            $(this).text(sHtmlStr);             //将代码作为纯文本传入
        });
    });
    </script>
    </head>
    <body>
        <p><b>文本</b>段 落<em>示</em>例</p>
    </body>
    </html>
```

以上代码为<p>标记添加单击事件，首先将<p>标记的 innerHTML 取出，然后将这些代码
用 text()作为纯文本再回传给<p>标记。运行结果如图 11.14 所示，分别为单击鼠标前、单击一

次、单击两次鼠标后的结果。

图 11.14　text()与 html()方法

11.3.2　移动和复制元素

在普通的 DOM 编程中，如果希望在某个元素的后面添加一个元素，通常是使用父元素的 appendChild()或者 insertBefore()，很多时候需要反复寻找节点的位置，十分麻烦。jQuery 中提供了 append()方法，可直接为某个元素添加新的子元素，例如：

```
$("p").append("<b>直接添加</b>");
```

以上代码将为所有的<p>标记添加一段 HTML 代码作为子元素，如果希望只在某个单独的<p>标记中添加，可以使用 jQuery 的位置选择器，如例 11.14 所示。

【例 11.14】用 append()方法添加元素（光盘文件：第 11 章\11-14.html）

```
<!DOCTYPE html PUBLIC "-//W3C//DTD XHTML 1.0 Transitional//EN" "http://www.w3.org/TR/xhtml1/DTD/xhtml1-transitional.dtd">
<html>
<head>
<title>append()方法</title>
<style type="text/css">
<!--
em{
    color:#002eb2;
}
p{
    font-size:14px;
    margin:0px; padding:5px;
    font-family:Arial, Helvetica, sans-serif;
}
-->
</style>
<script language="javascript" src="jquery.min.js"></script>
<script language="javascript">
$(function(){
    //直接添加 HTML 代码
    $("p:eq(1)").append("<b>直接添加</b>");
});
</script>
</head>
<body>
    <p>从前有一只大<em title="huge, gigantic">恐龙</em>...</p>
    <p>在树林里面<em title="running">跑啊跑</em>...</p>
</body>
</html>
```

以上代码的运行结果如图 11.15 所示，可以看到该方法非常地便捷。

图 11.15 append()方法

除了直接添加 HTML 代码，append()方法还可以用来添加固定的节点，例如：

```
$("p").append($("a"));
```

这个时候情况会有一些不同。倘若添加的目标<p>是惟一的一个元素，那么$("a")将会被移动到该元素的所有子元素的后面，而如果目标<p>是多个元素，那么$("a")将会以复制的形式，在每个<p>中都添加一个子元素，而自身保持不变，如例 11.15 所示。

【例 11.15】用 append()方法复制和移动元素（光盘文件：第 11 章\11-15.html）

```
<!DOCTYPE html PUBLIC "-//W3C//DTD XHTML 1.0 Transitional//EN" "http://www.w3.org/TR/xhtml1/DTD/
xhtml1-transitional.dtd">
<html>
<head>
<title>append()方法</title>
<style type="text/css">
<!--
p{
    font-size:14px; font-style:italic;
    margin:0px; padding:5px;
    font-family:Arial, Helvetica, sans-serif;
}
a:link, a:visited{
    color:red;
    text-decoration:none;
}
a:hover{
    color:black;
    text-decoration:underline;
}
-->
</style>
<script language="javascript" src="jquery.min.js"></script>
<script language="javascript">
$(function(){
    $("p").append($("a:eq(0)"));       //添加目标为多个<p>
    $("p:eq(1)").append($("a:eq(1)"));     //添加目标是惟一的<p>
});
</script>
</head>
<body>
    <a href="#">要被添加的链接 1</a>
    <a href="#">要被添加的链接 2</a>
    <p>从前有一只大恐龙...</p>
    <p>在树林里面跑啊跑...</p>
</body>
</html>
```

以上代码中设置了两个超链接<a>用于被 append()调用。对于第 1 个超链接，添加目标为$("p")，一共有两个<p>元素。对于第 2 个超链接，添加目标是惟一的<p>元素。运行结果如图 11.16 所示，可以看到第 1 个超链接是以复制的形式添加的，而第 2 个超链接则是以移动的方式添加的。

另外，从上述结果还可以看出，append()后的<a>标记被运用了目标<p>的样式风格，同时也保持了自身的样式风格。这是因为 append()是将<a>作为<p>的子标记进行添加的，将<a>放到了<p>的所有子标记（文本节点）的最后。

除了 append()方法外，jQuery 还提供了 appendTo(target)方法，用来将元素添加为指定目标的子元素，它的使用方法和运行结果与 append()完全类似，如例 11.16 所示。

【例 11.16】用 appendTo()方法复制和移动元素（光盘文件：第 11 章\11-16.html）

```
<!DOCTYPE html PUBLIC "-//W3C//DTD XHTML 1.0 Transitional//EN" "http://www.w3.org/TR/xhtml1/DTD/
xhtml1-transitional.dtd">
<html>
<head>
<title>appendTo()方法</title>
<style type="text/css">
<!--
body{ margin:5px; padding:0px; }
p{ margin:0px; padding:1px 1px 1px 0px; }
img{
    border:1px solid #003775;
    margin:4px;
}
-->
</style>
</head>
<body>
    <img src="08.jpg"> <img src="09.jpg">
    <hr>
    <p><img src="10.jpg"></p>
    <p><img src="10.jpg"></p>
    <p><img src="10.jpg"></p>
</body>
</html>
```

以上代码所表示的页面中，最上方有两幅图片，下方有 3 幅位于<p>标记中重复的图片，如图 11.17 所示。

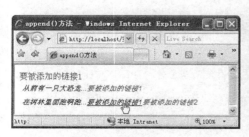

图 11.16　append()方法　　　　　　图 11.17　页面框架

对于第 1 幅图片将其同时添加到 3 个<p>标记中，而对于第 2 幅图片则将其单独添加到第 1 个<p>标记中，代码如下：

```
<script language="javascript" src="jquery.min.js"></script>
<script language="javascript">
$(function(){
    $("img:eq(0)").appendTo($("p"));     //添加目标为多个<p>
    $("img:eq(1)").appendTo($("p:eq(0)"));     //添加目标是惟一的<p>
});
</script>
```

以上代码的运行结果如图 11.18 所示，可以看到第 1 幅图片是以复制的方式添加的，而第 2 幅图片则是以移动的方式添加的。

与 append()和 appendTo()相对应，jQuery 还提供了 prepend()和 prependTo()方法。这两种方法是将元素添加到目标的所有子元素之前，也遵循复制、移动的添加原则，这里不再一一介绍，读者可以自行试验。

除了上述 4 种方法外 jQuery 还提供了 before()、insertBefore()、after()和 insertAfter()，用来将元素直接添加到某节点之前或之后，而不是作为子元素插入。其中 before()与 insertBefore()完全相同，after()与 insertAfter()也是完全一样的。这里以 after()为例，直接将例 11.15 中的 append()替换为 after()，如例 11.17 所示。

【例 11.17】用 after()方法在节点后添加元素（光盘文件：第 11 章\11-17.html）

```
<!DOCTYPE html PUBLIC "-//W3C//DTD XHTML 1.0 Transitional//EN" "http://www.w3.org/TR/xhtml1/DTD/
xhtml1-transitional.dtd">
<html>
<head>
<title>after()方法</title>
<style type="text/css">
<!--
p{
    font-size:14px; font-style:italic;
    margin:0px; padding:5px;
    font-family:Arial, Helvetica, sans-serif;
}
a:link, a:visited{
    color:red;
    text-decoration:none;
}
a:hover{
    color:black;
    text-decoration:underline;
}
-->
</style>
<script language="javascript" src="jquery.min.js"></script>
<script language="javascript">
$(function(){
    $("p").after($("a:eq(0)"));     //添加目标为多个<p>
    $("p:eq(1)").after($("a:eq(1)"));     //添加目标是惟一的<p>
});
</script>
</head>
<body>
    <a href="#">要被添加的链接 1</a>
    <a href="#">要被添加的链接 2</a>
```

```
<p>从前有一只大恐龙...</p>
<p>在树林里面跑啊跑...</p>
</body>
</html>
```

以上代码的运行结果如图 11.19 所示，可以看到 after()方法同样遵循单个目标移动、多个目标复制的原则，并且不再是作为子元素添加，而是紧接在目标元素之后的兄弟元素。

图 11.18　appendTo()方法

图 11.19　after()方法

11.3.3　删除元素

在 DOM 编程中，要删除某个元素往往需要借助于它的父元素的 removeChild()方法，而 jQuery 提供了 remove()方法，可以直接将元素删除，例如下面的语句将删掉页面中的所有<p>标记。

```
$("p").remove();
```

remove()也可以接受参数，如例 11.18 所示。

【例 11.18】用 remove()方法删除元素（光盘文件：第 11 章\11-18.html）

```
<!DOCTYPE html PUBLIC "-//W3C//DTD XHTML 1.0 Transitional//EN" "http://www.w3.org/TR/xhtml1/DTD/
xhtml1-transitional.dtd">
<html>
<head>
<title>remove()方法</title>
<style type="text/css">
<!--
p{
    font-size:14px;
    margin:0px; padding:5px;
}
a:link, a:visited{
    color:red;
    text-decoration:none;
}
a:hover{
    color:black;
```

```
        text-decoration:underline;
    }
    -->
</style>
<script language="javascript" src="jquery.min.js"></script>
<script language="javascript">
$(function(){
    $("p").remove(":contains('大')");
});
</script>
</head>
<body>
    <p>从前有一只大恐龙...</p>
    <p>在树林里面跑啊跑...</p>
    <a href="#">突然撞倒了一颗大树...</a>
</body>
</html>
```

以上代码中 remove()方法使用了过滤选择器，运行结果如图 11.20 所示，包含了"大"的
<p>标记被删除了。

经验：

虽然 remove()方法可以接受参数，但通常还是建议在选择器阶段就将要删除的对象确
定，然后用 remove()一次性删除，例如上面的代码如果改为：

```
    $("p:contains('大')").remove();
```
其效果是完全一样的，并且与其他代码的风格相统一。

在 DOM 编程中如果希望将某个元素的子元素全部删除，往往需要用 for 循环配合
hasChildNodes()来判断，并用 removeChildNode()逐一删除。jQuery 提供了 empty()方法来直接删
除元素的所有子元素，如例 11.19 所示。

【例 11.19】用 empty()方法直接删除子元素（光盘文件：第 11 章\11-19.html）

```
<!DOCTYPE html PUBLIC "-//W3C//DTD XHTML 1.0 Transitional//EN" "http://www.w3.org/TR/xhtml1/DTD/
xhtml1-transitional.dtd">
<html>
<head>
<title>empty()方法</title>
<style type="text/css">
<!--
p{
    border:1px solid #642d00;
    margin:2px; padding:3px;
    height:20px;
}
-->
</style>
<script language="javascript" src="jquery.min.js"></script>
<script language="javascript">
$(function(){
    $("p").empty();     //删除所有子元素
});
</script>
</head>
<body>
    <p>从前有一只大恐龙...</p>
```

```
<p>在树林里面跑啊跑...</p>
<a href="#">突然撞倒了一颗大树...</a>
</body>
</html>
```

以上代码首先为<p>标记添加 CSS 边框样式，然后采用 empty()方法删除其所有子元素，运行结果如图 11.21 所示。

图 11.20　remove()方法

图 11.21　empty()方法

11.3.4　克隆元素

在 11.3.2 节中曾经提到元素的复制和移动，但这取决于目标的个数。很多时候开发者希望即使目标对象只有一个，同样能执行复制操作。jQuery 提供了 clone()方法来完成这项任务，直接修改例 11.16，添加 clone()方法，如例 11.20 所示。

【例 11.20】用 clone()方法克隆元素（光盘文件：第 11 章\11-20.html）

```
<script language="javascript">
$(function(){
    //直接修改例 11.16
    $("img:eq(0)").clone().appendTo($("p"));
    $("img:eq(1)").clone().appendTo($("p:eq(0)"));
});
</script>
```

以上代码在对象 appendTo()之前先克隆出一个副本，然后再进行相关的操作，运行结果如图 11.22 所示。可以看到无论目标对象是一个或者多个，操作都是按照复制的方式进行的。

图 11.22　clone()方法

另外 clone()函数还可以接受布尔对象作为参数，当该参数为 true 时除了克隆元素本身，它所携带的事件方法将一块被复制，如例 11.21 所示。

【例 11.21】克隆元素的高级运用（光盘文件：第 11 章\11-21.html）

```
<!DOCTYPE html PUBLIC "-//W3C//DTD XHTML 1.0 Transitional//EN" "http://www.w3.org/TR/xhtml1/DTD/xhtml1-transitional.dtd">
<html>
<head>
<title>clone(true)方法</title>
<style type="text/css">
<!--
input{
    border:1px solid #7a0000;
}
-->
</style>
<script language="javascript" src="jquery.min.js"></script>
<script language="javascript">
$(function(){
    $("input[type=button]").click(function(){
        //克隆自己，并且克隆单击的行为
        $(this).clone(true).insertAfter(this);
    });
});
</script>
</head>
<body>
    <input type="button" value="Clone Me">
</body>
</html>
```

以上代码在单击按钮时克隆按钮本身，并且同时克隆单击事件，运行结果如图 11.23 所示，克隆出来的按钮同样具备克隆自己的功能。

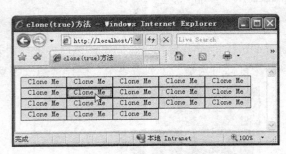

图 11.23   clone(true)方法

11.4   处理表单元素的值

表单是一种非常特殊的页面元素，第 7 章中曾经对其做过详细的介绍。在表单元素的各个属性中，value 值往往是最受关注的。jQuery 提供了强大的 val()方法来处理 value 相关的操作，本节主要介绍该方法的运用。

11.4.1   获取表单元素的值

直接调用 val()方法时可以获取选择器中第一个表单元素的 value 值，例如：

```
$("[name=radioGroup]:checked").val()
```

以上代码直接获取 name 属性为"radioGroup"的表单元素中被选中项的 value 值,十分地快捷。对于某些表单元素(例如<option>、<button>等),如果没有设置 value 值则获取其显示的文本值。

如果选择器中第一个表单元素是多选的(例如多选下拉菜单),val()将返回由选中项的 value 值组成的数组。

在 7.7.1 节的例 7.19 中曾详细介绍如何处理<select>的选中项,其方法非常地麻烦,如果采用 val()则可以直接获取选中项的 value 值,而不需要考虑是单选下拉菜单还是多选下拉菜单,如例 11.22 所示。

【例 11.22】用 val()方法获取表单元素的值(光盘文件:第 11 章\11-22.html)

```
<!DOCTYPE html PUBLIC "-//W3C//DTD XHTML 1.0 Transitional//EN" "http://www.w3.org/TR/xhtml1/DTD/
xhtml1-transitional.dtd">
<html>
<head>
<title>val()方法</title>
<style type="text/css">
<!--
select, p, span{
    font-size:13px;
    font-family:Arial, Helvetica, sans-serif;
}
-->
</style>
<script language="javascript" src="jquery.min.js"></script>
<script language="javascript">
function displayVals(){
    //直接获取选中项的 value 值
    var singleValues = $("#constellation1").val();
    var multipleValues = $("#constellation2").val() || [];     //因为存在不选的情况
    $("span").html("<b>Single:</b> " + singleValues + "<br><b>Multiple:</b> " + multipleValues.join(", "));
}
$(function(){
    //当修改选中项时调用
    $("select").change(displayVals);
    displayVals();
});
</script>
</head>
<body>
<span></span><br>
<form method="post" name="myForm1">
<p>
<select id="constellation1">
    <option value="Aries">白羊</option>
    ……
    <option value="Pisces">双鱼</option>
</select>
<select id="constellation2" multiple="multiple" style="height:120px;">
    <option value="Aries">白羊</option>
    ……
    <option value="Pisces">双鱼</option>
</select>
</p>
</form>
</body>
</html>
```

以上代码使用 val()方法，直接获取了<select>元素选中项的 value 值，运行结果如图 11.24 所示。可以再次看到 jQuery 大大降低了代码的复杂度。

图 11.24　val()方法

11.4.2　设置表单元素的值

与 attr()和 css()一样，val()也可以用来设置元素的 value 值，运用方法也大同小异，如例 11.23 所示。

【例 11.23】用 val()方法设置表单元素的值（光盘文件：第 11 章\11-23.html）

```
<!DOCTYPE html PUBLIC "-//W3C//DTD XHTML 1.0 Transitional//EN" "http://www.w3.org/TR/xhtml1/DTD/
xhtml1-transitional.dtd">
<html>
<head>
<title>val(value)方法</title>
<style type="text/css">
<!--
input{
    border:1px solid #006505;
    font-family:Arial, Helvetica, sans-serif;
}
p{
    margin:0px; padding:5px;
}
-->
</style>
<script language="javascript" src="jquery.min.js"></script>
<script language="javascript">
$(function(){
    $("input[type=button]").click(function(){
        var sValue = $(this).val();        //先获取按钮的 value 值
        $("input[type=text]").val(sValue);        //赋给文本框
    });
});
</script>
</head>
<body>
    <p><input type="button" value="Feed">
    <input type="button" value="the">
    <input type="button" value="Input"></p>
    <p><input type="text" value="click a button"></p>
</body>
</html>
```

例 11.23 中使用了两次 val()方法，一次用来获取按钮的 value 值，另一次将获取到的值设置给文本框。运行结果如图 11.25 所示。

图 11.25 val(value)方法

11.5 处理页面中的事件

在第 6 章中曾经对 JavaScript 处理事件做了相关的介绍，可以看到页面中事件的处理方法对于不同的浏览器大相径庭，给开发者造成了很多不必要的麻烦。jQuery 引入后对事件进行了统一的规范，并且提供了很多便捷的方法。本节主要讲解 jQuery 如何处理页面中的事件以及相关的问题。

11.5.1 绑定事件监听

在 6.2 节中对事件监听做了详细的介绍，可以看到 IE 和 DOM 标准浏览器对待事件监听的区别，并且对多个监听事件执行顺序和方式也颇为不同。在 jQuery 中通过 bind()对事件进行绑定，相当于 IE 浏览器的 attachEvent()和标准 DOM 的 addEventListener()，使用方法也基本相同，如例 11.24 所示。

【例 11.24】jQuery 的事件监听方法（光盘文件：第 11 章\11-24.html）

```
<!DOCTYPE html PUBLIC "-//W3C//DTD XHTML 1.0 Transitional//EN" "http://www.w3.org/TR/xhtml1/DTD/
xhtml1-transitional.dtd">
<html>
<head>
<title>bind()</title>
<style type="text/css">
<!--
img{
    border:1px solid #000000;
}
-->
</style>
<script language="javascript" src="jquery.min.js"></script>
<script language="javascript">
$(function(){
    $("img")
        .bind("click",function(){
            $("#show").append("<div>点击事件 1</div>");
        })
        .bind("click",function(){
            $("#show").append("<div>点击事件 2</div>");
        })
        .bind("click",function(){
            $("#show").append("<div>点击事件 3</div>");
        });
});
</script>
```

```
    </head>
    <body>
        <img src="11.jpg">
        <div id="show"></div>
    </body>
    </html>
```

以上代码对图片<img>绑定了 3 个 click 监听事件，在 IE 和 Firefox 中的运行结果如图 11.26 所示，兼容性十分好。

图 11.26　bind()事件

bind()方法的通用语法为：

```
bind(eventType,[data],Listener)
```

其中 eventType 为事件的类型，可以是 blur、focus、load、resize、scroll、unload、click、dblclick、mousedown、mouseup、mousemove、mouseover、mouseout、mouseenter、 mouseleave、change、select、submit、keydown、keypress、keyup、error。data 为可选参数，用来传递一些特殊的数据供监听函数使用，而 Listener 为事件监听函数，例 11.24 中使用的是匿名函数。

对于多个事件类型，如果希望使用同一个监听函数，可以同时添加在 eventType 中，事件之间用空格分离，例如：

```
$("p").bind("mouseenter mouseleave", function(){
        $(this).toggleClass("over");
});
```

另外，一些特殊的事件类型可以直接利用事件名称作为绑定函数，接受参数为监听函数，例如前面章节反复使用的：

```
$("p").click(function(){
        //添加 click 事件的监听函数
});
```

其通用语法为：

```
eventTypeName(fn)
```

可以使用的 eventTypeName 包括 blur、focus、load、resize、scroll、unload、click、dblclick、mousedown、mouseup、mousemove、mouseover、mouseout、change、select、submit、keydown、keypress、keyup、error 等。

除了 bind()外，jQuery 还提供了一个很实用的 one()方法来绑定事件。该方法绑定的事件触发了一次之后会自动删除，不再生效，如例 11.25 所示。

【例 11.25】只执行一次的事件监听函数（光盘文件：第 11 章\11-25.html）

```
<!DOCTYPE html PUBLIC "-//W3C//DTD XHTML 1.0 Transitional//EN" "http://www.w3.org/TR/xhtml1/DTD/
xhtml1-transitional.dtd">
<html>
<head>
<title>one()</title>
<style type="text/css">
<!--
div{
    border:1px solid #000000;
    background:#fffd77;
    height:50px; width:50px;
    padding:8px; margin:5px;
    text-align:center;
    font-size:13px;
    font-family:Arial, Helvetica, sans-serif;
    float:left;
}
-->
</style>
<script language="javascript" src="jquery.min.js"></script>
<script language="javascript">
$(function(){
    //首先创建 10 个<div>块
    for(var i=0;i<10;i++)
        $(document.body).append($("<div>Click<br>Me!</div>"));
    var iCounter=1;
    //每个都用 one 添加 click 事件
    $("div").one("click",function(){
        $(this).css({background:"#8f0000", color:"#FFFFFF"}).html("Clicked!<br>"+(iCounter++));
    });
});
</script>
</head>
<body>
</body>
</html>
```

以上代码首先在页面中添加了 10 个<div>块，然后为每一个块都用 one()方法绑定了事件 click 的
监听函数。当单击<div>块时，监听函数执行一次后便随即消失，不再生效。运行结果如图 11.27 所示。

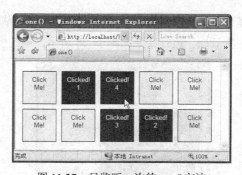

图 11.27　只监听一次的 one()方法

11.5.2　移除事件监听

在 jQuery 中采用 unbind()来移除事件，该方法可以接受两个可选的参数，也可以不设置任
何参数，例如下面的代码表示移除<div>标记的所有事件。

```
$("div").unbind();
```

而下面的代码则表示删除<p>标记的所有单击事件。

```
$("p").unbind("click")
```

如果希望移除某个指定的事件,则必须使用 unbind(eventType,listener)方法的第 2 个参数,例如:

```
var myFunc = function () {
//监听函数体
};

$("p").bind("click", myFunc);
$("p").unbind("click", myFunc);
```

在例 11.24 中,如果希望单击某个按钮便移除事件 1 的监听函数,则不能再采用匿名函数的方式,如例 11.26 所示。

【例 11.26】移除事件监听函数(光盘文件:第 11 章\11-26.html)

```
<script language="javascript">
$(function(){
    var fnMyFunc1;     //函数变量
    $("img")
        .bind("click",fnMyFunc1 = function(){    //赋给函数变量
            $("#show").append("<div>点击事件 1</div>");
        })
        .bind("click",function(){
            $("#show").append("<div>点击事件 2</div>");
        })
        .bind("click",function(){
            $("#show").append("<div>点击事件 3</div>");
        });
    $("input[type=button]").click(function(){
        $("img").unbind("click",fnMyFunc1);    //移除事件监听 myFunc1
    });
});
</script>
</head>
<body>
    <img src="11.jpg"> <input type="button" value="移除事件 1">
    <div id="show"></div>
</body>
```

以上代码在例 11.24 的基础上添加了函数变量 fnMyFunc1,bind()绑定时将匿名函数赋值给它,从而作为 unbind()中的函数名称调用。运行结果如图 11.28 所示,单击按钮后事件 1 将不再被触发。

图 11.28   unbind(eventType,listener)方法

11.5.3 传递事件对象

在 6.3 节中详细介绍了事件对象的概念，并且分析了事件对象常用的属性和方法。可以看到事件对象在不同浏览器之间存在很多区别。在 jQuery 中，事件对象是通过惟一的参数传递给事件监听函数的，如例 11.27 所示。

【例 11.27】jQuery 中的事件对象（光盘文件：第 11 章\11-27.html）

```
<!DOCTYPE html PUBLIC "-//W3C//DTD XHTML 1.0 Transitional//EN" "http://www.w3.org/TR/xhtml1/DTD/
xhtml1-transitional.dtd">
<html>
<head>
<title>事件对象</title>
<style type="text/css">
<!--
body{
    font-family:Arial, Helvetica, sans-serif;
    font-size:14px;
    margin:0px; padding:5px;
}
p{
    background:#ffe476;
    margin:0px; padding:5px;
}
-->
</style>
<script language="javascript" src="jquery.min.js"></script>
<script language="javascript">
$(function(){
    $("p").bind("click", function(e){     //传递事件对象 e
        var sPosPage = "(" + e.pageX + "," + e.pageY + ")";
        var sPosScreen = "(" + e.screenX + "," + e.screenY + ")";
        $("span").html("<br>Page: " + sPosPage + "<br>Screen: " + sPosScreen);
    });
});
</script>
</head>
<body>
    <p>Click Me!</p>
    <span></span>
</body>
</html>
```

上面的代码给<p>绑定了鼠标 click 事件监听函数，并将事件对象作为参数传递，从而获取了鼠标事件触发点的坐标值。在 IE 和 Firefox 中的运行结果如图 11.29 所示，兼容性十分好。

图 11.29 事件对象

对于事件对象的属性和方法，jQuery 最重要的工作就是替开发者解决了兼容性问题，常用的属性和方法如表 11.1 所示。

表 11.1　　　　　　　　　　　　jQuery 事件对象的属性和方法

属性/方法	说　　明
altKey	按下 Alt 键则为 true，否则为 false
ctrlKey	按下 Ctrl 键则为 true，否则为 false
keyCode	对于 keyup 和 keydown 事件，返回按键的值（即 "a" 和 "A" 的值是一样的，都为 65）
pageX, pageY	鼠标指针在客户端区域的坐标，不包括工具栏、滚动条等
relatedTarget	鼠标事件中鼠标指针所进入或离开的元素
screenX, screenY	鼠标指针相对于整个计算机屏幕的坐标值
shiftKey	按下 Shift 键则为 true，否则为 false
target	引起事件的元素/对象
type	事件的名称，如 click、mouseover 等
which	键盘事件中为按键的 Unicode 值，鼠标事件中代表按键的值（1 为左键、2 为中键、3 为右键）
stopPropagation()	阻止事件向上冒泡
preventDefault()	阻止事件的默认行为

11.5.4　触发事件

某些时候开发者希望用户在没有任何操作的情况下也能触发事件，例如希望页面加载后自动先单击一次来运行监听函数，希望单击某个特点按钮时其他所有按钮也同时被单击，等等。jQuery 提供了 trigger(eventType) 方法来实现事件的触发，其中参数 eventType 为合法的事件类型，例如 click、submit 等。

例 11.28 中有两个按钮，分别都有自己的事件监听函数。当单击按钮 1 时运行自己的监听函数，单击按钮 2 时除了运行自己的监听函数外，还运行了按钮 1 的监听函数，仿佛按钮 1 也被同时单击了。

【例 11.28】通过 jQuery 代码直接触发事件（光盘文件：第 11 章\11-28.html）

```
<!DOCTYPE html PUBLIC "-//W3C//DTD XHTML 1.0 Transitional//EN" "http://www.w3.org/TR/xhtml1/DTD/
xhtml1-transitional.dtd">
<html>
<head>
<title>事件触发</title>
<style type="text/css">
<!--
input{
    font-family:Arial, Helvetica, sans-serif;
    font-size:13px;
    margin:0px; padding:4px;
    border:1px solid #002b83;
}
div{
    font-family:Arial, Helvetica, sans-serif;
    font-size:12px; margin:2px;
}
-->
</style>
<script language="javascript" src="jquery.min.js"></script>
<script language="javascript">
function Counter(oSpan){
    var iNum = parseInt(oSpan.text());      //获取 span 中本身的值
    oSpan.text(iNum + 1);          //单击次数加 1
```

```
    }
    $(function(){
        $("input:eq(0)").click(function(){
            Counter($("span:first"));
        });
        $("input:eq(1)").click(function(){
            Counter($("span:last"));
            $("input:eq(0)").trigger("click");    //触发按钮 1 的单击事件
        });
    });
    </script>
    </head>
    <body>
        <input type="button" value="Button 1">
        <input type="button" value="Button 2"><br><br>
        <div>按钮 1 点击次数：<span>0</span></div>
        <div>按钮 2 点击次数：<span>0</span></div>
    </body>
    </html>
```

以上代码在按钮 2 的监听函数中调用了按钮 1 的 trigger("click")方法，使得按钮 1 也同时被单击。运行结果如图 11.30 所示，当单击按钮 2 时两个数字同时增长。

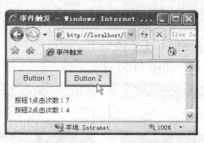

图 11.30   事件触发

对于特殊的事件类型，例如 blur、change、click、focus、select 和 submit 等，还可以直接以事件名称作为触发函数，例 11.28 中触发按钮 1 的语句等同于：

```
    $("input:eq(0)").click();
```

11.5.5   实现单击事件的动态交替

在 11.2.2 节中介绍了 CSS 样式风格的动态切换方法 toggleClass()，对于单击 click 事件而言，jQuery 同样提供了动态交替的 toggle()方法。该方法接受两个参数，这两个参数均为监听函数，在 click 事件中交替使用，如例 11.29 所示。

【例 11.29】单击事件的动态交替（光盘文件：第 11 章\11-29.html）

```
    <!DOCTYPE html PUBLIC "-//W3C//DTD XHTML 1.0 Transitional//EN" "http://www.w3.org/TR/xhtml1/DTD/
    xhtml1-transitional.dtd">
    <html>
    <head>
    <title>toggle()</title>
    <style type="text/css">
    <!--
    body{
        /*  设置背景图片，以突出透明度的效果  */
        background:url(bg1.jpg);
```

```
        margin:20px; padding:0px;
    }
    img{
        border:1px solid #FFFFFF;
    }
    -->
    </style>
    <script language="javascript" src="jquery.min.js"></script>
    <script language="javascript">
    $(function(){
        $("img").toggle(
            function(oEvent){
                $(oEvent.target).css("opacity","0.5");
            },
            function(oEvent){
                $(oEvent.target).css("opacity","1.0");
            }
        );
    });
    </script>
    </head>
    <body>
        <img src="07.jpg">
    </body>
    </html>
```

以上代码直接由 11.2.4 节的例 11.11 修改而来，为图片添加了 toggle()方法。当不断单击图片时，图片的透明度将交替变幻，如图 11.31 所示。

图 11.31　toggle()动态交替

11.5.6　实现感应鼠标

在 3.7 节中介绍了超链接<a>标记的样式风格，它可以通过 CSS 的:hover 伪类别进行鼠标的感应，设置单独的 CSS 样式。当引入 jQuery 后，几乎 Web 中的所有元素都可以通过 hover()方法来直接感应鼠标，并且可以制作更复杂的效果，其本质是 mouseover 和 mouseout 事件的合并。

hover(over, out)方法可接受两个参数，均为函数。第 1 个 over 函数当鼠标指针移动到对象上时触发，第 2 个 out 函数当鼠标指针移出对象时触发，如例 11.30 所示。

【例 11.30】用 hover()方法实现感应鼠标（光盘文件：第 11 章\11-30.html）

```
<!DOCTYPE html PUBLIC "-//W3C//DTD XHTML 1.0 Transitional//EN" "http://www.w3.org/TR/xhtml1/DTD/
xhtml1-transitional.dtd">
```

```
<html>
<head>
<title>hover()方法</title>
<style type="text/css">
<!--
body{
    /* 设置背景图片，以突出透明度的效果 */
    background:url(bg1.jpg);
    margin:20px; padding:0px;
}
img{
    border:1px solid #FFFFFF;
}
-->
</style>
<script language="javascript" src="jquery.min.js"></script>
<script language="javascript">
$(function(){
    $("img").hover(
        function(oEvent){
            //第1个函数相当于 mouseover 事件监听
            $(oEvent.target).css("opacity","0.5");
        },
        function(oEvent){
            //第2个函数相当于 mouseout 事件监听
            $(oEvent.target).css("opacity","1.0");
        }
    );
});
</script>
</head>
<body>
    <img src="12.jpg">
</body>
</html>
```

例 11.30 的代码结构与例 11.29 完全类似，只不过将"toggle"替换成了"hover"，运行结果如图 11.32 所示，可以看到元素对鼠标的感应。

图 11.32　hover()方法

11.6　实例：快餐配送页面

如今网上的订餐服务越来越多，在页面上对快餐进行自由地组合很受广大消费者的青睐。

本例运用前面章节所介绍的 jQuery 知识，制作快餐配送页面，如图 11.33 所示。

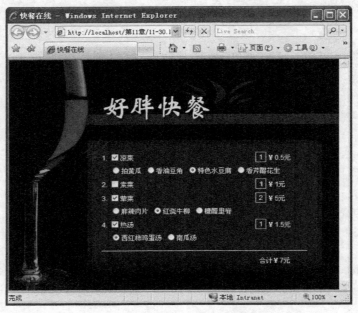

图 11.33   快餐在线

11.6.1   框架搭建

快餐作为一种便捷食品，并不需要太多的菜种，通常是每一类型的菜选择一种进行搭配，例如凉菜、素菜、荤菜和热汤等。每种类型有不同的价格，并且细分为各种菜名，用户可以根据个人的喜好和食量，选择不同的菜和数量，因此页面框架如图 11.34 所示。

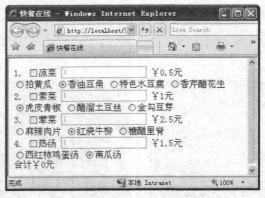

图 11.34   页面框架

以上框架中将快餐分为 4 种，每一种前面都有一个复选框，当用户选中复选框时才能填写数量。对于每个种类的菜而言，都有一组单选项菜名供用户自己选择。最后根据用户的选择和填写的数量计算价格。因此页面的 HTML 框架（只列出了"凉菜"）如下：

```
<body>
<div>
```

```
1. <input type="checkbox" id="LiangCaiCheck"><label for="LiangCaiCheck">凉菜</label>
<span price="0.5"><input type="text" class="quantity"> ￥<span>）</span>元</span>
    <div class="detail">
        <label><input type="radio" name="LiangCai" checked="checked">拍黄瓜</label>
        <label><input type="radio" name="LiangCai">香油豆角</label>
        <label><input type="radio" name="LiangCai">特色水豆腐</label>
        <label><input type="radio" name="LiangCai">香芹醋花生</label>
    </div>
</div>
……
<div id="totalPrice"></div>
</body>
```

从框架中可以看到每一类菜都置于一个\<div\>大块中，其中包含复选框和一个子\<div\>块，子\<div\>块用来存放每类菜的细节选单，每一项都是一个 radio 单选，并且每项的付费金额放在\<span\>标记中，最后将总价格放在单独的\<div id="totalPrice"\>中。

这里需要特别指出的是，框架中将每类菜的标价放在一个\<span\>标记的自定义的属性里，这样做虽然不符合严格的 W3C 标准，但却十分地方便，这与 7.4 节中的例 7.12 有异曲同工之妙。

> **注意：**
> 关于是否应该使用自定义属性，一直是 JavaScript 开发所争论的话题之一。严格地说自定义标记属性会使页面无法通过标准的 Web 测试，但它所带来的便利却显而易见。

11.6.2 添加事件

在搭建好 HTML 框架后便需要对用户的操作予以响应。首先对用户不选的菜种，没有必要显示菜的细节名称，这也是框架中将单选项放在统一的\<div class="detail"\>里的原因。

添加 CSS 类别，使得加载页面时所有菜种的细节均不显示，代码如下：

```
div.detail{
    display:none;
}
```

当用户修改复选框时，根据选择的情况对子菜项进行显隐，代码如下：

```
$(function(){
    $(":checkbox").click(function(){
        var bChecked = this.checked;
        //如果选中则显示子菜单
        $(this).parent().find(".detail").css("display",bChecked?"block":"none");
    });
});
```

另外，在用户没有选中复选框时，输入数量的文本框也应当禁用，因此页面加载时需要对文本框进行统一设置，代码如下：

```
$(function(){
    $("span[price] input[type=text]")
        .attr({    "disabled":true,//文本框为 disable
```

```
                "value":"1",      //表示份数的 value 值为 1
                "maxlength":"2"   //最多只能输入 2 位数（不提供 100 份以上）
            });
        });
```

进一步考虑，当用户修改复选框时文本框由禁用变为可输入，并且自动聚焦。同时将文本框的值设置为 1（因为之前可能填写了数字，又取消了选择），代码如下：

```
$(":checkbox").click(function(){
    var bChecked = this.checked;
    //如果选中则显示子菜单
    $(this).parent().find(".detail").css("display",bChecked?"block":"none");
    $(this).parent().find("input[type=text]")
        //每次改变选中状态，都将值重置为 1
        .attr("disabled",!bChecked).val(1)
         .each(function(){
           //需要聚焦判断，因此采用 each 来插入语句
           if(bChecked) this.focus();
        });
});
```

此时页面效果如图 11.35 所示。

用户填写文本框的同时计算单独的价格以及总价格，代码如下：

```
$("span[price] input[type=text]").change(function(){
    //根据单价和数量计算价格
    $(this).parent().find("span").text( $(this).val() * $(this).parent().attr("price") );
    addTotal();     //计算总价格
});

function addTotal(){
    //计算总价格的函数
    var fTotal = 0;
    //对选中了的复选框进行遍历
    $(":checkbox:checked").each(function(){
        //获取每一个的数量
        var iNum = parseInt($(this).parent().find("input[type=text]").val());
        //获取每一个的单价
        var fPrice = parseFloat($(this).parent().find("span[price]").attr("price"));
        fTotal += iNum * fPrice;
    });
    $("#totalPrice").html("合计￥"+fTotal+"元");
}
```

另外，文本框从禁用变为可输入的过程中应付金额也发生了变化，因此也应该计算价格，将之前的代码修改为：

```
$(this).parent().find("input[type=text]")
    //每次改变选中状态，都将值重置为 1，触发 change 事件，重新计算价格
    .attr("disabled",!bChecked).val(1).change()
     .each(function(){
        //需要聚焦判断，因此采用 each 来插入语句
        if(bChecked) this.focus();
    });
```

而且页面在加载时也应该初始化价格，让每项显示出单价，总价格显示为 0，因此采用 11.5.4 节中介绍的事件触发，代码如下：

```
//加载页面完全后，统一设置文本框
$("span[price] input[type=text]")
```

```
        .attr({   "disabled":true, //文本框为 disable
            "value":"1",    //表示份数的 value 值为 1
            "maxlength":"2"  //最多只能输入 2 位数（不提供 100 份以上）
        }).change();         //触发 change 事件，让 span 都显示出价格
```

此时页面的运行结果如图 11.36 所示，所有功能都添加完毕。

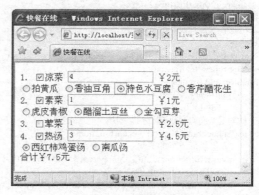

图 11.35　选中复选框才显示细节　　　　图 11.36　添加事件

11.6.3　设置样式风格

当页面的功能全部完成后，考虑到实用性，必须用 CSS 对其进行美化，这里不再一一讲解 CSS 的各个细节，直接给出实例的完整代码供读者参考，如例 11.31 所示。

【例 11.31】制作快餐配送页面（光盘文件：第 11 章\11-31.html）

```
<!DOCTYPE html PUBLIC "-//W3C//DTD XHTML 1.0 Transitional//EN" "http://www.w3.org/TR/xhtml1/DTD/
xhtml1-transitional.dtd">
<html>
<head>
<title>快餐在线</title>
<style type="text/css">
<!--
body{
    padding:0px;
    margin:165px 0px 0px 160px;
    font-size:12px;
    font-family:Arial, Helvetica, sans-serif;
    color:#FFFFFF;
    background:#000000 url(bg2.jpg) no-repeat;
}
body > div{
    margin:5px; padding:0px;
}
div.detail{
    display:none;
    margin:3px 0px 2px 15px;
}
div#totalPrice{
    padding:10px 0px 0px 280px;
    margin-top:15px;
    width:85px;
    border-top:1px solid #FFFFFF;
}
input{
    font-size:12px;
```

```
            font-family:Arial, Helvetica, sans-serif;
    }
    input.quantity{
        border:1px solid #CCCCCC;
        background:#3f1415; color:#FFFFFF;
        width:15px; text-align:center;
        margin:0px 0px 0px 210px
    }
    -->
    </style>
    <script language="javascript" src="jquery.min.js"></script>
    <script type="text/javascript">
    function addTotal(){
        //计算总价格的函数
        var fTotal = 0;
        //对选中了的复选框进行遍历
        $(":checkbox:checked").each(function(){
            //获取每一个的数量
            var iNum = parseInt($(this).parent().find("input[type=text]").val());
            //获取每一个的单价
            var fPrice = parseFloat($(this).parent().find("span[price]").attr("price"));
            fTotal += iNum * fPrice;
        });
        $("#totalPrice").html("合计￥"+fTotal+"元");
    }
    $(function(){
        $(":checkbox").click(function(){
            var bChecked = this.checked;
            //如果选中则显示子菜单
          $(this).parent().find(".detail").css("display",bChecked?"block":"none");
            $(this).parent().find("input[type=text]")
                //每次改变选中状态，都将值重置为 1，触发 change 事件，重新计算价格
                .attr("disabled",!bChecked).val(1).change()
                .each(function(){
                    //需要聚焦判断，因此采用 each 来插入语句
                    if(bChecked) this.focus();
                });
        });
        $("span[price] input[type=text]").change(function(){
            //根据单价和数量计算价格
            $(this).parent().find("span").text( $(this).val() * $(this).parent().attr("price") );
            addTotal();     //计算总价格
        });
        //加载页面完全后，统一设置文本框
        $("span[price] input[type=text]")
            .attr({    "disabled":true,//文本框为 disable
                "value":"1",     //表示份数的 value 值为 1
                "maxlength":"2"    //最多只能输入 2 位数（不提供 100 份以上）
            }).change();             //触发 change 事件，让 span 都显示出价格
    });
    </script>
    </head>


    <body>
    <div>
    1. <input type="checkbox" id="LiangCaiCheck"><label for="LiangCaiCheck">凉菜</label>
    <span price="0.5"><input type="text" class="quantity"> ￥<span></span>元</span>
        <div class="detail">
            <label><input type="radio" name="LiangCai" checked="checked">拍黄瓜</label>
            <label><input type="radio" name="LiangCai">香油豆角</label>
            <label><input type="radio" name="LiangCai">特色水豆腐</label>
```

```
        <label><input type="radio" name="LiangCai">香芹醋花生</label>
    </div>
</div>

<div>
2. <input type="checkbox" id="SuCaiCheck"><label for="SuCaiCheck">素菜</label>
<span price="1"><input type="text" class="quantity">￥<span></span>元</span>
    <div class="detail">
        <label><input type="radio" name="SuCai" checked="checked">虎皮青椒</label>
        <label><input type="radio" name="SuCai">醋溜土豆丝</label>
        <label><input type="radio" name="SuCai">金勾豆芽</label>
    </div>
</div>

<div>
3. <input type="checkbox" id="HunCaiCheck"><label for="HunCaiCheck">荤菜</label>
<span price="2.5"><input type="text" class="quantity">￥<span></span>元</span>
    <div class="detail">
        <label><input type="radio" name="HunCai" checked="checked"/>麻辣肉片</label>
        <label><input type="radio" name="HunCai">红烧牛柳</label>
        <label><input type="radio" name="HunCai">糖醋里脊</label>
    </div>
</div>

<div>
4. <input type="checkbox" id="SoupCheck"><label for="SoupCheck">热汤</label>
<span price="1.5"><input type="text" class="quantity">￥<span></span>元</span>
    <div class="detail">
        <label><input type="radio" name="Soup" checked="checked"/>西红柿鸡蛋汤</label>
        <label><input type="radio" name="Soup">南瓜汤</label>
    </div>
</div>

<div id="totalPrice"></div>
</body>
</html>
```

在 Firefox 中的运行结果如图 11.37 所示。

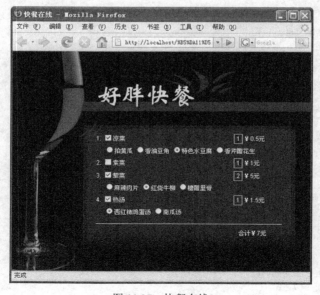

图 11.37　快餐在线

第12章 jQuery 制作动画与特效

jQuery 中动画和特效的相关方法可以说为其添加了靓丽的一笔。开发者可以通过简单的函数实现很多特效，这在以往都是需要大量 JavaScript 代码开发的。本章主要通过实例，介绍 jQuery 中动画和特效的相关知识，包括自动显隐、渐入渐出、飞入飞出、自定义动画等。

12.1 显示和隐藏元素

对于动画和特效而言，元素的显示和隐藏可以说是最频繁使用的效果。本节主要通过实例，介绍 jQuery 中如何实现元素的显隐。

12.1.1 使用 show()和 hide()方法

在普通的 JavaScript 编程中，要实现元素的显示、隐藏通常是利用其 CSS 的 display 属性或者 visibility 属性。在 jQuery 中提供了 show()和 hide()两个方法，来直接实现元素对象的显示和隐藏，如例 12.1 所示。

【例 12.1】jQuery 实现元素对象的显示和隐藏（光盘文件：第 12 章\12-1.html）

```
<!DOCTYPE html PUBLIC "-//W3C//DTD XHTML 1.0 Transitional//EN" "http://www.w3.org/TR/xhtml1/DTD/
xhtml1-transitional.dtd">
<html>
<head>
<title>show()、hide()方法</title>
<style type="text/css">
<!--
p{
    border:1px solid #003863;
    font-size:13px;
    padding:4px;
    background:#FFFF00;
}
input{
    border:1px solid #003863;
    font-size:14px;
    font-family:Arial, Helvetica, sans-serif;
    padding:3px;
}
-->
</style>
<script language="javascript" src="jquery.min.js"></script>
<script language="javascript">
$(function(){
    $("input:first").click(function(){
        $("p").hide();      //隐藏
    });
    $("input:last").click(function(){
        $("p").show();      //显示
    });
});
```

```
    </script>
    </head>
    <body>
        <input type="button" value="Hide"> <input type="button" value="Show">
        <p>点击按钮，看看效果</p>
        <span>一段其他的文字</span>
    </body>
    </html>
```

例 12.1 中有两个按钮，一个调用 hide() 方法让<p>标记隐藏，另外一个调用 show() 方法让<p>标记显示，运行结果如图 12.1 所示。

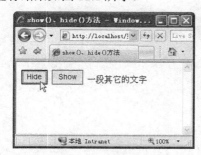 

图 12.1 show()、hide()方法

为了对比，例 12.1 中还加入了一段其他的文字在<span>标记中，从运行结果也可以看出 hide() 和 show() 所作用的效果。

12.1.2 实例：制作多级菜单

多级菜单是一种非常实用的导航结构，在 11.2.2 节的例 11.8 中也曾经做过介绍。这里用 hide() 和 show() 方法编写一个通用的范例。

多级菜单通常由多个<ul>、<li>相互嵌套而成，如果某个菜单项下面还有一级，最明显的特点就是<li>中还包含了<ul>，例如下面的 HTML 框架：

```
<ul>
    <li>第 1 章 Javascript 简介</li>
    <li>第 2 章 Javascript 基础</li>
    <li>第 3 章 CSS 基础
        <ul>
            <li>第 3.1 节 CSS 的概念</li>
            <li>第 3.2 节 使用 CSS 控制页面
                <ul>
                    <li>3.2.1 行内样式</li>
                    <li>3.2.2 内嵌式</li>
                </ul>
            </li>
            <li>第 3.3 节 CSS 选择器</li>
        </ul>
    </li>
    <li>第 4 章 CSS 进阶
        <ul>
            <li>第 4.1 节 div 标记与 span 标记</li>
            <li>第 4.2 节 盒子模型</li>
            <li>第 4.3 节 元素的定位
                <ul>
                    <li>4.3.1 float 定位</li>
                    <li>4.3.2 position 定位</li>
                    <li>4.3.3 z-index 空间位置</li>
```

```
            </ul>
        </li>
    </ul>
</li>
</ul>
```

根据<li>中是否包含<ul>，可以很轻松地通过 jQuery 选择器找到那些包含子菜单的项目，从而利用 hide()和 show()来隐藏和显示它的子项，如例 12.2 所示。

【例 12.2】jQuery 制作多级菜单（光盘文件：第 12 章\12-2.html）

```
<script language="javascript" src="jquery.min.js"></script>
<script language="javascript">
$(function(){
    $("li:has(ul)").click(function(e){
        if(this==e.target){
            if($(this).children().is(":hidden")){
                //如果子项是隐藏的则显示
                $(this).css("list-style-image","url(minus.gif)")
                .children().show();
            }else{
                //如果子项是显示的则隐藏
                $(this).css("list-style-image","url(plus.gif)")
                .children().hide();
            }
        }
        return false;     //避免不必要的事件混绕
    }).css("cursor","pointer").click();    //加载时触发单击事件

    //对于没有子项的菜单，统一设置
    $("li:not(:has(ul))").css({
        "cursor":"default",
        "list-style-image":"none"
    });
});
</script>
```

可以看到，通过 hide()和 show()方法，不再需要在 CSS 中配置隐藏的样式风格，运行结果如图 12.2 所示。

图 12.2　多级菜单

12.1.3　使用 toggle()方法实现显隐切换

在 11.5.5 节的例 11.29 中曾经介绍过 toggle()方法，该方法接受两个函数作为参数，相互切

换。如果不接受任何参数，toggle()方法将默认为在 show()和 hide()之间切换。因此例 12.2 可以修改为如例 12.3 所示。

【例 12.3】用 toggle()方法实现自动显隐变幻（光盘文件：第 12 章\12-3.html）

```
<script language="javascript" src="jquery.min.js"></script>
<script language="javascript">
$(function(){
    $("li:has(ul)").click(function(e){
        if(this==e.target){
            $(this).children().toggle();
            $(this).css("list-style-image",($(this).children().is(":hidden")?"url(plus.gif)":"url(minus.gif)"))
        }
        return false;    //避免不必要的事件混绕
    }).css("cursor","pointer").click();    //加载时触发单击事件

    //对于没有子项的菜单，统一设置
    $("li:not(:has(ul))").css({
        "cursor":"default",
        "list-style-image":"none"
    });
});
</script>
```

同样利用 toggle()方法，11.2.2 节的例 11.8 也可以进一步简化，如例 12.4 所示（CSS 部分不再需要类别 myHide）。

【例 12.4】用 toggle()变幻制作伸缩的菜单（光盘文件：第 12 章\12-4.html）

```
<script language="javascript" src="jquery.min.js"></script>
<script language="javascript">
$(function(){
    $("li").find("ul").prev().click(function(){
        $(this).next().toggle();
    });
    $("li:has(ul)").find("ul").hide();
});
</script>
```

可以看到代码大大地简化，运行结果如图 12.3 所示。

图 12.3　toggle()方法

12.2　元素显隐的渐入渐出效果

除了元素的直接显隐，jQuery 还提供了一系列方法来控制显隐的过程。本节重点围绕这些

方法，通过具体的实例做简要的介绍。

12.2.1　使用 show()、hide()和 toggle()方法

上一节对 show()和 hide()方法做了简要介绍，其实这两个方法还可以接受参数来控制显隐的过程，语法如下：

```
show(duration, [callback]);
hide(duration, [callback]);
```

其中 duration 表示动画执行的时间长短，可以是表示速度的字符串，包括 slow、normal、fast，也可以是表示时间的整数（毫秒）。callback 为可选的回调函数，在动画完成后执行，如例 12.5 所示。

【例 12.5】jQuery 实现显隐的动画效果（光盘文件：第 12 章\12-5.html）

```
<!DOCTYPE html PUBLIC "-//W3C//DTD XHTML 1.0 Transitional//EN" "http://www.w3.org/TR/xhtml1/DTD/
xhtml1-transitional.dtd">
<html>
<head>
<title>show()、hide()方法</title>
<style type="text/css">
<!--
body{
    background:url(bg1.jpg);
}
img{
    border:1px solid #FFFFFF;
}
input{
    border:1px solid #FFFFFF;
    font-size:13px; padding:4px;
    font-family:Arial, Helvetica, sans-serif;
    background-color:#000000;
    color:#FFFFFF;
}
-->
</style>
<script language="javascript" src="jquery.min.js"></script>
<script language="javascript">
$(function(){
    $("input:first").click(function(){
        $("img").hide(3000);    //逐渐隐藏
    });
    $("input:last").click(function(){
        $("img").show(500);    //逐渐显示
    });
});
</script>
</head>
<body>
    <input type="button" value="Hide"> <input type="button" value="Show">
    <p><img src="01.jpg"></p>
</body>
</html>
```

以上代码的原理与例 12.1 完全相同，只不过给 show()和 hide()分别添加了时间参数，运行结果如图 12.4 所示。读者可以将渐变时间设置得更长，从而可以更加仔细地观察渐变过程。

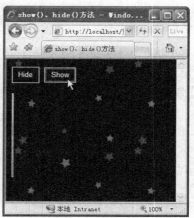

图 12.4 show(duration)和 hide(duration)方法

与 show()和 hide()方法一样，toggle()方法也可以接受两个参数，制作成动画的效果，例 12.4 中给 toggle()加入参数，如例 12.6 所示。

【例 12.6】jQuery 制作动画显隐效果的伸缩菜单（光盘文件：第 12 章\12-6.html）

```javascript
<script language="javascript" src="jquery.min.js"></script>
<script language="javascript">
$(function(){
    $("li").find("ul").prev().click(function(){
        $(this).next().toggle(1000);    //逐渐的显隐
    });
    $("li:has(ul)").find("ul").hide();
});
</script>
```

其运行结果如图 12.5 所示，可以很清楚地看到菜单的显隐过程。

图 12.5 toggle(duration)方法

12.2.2 使用 fadeIn()和 fadeOut()方法

对于动画效果的显隐，jQuery 还提供了 fadeIn()和 fadeOut()这两个实用的方法。它们的动画效果类似渐渐的褪色，语法与 slow()和 hide()完全相同，如下所示：

```
fadeIn(duration, [callback])
fadeout(duration, [callback])
```

其中参数 duration 和 callback 与 slow()、hide()中的完全相同，这里不再重复讲解，直接给出例 12.7，对这几种效果进行对比。

【例 12.7】制作渐渐褪色的动画效果（光盘文件：第 12 章\12-7.html）

```
<!DOCTYPE html PUBLIC "-//W3C//DTD XHTML 1.0 Transitional//EN" "http://www.w3.org/TR/xhtml1/DTD/
xhtml1-transitional.dtd">
<html>
<head>
<title>fadeIn()、fadeOut()方法</title>
<style type="text/css">
<!--
body{
    background:url(bg2.jpg);
}
img{
    border:1px solid #000000;
}
input{
    border:1px solid #000000;
    font-size:13px; padding:4px;
    font-family:Arial, Helvetica, sans-serif;
    background-color:#FFFFFF;
    color:#000000;
}
-->
</style>
<script language="javascript" src="jquery.min.js"></script>
<script language="javascript">
$(function(){
    $("input:eq(0)").click(function(){
        $("img").fadeOut(3000);     //逐渐 fadeOut
    });
    $("input:eq(1)").click(function(){
        $("img").fadeIn(1000);     //逐渐 fadeIn
    });
    $("input:eq(2)").click(function(){
        $("img").hide(3000);       //逐渐隐藏
    });
    $("input:eq(3)").click(function(){
        $("img").show(1000);       //逐渐显示
    });
});
</script>
</head>
<body>
<input type="button" value="FadeOut">
<input type="button" value="FadeIn">
<input type="button" value="Hide">
<input type="button" value="Show">
    <p><img src="02.jpg"></p>
</body>
</html>
```

为了对比，以上代码中添加了 4 个按钮，分别对图片进行 fadeOut()、fadeIn()、hide()和 show()的操作，读者可以认真试验，体会它们之间的区别。运行结果如图 12.6 所示。

图 12.6　fadeIn()和 fadeOut()方法

另外，如果给<p>标记添加背景颜色，再进行动画操作，可以更进一步地了解这几个动画的本质。这里不再一一演示，读者可以自行试验。

12.2.3　使用 fadeTo()方法自定义变幻目标透明度

前面几小节所介绍的方法都是从无到有或者从有到无的变幻，只不过变幻的方式不同而已。jQuery 还提供了 fadeTo(duration, opacity, callback)方法，能够让开发者自定义变幻的目标透明度。其中 opacity 的取值范围为 0.0～1.0。

例 12.8 为<p>标记添加了边框，并且同时设定了 fadeIn()、fadeOut()、fadeTo()三种方法，或许能够帮助读者更深刻地认识这 3 种动画效果。

【例 12.8】用 fadeTo()方法自定义变幻透明度（光盘文件：第 12 章\12-8.html）

```
<!DOCTYPE html PUBLIC "-//W3C//DTD XHTML 1.0 Transitional//EN" "http://www.w3.org/TR/xhtml1/DTD/
xhtml1-transitional.dtd">
<html>
<head>
<title>fadeTo()方法</title>
<style type="text/css">
<!--
body{
    background:url(bg2.jpg);
}
img{
    border:1px solid #000000;
}
input{
    border:1px solid #000000;
    font-size:13px; padding:2px;
    font-family:Arial, Helvetica, sans-serif;
    background-color:#FFFFFF;
    color:#000000;
}
p{
    padding:5px;
    border:1px solid #000000;    /* 添加边框，利于观察效果 */
}
-->
</style>
```

```
<script language="javascript" src="jquery.min.js"></script>
<script language="javascript">
$(function(){
    $("input:eq(0)").click(function(){
        $("img").fadeOut(1000);
    });
    $("input:eq(1)").click(function(){
        $("img").fadeIn(1000);
    });
    $("input:eq(2)").click(function(){
        $("img").fadeTo(1000,0.5);
    });
    $("input:eq(3)").click(function(){
        $("img").fadeTo(1000,0);
    });
});
</script>
</head>
<body>
<input type="button" value="FadeOut">
<input type="button" value="FadeIn">
<input type="button" value="FadeTo 0.5">
<input type="button" value="FadeTo 0">
    <p><img src="03.jpg"></p>
</body>
</html>
```

　　以上代码的原理十分简单，这里不再重复讲解。其运行结果如图 12.7 所示，可以看到当使用 fadeOut()方法时，图片完全消失后将不再占用<p>的空间，而使用 fadeTo(1000,0)时，虽然图片也完全不显示，但仍然占用着标记<p>的空间。

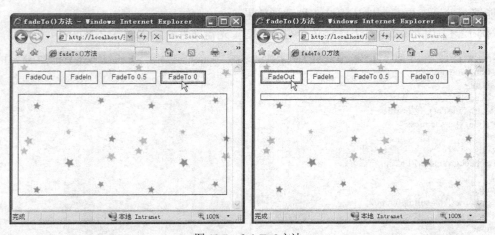

图 12.7　fadeTo()方法

12.3　幻灯片效果

　　除了前面提到的几种动画效果，jQuery 还提供了 slideUp()和 slideDown()来模拟 PPT 中的类似幻灯片拉窗帘的特效。它们的语法与 slow()和 hide()完全相同，如下所示：

```
slideUp(duration, [callback])
slideDown(duration, [callback])
```

其中参数 duration 和 callback 与 slow()、hide()中的完全相同，这里不再重复讲解，直接给出例 12.9，对这几种效果进行比较。

【例 12.9】制作模拟幻灯片的动画效果（光盘文件：第 12 章\12-9.html）

```
<!DOCTYPE html PUBLIC "-//W3C//DTD XHTML 1.0 Transitional//EN" "http://www.w3.org/TR/xhtml1/DTD/
xhtml1-transitional.dtd">
<html>
<head>
<title>slideUp()和 slideDown()</title>
<style type="text/css">
<!--
body{
    background:url(bg2.jpg);
}
img{
    border:1px solid #000000;
    margin:8px;
}
input{
    border:1px solid #000000;
    font-size:13px; padding:2px;
    font-family:Arial, Helvetica, sans-serif;
    background-color:#FFFFFF;
    color:#000000;
}
div{
    background-color:#FFFF00;
    height:80px; width:80px;
    border:1px solid #000000;
    float:left; margin-top:8px;
}
-->
</style>
<script language="javascript" src="jquery.min.js"></script>
<script language="javascript">
$(function(){
    $("input:eq(0)").click(function(){
        $("div").add("img").slideUp(1000);
    });
    $("input:eq(1)").click(function(){
        $("div").add("img").slideDown(1000);
    });
    $("input:eq(2)").click(function(){
        $("div").add("img").hide(1000);
    });
    $("input:eq(3)").click(function(){
        $("div").add("img").show(1000);
    });
});
</script>
</head>
<body>
    <input type="button" value="SlideUp">
    <input type="button" value="SlideDown">
    <input type="button" value="Hide">
    <input type="button" value="Show"><br>
    <div></div><img src="04.jpg">
</body>
</html>
```

以上代码中定义了一个<div>块和一幅<img>图片，用 add()方法组合在一起，同时进行动画触发，在没有运行任何动画时，页面如图 12.8 所示。

　　无论是单击"SlideUp"还是"Hide"按钮，在 IE 7 中都会发现<div>块与<img>之间的 margin 被取消了，而且再单击"SlideDown"或者"Show"按钮也不会恢复，而 Firefox 中却没有任何的影响，这也是当前版本的 jQuery 不多的兼容性 bug。

　　另外还可以发现，"SlideUp"、"SlideDown"、"Show"这 3 种动画，对于<div>和<img>所呈现的变化过程是不一样的。图 12.9 为 SlideUp 过程中 IE 和 Firefox 的截图。

图 12.8　未运行任何动画

图 12.9　SlideUp()和 SlideDown()方法

　　与 toggle()方法类似，slideUp()和 slideDown()也具备 slideToggle()的简易切换方法，它对所有隐藏对象进行 slideDown()操作，对所有显示对象进行 slideUp()操作。这里不再重复举例，读者可以自行试验。

12.4　自定义动画

　　考虑到框架的通用性以及代码文件的大小，jQuery 不可能涵盖所有的动画效果，但它提供了 animate()方法，能够让开发者自定义动画。本节主要通过实例介绍 animate()方法的两种形式以及运用。

12.4.1　使用 animate()方法

　　animate()方法提供给了开发者很大的自定义空间，它一共有两种形式，第一种形式比较常用，如下所示：

```
animate(params, [duration], [easing], [callback])
```

　　其中 params 为希望进行变幻的 CSS 属性列表，以及希望变化到的最终值。duration 为可选项，与 show()、hide()方法的 duration 参数含义完全相同。easing 为可选参数，通常供动画插件使用，用来控制变化过程的节奏，jQuery 中只提供了 linear 和 swing 两个值。callback 为可选的回调函数，在动画完成后触发。

　　需要特别指出，params 中的变量遵循 camel 命名的方式（在 2.2 节中有详细介绍），例如 paddingLeft 不能写成 padding-left。另外，params 只能是 CSS 中用数值表示的属性，例如 width、top、opacity 等，

像 backgroundColor 这样的属性不被 animate()支持。例 12.10 展示了 animate()的基本用法。

【例 12.10】用 animate()方法自定义动画（光盘文件：第 12 章\12-10.html）

```
<!DOCTYPE html PUBLIC "-//W3C//DTD XHTML 1.0 Transitional//EN" "http://www.w3.org/TR/xhtml1/DTD/
xhtml1-transitional.dtd">
<html>
<head>
<title>animate()方法</title>
<style type="text/css">
<!--
body{
    background:url(bg2.jpg);
}
div{
    background-color:#FFFF00;
    height:40px; width:80px;
    border:1px solid #000000;
    margin-top:5px; padding:5px;
    text-align:center;
}
-->
</style>
<script language="javascript" src="jquery.min.js"></script>
<script language="javascript">
$(function(){
    $("button").click(function(){
        $("#block").animate({
            opacity: "0.5",
            width: "80%",
            height: "100px",
            borderWidth: "5px",
            fontSize: "30px",
            marginTop: "40px",
            marginLeft: "20px"
        },2000);
    });
});
</script>
</head>
<body>
    <button id="go">Go>></button>
    <div id="block">动画！</div>
</body>
</html>
```

以上代码的 animate()中设定了一系列的 CSS 属性，单击按钮执行动画效果后，<div>块由原先的样式逐渐变成了 animate()中设定的样式风格。图 12.10 为运行前后的页面截图。

图 12.10　animate()方法

在 params 的 CSS 属性列表中，jQuery 还允许使用"+="或者"-="来表示相对变化，如例 12.11 所示。

【例 12.11】相对变化的自定义动画（光盘文件：第 12 章\12-11.html）

```
<!DOCTYPE html PUBLIC "-//W3C//DTD XHTML 1.0 Transitional//EN" "http://www.w3.org/TR/xhtml1/DTD/
xhtml1-transitional.dtd">
<html>
<head>
<title>animate()方法</title>
<style type="text/css">
<!--
body{
    background:url(bg2.jpg);
}
div{
    position:absolute;      /* 绝对定位 */
    left:90px; top:50px;
}
input{
    border:1px solid #000033;
}
-->
</style>
<script language="javascript" src="jquery.min.js"></script>
<script language="javascript">
$(function(){
    $("input:first").click(function(){
        $("#block").animate({
            left: "-=80px"          //相对左移
        },300);
    });
    $("input:last").click(function(){
        $("#block").animate({
            left: "+=80px"          //相对右移
        },300);
    });
});
</script>
</head>
<body>
    <input type="button" value="<<左"> <input type="button" value="右>>">
    <div id="block"><img src="05.jpg"></div>
</body>
</html>
```

以上代码首先用 CSS 对<div>块进行绝对定位，然后通过 animate()中的"-="和"+="分别实现相对左移和相对右移，运行结果如图 12.11 所示。

图 12.11 "-="和"+="

另外在 CSS 属性列表 params 中，还可以将属性的最终值设置为"show"、"hide"或者"toggle"，例如：

```
$("button").click(function(){
    $("#block").animate({
        width: "toggle",
        height: "show"
    },2000);
});
```

这会使得相应的属性执行默认的"show"、"hide"或者"toggle"动画，读者可以自行试验，这里不再一一讲解。

animate()方法还有另外一种形式，如下所示：

```
animate(params, options)
```

其中 params 与第 1 种形式完全相同，options 为动画的可选参数列表，主要包括 duration、easing、callback、queue 等。其中 duration、easing、callback 与第 1 种形式完全一样，queue 为布尔值，表示当有多个 animate()组成 jQuery 链时，当前 animate()与紧接着的下一个 animate()是按顺序执行（true），还是同时触发（false）。例 12.12 展示了 animate()第 2 种形式的运用方法。

【例 12.12】动画效果的触发顺序（光盘文件：第 12 章\12-12.html）

```
<!DOCTYPE html PUBLIC "-//W3C//DTD XHTML 1.0 Transitional//EN" "http://www.w3.org/TR/xhtml1/DTD/xhtml1-transitional.dtd">
<html>
<head>
<title>animate()方法</title>
<style type="text/css">
<!--
body{
    background:url(bg2.jpg);
}
div{
    background-color:#FFFF22;
    width:100px; text-align:center;
    border:2px solid #000000;
    margin:3px; font-size:13px;
    font-family:Arial, Helvetica, sans-serif;
}
input{
    border:1px solid #000033;
}
-->
</style>
<script language="javascript" src="jquery.min.js"></script>
<script language="javascript">
$(function(){
    $("input:eq(0)").click(function(){
        //第 1 个 animate 与第 2 个 animate 同时执行，然后再执行第 3 个 $("#block1").animate ({width:"90%"},{queue:false,duration:1500})
        .animate({fontSize:"24px"},1000)
        .animate({borderRightWidth:"20px"},1000);
    });
    $("input:eq(1)").click(function(){
        //依次执行 3 个 animate
        $("#block2").animate({width:"90%"},1500)
        .animate({fontSize:"24px"}, 1000)
```

```
        .animate({borderRightWidth:"20px"}, 1000);
    });
    $("input:eq(2)").click(function(){
        $("input:eq(0)").click();
        $("input:eq(1)").click();
    });
    $("input:eq(3)").click(function(){
        //恢复默认设置
        $("div").css({width:"", fontSize:"", borderWidth:""});
    });
});
</script>
</head>
<body>
    <input type="button" id="go1" value="Block1 动画">
    <input type="button" id="go2" value="Block2 动画">
    <input type="button" id="go3" value="同时动画">
    <input type="button" id="go4" value="重置">
    <div id="block1">Block1</div>
    <div id="block2">Block2</div>
</body>
</html>
```

以上代码中为了对比，对两个<div>块运用了相同的 3 个动画效果，其中第 1 个<div>块的第 1 个动画添加了"queue:false"参数，使得它的前两项动画同时执行。运行结果如图 12.12 所示，读者可以利用"重置"按钮反复测试，以熟悉 animate()第 2 种形式的特点。

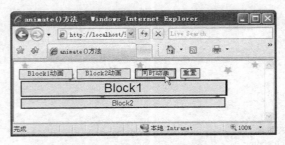

图 12.12　animate()方法

12.4.2　实例：制作伸缩的导航条

导航条是一个网站与用户打交道最多的部件之一，很多网站常常给导航条制作各种各样的动画效果来吸引用户。本例利用 animate()自定义动画效果，配合鼠标感应的 hover()方法，制作伸缩的导航条，运行结果如图 12.13 所示。

对于导航条而言，通常采用项目列表<li>的方式（3.8.2 节也是类似的情况），其 HTML 框架如下：

```
<body>
<div id="wrapper">
    <ul id="navigation">
        <li class="nav0 current_page"><a href="#">我的日志</a></li>
        <li class="nav1"><a title="资源下载" href="#">资源下载</a></li>
        <li class="nav2"><a title="相册" href="#">相册</a></li>
        <li class="nav3"><a title="一起走到" href="#">一起走到</a></li>
        <li class="nav4"><a title="从明天起" href="#">从明天起</a></li>
        <li class="nav5"><a title="纸飞机" href="#">纸飞机</a></li>
        <li class="nav6"><a title="下一站" href="#">下一站</a></li>
        <li class="nav7"><a title="门" href="#">门</a></li>
```

```
        <li class="nav8"><a title="人文知识" href="#">人文知识</a></li>
        <li class="nav9"><a title="标签记录" href="#">标签记录</a></li>
        <li class="nav10"><a title="友情链接" href="#">友情链接</a></li>
        <li class="nav11"><a title="联系我们" href="#">联系我们</a></li>
    </ul>
</div>
</body>
```

以上框架中为每一个<li>都添加了 class 属性，并且对当前页"我的日志"设置了单独的"current_page"类别。此时页面的显示效果如图 12.14 所示，仅仅只有项目列表。

图 12.13 伸缩的导航条

图 12.14 项目列表

添加 CSS 样式，将每一项设置为不同的背景颜色，使整个项目列表制作成导航条的形式，代码如下，此时页面效果如图 12.15 所示。

```
#wrapper{min-height:600px;}
#navigation{
    position:absolute;
    top:0px; left:0px;
    margin:0px; padding:0px;
    width:120px; list-style:none;
}
#navigation li{
    position:relative;
    float:left;
    margin:0px; padding:0px;
    height:50px; width:120px;
}
#navigation li a{
    position:absolute;
    display:block;
    top:0px; left:0px;
    height:50px; width:120px;
    line-height:50px;
    text-align:center;
    color:#FFFFFF;
}
#navigation .nav0 a{background:#F50065;}
#navigation .nav1 a{background:#D60059;}
#navigation .nav2 a{background:#B0004A;}
#navigation .nav3 a{background:#F26B00;}
#navigation .nav4 a{background:#D75F00;}
#navigation .nav5 a{background:#B24F00;}
#navigation .nav6 a{background:#6E8F00;}
```

```
#navigation .nav7 a{background:#607D00;}
#navigation .nav8 a{background:#496100;}
#navigation .nav9 a{background:#007f9f;}
#navigation .nav10 a{background:#006b87;}
#navigation .nav11 a{background:#005065;}
```

为项目列表添加动画效果，首先在页面加载时将所有不是当前页的项目设置为隐藏，代码如下：

```
$(function(){
    $('#navigation li').each(function(){
        if(this.className.indexOf("current_page")==-1) {
            $("a",this).css("left","-120px");     //不是当前页的移动到页面左侧外
        }
    });
});
```

然后利用 hover()方法，让隐藏了的<a>标记的父标记<li>感应鼠标操作，鼠标指针移动到其上方时将<a>从左侧移出，否则隐藏。显隐过程由 animate()控制，代码如下：

```
$(this).hover(function(){
    $("a",this).animate({left:"0px"}, "fast");
},function(){
    $("a",this).animate({left:"-120px"}, "fast");
});
```

这样整个动画效果便制作完成了，效果如图 12.16 所示，当鼠标指针移动到相应的区域时，导航条会自动伸出来，移开鼠标指针后又会自动收缩回去。

图 12.15　添加 CSS

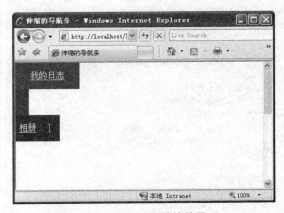

图 12.16　动画伸缩效果

最后考虑到整体的美观和实用性，制作背景彩带作为提示，CSS 相关代码如下：

```
body{
    padding:0px; margin:0px;
    background:url(bg3.jpg) no-repeat;
}
```

这样整个伸缩的导航条便制作完成了，在 Firefox 中的运行效果如图 12.17 所示。最后给出该例的完整代码供读者参考，如例 12.13 所示。

图 12.17　伸缩的导航条

【例 12.13】制作伸缩的导航条（光盘文件：第 12 章\12-13.html）

```
<!DOCTYPE html PUBLIC "-//W3C//DTD XHTML 1.0 Transitional//EN" "http://www.w3.org/TR/xhtml1/DTD/
xhtml1-transitional.dtd">
<html>
<head>
<title>伸缩的导航条</title>
<style type="text/css">
<!--
body{
    padding:0px; margin:0px;
    background:url(bg3.jpg) no-repeat;
}
#wrapper{min-height:600px;}
#navigation{
    position:absolute;
    top:0px; left:0px;
    margin:0px; padding:0px;
    width:120px; list-style:none;
}
#navigation li{
    position:relative;
    float:left;
    margin:0px; padding:0px;
    height:50px; width:120px;
}
#navigation li a{
    position:absolute;
    display:block;
    top:0px; left:0px;
    height:50px; width:120px;
    line-height:50px;
    text-align:center;
    color:#FFFFFF;
}
#navigation .nav0 a{background:#F50065;}
#navigation .nav1 a{background:#D60059;}
#navigation .nav2 a{background:#B0004A;}
#navigation .nav3 a{background:#F26B00;}
#navigation .nav4 a{background:#D75F00;}
#navigation .nav5 a{background:#B24F00;}
```

```
#navigation .nav6 a{background:#6E8F00;}
#navigation .nav7 a{background:#607D00;}
#navigation .nav8 a{background:#496100;}
#navigation .nav9 a{background:#007f9f;}
#navigation .nav10 a{background:#006b87;}
#navigation .nav11 a{background:#005065;}
-->
</style>
<script language="javascript" src="jquery.min.js"></script>
<script language="javascript">
$(function(){
    $('#navigation li').each(function(){
        if(this.className.indexOf("current_page")==-1) {
            $("a",this).css("left","-120px");     //不是当前页的隐藏到页面左侧
            $(this).hover(function(){
                $("a",this).animate({left:"0px"}, "fast");
            },function(){
                $("a",this).animate({left:"-120px"}, "fast");
            });
        }
    });
});
</script>
</head>
<body>
<div id="wrapper">
    <ul id="navigation">
        <li class="nav0 current_page"><a href="#">我的日志</a></li>
        <li class="nav1"><a title="资源下载" href="#">资源下载</a></li>
        <li class="nav2"><a title="相册" href="#">相册</a></li>
        <li class="nav3"><a title="一起走到" href="#">一起走到</a></li>
        <li class="nav4"><a title="从明天起" href="#">从明天起</a></li>
        <li class="nav5"><a title="纸飞机" href="#">纸飞机</a></li>
        <li class="nav6"><a title="下一站" href="#">下一站</a></li>
        <li class="nav7"><a title="门" href="#">门</a></li>
        <li class="nav8"><a title="人文知识" href="#">人文知识</a></li>
        <li class="nav9"><a title="标签记录" href="#">标签记录</a></li>
        <li class="nav10"><a title="友情链接" href="#">友情链接</a></li>
        <li class="nav11"><a title="联系我们" href="#">联系我们</a></li>
    </ul>
</div>
</body>
</html>
```

第 13 章　jQuery 的功能函数

在 JavaScript 编程中，开发者通常需要编写很多小程序来实现一些特定的功能，例如浏览器的检测、字符串的处理、数组的编辑等。jQuery 将一些常用的程序进行了总结，提供了很多实用的功能函数。本章主要围绕这些功能函数对 jQuery 做进一步的介绍。

13.1　检测浏览器

正如前面几章所介绍的，jQuery 在很多细节上都替开发者解决了浏览器的兼容性问题，但很多时候开发者还是希望获得浏览器的相关信息。在 2.10.4 节的例 2.40 中，曾经讲解了 JavaScript 浏览器的检测方法，而 jQuery 则可以通过 $.browser 对象，直接获取浏览器的相关信息。

$.browser 对象即 jQuery.browser 对象的缩写，它自身包含了 5 个用于检测各种浏览器以及版本号的属性，如表 13.1 所示。

表 13.1　　　　　　　　$.browser 对象包含的用于检测各种浏览器及其版本号的属性

属　　性	说　　明
msie	如果是 IE 浏览器则为 true，否则为 false
mozilla	如果是 mozilla 相关的浏览器则为 true，例如 firefox、camino、netscape 等
safari	如果是 safari 浏览器则为 true，否则为 false
opera	如果是 opera 浏览器则为 true，否则为 false
version	浏览器的版本号

在使用时开发者可以直接调用 $.browser 的这些属性来获取浏览器的名称以及版本号，如例 13.1 所示。

【例 13.1】jQuery 检测浏览器（光盘文件：第 13 章\13-1.html）

```
<!DOCTYPE html PUBLIC "-//W3C//DTD XHTML 1.0 Transitional//EN" "http://www.w3.org/TR/xhtml1/DTD/
xhtml1-transitional.dtd">
<html>
<head>
<title>$.browser 对象</title>
<script language="javascript" src="jquery.min.js"></script>
<script language="javascript">
function detect(){
    if($.browser.msie)
        return "IE";
    if($.browser.mozilla)
        return "Mozilla";
    if($.browser.safari)
        return "Safari";
    if($.browser.opera)
        return "Opera";
}
var sBrowser = detect();
```

```
document.write("您的浏览器是："+sBrowser+"<br>版本为："+$.browser.version)
</script>
</head>
<body>
</body>
</html>
```

在 IE 7 和 Firefox 2.0 中的运行结果如图 13.1 所示。

图 13.1　$.browser 对象

注意：
　　Firefox 的版本号虽然是 2.0，但是它所采用的 mozilla 内核依然是 1.8.1 的版本，如图 13.2 所示。

图 13.2　Firefox 2.0 版本信息

13.2　盒子模型

在 4.2 节中曾经介绍过页面的盒子模型，并且也提到了盒子模型对 height、width 这两个值的兼容性问题。在 W3C 的盒子模型中，这两个变量是不包括 padding 和 border 的，仅指代内容 content 的高和宽，而 IE 浏览器也有一个自己的盒子模型，它的 height 和 width 值包括了 padding 和 border。两种模型结构分别如图 13.3 和图 13.4 所示。

在 jQuery 中提供了 $.boxModel 对象来检测目前页面所遵循的盒子模型，它是一个布尔值，当为 true 时表示遵循标准 W3C 的盒子模型，如果为 false 则为 IE 的盒子模型。

对于 IE 浏览器，通常可以通过在页面的第一行声明 DOCTYPE 来指定使用 W3C 的盒子模型，例 13.2 为没有任何声明的页面。

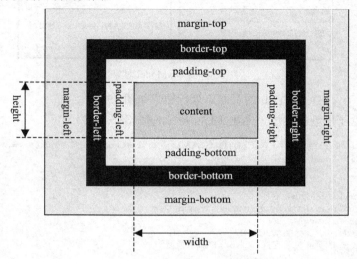

图 13.3　标准 W3C 的盒子模型

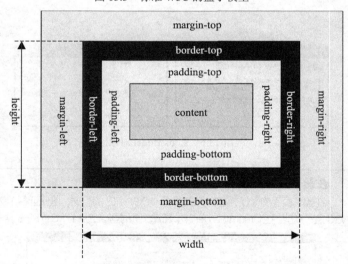

图 13.4　IE 的盒子模型

【例 13.2】jQuery 检测浏览器的盒子模型（光盘文件：第 13 章\13-2.html）

```
<html>
<head>
<title>$.boxModel 对象</title>
<script language="javascript" src="jquery.min.js"></script>
<script language="javascript">
var sBox = $.boxModel ? "标准 W3C":"IE";
document.write("您的页面目前支持："+sBox+"盒子模型");
</script>
</head>
<body>
```

```
</body>
</html>
```

在 IE 和 Firefox 中的运行结果如图 13.5 所示。

图 13.5 $.boxModel 对象

例 13.3 为声明了 DOCTYPE 的页面,运行结果如图 13.6 所示。

【例 13.3】盒子模型的类型(光盘文件:第 13 章\13-3.html)

```
<!DOCTYPE html PUBLIC "-//W3C//DTD XHTML 1.0 Transitional//EN" "http://www.w3.org/TR/xhtml1/DTD/
xhtml1-transitional.dtd">
<html>
<head>
<title>$.boxModel 对象</title>
<script language="javascript" src="jquery.min.js"></script>
<script language="javascript">
var sBox = $.boxModel ? "标准 W3C":"IE";
document.write("您的页面目前支持: "+sBox+"盒子模型");
</script>
</head>
<body>
</body>
</html>
```

图 13.6 $.boxModel 对象

经验:
在编写页面的时候,应当养成声明 DOCTYPE 的习惯,以保证各个浏览器都使用标准的 W3C 盒子模型。在 Dreamweaver 中,新建页面时可以选择 DOCTYPE 的类型,如图 13.7 所示。

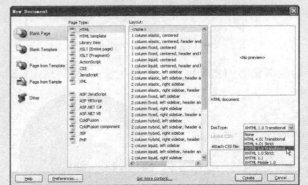

图 13.7 在 Dreamweaver 中选择 DOCTYPE

13.3 处理 JavaScript 对象

在 JavaScript 编程中可以说一切变量都是对象，例如字符串、日期和数值等。jQuery 提供了一些便捷的方法来处理相关的对象，例如 10.2.2 节中提到的$.trim()函数就是其中之一。本节通过实例对一些常用的功能函数做简要介绍。

13.3.1 使用$.each()方法遍历

在 11.1.1 节中曾经介绍过 each()方法，用于选择器中元素的遍历。同样，对于 JavaScript 的数组或者对象，可以使用$.each()方法进行遍历，其语法如下：

```
$.each(object,fn);
```

其中 object 为需要遍历的对象，fn 为 object 中的每个元素都执行的函数。其中函数 fn 可以接受两个参数，第 1 个参数为数组元素的序号或者是对象的属性，第 2 个参数为元素或者属性的值，如例 13.4 所示。

【例 13.4】用$.each()函数遍历数组和对象（光盘文件：第 13 章\13-4.html）

```
<!DOCTYPE html PUBLIC "-//W3C//DTD XHTML 1.0 Transitional//EN" "http://www.w3.org/TR/xhtml1/DTD/xhtml1-transitional.dtd">
<html>
<head>
<title>$.each()函数</title>
<script language="javascript" src="jquery.min.js"></script>
<script language="javascript">
var aArray = ["one", "two", "three", "four", "five"];
$.each(aArray,function(iNum,value){
    //针对数组
    document.write("序号:" + iNum + " 值:" + value + "<br>");
});
var oObj = {one:1, two:2, three:3, four:4, five:5};
$.each(oObj, function(property,value) {
    //针对对象
    document.write("属性:" + property + " 值:" + value + "<br>");
});
</script>
</head>
<body>
</body>
</html>
```

运行结果如图 13.8 所示。可以看到$.each()对遍历数组和对象都十分方便。

图 13.8　$.each()函数

345

另外，对于一些不熟悉的对象，用$.each()方法也能很好地获取其中的属性值。例如 13.1 节中提到的$.browser 对象，如果不清楚其中包含的属性，可以用$.each()进行遍历，如例 13.5 所示。

【例 13.5】用$.each()方法来获取未知对象的信息（光盘文件：第 13 章\13–5.html）

```
<!DOCTYPE html PUBLIC "-//W3C//DTD XHTML 1.0 Transitional//EN" "http://www.w3.org/TR/xhtml1/DTD/
xhtml1-transitional.dtd">
<html>
<head>
<title>$.each()函数</title>
<script language="javascript" src="jquery.min.js"></script>
<script language="javascript">
$.each($.browser, function(property,value) {
    //遍历对象$.browser
    document.write("属性:" + property + " 值:" + value + "<br>");
});
</script>
</head>
<body>
</body>
</html>
```

以上代码直接对$.browser 对象进行遍历，获取它的属性和值，在 IE 7 和 Firefox 2.0 中的运行结果如图 13.9 所示。

图 13.9　遍历对象$.browser

13.3.2　过滤数据

对于数组中的数据，很多时候开发者希望进行筛选。如果使用纯 JavaScript，则往往需要利用 for 循环来逐一检查。jQuery 提供了$.grep()方法，能够很便捷地过滤数组中的数据，其语法如下：

```
$.grep(array, fn, [invert])
```

其中 array 为需要过滤的数组对象，fn 为过滤函数，对数组中的每个对象，如果返回 true 则保留，否则去除。可选的 invert 为布尔值，如果设置为 true 则函数 fn 的规则取反，满足条件的被去除，如例 13.6 所示。

【例 13.6】jQuery 过滤数组元素（光盘文件：第 13 章\13–6.html）

```
<!DOCTYPE html PUBLIC "-//W3C//DTD XHTML 1.0 Transitional//EN" "http://www.w3.org/TR/xhtml1/DTD/
xhtml1-transitional.dtd">
<html>
<head>
<title>$.grep()函数</title>
<script language="javascript" src="jquery.min.js"></script>
<script language="javascript">
```

```
var aArray = [2, 9, 3, 8, 6, 1, 5, 9, 4, 7, 3, 8, 6, 9, 1];
var aResult = $.grep(aArray,function(value){
    return value > 4;
});
document.write("aArray: " + aArray.join() + "<br>");
document.write("aResult: " + aResult.join());
</script>
</head>
<body>
</body>
</html>
```

在例 13.6 中首先定义了数组 aArray，然后用$.grep()方法将值大于 4 的挑选出来得到新的数组 aResult，运行结果如图 13.10 所示。

另外，过滤函数可以接受第 2 个参数，即数组元素的序号，从而使开发者可以更加灵活地控制过滤结果，如例 13.7 所示。

【例 13.7】jQuery 过滤数组元素的高级方法（光盘文件：第 13 章\13-7.html）

```
<!DOCTYPE html PUBLIC "-//W3C//DTD XHTML 1.0 Transitional//EN" "http://www.w3.org/TR/xhtml1/DTD/
xhtml1-transitional.dtd">
<html>
<head>
<title>$.grep()函数</title>
<script language="javascript" src="jquery.min.js"></script>
<script language="javascript">
var aArray = [2, 9, 3, 8, 6, 1, 5, 9, 4, 7, 3, 8, 6, 9, 1];
var aResult = $.grep(aArray,function(value, index){
    //元素的值 value 和序号 index 同时判断
    return (value > 4 && index > 3);
});
document.write("aArray: " + aArray.join() + "<br>");
document.write("aResult: " + aResult.join());
</script>
</head>
<body>
</body>
</html>
```

以上代码将元素的值 value 和序号 index 同时进行判断，并采用了例 13.6 同样的数据，运行结果如图 13.11 所示。

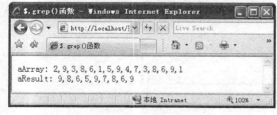

图 13.10 $.grep()函数

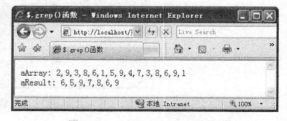

图 13.11 $.grep(value, index)函数

13.3.3 转化数组

很多时候开发者希望某个数组中的元素能够统一的转化，例如将所有元素都乘以 2 等。虽然可以通过 JavaScript 的 for 循环实现，但 jQuery 提供了更为简便的$.map()方法。该方法的语法如下：

```
$.map(array, fn)
```

其中 array 为希望转化的数组，fn 为转化函数，对数组中的每一项都执行。该函数同样可以接受两个参数，第 1 个参数为元素的值，第 2 个参数为元素的序号，是可选参数，如例 13.8 所示。

【例 13.8】jQuery 实现数组元素的统一转化（光盘文件：第 13 章\13-8.html）

```
<!DOCTYPE html PUBLIC "-//W3C//DTD XHTML 1.0 Transitional//EN" "http://www.w3.org/TR/xhtml1/DTD/
xhtml1-transitional.dtd">
    <html>
    <head>
    <title>$.map()函数</title>
    <script language="javascript" src="jquery.min.js"></script>
    <script language="javascript">
    $(function(){
        var aArr = ["a", "b", "c", "d", "e"];
        $("p:eq(0)").text(aArr.join());

        aArr = $.map(aArr,function(value,index){
            //将数组转化为大写并添加序号
            return (value.toUpperCase() + index);
        });
        $("p:eq(1)").text(aArr.join());

        aArr = $.map(aArr,function(value){
            //将数组元素的值双份处理
            return value + value;
        });
        $("p:eq(2)").text(aArr.join());
    });
    </script>
    </head>
    <body>
        <p></p><p></p><p></p>
    </body>
    </html>
```

以上代码首先建立了一个由字母组成的数组，然后利用$.map()方法将其所有元素转化为大写并添加序号，最后再将所有元素双份输出，运行结果如图 13.12 所示。

图 13.12　$.map()函数

另外，用$.map()函数进行转移后的数组长度并不一定与原数组相同，可以通过设置 null 来删除数组的元素，如例 13.9 所示。

【例 13.9】jQuery 数组转化后的长度变化（光盘文件：第 13 章\13-9.html）

```
<!DOCTYPE html PUBLIC "-//W3C//DTD XHTML 1.0 Transitional//EN" "http://www.w3.org/TR/xhtml1/DTD/
xhtml1-transitional.dtd">
    <html>
```

```
<head>
<title>$.map()函数</title>
<script language="javascript" src="jquery.min.js"></script>
<script language="javascript">
$(function(){
    var aArr = [0, 1, 2, 3, 4];
    $("p:eq(0)").text("长度: " + aArr.length + ", 值: " + aArr.join());

    aArr = $.map(aArr,function(value){
        //比 1 大的加 1 后返回, 否则删除
        return value>1 ? value+1 : null;
    });
    $("p:eq(1)").text("长度: " + aArr.length + ", 值: " + aArr.join());
});
</script>
</head>
<body>
    <p></p><p></p>
</body>
</html>
```

以上代码中$.map()函数对数组的值进行判断, 如果大于 1 则加 1 后返回, 否则通过设置为 null 将其删除, 运行结果如图 13.13 所示。

除了删除元素以外, $.map()转化数组时同样可以增加数组元素, 如例 13.10 所示。

【例 13.10】jQuery 数组转化后元素个数的增加(光盘文件: 第 13 章\13–10.html)

```
<!DOCTYPE html PUBLIC "-//W3C//DTD XHTML 1.0 Transitional//EN" "http://www.w3.org/TR/xhtml1/DTD/
xhtml1-transitional.dtd">
<html>
<head>
<title>$.map()函数</title>
<script language="javascript" src="jquery.min.js"></script>
<script language="javascript">
$(function(){
    var aArr1 = ["one", "two", "three", "four five"];
    aArr2 = $.map(aArr1,function(value){
        //将单词拆成一个个字母
        return value.split("");
    });
    $("p:eq(0)").text("长度: " + aArr1.length + ", 值: " + aArr1.join());
    $("p:eq(1)").text("长度: " + aArr2.length + ", 值: " + aArr2.join());
});
</script>
</head>
<body>
    <p></p><p></p>
</body>
</html>
```

以上代码在转化函数中用 split("")方法将元素拆成一个个字母(关于 split()方法可以参看 2.3.5 节), 运行结果如图 13.14 所示。

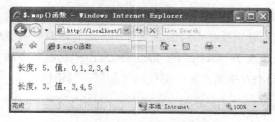

图 13.13　$.map()函数   图 13.14　$.map()函数

13.3.4　搜索数组元素

对于字符串，可以通过 indexOf() 来搜索特定子字符所处的位置，而对于数组元素，JavaScript 没有提供类似的方法。jQuery 中的 $.inArray() 函数可以很好地实现数组元素的搜索功能，其语法如下：

```
$.inArray(value, array)
```

其中 value 为希望查找的对象，而 array 为数组本身。如果找到了则返回第一个匹配元素在数组中的位置，如果没有找到则返回-1，如例 13.11 所示。

【例 13.11】jQuery 实现数组元素的搜索（光盘文件：第 13 章\13-11.html）

```
<!DOCTYPE html PUBLIC "-//W3C//DTD XHTML 1.0 Transitional//EN" "http://www.w3.org/TR/xhtml1/DTD/
xhtml1-transitional.dtd">
<html>
<head>
<title>$.inArray()函数</title>
<script language="javascript" src="jquery.min.js"></script>
<script language="javascript">
$(function(){
    var aArr = ["one", "two", "three", "four five", "two"];
    var pos1 = $.inArray("two",aArr);
    var pos2 = $.inArray("four",aArr);
    $("p:eq(0)").text("“two”的位置：" + pos1);
    $("p:eq(1)").text("“four”的位置：" + pos2);
});
</script>
</head>
<body>
    <p></p><p></p>
</body>
</html>
```

以上代码在数组 aArr 中搜索字符串"two"和"four"，将返回的结果直接输出，如图 13.15 所示。

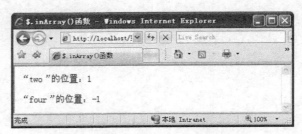

图 13.15　$.inArray()函数

13.4　获取外部代码

在某些较大的工程中，开发者往往将各种代码分别放在不同的 js 文件中，而有的时候希望根据用户的操作来加载和运行不同的代码。如果通过 JavaScript 的 document.write() 是没有办法执行 "<script>" 标记的。jQuery 提供了 $.getScript() 方法来实现外部代码的加载，其语法如下：

```
$.getScript(url, [callback])
```

其中 url 为外部资源的地址，可以是相对地址，也可以是绝对地址。callback 为加载成功后运行的回调函数，为可选参数，如例 13.12 所示。

【例 13.12】jQuery 获取并执行外部代码（光盘文件：第 13 章\13-12.html 和 13-12.js）

```
<!DOCTYPE html PUBLIC "-//W3C//DTD XHTML 1.0 Transitional//EN" "http://www.w3.org/TR/xhtml1/DTD/
xhtml1-transitional.dtd">
<html>
<head>
<title>$.getScript()函数</title>
<script language="javascript" src="jquery.min.js"></script>
<script language="javascript">
$(function(){
    $("input:first").click(function(){
        $.getScript("13-12.js");
    });
    $("input:last").click(function(){
        TestFunc();
    });
});
</script>
</head>
<body>
    <input type="button" value="Load Script">
    <input type="button" value="DoSomething">
</body>
</html>
```

其中外部的 13-12.js 的内容如下：

```
alert("Loaded!");
function TestFunc(){
    alert("TestFunc");
}
```

以上代码的运行结果如图 13.16 所示，可以看到当单击第 1 个按钮时加载并执行外部的 js
文件，单击第 2 个按钮时执行的是外部文件中的一个函数。

图 13.16　$.getScript()函数

第 14 章　jQuery 与 Ajax

在第 9 章中曾经对 Ajax 这项技术做了全面的介绍，并且通过实例分析了异步交互所带来的网页变革。本章主要围绕 jQuery 中 Ajax 的相关技术进行讲解，重点分析 jQuery 对 Ajax 步骤的简化。

14.1　获取异步数据

Ajax 最重要的莫过于获取异步数据，它是连接用户操作与后台服务器的关键。本节主要介绍 jQuery 中 Ajax 获取异步数据的方法，并通过具体实例分析 load()函数的强大功能与应用细节。

14.1.1　传统方法

正如 9.3.2 节所介绍，在 Ajax 中异步获取数据是有固定步骤的，例如希望将数据放入指定的 div 块中，可以用如例 14.1 所示的方法。

【例 14.1】Ajax 获取数据（光盘文件：第 14 章\14-1.html 和 14-1.aspx）

```
<!DOCTYPE html PUBLIC "-//W3C//DTD XHTML 1.0 Transitional//EN" "http://www.w3.org/TR/xhtml1/DTD/
xhtml1-transitional.dtd">
<html>
<head>
<title>Ajax 获取数据过程</title>
<script language="javascript">
var xmlHttp;
function createXMLHttpRequest(){
    if(window.ActiveXObject)
        xmlHttp = new ActiveXObject("Microsoft.XMLHTTP");
    else if(window.XMLHttpRequest)
        xmlHttp = new XMLHttpRequest();
}
function startRequest(){
    createXMLHttpRequest();
    xmlHttp.open("GET","14-1.aspx",true);
    xmlHttp.onreadystatechange = function(){
        if(xmlHttp.readyState == 4 && xmlHttp.status == 200)
            document.getElementById("target").innerHTML = xmlHttp.responseText;
    }
    xmlHttp.send(null);
}
</script>
</head>
<body>
<input type="button" value="测试异步通信" onClick="startRequest()">
<br><br>
<div id="target"></div>
</body>
</html>
```

此时服务器端简单地返回数据，代码如下：

```
<%@ Page Language="C#" ContentType="text/html" ResponseEncoding="gb2312" %>
<%@ Import Namespace="System.Data" %>
```

```
<%
    Response.Write("异步测试成功，很高兴");
%>
```

以上代码的运行结果如图 14.1 所示，单击按钮获取异步数据。

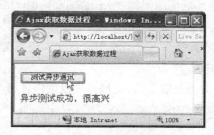

图 14.1　Ajax 获取数据

14.1.2　jQuery 的 load()方法

类似 9.4 节所介绍的 Ajax 框架，jQuery 将 Ajax 的步骤进行了总结，综合成了几个实用的函数方法。例如上面的例 14.1 可以直接用 load()方法一步完成，如例 14.2 所示。

【例 14.2】jQuery 简化 Ajax 步骤（光盘文件：第 14 章\14-2.html 和 14-1.aspx）

```
<!DOCTYPE html PUBLIC "-//W3C//DTD XHTML 1.0 Transitional//EN" "http://www.w3.org/TR/xhtml1/DTD/
xhtml1-transitional.dtd">
<html>
<head>
<title>jQuery 简化 Ajax 步骤</title>
<script language="javascript" src="jquery.min.js"></script>
<script language="javascript">
function startRequest(){
    $("#target").load("14-1.aspx");
}
</script>
</head>
<body>
<input type="button" value="测试异步通信" onClick="startRequest()">
<br><br>
<div id="target"></div>
</body>
</html>
```

其中服务器端代码仍然采用 14-1.aspx，可以看到客户端的代码量大大减少，运行结果如图 14.2 所示，与例 14.1 完全相同。

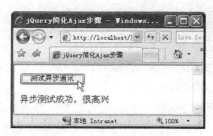

图 14.2　jQuery 简化 Ajax 步骤

load()方法的语法如下：

```
load(url, [data], [callback])
```

其中 url 为异步请求的地址，data 用来向服务器传送请求数据，为可选参数。一旦 data 参数启用，整个请求过程将以 POST 的方式进行，否则默认为 GET 方式。如果希望在 GET 方式下也传递数据，可以在 url 地址后面用类似"?dataName1=data1&dataName2=data2"的方法。callback 为 Ajax 加载成功后运行的回调函数。

另外使用 load()方法返回的数据，不再需要考虑是文本还是 XML，jQuery 都会自动进行处理，例 14.3 为返回 XML 的情况。

【例 14.3】jQuery 中 load()方法获取 XML 文档（光盘文件：第 14 章\14-3.html 和 14-3.aspx）

```
<!DOCTYPE html PUBLIC "-//W3C//DTD XHTML 1.0 Transitional//EN" "http://www.w3.org/TR/xhtml1/DTD/xhtml1-transitional.dtd">
    <html>
    <head>
    <title>load()获取 XML</title>
    <style type="text/css">
    p{
        font-weight:bold;
    }
    span{
        text-decoration:underline;
    }
    </style>
    <script language="javascript" src="jquery.min.js"></script>
    <script language="javascript">
    function startRequest(){
        $("#target").load("14-3.aspx");
    }
    </script>
    </head>
    <body>
    <input type="button" value="测试异步通信" onClick="startRequest()">
    <br><br>
    <div id="target"></div>
    </body>
    </html>
```

以上代码与例 14.2 基本相同，不同之处在于上述代码对<p>标记和<span>标记添加了 CSS 样式风格，服务器端返回的 XML 如下：

```
<%@ Page Language="C#" ContentType="text/xml" ResponseEncoding="gb2312" %>
<%@ Import Namespace="System.Data" %>
<%
    Response.ContentType = "text/xml";
    Response.CacheControl = "no-cache";
    Response.AddHeader("Pragma","no-cache");

    string xml = "<p id='kk'>p 标记<span>内套 span 标记</span></p><span>单独的 span 标记</span>";
    Response.Write(xml);
%>
```

服务器端返回一段 XML 文档，包含<p>标记和<span>标记。页面运行结果如图 14.3 所示，可以看到返回的代码被运用了相应的 CSS 样式。

从例 14.3 中可以看出，采用 load()方法获取的数据不需要再单独设置成是 responseText 还是 responseXML，非常方便。另外 load()方法还提供了强大的功能，能够直接筛选 XML 中的标记。只需要在请求的 url 地址后面空格，然后添加上相应的标记即可，直接修改例 14.3 中的代码，如例 14.4 所示。

【例14.4】筛选获取数据（光盘文件：第14章\14-4.html 和 14-3.aspx）

```
<script language="javascript" src="jquery.min.js"></script>
<script language="javascript">
function startRequest(){
    //只获取<span>标记
    $("#target").load("14-3.aspx span");
}
</script>
```

运行结果如图14.4所示，与例14.3的结果对比可以看到，仅仅只有<span>标记被获取，<p>标记被过滤掉了。

图14.3 load()获取 XML

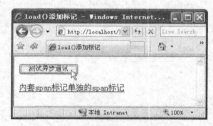

图14.4 load()过滤标记

14.2 GET VS. POST

尽管load()方法可以实现GET和POST两种方式，但很多时候开发者还是希望能够指定发送方式，并且处理服务器返回的值。jQuery 提供了$.get()和$.post()两种方法，分别针对这两种请求方式，它们的语法如下：

```
$.get(url, [data], [callback])
$.post(url, [data], [callback],[type])
```

其中url 为请求地址，data 为请求数据的列表，是可选参数，callback 为请求成功后的回调函数，该函数接受两个参数，第1个参数为服务器返回的数据，第2个参数为服务器的状态，是可选参数。$.post()中的type 为请求数据的类型，可以是 HTML、XML、JSON 等。

在9.3.3节的例9.3中曾经介绍过GET和POST两种异步请求方式，这里利用jQuery 的方法，将该例进一步简化，如例14.5所示。

【例14.5】jQuery 中 GET 和 POST 方式的比较（光盘文件：第14章\14-5.html 和 14-5.aspx）

```
<!DOCTYPE html PUBLIC "-//W3C//DTD XHTML 1.0 Transitional//EN" "http://www.w3.org/TR/xhtml1/DTD/
xhtml1-transitional.dtd">
<html>
<head>
<title>GET VS. POST</title>
<script language="javascript" src="jquery.min.js"></script>
<script language="javascript">
function createQueryString(){
    var firstName = encodeURI($("#firstName").val());
    var birthday = encodeURI($("#birthday").val());
    //组合成对象的形式
    var queryString = {firstName:firstName,birthday:birthday};
    return queryString;
```

```
}
function doRequestUsingGET(){
    $.get("14-5.aspx",createQueryString(),
        //发送 GET 请求
        function(data){
            $("#serverResponse").html(decodeURI(data));
        }
    );
}
function doRequestUsingPOST(){
    $.post("14-5.aspx",createQueryString(),
        //发送 POST 请求
        function(data){
            $("#serverResponse").html(decodeURI(data));
        }
    );
}
</script>
</head>

<body>
<h2>输入姓名和生日</h2>
<form>
    <input type="text" id="firstName" /><br>
    <input type="text" id="birthday" />
</form>
<form>
    <input type="button" value="GET" onclick="doRequestUsingGET();" /><br>
    <input type="button" value="POST" onclick="doRequestUsingPOST();" />
</form>
<div id="serverResponse"></div>
</body>
</html>
```

服务器端代码与 9-3.aspx 完全相同，如下所示：

```
<%@ Page Language="C#" ContentType="text/html" ResponseEncoding="gb2312" %>
<%@ Import Namespace="System.Data" %>
<%
    if(Request.HttpMethod == "POST")
        Response.Write("POST: " + Request["firstName"] + ", your birthday is " + Request["birthday"]);
    else if(Request.HttpMethod == "GET")
        Response.Write("GET: " + Request["firstName"] + ", your birthday is " + Request["birthday"]);
%>
```

可以看到，代码的运行结果与例 9.3 完全相同，如图 14.5 所示，而所需的开发量却大大减少了。

图 14.5　GET VS. POST

14.3 控制 Ajax

尽管 load()、$.get()和$.post()非常地方便实用，但却不能控制错误和很多交互的细节，可以说这 3 种方法对 Ajax 的可控性较差。本节主要介绍 jQuery 如何设置访问服务器的各个细节，并简单说明 Ajax 事件。

14.3.1 设置 Ajax 的细节

jQuery 提供了一个强大的函数$.ajax(options)来设置 Ajax 访问服务器的各个细节，它的语法十分简单，就是设置 Ajax 的各个选项，然后指定相应的值，例如例 14.5 的 doRequestUsingGET()和 doRequestUsingPOST()函数用该方法可以分别进行改写，如例 14.6 所示。

【例 14.6】jQuery 设置 Ajax 的细节（光盘文件：第 14 章\14-6.html 和 14-5.aspx）

```
function doRequestUsingGET(){
    $.ajax({
        type: "GET",
        url: "14-5.aspx",
        data: createQueryString(),
        success: function(data){
            $("#serverResponse").html(decodeURI(data));
        }
    });
}
function doRequestUsingPOST(){
    $.ajax({
        type: "POST",
        url: "14-5.aspx",
        data: createQueryString(),
        success: function(data){
            $("#serverResponse").html(decodeURI(data));
        }
    });
}
```

例 14.6 的运行结果如图 14.6 所示，与例 14.5 的结果完全相同。

图 14.6　$.ajax()方法

$.ajax(options)的参数非常地多，涉及 Ajax 的方方面面，常用的如表 14.1 所示。

表 14.1 $.ajax(options)的参数

名　称	类　型	说　明
async	布尔值	如果设置为 true 则为异步请求（默认值），false 为同步请求
beforeSend	函数	发送请求前调用的函数，通常用来修改 XMLHttpRequest，该函数接受一个惟一的参数，即 XMLHttpRequest
cache	布尔值	如果设置为 false，则强制页面不进行缓存
complete	函数	请求完成时的回调函数（如果设置了 success 或者 error，则在它们执行完之后才执行）
contentType	字符串	请求类型，默认为表单的 application/x-www-form-urlencoded
data	对象/字符串	发送给服务器的数据，可以是对象的形式，也可以是 url 地址的形式
dataType	字符串	希望服务器返回的数据类型，如果不设置则根据 MIME 类型返回 responseText 或者 responseXML。常用的有如下几种值： （1）"xml"：返回 XML 值。 （2）"htm"：返回文本值，可以包含标记。 （3）"script"：返回 JavaScript 脚本。 （4）"json"：返回 JSON。 （5）"text"：返回纯文本值
error	函数	请求失败时调用的函数，该函数接受 3 个参数，第 1 个参数为 XMLHttpRequest，第 2 个参数为相关的错误信息 textStatus，第 3 个参数为可选参数，表示异常对象
global	布尔值	如果设置为 true，则允许触发全局函数，默认为 true
ifModified	布尔值	如果设置为 true，则只有当返回结果相对于上次改变时才算成功，默认为 false
password	字符串	密码
processData	布尔值	如果设置为 false，将阻止数据被自动转化为 URL 编码，通常在发送 DOM 元素时使用，默认为 true
success	函数	如果请求成功则调用该函数，该函数接受两个参数，第 1 个参数为服务器返回的数据 data，第 2 个参数为服务器的状态 textStatus
timeout	数值	设置超时的时间，单位为毫秒
type	字符串	请求方式，例如 GET、POST 等，如果不设置，默认为 GET
url	字符串	请求服务器的地址
username	字符串	用户名

  表 14.1 中传递给服务器数据的 data 参数可以是对象的形式（例 14.5），也可以是 URL 字符串的请求形式。但是需要注意，当 data 是 URL 字符串的形式时，如果希望使用中文，必须进行两次 encodeURI()编码，例 14.5 中的 createQueryString()函数则应修改为：

```
function createQueryString(){
    //必须两次编码才能解决中文问题
    var firstName = encodeURI(encodeURI($("#firstName").val()));
    var birthday = encodeURI(encodeURI($("#birthday").val()));
    //组合成对象的形式
    var queryString = "firstName="+firstName+"&birthday="+birthday;
    return queryString;
}
```

  下面是$.ajax(options)方法的一些典型运用。

```
$.ajax({
    type: "GET",
    url: "test.js",
    dataType: "script"
});
```

以上代码用 GET 方式获取一段 JavaScript 代码并执行。

```
$.ajax({
    url: "test.aspx",
    cache: false,
    success: function(html){
        $("#results").append(html);
    }
});
```

以上代码强制不缓存服务器的返回结果，并将结果追加在#results 元素中。

```
var xmlDocument = //创建一个 XML 文档
$.ajax({
url: "page.php",
processData: false,
data: xmlDocument,
success: handleResponse
});
```

以上代码发送一个 XML 文档，并且阻止数据自动转换成表单的形式。当成功获取信息之后，调用函数 handleResponse。

另外$.ajax(options)函数也有返回值，为异步对象 XMLHttpRequest，仍然可以使用与其相关的属性和方法，例如：

```
var html = $.ajax({
    url: "some.jsp",
}).responseText;
```

14.3.2　全局设定 Ajax

当页面中有多个部分都需要利用 Ajax 进行异步通信时，如果都通过$.ajax(options)方法来设定每个细节将十分麻烦。jQuery 提供了十分人性化的设计，可以直接利用$.ajaxSetup(options)方法统一设定所有的 Ajax，其中 options 参数与&.ajax(options)中的完全相同。例如可以将例 14.6 中的两个$.ajax()相同的部分统一设定，如例 14.7 所示。

【例 14.7】jQuery 全局设定 Ajax 的方法（光盘文件：第 14 章\14-7.html 和 14-5.aspx）

```
<script language="javascript">
$.ajaxSetup({
    //全局设定
    url: "14-5.aspx",
    success: function(data){
        $("#serverResponse").html(decodeURI(data));
    }
});
function doRequestUsingGET(){
    $.ajax({
        data: createQueryString(),
        type: "GET"
    });
}
function doRequestUsingPOST(){
    $.ajax({
        data: createQueryString(),
        type: "POST"
    });
}
```

```
</script>
```

例 14.7 的运行结果与例 14.6 完全相同，如图 14.7 所示。

图 14.7　$.ajaxSetup()方法

> **注意：**
> 　　例 14.7 并没有将 data 数据进行统一设置，这是因为传送给服务器的数据是由函数 createQueryString()动态获得的，而 data 的类型被规定为对象或者字符串，不是函数。因此 data 如果用$.ajaxSetup()设置，则只会在初始化时运行一次 createQueryString()，而不像 success 设置的函数那样每次都运行。
> 　　另外还需要指出，$.ajaxSetup()不能设置 load()函数相关的操作，如果设置请求类型 type 为 "GET"，也不会改变$.post()采用 POST 的方式。

14.3.3　Ajax 事件

对于每个对象的$.ajax()而言，都有 beforeSend、success、error、complete 这 4 个事件，类似$.ajaxSetup()与$.ajax()的关系，jQuery 还提供了 6 个全局事件，分别是 ajaxStart、ajaxSend、ajaxSuccess、ajaxError、ajaxComplete、ajaxStop。默认情况下 Ajax 的 global 参数为 true，即任何 Ajax 事件都会触发全局事件。这些全局事件可以绑定在元素节点上，例如：

```
$("#msg").ajaxSuccess(function(evt, request, settings){
$(this).append("<li>Successful Request!</li>");
});
```

以上代码将全局 ajaxSuccess 事件绑定在元素#msg 上，任何 Ajax 请求成功时都会触发，除非该请求在自己的$.ajax()中设定了 success 事件。

这 6 个 Ajax 全局事件从名称上都能知道它们触发的条件，其中 ajaxSend、ajaxSuccess、ajaxComplete 这 3 个事件的 function 函数都接受 3 个参数，第 1 个参数为该函数本身的属性，第 2 个参数为 XMLHttpRequest，第 3 个参数为$.ajax()可以设置的属性对象。可以通过$.each()方法对第 1 个和第 3 个参数进行遍历，从而获取它们的属性细节，例如在例 14.7 中加入相关事件，如例 14.8 所示。

【例 14.8】Ajax 事件的参数属性遍历（光盘文件：第 14 章\14-8.html 和 14-5.aspx）

```
<script language="javascript" src="jquery.min.js"></script>
<script language="javascript">
```

```
$.ajaxSetup({
    //全局设定
    url: "14-5.aspx",
    success: function(data){
        $("#serverResponse").html(decodeURI(data));
    }
});
$(function(){
    $("#global").ajaxComplete(function(evt, request, settings){
        $.each(evt,function(property,value){$("#global").append("<p>evt: "+property + ":" + value + "</p>");});
        $.each(settings,function(property,value){$("#global").append("<p>settings:  "+property  +  ":"  +  value +
"</p>");});
    });
});
......
</script>
<body>
<h2>输入姓名和生日</h2>
<form>
    <input type="text" id="firstName" /><br>
    <input type="text" id="birthday" />
</form>
<form>
    <input type="button" value="GET" onclick="doRequestUsingGET();" /><br>
    <input type="button" value="POST" onclick="doRequestUsingPOST();" />
</form>
<div id="serverResponse"></div><div id="global"></div>
</body>
```

任何一个 Ajax 请求完成后都会运行这个全局 ajaxComplete()函数，其结果如图 14.8 所示，可以看到两个参数都包含了非常多的信息。

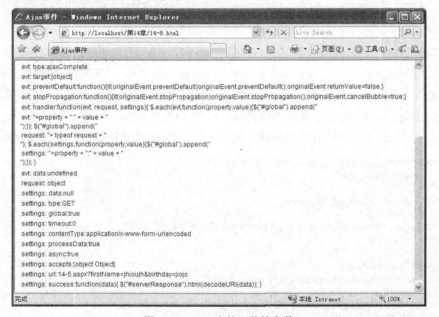

图 14.8　Ajax 事件函数的参数

对于 ajaxError 事件，其 function 函数接受 4 个参数，前 3 个与 ajaxSend、ajaxSuccess、ajaxComplete 事件的完全相同，最后一个参数为 XMLHttpRequest 对象所返回的错误信息。

ajaxStart 和 ajaxStop 两个事件比较特殊，它们在 Ajax 事件的$.ajax()中没有对应的事件（个体的

beforeSend 对应全局的 ajaxSend 事件，success 对应 ajaxSuccess，error 对应 ajaxError，complete 对应 ajaxComplete），因此一旦设定并且 Ajax 的 global 参数为 true，就一定会在 Ajax 事件开始前和结束后分别触发。它们都只接受一个参数，与另外 4 个全局事件的第一个参数相同，为函数本身的属性。

14.3.4　实例：模拟 sina 邮箱的数据加载

实际的网络运用通常都会有延时，而如果让用户对着白屏等待往往是不明智的。通常的做法是显示一个"数据加载中"的提示，让用户感觉到数据在后台获取，例如 sina 的邮箱就是一种典型的运用，如图 14.9 所示。

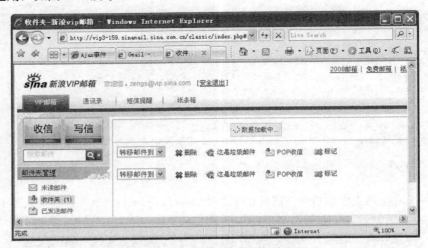

图 14.9　sina 邮箱的"数据加载中"

对于大型的网站，这样的运用很多，使用 jQuery 的 Ajax 全局事件，可以使每个 Ajax 请求都统一执行相关的操作。例如 9.5 节的例 9.9 "自动校验的表单"，实际网页中检查用户名是否被使用的速度不会太快，可以利用 ajaxSend()方法创建全局 Ajax 发送事件，再获取数据的过程中显示 "loading..."。用 jQuery 重写该段代码，如例 14.9 所示。

【例 14.9】模拟 sina 邮箱的数据加载（光盘文件：第 14 章\14-9.html 和 14-9.aspx）

```
<script language="javascript" src="jquery.min.js"></script>
<script language="javascript">
$(function(){
    $("#UserResult").ajaxSend(function(){
        //定义全局函数
        $(this).html("<font style='background:#990000; color:#FFFFFF;'>loading... </font>");
    });
});
function showResult(sText){
    var oSpan = document.getElementById("UserResult");
    oSpan.innerHTML = sText;
    if(sText.indexOf("already exists") >= 0)
        //如果用户名已被占用
        oSpan.style.color = "red";
    else
        oSpan.style.color = "black";
}
function startCheck(oInput){
    //首先判断是否有输入，没有输入直接返回，并提示
```

```
        if(!oInput.value){
            oInput.focus();              //聚焦到用户名的文本框
            $("#UserResult").html("User cannot be empty.");
            return;
        }

        $.get("14-9.aspx",{user:oInput.value.toLowerCase()},
        //用 jQuery 来获取异步数据
        function(data){
            showResult(decodeURI(data));
        }
        );
    }
</script>
</head>
<body>
<form name="register">
<table cellpadding="5" cellspacing="0" border="0">
    <tr><td> 用 户 名 :</td><td><input type="text" onblur="startCheck(this)" name="User"></td> <td><span
id="UserResult"></span></td> </tr>
    <tr><td>输入密码:</td><td><input type="password" name="passwd1"></td> <td></td> </tr>
    <tr><td>确认密码:</td><td><input type="password" name="passwd2"></td> <td></td> </tr>
    <tr>
        <td colspan="2" align="center">
        <input type="submit" value="注册">
        <input type="reset" value="重置">
        </td> <td></td>
    </tr>
</table>
</form>
```

在服务器端为了模拟缓慢的查询并发送结果，加入一个大循环，代码如下（14-9.aspx）：

```
<%@ Page Language="C#" ContentType="text/html" ResponseEncoding="gb2312" %>
<%@ Import Namespace="System.Data" %>
<%
    Response.CacheControl = "no-cache";
    Response.AddHeader("Pragma","no-cache");

    for(int i=0;i<100000000;i++);    //为了测试返回速度慢
    if(Request["user"]=="isaac")
        Response.Write("Sorry, " + Request["user"] + " already exists.");
    else
        Response.Write(Request["user"]+" is ok.");
%>
```

以上代码的运行结果如图 14.10 所示，可以看到输入用户名并移开鼠标指针后，提示栏显示 "loading..."，页面更加地友好。

图 14.10　模拟 sina 邮箱的数据加载

14.4　实例:jQuery 制作自动提示的文本框

在 9.6 节的例 9.10 中,曾经用 Ajax 实现了自动提示的文本框,不过整个 Ajax 的代码比较复杂。下面用 jQuery 对该例进行重写。

首先不再需要 XMLHttpRequest 相关的初始化、open()、send()等一系列方法,将其全部删除。然后将原先的初始化变量 initVars()函数用 jQuery 的"$"进行替代,不再需要繁琐的 document.getElementById(),代码如下:

```
var oInputField;      //考虑到很多函数中都要使用
var oPopDiv;              //因此采用全局变量的形式
var oColorsUl;
function initVars(){
    //初始化变量
    oInputField = $("#colors");
    oPopDiv = $("#popup");
    oColorsUl = $("#colors_ul");
}
```

当用户输入字母调用 findColors()函数时,将里面 Ajax 的部分也用 jQuery 的$.get()函数替代,并且将原先的 oInputField.value.length 替换为 oInputField.val().length,代码如下:

```
function findColors(){
    initVars();              //初始化变量
    if(oInputField.val().length > 0){
        //获取异步数据
        $.get("14-10.aspx",{sColor:oInputField.val()},
            function(data){
                var aResult = new Array();
                if(data.length > 0){
                    aResult = data.split(",");
                    setColors(aResult);    //显示服务器结果
                }
                else
                    clearColors();
            });
    }
    else
        clearColors();        //无输入时清除提示框(例如用户按 del 键)
}
```

对于清除提示框的 clearColors()函数,不再需要遍历整个<ul>来删除它包含的子<li>,直接调用 jQuery 的 empty()方法来删除所有子元素。另外大的<div>块的隐藏不再需要设定单独的 CSS 样式 hide(将该 CSS 类从样式表中删除,节省空间),直接采用 jQuery 的 hide()方法,代码如下:

```
function clearColors(){
    //清除提示内容
    oColorsUl.empty();
    oPopDiv.removeClass("show");
}
```

在显示提示内容的 setColors()函数中,首先将所有设置 className 的操作修改为调用 addClass()方法。不再需要用繁琐的 document.createElement 来创建<li>标记,直接用"$"进行创建。对于每一项<li>上的事件也不需要编写多个函数,可以采用 hover()和 click()方法,并且用 jQuery 链将它们全部链接在一起,代码如下:

```
function setColors(the_colors){
    //显示提示框，传入的参数即为匹配出来的结果组成的数组
    clearColors();      //每输入一个字母就先清除原先的提示，再继续
    oPopDiv.addClass("show");
    for(var i=0;i<the_colors.length;i++)
        //将匹配的提示结果逐一显示给用户
        oColorsUl.append($("<li>"+the_colors[i]+"</li>"));
    oColorsUl.find("li").click(function(){
        oInputField.val($(this).text());
        clearColors();
    }).hover(
        function(){$(this).addClass("mouseOver");},
        function(){$(this).removeClass("mouseOver");}
    );
}
```

可以看到，为每一项<li>添加事件不再是用 for 循环逐项添加，而是在 for 循环之外采用选择器的方式一次性添加。最终运行效果如图 14.11 所示，与例 9.10 完全相同，完整代码如例 14.10 所示。

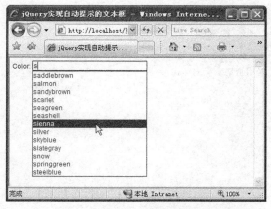

图 14.11 jQuery 实现自动提示的文本框

【例 14.10】jQuery 制作自动提示的文本框（光盘文件：第 14 章\14-10.html 和 14-10.aspx）

```
<!DOCTYPE html PUBLIC "-//W3C//DTD XHTML 1.0 Transitional//EN" "http://www.w3.org/TR/xhtml1/DTD/
xhtml1-transitional.dtd">
<html>
<head>
<title>jQuery 实现自动提示的文本框</title>
<style>
<!--
body{
    font-family:Arial, Helvetica, sans-serif;
    font-size:12px; padding:0px; margin:5px;
}
form{padding:0px; margin:0px;}
input{
    /* 用户输入框的样式 */
    font-family:Arial, Helvetica, sans-serif;
    font-size:12px; border:1px solid #000000;
    width:200px; padding:1px; margin:0px;
}
#popup{
    /* 提示框 div 块的样式 */
    position:absolute; width:202px;
```

```
        color:#004a7e; font-size:12px;
        font-family:Arial, Helvetica, sans-serif;
        left:41px; top:25px;
}
#popup.show{
    /* 显示提示框的边框  */
    border:1px solid #004a7e;
}
/* 提示框的样式风格  */
ul{
    list-style:none;
    margin:0px; padding:0px;
    color:#004a7e;
}
li.mouseOver{
    background-color:#004a7e;
    color:#FFFFFF;
}
-->
</style>
<script language="javascript" src="jquery.min.js"></script>
<script language="javascript">
var oInputField;      //考虑到很多函数中都要使用
var oPopDiv;          //因此采用全局变量的形式
var oColorsUl;
function initVars(){
    //初始化变量
    oInputField = $("#colors");
    oPopDiv = $("#popup");
    oColorsUl = $("#colors_ul");
}
function clearColors(){
    //清除提示内容
    oColorsUl.empty();
    oPopDiv.removeClass("show");
}
function setColors(the_colors){
    //显示提示框，传入的参数即为匹配出来的结果组成的数组
    clearColors();    //每输入一个字母就先清除原先的提示，再继续
    oPopDiv.addClass("show");
    for(var i=0;i<the_colors.length;i++)
        //将匹配的提示结果逐一显示给用户
        oColorsUl.append($("<li>"+the_colors[i]+"</li>"));
    oColorsUl.find("li").click(function(){
        oInputField.val($(this).text());
        clearColors();
    }).hover(
        function(){$(this).addClass("mouseOver");},
        function(){$(this).removeClass("mouseOver");}
    );
}
function findColors(){
    initVars();       //初始化变量
    if(oInputField.val().length > 0){
        //获取异步数据
        $.get("14-10.aspx",{sColor:oInputField.val()},
            function(data){
```

```
                var aResult = new Array();
                if(data.length > 0){
                    aResult = data.split(",");
                    setColors(aResult);      //显示服务器结果
                }
                else
                    clearColors();
        });
    }
    else
        clearColors();       //无输入时清除提示框（例如用户按 del 键）
}
</script>
</head>
<body>
<form method="post" name="myForm1">
Color: <input type="text" name="colors" id="colors" onkeyup="findColors();" />
</form>
<div id="popup">
    <ul id="colors_ul"></ul>
</div>
</body>
</html>
```

14.5　jQuery 与 XML

　　XML 是 Ajax 的重要组成部分，在 9.3.4 节中对服务器返回 XML 做了详细的介绍。当 jQuery 引入时，处理 XML 则更加方便与快捷，可以直接利用 jQuery 处理 DOM 的相关操作来控制 XML 文件，直接用 jQuery 重写例题 9.4，代码如例 14.11 所示。

　　【例 14.11】jQuery 获取 XML 数据（光盘文件：第 14 章\14-11.html 和 14-11.xml）

```
<!DOCTYPE html PUBLIC "-//W3C//DTD XHTML 1.0 Transitional//EN" "http://www.w3.org/TR/xhtml1/DTD/
xhtml1-transitional.dtd">
<html>
<head>
<title>jQuery 与 XML</title>
<style>
<!--
……
-->
</style>
<script language="javascript" src="jquery.min.js"></script>
<script language="javascript">
function getXML(addressXML){
    //直接使用 jQuery 的 ajax 方法
    $.ajax({
        type: "GET",
        url: addressXML,
        dataType: "xml",     //设置返回类型，大小写敏感
        success: function(myXML){
            //each 遍历每个<member>标记
            $(myXML).find("member").each(
                function(){
                    var oMember = "", sName = "", sClass = "", sBirth = "", sConstell = "", sMobile = "";
```

```
                    sName = $(this).find("name").text();
                    sClass = $(this).find("class").text();
                    sBirth = $(this).find("birth").text();
                    sConstell = $(this).find("constell").text();
                    sMobile = $(this).find("mobile").text();
                    //然后添加行
$("#member").append($("<tr><td>"+sName+"</td><td>"+sClass+"</td><td>"+sBirth+"</td><td>"+sConstell+"</td><td>"+sMobile+"</td></tr>"));
                }
            );
        }
    });
}
</script>
</head>

<body>
<input type="button" value="获取 XML" onclick="getXML('14-11.xml');"><br><br>
<table class="datalist" summary="list of members in EE Studay" id="member">
    <tr>
        <th scope="col">Name</th>
        <th scope="col">Class</th>
        <th scope="col">Birthday</th>
        <th scope="col">Constellation</th>
        <th scope="col">Mobile</th>
    </tr>
</table>
</body>
</html>
```

从以上代码可以看到，jQuery 首先利用$.ajax()方法设置返回数据类型为 xml，然后直接将返回的 XML 文件进行 DOM 相关的处理，其使用的方法与处理 HTML 的 DOM 模型完全相同，并且通过 jQuery 简化生成表格的相关代码，大大提高了代码编写的效率。运行结果如图 14.12所示，与例题 9.4 完全相同。

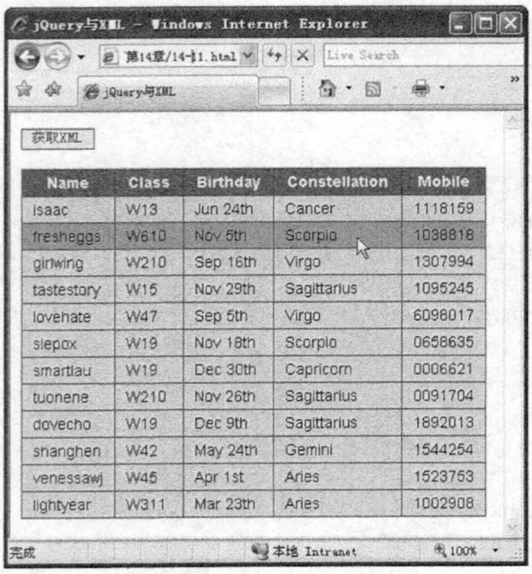

图 14.12 jQuery 与 XML

14.6 jQuery 与 JSON

JSON（JavaScript Object Notation）是一种轻量级的数据交换格式，它非常便于阅读和编写，同样也易于计算机的获取。JSON 的语法格式与 C 语言类似，很多场合采用 JSON 作为数据格式比 XML 更加方便。本节主要介绍 JSON 以及 jQuery 如何获取和控制 JSON 数据。

14.6.1 JSON 概述

JSON 的数据由对象、数组和元素等格式组成，每种格式都可以包含合法的 JavaScript 数据类型，如下代码是典型的 JSON 数据格式。

```
{
    'addressbook':{
        'name':'isaac newton',
        'street':'Tsinghua',
        'email':[
        'demo@demo.com',
        'demo@demo.org.cn'
        ]
    },
        'fruit':'apple'
}
```

其中 addressbook 为对象，fruit 为普通数据，email 为数组元素。在 JavaScript 中可以通过 eval()方法将类似的字符串直接转化为 JSON 格式，供代码访问，如例 14.12 所示。

【例 14.12】JSON 数据（光盘文件：第 14 章\14–12.html）

```
<!DOCTYPE html PUBLIC "-//W3C//DTD XHTML 1.0 Transitional//EN" "http://www.w3.org/TR/xhtml1/DTD/
xhtml1-transitional.dtd">
<html>
<head>
<title>JSON</title>
<script type="text/javascript" src="jquery.min.js"></script>
<script type="text/javascript">
$(function(){
    var JSON_text =
"{'addressbook':{'name':'isaac newton','street':'Tsinghua','email':[ demo@demo.com ',' demo@demo.org.cn ']},'fruit':'
apple'}";
    var p = eval("("+JSON_text+")");          //将字符串转化为 JSON 对象
    document.write(p.addressbook.name);     //方便地访问数据元素
    document.write("<br>");
    document.write(p.addressbook.email[1]);
})
</script>
</head>
</html>
```

以上代码中首先定义字符串 JSON_text 为上述 JSON 对象的字符表示，然后通过 eval()方法直接将其转换为可以访问的 JSON 对象。可以看到，转化之后可以通过点语法访问各个数据（例如 p.addressbook.name），比 XML 方便许多。

在 jQuery 中提供了方法$.getJSON()，可以很快捷地访问服务器返回的 JSON 数据，其详细语法如下：

```
$.getJSON(url, [data], [callback])
```

其中 url 为请求服务器的地址；可选参数 data 为发送给服务器的数据列表，其形式与对象相同；callback 为可选的回调函数，其函数参数即为服务器返回的 JSON 数据。下面通过制作联动的下拉菜单来说明该函数的使用方法。

14.6.2   实例：联动的下拉菜单

联动的下拉菜单是网上十分流行的一种表单形式，它根据用户对第 1 个下拉菜单的选择情况，从服务器获取第 2 个菜单的数据。典型的运用有很多，例如第 1 个下拉菜单为学校的各个班级，第 2 个下拉菜单根据用户选择的班级来显示班级中的各个学生。这里以城市为例，通过 JSON 数据，介绍该菜单的制作方法。

首先创建两个<select>下拉菜单，第 1 个为备选的城市，第 2 个设置为空，用于显示服务器返回的市区数据，代码如下：

```
<body>
    <select id="city">
        <option value="1">北京</option>
        <option value="2">上海</option>
        <option value="3">天津</option>
    </select>
    <select id="area">
    </select>
</body>
```

当第 1 个下拉菜单的选项变化时，利用$.getJSON()方法向服务器发送请求，获取相应的 JSON 数据，代码如下：

```
$("#city").change(function(){
    $.getJSON("14-13.aspx",{index: $(this).val()}, function(myJSON){
        //根据返回的 JSON 数据，创建<option>项
        var myOptions = '';
        for (var i = 0; i < myJSON.length; i++) {
            myOptions += '<option value="' + myJSON[i].optionValue + '">' + myJSON[i].optionDisplay + '</option>';
        }
        $("#area").html(myOptions);            //在第 2 个下拉菜单中显示数据
    });
});
```

在服务器端则根据$.getJSON()发送的 index 信息，返回 JSON 字符串，$.getJSON()方法会自动将其转换为可直接访问的 JSON 对象。服务器端返回的 JSON 字符串为如下所示的数组格式：

```
JSON_text = "[{optionValue:1, optionDisplay: '海淀区'},{optionValue:2, optionDisplay: '东城区'},……]";
```

其运行结果如图 14.13 所示。

完整的代码如例 14.13 所示，其在 Firefox 中的运行结果如图 14.14 所示。

【例 14.13】制作联动的下拉菜单（光盘文件：第 14 章\14-13.html 和 14.13.aspx）

```
<!DOCTYPE html PUBLIC "-//W3C//DTD XHTML 1.0 Transitional//EN" "http://www.w3.org/TR/xhtml1/DTD/
xhtml1-transitional.dtd">
<html>
<head>
```

```
<title>联动的下拉菜单</title>
<script type="text/javascript" src="jquery.min.js"></script>
<script type="text/javascript">
$(function(){
    $("#city").change(function(){
        $.getJSON("14-13.aspx",{index: $(this).val()}, function(myJSON){
            //根据返回的 JSON 数据，创建<option>项
            var myOptions = '';
            for (var i = 0; i < myJSON.length; i++) {
                myOptions += '<option value="' + myJSON[i].optionValue + '">' + myJSON[i].optionDisplay -
'</option>';
            }
            $("#area").html(myOptions);        //在第 2 个下拉菜单中显示数据
        });
    });
    $("#city").change();     //让页面第 1 次显示的时候也有数据
})
</script>
</head>
<body>
    <select id="city">
        <option value="1">北京</option>
        <option value="2">上海</option>
        <option value="3">天津</option>
    </select>
    <select id="area">
    </select>
</body>
</html>
```

服务器端代码如下所示：

```
<%@ Page Language="C#" ContentType="text/html" ResponseEncoding="gb2312" %>
<%@ Import Namespace="System.Data" %>
<%
    Response.CacheControl = "no-cache";
    Response.AddHeader("Pragma","no-cache");

    string JSON_text = "";
    switch (Request["index"]){
        case "1":
            JSON_text = "[{optionValue:1, optionDisplay: '海淀区'},{optionValue:2, optionDisplay: '东城区'},{optionValue:3, optionDisplay: '西城区'},……]";
            break;
        case "2":
            JSON_text = "[{optionValue:1, optionDisplay: '黄浦区'},……]";
            break;
        case "3":
            JSON_text = "[{optionValue:1, optionDisplay: '和平区'},……]";
            break;
        default:
            JSON_text = "[{optionValue:0, optionDisplay: 'error'}]";
            break;
    }
    Response.Write(JSON_text);
%>
```

图 14.13　联动的下拉菜单

图 14.14　联动的下拉菜单

第 15 章　jQuery 插件

无论 jQuery 再强大也不可能包含所有的功能，而且考虑到框架的通用性以及代码文件的大小，jQuery 框架仅仅集成了 JavaScript 中最核心也是最常用的功能。然而 jQuery 有许许多多的插件，都是针对特定的内容，并以 jQuery 为核心编写的。这些插件涉及 Web 的方方面面，并且功能十分完善。

本章重点介绍 jQuery 中的一些常用插件，包括表单插件、UI 插件等，让读者对 jQuery 插件有深入的认识和理解。

15.1　表单插件

表单插件（Form Plugin）是一款功能非常强大的插件，在 jQuery 官方网站上目前为 4 星级推荐，可以在 http://plugins.jquery.com/project/form 找到它的相关资料，下载后为 jquery.form.js 文件。该插件提供获取表单数据、重置表单项目、使用 Ajax 提交数据等一系列功能，深受开发人员的喜爱。本节主要通过实例介绍该插件的运用方法。

15.1.1　获取表单数据

对于表单而言，最重要的功能莫过于获取用户填写的数据。在表单插件中可以通过 fieldValue()直接获取元素的表单值。该方法返回表单中所有"有用元素"的值组成的数组，例 15.1 为一个普通表单的实例。

【例 15.1】表单插件获取表单数据（光盘文件：第 15 章\15-1.html）

```
<style type="text/css">
<!--
form{
    margin:0px; padding:0px;
    font-family:Arial, Helvetica, sans-serif;
    font-size:12px;
}
input, select{
    font-family:Arial, Helvetica, sans-serif;
    font-size:12px;
}
table{
    border:1px solid #00328f;
    border-collapse:collapse;
    background-color:#d4e3ff;
}
table td{
    border:1px solid #00328f;
    padding:4px 6px 4px 6px;
}
input[type=text], input[type=password], input[type=submit], input[type=button], input[type=reset],textarea, select{
    border:1px solid #00328f;
}
-->
```

```
</style>
<body>
<form id="myForm" name="myForm">
<table cellspacing="0" id="formTable">
<input type="hidden" name="Hidden" value="secret">
<tr><td>用户</td><td><input name="Name" type="text"></td></tr>
<tr><td>密码</td><td><input name="Password" type="password"></td></tr>
<tr><td>性别</td>
<td><label><input type="radio" name="Radio" value="male">男</label>
<label><input type="radio" name="Radio" value="female">女</label></td>
</tr>
<tr><td>多选</td><td>
<select name="Multiple" multiple="multiple">
    <option>One</option>
    <option>Two</option>
    <option>Three</option>
</select>
</td></tr>
<tr><td>单选</td><td>
<select name="Single">
    <option>One</option>
    <option>Two</option>
    <option>Three</option>
</select>
</td></tr>
<tr><td>爱好</td>
<td><label><input type="checkbox" name="Check" value="roaming">逛街</label>
<label><input type="checkbox" name="Check" value="balls">打球</label>
<label><input type="checkbox" name="Check" value="TV">看电视</label></td></tr>
<tr><td>收入</td>
<td><label><input type="checkbox" name="Check2" value="below5k">5000 以下(不含)</label>
<label><input type="checkbox" name="Check2" value="above5k">大于 5000</label></td>
</tr>
<tr><td>留言</td><td><textarea name="Text" rows="2" cols="20"></textarea></td></tr>
<tr><td colspan="2" align="center"><input type="submit" name="sub" value="Submit">
<input type="reset" name="resetButton" value="Reset">
<input type="button" name="btn" value="FieldValue" onclick="checkFiledValue()"></td></tr>
</table>
</form>
</body>
```

该实例中包含隐藏元素、文本框、密码框、单选下拉菜单、多选下拉菜单、单选按钮、复选框、多行文本框、普通按钮、提交按钮和重置按钮等表单常用元素，填写表单情况如图 15.1 所示。

图 15.1   填写表单

在图 15.1 的表单中只填写了用户、密码、性别、多选、单选和留言，没有选择爱好和收入，为了测试 fieldValue()的功能，给按钮 FieldValue 添加函数 checkFiledValue()，如下所示：

```
<script language="javascript" src="jquery.min.js"></script>
<script language="javascript" src="jquery.form.js"></script>
<script language="javascript">
function checkFiledValue(){
    var aFieldValue = $("#myForm *").fieldValue();
    //获取整个表单有用元素的值
    alert(aFieldValue.join());
}
</script>
```

以上代码的运行结果如图 15.2 所示，可以看到"有用元素"的值包括赋值了的隐藏对象、用户输入了的元素，不包括按钮以及没有输入的元素，这对于将表单中填写的数据上传服务器是非常有利的。

图 15.2 fieldValue()方法

另外 fieldValue()方法也可以通过过滤选择器获取指定元素的值，例如：

```
var aFieldValue = $("#myForm :radio").fieldValue();
```

fieldValue()方法还可以接受一个布尔值作为参数，如果设置为 false 将获取表单中所有元素的值，而不仅仅是"有用元素"的值，默认为 true。

15.1.2 格式化表单数据

对于 Ajax 异步传输而言，往往需要将传送的数据进行固定的格式化处理。如果采用 JavaScript 语句则需要遍历所有元素并获取它们的值。表单插件提供了两个非常实用的格式化函数 formSerialize()和 fieldSerialize()，分别用于整个表单数据的格式化和特定元素数据的格式化。例如直接采用例 15.1 的表单，修改按钮对应的函数，如例 15.2 所示。

【例 15.2】表单插件格式化表单数据（光盘文件：第 15 章\15-2.html）

```
<script language="javascript" src="jquery.min.js"></script>
<script language="javascript" src="jquery.form.js"></script>
<script language="javascript">
function checkFormSerialize(){
    var sQuery = $("#myForm").formSerialize();
    //将表单中的有用值格式化
    alert(sQuery);
    //后面可以接 Ajax 语句
    //$.get(url,sQuery)
}
</script>
```

例 15.2 的运行结果如图 15.3 所示，可以看到整个表单数据被自动整理成了 URL 地址的格式，非常适合 jQuery 中 Ajax 的异步请求。

图 15.3 formSerialize()格式化

从输出结果还可以看出，对于用户输入的中文字符，formSerialize()对其自动进行了编码，非常实用。同样，fieldSerialize()用于表单个别元素的格式化处理，语法与 formSerialize()十分类似，例如：

```
var sQueryString = $('#myFormId .specialFields').fieldSerialize();
```

读者可以自行试验，这里不再重复。另外 formSerialize()和 fieldSerialize()也都可以接受一个布尔值作为参数，其含义与 fieldValue()中的参数相同，即是否针对选择器中的"有用元素"，默认为 true，即只对"有用元素"格式化。

15.1.3　清除和重置表单数据

在 HTML 代码中可以通过 reset 来重置表单中的数据，但是它没有清除所有数据的功能。重置和清除的区别在于重置是将表单中元素的值设置为默认值，例如将文本框的值设置为标记中 value 属性的值，单选按钮选中设置了 checked 的那一项，等等，而清除是彻底将元素中的值清空。

表单插件提供了 clearForm()和 resetForm()两个方法来分别清空和重置表单中的数据，如例 15.3 所示，表单对很多项目都设定了初始值。

【例 15.3】表单插件清除和重置表单（光盘文件：第 15 章\15-3.html）

```
<script language="javascript" src="jquery.min.js"></script>
<script language="javascript" src="jquery.form.js"></script>
<script language="javascript">
$(function(){
    $("input[type=button]:eq(0)").click(function(){
        $("#myForm").clearForm();
    });
    $("input[type=button]:eq(1)").click(function(){
        $("#myForm").resetForm();
    });
});
</script>
</head>
<body>
<form id="myForm" name="myForm">
<table cellspacing="0" id="formTable">
<input type="hidden" name="Hidden" value="secret">
<tr><td>用户</td><td><input name="Name" type="text" value="输入用户名"></td></tr>
<tr><td>密码</td><td><input name="Password" type="password"></td></tr>
<tr><td>性别</td>
<td><label><input type="radio" name="Radio" value="male" checked="checked">男</label>
<label><input type="radio" name="Radio" value="female">女</label></td>
</tr>
<tr><td>多选</td><td>
<select name="Multiple" multiple="multiple">
    <option>One</option>
    <option selected="selected">Two</option>
    <option>Three</option>
</select>
</td></tr>
<tr><td>单选</td><td>
<select name="Single">
    <option>One</option>
    <option>Two</option>
    <option selected="selected">Three</option>
</select>
</td></tr>
<tr><td>爱好</td>
```

```
<td><label><input type="checkbox" name="Check" value="roaming">逛街</label>
<label><input type="checkbox" name="Check" value="balls">打球</label>
<label><input type="checkbox" name="Check" value="TV" checked="checked">看电视</label></td></tr>
<tr><td>收入</td>
<td><label><input type="checkbox" name="Check2" value="below5k">5000 以下(不含)</label>
<label><input type="checkbox" name="Check2" value="above5k" checked="checked">大于 5000</label></td>
</tr>
<tr><td>留言</td><td><textarea name="Text" rows="2" cols="20"></textarea></td></tr>
<tr><td colspan="2" align="center"><input type="button" name="Clear" value="Clear">
<input type="button" name="Reset" value="Reset">
</td></tr>
</table>
</form>
</body>
```

当用户在表单中填写了一些项目之后，如果单击"Clear"按钮将使得所有项目都变为空值，例如文本框无任何输入，单选按钮、复选框、单选下拉菜单、多选下拉菜单都不再有选择等。而如果单击"Reset"按钮将使所有的表单元素都恢复页面加载时的默认值，如图15.4 所示。

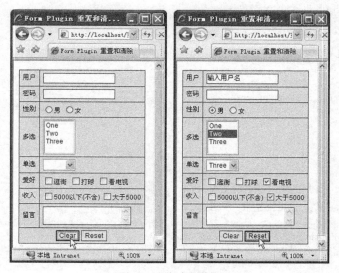

图 15.4 清除和重置

15.1.4 按 Ajax 方式提交表单

除了上述几个实用的函数外，表单框架还提供了 ajaxSubmit()来按照 Ajax 的方式直接提交表单。它的语法十分简单，即 ajaxSubmit(options)，其中参数 options 与 14.3.1 节中介绍的 $.ajax(options)的参数基本相同，如例 15.4 所示。

【例 15.4】表单插件中使用 Ajax 提交表单（光盘文件：第 15 章\15-4.html 和 15-4.aspx）

```
<!DOCTYPE html PUBLIC "-//W3C//DTD XHTML 1.0 Transitional//EN" "http://www.w3.org/TR/xhtml1/DTD/
xhtml1-transitional.dtd">
<html>
<head>
<title>Form Plugin ajaxSubmit</title>
<style type="text/css">
<!--
```

```
body{
    font-family:Arial, Helvetica, sans-serif;
    font-size:12px;
}
input{
    font-family:Arial, Helvetica, sans-serif;
    font-size:12px;
    border:1px solid #00328f;
}
table{
    border:1px solid #00328f;
    border-collapse:collapse;
    background-color:#d4e3ff;
}
table td{
    border:1px solid #00328f;
    padding:4px 7px 4px 7px;
}
-->
</style>
<script language="javascript" src="jquery.min.js"></script>
<script language="javascript" src="jquery.form.js"></script>
<script language="javascript">
$(function(){
    $("input[type=button]:eq(0)").click(function(){
        var options = {
            target: "#myTargetDiv"
        };
        //Ajax 异步上传表单
        $("#myForm").ajaxSubmit(options);
    });
});
</script>
</head>
<body>
<form id="myForm" name="myForm" action="15-4.aspx">
<table cellspacing="0" id="formTable">
<tr><td>用户</td><td><input name="Name" type="text"></td></tr>
<tr><td>密码</td><td><input name="Password" type="password"></td></tr>
<tr><td colspan="2" align="center"><input type="button" name="ajaxSub" value="AjaxSubmit">
<input type="submit" name="Sub" value="NormalSubmit">
</td></tr>
</table>
</form>
<div id="myTargetDiv"></div>
</body>
```

以上代码为了对比，建立了一个普通的按钮来执行 ajaxSubmit 操作，还建立了表单本身的 submit 按钮。服务器端直接返回用户的输入，代码如下（15-4.aspx）：

```
<%@ Page Language="C#" ContentType="text/html" ResponseEncoding="gb2312" %>
<%@ Import Namespace="System.Data" %>
<%
    Response.CacheControl = "no-cache";
    Response.AddHeader("Pragma","no-cache");
    Response.Write("User:" + Request["Name"] + " Password:" + Request["Password"]);
%>
```

当输入用户名、密码并单击 AjaxSubmit 按钮时，页面的显示结果如图 15.5 所示。

而此时如果单击 NormalSubmit 按钮会发现，页面按照常规表单的方式，跳转到了 15-4.aspx 那页，用户体验十分不友好，如图 15.6 所示。

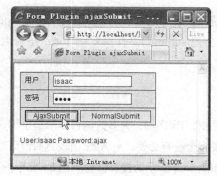

图 15.5　ajaxSubmit()方法　　　　　图 15.6　普通提交方式

除了 ajaxSubmit(options)方法外，表单插件还提供了一个 ajaxForm(options)方法，该方法通常在页面加载完成时执行，用来将表单统一 Ajax 化，并且提交表单依然使用传统的 Submit 按钮，只不过进行的是 Ajax 提交，如例 15.5 所示。

【例 15.5】表单的 Ajax 化（光盘文件：第 15 章\15-5.html 和 15-4.aspx）

```
<script language="javascript" src="jquery.min.js"></script>
<script language="javascript" src="jquery.form.js"></script>
<script language="javascript">
$(function(){
    var options = {
        target: "#myTargetDiv"
    };
    //表单的 Ajax 化
    $("#myForm").ajaxForm(options);
});
</script>
</head>
<body>
<form id="myForm" name="myForm" action="15-4.aspx">
<table cellspacing="0" id="formTable">
<tr><td>用户</td><td><input name="Name" type="text"></td></tr>
<tr><td>密码</td><td><input name="Password" type="password"></td></tr>
<tr><td colspan="2" align="center"><input type="submit" name="Sub" value="NormalSubmit"></td></tr>
</table>
</form>
<div id="myTargetDiv"></div>
</body>
```

以上代码在例 15.4 的基础上直接修改而来，初始化阶段进行表单的 ajaxForm()设置，然后当提交表单时，事件会自动按照 Ajax 的方式运作，而不会出现图 15.6 的情况，如图 15.7 所示。

图 15.7　ajaxForm()方法

　　ajaxForm()较 ajaxSubmit()而言，除了上传一般的表单数据外，还会上传<input type="image" />的坐标信息，以及提交按钮的相关信息，并且会把 submit()事件绑定到 form 元素上。读者应当根据不同的需求选择不同的方法。

15.1.5　实例：模拟搜狐热门调查

　　网络调查是一种非常流行的互动方式，在 Ajax 技术出现之前，大多数调查显示结果都是在新窗口中弹出的。这对于仅仅只有几个单选按钮的表单来说完全没有必要。当 Ajax 出现之后，局部刷新的概念被广泛地运用，搜狐的热门调查就是其中一例，如图 15.8 所示为搜狐体育频道 F1 赛车的某次调查。

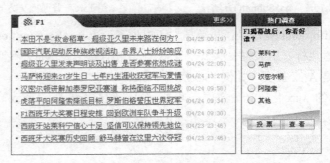

图 15.8　搜狐热门调查

　　当用户进行投票时，页面进行局部刷新，不再是传统的在新窗口中弹出方式，更不是刷新整个页面，而是直接在原位置中进行，如图 15.9 所示。

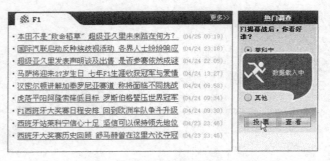

图 15.9　局部刷新

　　最后显示结果同样是在原位置，左边的网页等其他内容不受任何影响，如图 15.10 所示。这种小小的改动不但节省了大量的系统资源，而且无形中提高了网页的友好性。

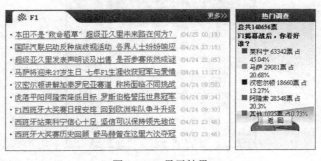

图 15.10　显示结果

如果采用上一小节介绍的 Ajax 提交表单的方式，实现类似这样的效果非常地容易，如例 15.6 所示。

【例 15.6】模拟搜狐热门调查（光盘文件：第 15 章\15-6.html 和 15-6.aspx）

```
<body>
<div>
    <p class="title">新闻集锦</p>
    <ul>
        <li>中国队 0:3 负于乌兹别克斯坦队，亚洲杯小组未出现</li>
        ......
        <li>国足的未来让人担忧...</li>
    </ul>
</div>
<div>
    <p class="title">热点调查</p>
    <div id="myTargetDiv">
    <form id="myForm" name="myForm" action="15-6.aspx">
    <p>你认为中国足球的前景如何？</p>
    <p><label><input type="radio" name="Football" value="1">一片光明</label><br>
    <label><input type="radio" name="Football" value="2">困难重重</label><br>
    <label><input type="radio" name="Football" value="3">前途未卜</label></p>
    <p><input type="button" name="Sub" value="提交" class="btn"> <input type="button" name="Sub" value="查看"
class="btn"></p>
    </form>
    </div>
</div>
</body>
```

以上 HTML 为了对比说明 Ajax 的局部刷新，在热点调查的前面加入了固定内容的"新闻集锦"，页面如图 15.11 所示。

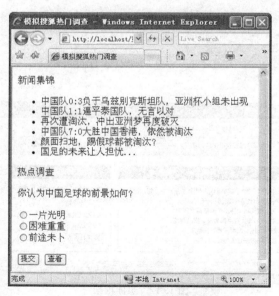

图 15.11　页面框架

添加 CSS 样式风格，代码如下，此时的页面如图 15.12 所示。

```
<style type="text/css">
<!--
body{
```

```
        font-family:Arial, Helvetica, sans-serif;
        font-size:12px;
    }
    form{
        margin:0px; padding:0px;
    }
    div{
        border:1px solid #004585;
        float:left; margin:6px;
        background:url(bg2.jpg) repeat-x;
    }
    #myTargetDiv{
        padding:10px; margin:0px;
        border:none;
        background:none;
    }
    input.btn{
        font-family:Arial, Helvetica, sans-serif;
        font-size:12px;
        border:1px solid #00328f;
    }
    p{
        margin:0px; padding:3px;
    }
    p.title{
        color:#FFFFFF;
        font-weight:bold;
        text-align:center;
        background:url(bg1.jpg) repeat-x;
        padding:5px;
    }
    ul{
        margin:12px; padding:0px;
        list-style:none;
    }
    ul li{
        margin:0px; padding:1px;
    }
    -->
    </style>
```

图 15.12 页面框架

对按钮的事件进行表单插件的设置，并且将服务器返回对象设置为调查内容本身所在的
<div id="myTargetDiv">块，代码如下：

```
<script language="javascript" src="jquery.min.js"></script>
<script language="javascript" src="jquery.form.js"></script>
```

```
<script language="javascript">
$(function(){
    var options = {
        //目标为调查内容本身所处的 div 块
        target: "#myTargetDiv"
    };
    $("input[type=button]").click(function(){
        $("#myForm").ajaxSubmit(options);
    });
});
</script>
```

以上代码的运行结果如图 15.13 所示，可以看到左边的<div>块"新闻集锦"没有受到任何影响，内容直接显示在原先调查选项所在的位置。

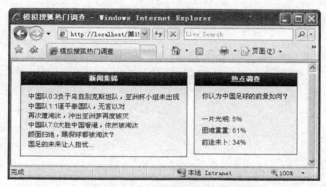

图 15.13　模拟搜狐热门调查

15.2　UI 插件

UI 插件是 jQuery 中十分流行的插件之一，它能够让开发者轻松地实现很多特效。在官方网站 http://ui.jquery.com/ 中可以下载到所有的 UI 插件，主要包括鼠标交互插件、用户界面插件以及特效插件等。本节主要介绍一些常用的 UI 插件，以及它们在实际网络中的运用。

15.2.1　鼠标拖曳页面板块

鼠标拖曳在实际网页中的运用十分地广泛，主要是因为这个功能给用户十分酷的印象，而且也大大增强了页面的可操作性，图 15.14 所示为著名的 iGoogle 拖曳。

jQuery 的鼠标拖曳插件能够很轻松实现鼠标的交互操作，只需要给目标对象添加 draggable() 方法即可，如例 15.7 所示。

【例 15.7】UI 插件实现鼠标的拖曳（光盘文件：第 15 章\15-7.html）

```
<!DOCTYPE html PUBLIC "-//W3C//DTD XHTML 1.0 Transitional//EN" "http://www.w3.org/TR/xhtml1/DTD/
xhtml1-transitional.dtd">
<html>
<head>
<title>鼠标拖曳 Draggable</title>
<style type="text/css">
<!--
body{
    background:#ffe7bc;
```

```
}
.block{
    border:2px solid #760000;
    background-color:#ffb5b5;
    width:80px; height:25px;
    margin:5px; float:left;
    padding:20px; text-align:center;
    font-size:14px;
    font-family:Arial, Helvetica, sans-serif;
}
-->
</style>
<script language="javascript" src="jquery.ui/jquery-1.2.4a.js"></script>
<script language="javascript" src="jquery.ui/ui.base.min.js"></script>
<script language="javascript" src="jquery.ui/ui.draggable.min.js"></script>
<script language="javascript">
$(function(){
    for(var i=0;i<3;i++){
        //添加 3 个透明的<div>块
        $(document.body).append($("<div class='block'>Div"+i.toString()+"</div>").css("opacity",0.6));
    }
    //直接调用拖曳方法
    $(".block").draggable();
});
</script>
</head>
<body>
</body>
</html>
```

以上代码首先导入相关的 UI 插件，然后在页面加载时创建 3 个透明的<div class='block'>块，并直接调用 draggable()方法使其能够被鼠标拖曳，运行结果如图 15.15 所示。

图 15.14　iGoogle 拖曳

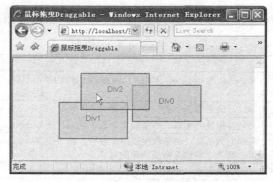

图 15.15　鼠标拖曳 Draggable

除了任意拖曳以外，draggable()还可以接受一系列参数来控制拖曳的细节。例如例 15.8 中的 3 个 Div 块只能分别在 x 方向、y 方向、父元素内拖曳，运行结果如图 15.16 所示。

【例 15.8】UI 插件控制鼠标拖曳的细节之一（光盘文件：第 15 章\15-8.html）

```
<script language="javascript" src="jquery.ui/jquery-1.2.4a.js"></script>
<script language="javascript" src="jquery.ui/ui.base.min.js"></script>
<script language="javascript" src="jquery.ui/ui.draggable.min.js"></script>
<script language="javascript">
$(function(){
    $("#one").add("#two").add("#three").add("#x").css("opacity",0.7);
    $("#x").draggable({axis:"x"});        //只能在 x 方向拖曳
    $("#y").draggable({axis:"y"});        //只能在 y 方向拖曳
    $("#parent").draggable({containment:"parent"});        //只能在父元素中拖曳
});
</script>
</head>
<body>
<br>
<div id="one"><div id="x">x 轴</div></div>
<div id="two"><div id="y">y 轴</div></div>
<div id="three"><div id="parent">父元素</div></div>
</body>
```

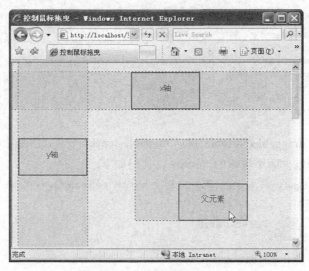

图 15.16　控制鼠标拖曳

draggable()可接受的参数非常多，这里不可能一一介绍，常用的如表 15.1 所示。

表 15.1   draggable()可接受的参数

参　数	说　明
helper	被拖曳的对象，默认为 original，即运行 draggable()的选择器本身。如果设置为 clone，则以复制的形式拖曳
handle	触发拖曳的对象，通常为块中的一个子元素
dragPrevention	子元素中不会触发拖曳的元素，通常设置为表单元素，例如 input、select
start	当拖曳启动时的回调函数，该函数接受两个参数，第 1 个参数为 event 事件，其 target 属性指代被拖曳的元素；第 2 个参数为拖曳相关的对象
stop	当拖曳结束时的回调函数，参数与 start 的完全相同
drag	在拖动过程中实时运行的函数，参数与 start 的完全相同
axis	控制拖曳的方向，可以为 "x" 或者 "y"
containment	限制拖曳的区域，可以为 "parent"、"document"、指定的元素、指定坐标的对象
grid	每次对象移动的步长，例如 grid:[100,80]表示水平方向上每次移动 100 个像素，竖直方向为 80 个像素
opacity	拖曳过程中对象的透明度，范围为 0.0~1.0
revert	如果为 true，则对象在拖曳结束后会自动返回原处，默认为 false

例 15.9 为上表中参数的一些运用，供读者参考，运行结果如图 15.17 所示。

【例 15.9】UI 插件控制鼠标拖曳的细节之二（光盘文件：第 15 章\15-9.html）

```
<script language="javascript" src="jquery.ui/jquery-1.2.4a.js"></script>
<script language="javascript" src="jquery.ui/ui.base.min.js"></script>
<script language="javascript" src="jquery.ui/ui.draggable.min.js"></script>
<script language="javascript">
$(function(){
    $("div:eq(0)").draggable({dragPrevention:"input"});
    $("div:eq(1)").draggable({grid:[80,60]});
    $("div:eq(2)").draggable({revert:true});
    $("div:eq(3)").draggable({helper:"clone"});
    $("div:eq(4)").draggable({opacity:0.3});
    $("div:eq(5)").draggable({handle:"p"});
    $("div:eq(6)").draggable({containment:"document"});
});
</script>
</head>
<body>
<div><input type="text" value="我不触发" size="8"></div>
<div>只能大步移动 grid</div>
<div>我要回到原地 revert</div>
<div>我是被复制的 helper:clone</div>
<div>拖曳我要透明 opacity</div>
<div><p>拖曳我才行</p></div>
<div>我不能出页面...</div>
</body>
```

另外还可以通过 draggable("disable")和 draggable("enable")来分别阻止、允许对象被拖曳，在例 15.9 中添加一个包含两个按钮的<div>块，代码如下：

```
<div>总控制台<br><input type="button" value="禁止"> <input type="button" value="允许"></div>
```

然后添加如下代码：

```
$("input[type=button]:eq(0)").click(function(){
    $("div").draggable("disable");
});
$("input[type=button]:eq(1)").click(function(){
    $("div").draggable("enable");
});
```

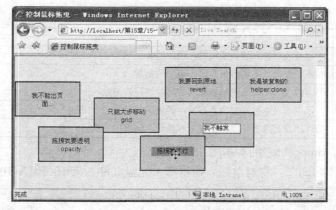

图 15.17　控制鼠标拖曳

在拖曳中可以看到，如果单击"禁止"按钮则所有块都不能再拖曳，如果单击"允许"按钮则又可以继续拖曳了，如图 15.18 所示。

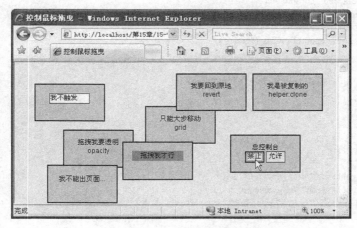

图 15.18　控制鼠标拖曳

15.2.2　拖入购物车

与拖曳对象相对应，在实际运用中往往需要一个容器来接收被拖曳的对象。例如常见的购物车就是一例。

UI 插件中除了 draggable() 来实现鼠标的拖曳外，还提供了 droppable() 来实现接收容器，即类似购物车的功能。该方法同样有一系列参数可以进行设置，常用的如表 15.2 所示。

表 15.2　　　　　　　　　　　　　　droppable() 方法的参数

参　　数	说　　明
accept	如果是字符串则表示允许接收的 jQuery 选择器，如果是函数则对页面中的所有 draggable() 对象执行，返回 true 者可以接收
activeClass	当可接收对象被拖曳时，容器的 CSS 样式风格
hoverClass	当可接收对象进入容器时，容器的 CSS 样式风格
tolerance	定义拖曳到什么状态算是进入了该容器，可选的有 "fit"、"intersect"、"pointer" 和 "touch"

续表

参　　数	说　　明
active	当可接收对象开始被拖曳时，调用的函数
deactive	当可接收对象不再被拖曳时，调用的函数
over	当可接收对象被拖曳到容器上方时，调用的函数
out	当可接收对象被拖曳出容器时，调用的函数
drop	当可接收对象被拖曳真正进入容器时，调用的函数

例 15.10 展示了 droppable() 的基本用法。

【例 15.10】制作购物车：将对象拖入购物车（光盘文件：第 15 章\15-10.html）

```javascript
<script language="javascript" src="jquery.ui/jquery-1.2.4a.js"></script>
<script language="javascript" src="jquery.ui/ui.base.min.js"></script>
<script language="javascript" src="jquery.ui/ui.draggable.min.js"></script>
<script language="javascript" src="jquery.ui/ui.droppable.min.js"></script>
<script language="javascript">
$(function(){
    $(".draggable").draggable({helper:"clone"});
    $("#droppable-accept").droppable({
        accept: function(draggable){
            //接收类别为 green 的
            return $(draggable).hasClass("green");
        },
        drop: function(){
            $(this).append($("<div></div>").html("drop!"));
        }
    });
});
</script>
</head>
<body>
<div class="draggable red">draggable red</div>
<div class="draggable green">draggable green</div>
<div id="droppable-accept" class="droppable">droppable<br></div>
</body>
```

以上页面中共有两个 `<div>` 块用于拖曳，并有一个购物车 droppable 用于接收。在代码中接收容器只接收类别为 green 的。运行结果如图 15.19 所示，可以看到拖动红色块到容器中时没有任何反应，而拖入绿色块则正常接收。

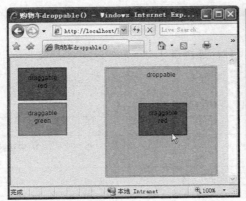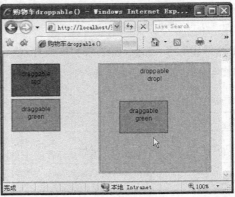

图 15.19　购物车 droppable()

15.2.3　流行的 Tab 菜单

　　Tab 形式的菜单目前在网络上越来越流行，因为它能够在很小的空间里容纳更多的内容。尤其是门户网站，更是频繁地使用 Tab 菜单，如图 15.20 所示为网易首页的一个 Tab 菜单截图。

图 15.20　网易的 Tab 菜单

　　在 jQuery 的 UI 插件中，提供了直接生成 Tab 菜单的 tabs()方法，该方法可以直接针对项目列表生成对应的 Tab 菜单，如例 15.11 所示。

　　【例 15.11】UI 插件制作流行的 Tab 菜单（光盘文件：第 15 章\15-11.html）

```
<!DOCTYPE html PUBLIC "-//W3C//DTD XHTML 1.0 Transitional//EN" "http://www.w3.org/TR/xhtml1/DTD/
xhtml1-transitional.dtd">
<html>
<head>
<title>流行的 Tab 菜单</title>
<link type="text/css" href="jquery.ui/flora.tabs.css" rel="stylesheet" />
<style type="text/css">
<!--
body{
    background:#ffe7bc;
    font-size:12px;
    font-family:Arial, Helvetica, sans-serif;
}
-->
</style>
<script language="javascript" src="jquery.ui/jquery-1.2.4a.js"></script>
<script language="javascript" src="jquery.ui/ui.base.min.js"></script>
<script language="javascript" src="jquery.ui/ui.tabs.min.js"></script>
<script language="javascript">
$(function(){
    //直接制作 Tab 菜单
    $("#container > ul").tabs();
});
</script>
</head>
<body>
<div id="container">
    <ul>
        <li><a href="#fragment-1"><span>One</span></a></li>
        <li><a href="#fragment-2"><span>Two</span></a></li>
        <li><a href="#fragment-3"><span>Three</span></a></li>
    </ul>
    <div id="fragment-1">春节(Spring Festival)中国民间最隆重最富有特色的传统节日，它标志农历旧的一年结束
和新的一年的开始。……</div>
```

```
        <div id="fragment-2">农历五月初五，俗称"端午节"。端是"开端"、"初"的意思。初五可以称为端五。……
</div>
        <div id="fragment-3"> 农历九月九日，为传统的重阳节。重阳节又称为"双九节"、"老人节"，因为古老
的《易经》中把"六"定为阴数，……</div>
    </div>
    </body>
    </html>
```

以上页面将 Tab 菜单的 3 项分别放置于项目列表的<li>中，然后每个超链接地址与<li>对应的<div>相关联，运行结果如图 15.21 所示，很轻松就实现了 Tab 菜单的效果。

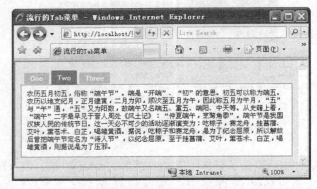

图 15.21　流行的 Tab 菜单

采用上述方法创建的 Tab 菜单的样式风格永远是绿色的，倘若希望使用其他的配色方案则需要手动修改插件的代码。插件的所有样式都放在一个名为 flora.tabs.css 的文件中，其中边框和文字的背景颜色比较好修改，存放在类别 ui-tabs-panel 中，默认的设置为：

```
.ui-tabs-panel {
    border: 1px solid #519e2d;
    padding: 10px;
    background: #fff;
}
```

例如修改为蓝色调，代码如下：

```
.ui-tabs-panel {
    border: 1px solid #0040aa; /*519e2d;*/
    padding: 10px;
    background: #fff;
}
```

此时页面如图 15.22 所示，仅仅只是正文部分的边框替换成了蓝色，Tab 项目本身依然是绿色。

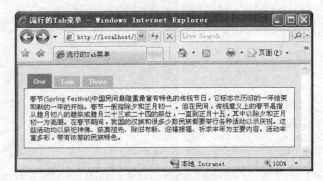

图 15.22　修改边框配色

仔细检测 CSS 代码，发现 Tab 项目使用的是背景图片，代码如下：

```
.ui-tabs-nav a, .ui-tabs-nav a span {
    float: left;
    padding: 0 12px;
    background: url(tabs.png) no-repeat;
}
```

该背景图片本身是绿色的，在 Photoshop 中打开这幅图片，复制一个新的图片，使用魔法杖工具分别选中深绿色和浅绿色的部分来修改颜色，如图 15.23 所示。

将上下两部分颜色均涂成蓝色调，并且删掉中间的白色部分，如图 15.24 所示。

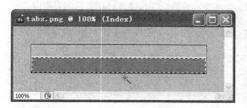

图 15.23　选中色块

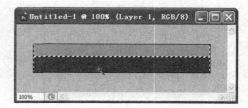

图 15.24　改为蓝色调

将其另存为 blue.png，然后修改 CSS 部分，代码如下：

```
.ui-tabs-nav a, .ui-tabs-nav a span {
    float: left;
    padding: 0 12px;
    background: url(blue.png) no-repeat; /*url(tabs.png) no-repeat;*/
}
```

此时页面效果如图 15.25 所示，整个 Tab 菜单变成了蓝色调。倘若希望使用其他色调的菜单，方法是完全相同的。

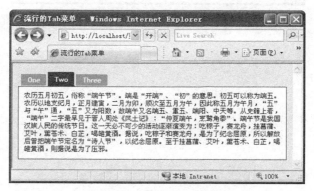

图 15.25　流行的 Tab 菜单

另外，tab()方法还可以接受参数来设置 Tab 菜单的各个细节。例 15.12 的代码在初始化时会自动选择 Tab 的第 2 项，并且在用户切换选项时会配合动画效果，运行结果如图 15.26 所示。

【例 15.12】UI 插件设置 Tab 菜单的细节（光盘文件：第 15 章\15-12.html）

```
<script language="javascript" src="jquery.ui/jquery-1.2.4a.js"></script>
<script language="javascript" src="jquery.ui/ui.base.min.js"></script>
<script language="javascript" src="jquery.ui/ui.tabs.min.js"></script>
<script language="javascript">
```

```
$(function(){
    //直接制作 Tab 菜单，默认选择为第 2 项，且切换的时候隐退动画
    $("#container > ul").tabs({fx:{opacity:"toggle",height:"toggle"}, selected:1});
});
</script>
</head>
<body>
<div id="container">
    <ul>
        <li><a href="#fragment-1"><span>One</span></a></li>
        <li><a href="#fragment-2"><span>Two</span></a></li>
        <li><a href="#fragment-3"><span>Three</span></a></li>
    </ul>
    <div id="fragment-1">春节(Spring Festival)中国民间最隆重最富有特色的传统节日，它标志农历旧的一年结束
和新的一年的开始。……</div>
    <div id="fragment-2">农历五月初五，俗称"端午节"。端是"开端"、"初"的意思。初五可以称为端五。……
</div>
    <div id="fragment-3"> 农历九月九日，为传统的重阳节。重阳节又称为"双九节"、"老人节"，因为古老
的《易经》中把"六"定为阴数，……</div>
</div>
</body>
```

图 15.26　设置 Tab 菜单的细节

精通

JavaScript + jQuery

第 4 部分

综合案例篇

第16章 网络相册

当你出去旅游拍了很多精美照片，希望放在网上与朋友分享时；当新闻工作者、摄影家拍了许多作品希望放到网上出售时，网络相册都必不可少。而且随着数码产品的普及，越来越多的人拥有自己的电子相册。本章以一个网络相册为例，综合介绍整个页面的制作方法。

16.1 分析构架

网络相册通常以缩略图的形式展现所有的图片，当单击某个缩略图时将弹出大图的浏览框。在大图的浏览状态下也可以进行逐一浏览。本例最终效果如图16.1所示。

图16.1 网络相册

16.1.1 设计分析

相册以显示图片清晰为首要目的，而通常相片本身尺寸不一，主要有水平的和竖直的两种。因此采用正方块作为背景，将所有缩略图排列。当单击某个缩略图时，在整个页面的中间弹出对话框显示大图，并合理地运用透明技巧，给用户全新的体验。

16.1.2 功能分析

在功能上主要考虑用户使用方便。小图浏览状态下，当用户的鼠标指针滑过缩略图时给予高亮提示；大图浏览则主要考虑能够根据用户的单击显示上一幅和下一幅图片，并考虑到横片与竖片的区别来调整图片的位置。

16.2 模块拆分

对整个页面的设计以及功能有了很好的把握后，需要对各个模块进行拆分，分别设计制作，最后再组合成整个相册。

16.2.1 缩略图排列

通常网络相册的图片数目是不固定的，因此将每一个缩略图都放在一个<div>块中，然后统一设置<div>块的排列，HTML 结构如下：

```
<div>
    <a href="photo/04.jpg"><img src="photo/thumb/04.jpg"></a>
</div>
……
<div>
    <a href="photo/09.jpg"><img src="photo/thumb/09.jpg"></a>
</div>
```

考虑到图片的统一命名方式，因此可以用 jQuery 直接生成所有图片代码，而不需要一个个手动输入，代码如下。这里使用了一个全局变量 iPicNum 来记录图片的数目，这样做也是为了能够灵活地添加、删除图片。

```
<script language="javascript" src="jquery.min.js"></script>
<script language="javascript">
var iPicNum = 30;    //图片总数量
$(function(){
    for(var i=1;i<=iPicNum;i++)
        //添加图片的缩略图
        $(document.body).append($("<div><a href='#'><img src='photo/thumb/"+i.toString()+".jpg'></a></div>"));
    $("div:has(a)").addClass("thumb");
</script>
```

让所有图片的<div>块向左浮动，自动根据页面大小进行排版，对应的 CSS 样式风格如下：

```
body{
    margin:0.8em;
    padding:0px;
}
div.thumb{
    float:left;                          /*  向左浮动  */
    height:160px; width:160px;           /*  每幅图片块的大小  */
    margin:6px;
    padding:0px;
}
div.thumb img{
```

```
    border:1px solid #82c3ff;
}
```

此时页面的显示结果如图 16.2 所示。

考虑到页面的美观大方，给每一幅缩略图都添加一个背景，并根据横片和竖片制作两种不同的背景图片，如图 16.3 所示。

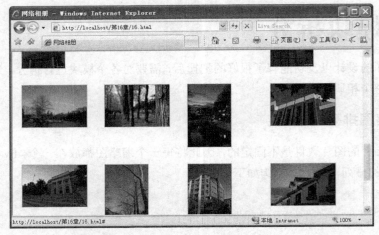

图 16.2　缩略图排列

图 16.3　缩略图的背景

在 CSS 中编写两种样式风格，分别用于这两种缩略图，代码如下：

```
div.ls{
    background:url(framels.jpg) no-repeat center;        /* 水平图片的背景 */
}
div.pt{
    background:url(framept.jpg) no-repeat center;        /* 竖直图片的背景 */
}
div.ls img{                                             /* 水平图片 */
    margin:0px;
    height:90px; width:135px;
}
div.pt img{                                             /* 竖直图片 */
    margin:0px;
    height:135px; width:90px;
}
div.ls a{
    display:block;                                      /* 定义为块元素 */
    padding:34px 14px 36px 11px;                        /* 将超链接区域扩大到整个背景块 */
}
div.pt a{
    display:block;
```

```
    padding:11px 36px 14px 34px;    /* 将超链接区域扩大到整个背景块 */
}
```

在 jQuery 中通过 JavaScript 代码获取每一幅缩略图的长和宽，根据长和宽的比较运用不同的样式风格，代码如下：

```
for(var i=0;i<iPicNum;i++){
    var myimg = new Image();
    myimg.src = $("div a img").get(i).src;
    //根据图片的比例（水平或者竖直）添加不同的样式
    if(myimg.width > myimg.height)
        $("div:has(a):eq("+i+")").addClass("ls");
    else
        $("div:has(a):eq("+i+")").addClass("pt");
}
```

此时页面的显示效果如图 16.4 所示，缩略图排列十分地整齐、美观。

图 16.4　缩略图排列

16.2.2　缩略图提示

考虑到用户浏览时的体验，当鼠标指针经过某个缩略图时应当给予高亮提示。根据缩略图的背景，制作大小相同、颜色为天蓝色的两幅图片，如图 16.5 所示。

图 16.5　高亮提示的图片

并且在 CSS 中为包含缩略图的<a>标记添加 hover 伪类别，代码如下：

```
div.ls a:hover{                    /* 鼠标指针经过时修改背景图片 */
    background:url(framels_hover.jpg) no-repeat center;
}
div.pt a:hover{
    background:url(framept_hover.jpg) no-repeat center;
}
```

这样便通过变幻背景图片实现了高亮提示的效果，如图 16.6 所示。

图 16.6　缩略图高亮提示

16.2.3　显示大图

用户在单击缩略图时显示相应的大图，考虑到页面空间的局限以及整体界面的友好，将大图放在一个<div>块中，然后采用绝对定位方式将其置于页面的上方，相应的 HTML 如下：

```
<div id="showPhoto">   <!-- 显示大图 -->
    <img src="close.jpg" id="close">  <!-- 面板中的关闭按钮 -->
    <div id="showPic"><img></div>
    <div id="bgblack"></div>   <!-- 用来显示透明的黑色背景 -->
</div>
```

这里将大图片<img>放在一个<div id="showPic">的块中，主要是考虑到图片有横竖的区别，采用正方形的<div>块来控制比较方便，这与缩略图都置于正方形的<div>块中是一样的道理。另外<img>标记中没有设定图片的地址，这是因为大图的地址是根据小图而来的，需要动态获得。对应的 CSS 代码如下：

```
#showPhoto{
    position:absolute;
    width:620px; height:570px;
    z-index:200;
}
#showPhoto img#close{
    position:absolute;
    right:10px; top:10px;
    cursor:pointer;
    z-index:2;
}
#showPic{
    width:454px; height:454px;  /* 正方形的块 */
    position:absolute;
    left:81px; top:40px;
    text-align:center;
    vertical-align:middle;
}
#bgblack{
    width:620px; height:570px;
    position:absolute;
    left:0px; top:0px;
```

```
        background:#000000;
        z-index:-1;
    }
    #showPic img{
        padding:1px; border:1px solid #FFFFFF;
        z-index:1; position:relative;
    }
```

此时页面的显示效果如图16.7所示。

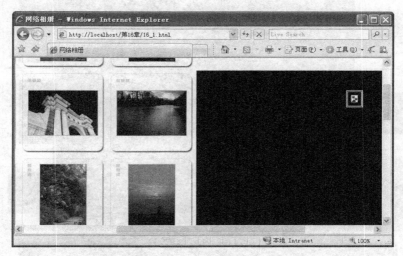

图16.7　大图面板

16.3　功能细化

在页面的各个元素都布置妥当后，便需要与用户交互，这里主要包括单击缩略图显示大图，以及在大图模式下的浏览操作。

16.3.1　初始化页面

页面初始化时，大图面板是隐藏的，只有当用户单击时才显示。另外还需要将大图的背景黑色块设置为透明，相应的 jQuery 代码如下：

```
$("#showPhoto").hide();                    //初始化时不显示大图
$("#bgblack").css("opacity",0.9);        //显示大图的方块背景设置为透明
```

16.3.2　实现单击缩略图弹出大图窗口

当用户单击缩略图时弹出大图窗口，并且考虑到不同用户浏览器窗口大小的不同，利用 window 对象动态控制大图的位置，使其永远居中，代码如下：

```
$("div a:has(img)").click(function(){
    //如果单击缩略图，则显示大图
    $("#showPhoto").css({
        //大图的位置根据窗口来判断
        "left":($(window).width()/2-300>20?$(window).width()/2-300:20),
        "top":($(window).height()/2-270>30?$(window).height()/2-270:30)
```

```
}).add("#showPic").fadeIn(400);
});
```

此时页面的效果如图 16.8 所示。

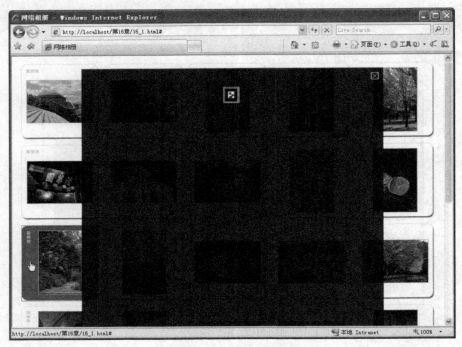

图 16.8 单击显示大图窗口

这时便可以根据用户单击的图片来设置大图的地址了，并且还需要根据图片是水平还是竖直来调整大图的位置，代码如下：

```
$("div a:has(img)").click(function(){
    //如果单击缩略图，则显示大图
    $("#showPhoto").css({
        //大图的位置根据窗口来判断
    "left":$(window).width()/2-300>20?$(window).width()/2-300:20,
    "top":$(window).height()/2-270>30?$(window).height()/2-270:30)
    }).add("#showPic").fadeIn(400);
    //根据缩略图的地址获取相应的大图地址
    var mySrc = $(this).find("img").attr("src");
    mySrc = "photo" + mySrc.slice(mySrc.lastIndexOf("/"));
    $("#showPic").find("img").attr("src",mySrc);

    if($(this).parent().hasClass("ls"))
        //根据图片属性（水平或者竖直）调整大图的位置
        $("#showPic").find("img").css("marginTop","70px");
    else if($(this).parent().hasClass("pt"))
        $("#showPic").find("img").css("marginTop","0px");
});
```

在缩略图初始化时已经分析过所有图片是横片还是竖片，因此只需要根据当时设置的 CSS 样式风格（"ls" 或者 "pt"）便可以轻松获得相关信息，不需要再通过图片本身来判断，此时显示效果如图 16.9 所示。

图 16.9   根据缩略图显示大图

16.3.3　关闭按钮隐藏大图窗口

在大图面板的右上角还有一个"关闭"按钮，用来隐藏整个大图面板，添加相应的单击事件，如下所示：

```
$("#close").click(function(){
    //单击按钮 close，则关闭大图面板（采用动画）
    $("#showPhoto").add("#showPic").fadeOut(400);
});
```

16.3.4　在同一大图窗口浏览多幅图片

用户打开大图面板之后，往往希望能够一直浏览大图，而不是通过反复关闭大图窗口来单击不同的缩略图。因此在大图窗口添加"上一幅"、"下一幅"的链接，HTML 代码如下：

```
<div id="navigator">
    <span id="prev"><< 上一幅</span><span id="next">下一幅 >></span>
</div>
```

在 CSS 中仍然采用绝对定位来控制这两个链接的位置，代码如下：

```
#navigator{
    position:absolute;
    z-index:3; color:#FFFFFF;
    cursor:pointer;
    bottom:40px; left:225px;
    font-size:12px;
    font-family:Arial, Helvetica, sans-serif;
}
#navigator span{
    padding:20px;
}
```

此时页面的显示效果如图 16.10 所示。

图 16.10　"上一幅"、"下一幅"链接

为这两个链接添加相应的 jQuery 事件，同样需要根据水平或是竖直图片来调整相应的显示位置，代码如下：

```
var currentSrc;
var bMargin;
$("#prev").click(function(){
    //单击"上一幅"链接
    currentSrc = $("#showPic").find("img").attr("src");
    //根据目前的地址，获取上一幅的地址
    var iNum = parseInt(currentSrc.substring(currentSrc.lastIndexOf("/")+1,currentSrc.lastIndexOf(".jpg")));
    var iPrev = (iNum == 1)?iPicNum:(iNum-1);
    var prevSrc = "photo/" + iPrev.toString() + ".jpg";
    $("#showPic").find("img").attr("src",prevSrc);

    bMargin = $("div:has(img[src$=/"+iPrev.toString()+".jpg])").hasClass("ls");
    //根据图片对应的缩略图属性（水平或者竖直）调整大图的位置
    if(bMargin)
        $("#showPic").find("img").css("marginTop","70px");
    else
        $("#showPic").find("img").css("marginTop","0px");
});

$("#next").click(function(){
    //单击"下一幅"链接
    currentSrc = $("#showPic").find("img").attr("src");
    var iNum = parseInt(currentSrc.substring(currentSrc.lastIndexOf("/")+1,currentSrc.lastIndexOf(".jpg")));
    var iNext = (iNum == iPicNum)?1:iNum+1;
    var nextSrc = "photo/" + iNext.toString() + ".jpg";
    $("#showPic").find("img").attr("src",nextSrc);

    bMargin = $("div:has(img[src$=/"+iNext.toString()+".jpg])").hasClass("ls");
    if(bMargin)
        $("#showPic").find("img").css("marginTop","70px");
    else
        $("#showPic").find("img").css("marginTop","0px");
});
```

这样单击这两个链接便可以在大图浏览状态下查看所有图片了，如图 16.11 所示。

另外，很多时候用户喜欢在图片上直接单击，通常设置为单击浏览下一幅。这里只需要利用 jQuery 的触发事件功能，当用户单击图片时触发"下一幅"的相应事件即可，不需要再重复编写代码，如下所示：

图 16.11 大图状态下浏览

```
$("#showPic").find("img").click(function(){
    //单击大图，同样显示下一幅
    $("#next").click();
});
```

这样在单击图片时便可以轻松浏览下一幅图片了，如图 16.12 所示。

图 16.12 单击图片显示下一幅

16.4 统一调整

当整个页面制作完成后通常还需要进行相关的测试，以发现可能存在的问题。例如修改图片的数量 iPicNum 的值，多加一些图片；在各种浏览器中测试；等等。完整代码如例 16.1 所示，页面在 Firefox 中的显示效果如图 16.13 所示。

【例 16.1】综合案例：制作网络相册（光盘文件：第 16 章\16.html 和 16.css）

```
<!DOCTYPE html PUBLIC "-//W3C//DTD XHTML 1.0 Transitional//EN" "http://www.w3.org/TR/xhtml1/DTD/
xhtml1-transitional.dtd">
<html>
<head>
<title>网络相册</title>
<link href="16.css" rel="stylesheet" type="text/css" />
<script language="javascript" src="jquery.min.js"></script>
<script language="javascript">
var iPicNum = 30;    //图片总数量
$(function(){
    for(var i=1;i<=iPicNum;i++)
        //添加图片的缩略图
        $(document.body).append($("<div><a href='#'><img src='photo/thumb/"+i.toString()+".jpg'></a></div>"));
    $("div:has(a)").addClass("thumb");
    for(var i=0;i<iPicNum;i++){
        var myimg = new Image();
        myimg.src = $("div a img").get(i).src;
        //根据图片的比例（水平或者竖直）添加不同的样式
        if(myimg.width > myimg.height)
            $("div:has(a):eq("+i+")").addClass("ls");
        else
            $("div:has(a):eq("+i+")").addClass("pt");
    }

    $("#showPhoto").hide();    //初始化时不显示大图
    $("#bgblack").css("opacity",0.9);    //显示大图的方块背景设置为透明

    $("#close").click(function(){
        //单击按钮 close，则关闭大图面板（采用动画）
        $("#showPhoto").add("#showPic").fadeOut(400);
    });

    $("div a:has(img)").click(function(){
        //如果单击缩略图，则显示大图
        $("#showPhoto").css({
            //大图的位置根据窗口来判断
            "left":($(window).width()/2-300>20?$(window).width()/2-300:20),
            "top":($(window).height()/2-270>30?$(window).height()/2-270:30)
        }).add("#showPic").fadeIn(400);
        //根据缩略图的地址获取相应的大图地址
        var mySrc = $(this).find("img").attr("src");
        mySrc = "photo" + mySrc.slice(mySrc.lastIndexOf("/"));
        $("#showPic").find("img").attr("src",mySrc);

        if($(this).parent().hasClass("ls"))
            //根据图片属性（水平或者竖直）调整大图的位置
            $("#showPic").find("img").css("marginTop","70px");
        else if($(this).parent().hasClass("pt"))
            $("#showPic").find("img").css("marginTop","0px");
    });

    var currentSrc;
    var bMargin;
    $("#prev").click(function(){
        //单击"上一幅"链接
        currentSrc = $("#showPic").find("img").attr("src");
        //根据目前的地址，获取上一幅的地址
        var iNum = parseInt(currentSrc.substring(currentSrc.lastIndexOf("/")+1,currentSrc.lastIndexOf(".jpg")));
        var iPrev = (iNum == 1)?iPicNum:(iNum-1);
        var prevSrc = "photo/" + iPrev.toString() + ".jpg";
```

```
        $("#showPic").find("img").attr("src",prevSrc);

        bMargin = $("div:has(img[src$="/"+iPrev.toString()+".jpg])").hasClass("ls");
        //根据图片对应的缩略图属性（水平或者竖直）调整大图的位置
        if(bMargin)
            $("#showPic").find("img").css("marginTop","70px");
        else
            $("#showPic").find("img").css("marginTop","0px");
    });

    $("#next").click(function(){
        //单击"下一幅"链接
        currentSrc = $("#showPic").find("img").attr("src");
        var iNum = parseInt(currentSrc.substring(currentSrc.lastIndexOf("/")+1,currentSrc.lastIndexOf(".jpg")));
        var iNext = (iNum == iPicNum)?1:iNum+1;
        var nextSrc = "photo/" + iNext.toString() + ".jpg";
        $("#showPic").find("img").attr("src",nextSrc);

        bMargin = $("div:has(img[src$="/"+iNext.toString()+".jpg])").hasClass("ls");
        if(bMargin)
            $("#showPic").find("img").css("marginTop","70px");
        else
            $("#showPic").find("img").css("marginTop","0px");
    });

    $("#showPic").find("img").click(function(){
        //单击大图，同样显示下一幅
        $("#next").click();
    });
});
</script>
</head>
<body>
<div id="showPhoto">     <!-- 显示大图 -->
    <img src="close.jpg" id="close">     <!-- 面板中的关闭按钮 -->
    <div id="showPic"><img></div>
    <div id="bgblack"></div>     <!-- 用来显示透明的黑色背景 -->
    <div id="navigator">
        <span id="prev"><< 上一幅</span><span id="next">下一幅 >></span>
    </div>
</div>
</body>
</html>
```

图 16.13　网络相册

第 17 章　可自由拖动板块的页面

正如 15.2.1 节中提到的 iGoogle 一样，目前网络上拖动的页面愈发地流行。本节通过一个可拖动的板块的页面实例，综合讲解这类页面的制作方法。本例最终效果如图 17.1 所示。

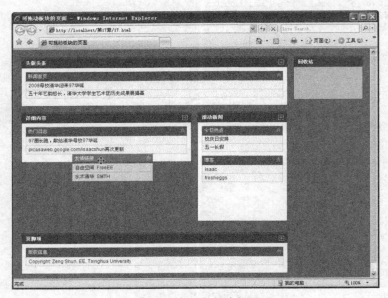

图 17.1　可拖动的板块的页面

17.1　框架设计

可拖动的板块在页面框架上没有过多的讲究，因为它的各个模块都是可以被拖动的。通常情况下页面主体为可拖动的模块，右侧有"回收站"，用来清理多余的模块。风格设计上不宜太花哨，以冷酷为主。

17.1.1　页面层次

在 HTML 代码中通常采用\<dl\>、\<dt\>、\<dd\>的逐级清单标记来规范模块中各层次之间的关系，而对于每一个面板，则采用一个大的\<div\>块来封装，代码如下：

```
<body id="uidemo">
    <div id="container">
        <div id="header" class="ui-sortable">
            <h2>头版头条</h2>
            <dl class="sort">
                <dt>新闻首页</dt>
                <dd>2008 母校清华迎来 97 华诞</dd>
                <dd>五十年艺韵悠长，清华大学学生艺术团历史成果展揭幕</dd>
            </dl>
```

```
        </div>
        ......
        <div class="clear"></div>
        <div id="footer" class="ui-sortable">
            <h2>页脚项</h2>
            <dl class="sort">
                <dt>版权信息</dt>
                <dd>Copyright: Zeng Shun, EE, Tsinghua University</dd>
            </dl>
        </div>
    </div>

    <div id="trashcan" class="ui-sortable">
        <h2>回收站</h2>
    </div>
</body>
```

可以看到页面主体都置于大块<div id="container">中，而回收站单独在另外一个<div>中，此时页面效果如图 17.2 所示。

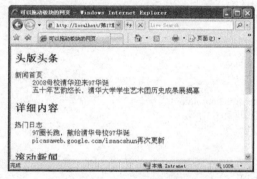

图 17.2　页面层次

17.1.2　样式风格

拖动的页面通常都使用简单的配色，以大方、冷酷为主要风格。模块之间主要采用绝对定位来精确控制位置，并且注意各个浏览器的兼容性，这里不再一一重复 CSS 的每个细节，直接给出最终 CSS 的代码以及显示效果，如图 17.3 所示。

```
body{
    background-color:#777777;
    color:#FFFFFF;
    margin:0px;
    padding:18px 0 0 18px;
    font-size:12px;
    font-family:Arial, Helvetica, sans-serif;
}
.clear{clear:both;}
.ui-sortable{
    background-color:#FFFFFF;
    border:1px solid #555555;
    color:#222222;
    margin:0 15px 15px 0;
    padding:0 10px 10px;
}
.ui-sortable h2{
    background-color:#555555;
    border-top:3px solid #666666;
```

```
        color:#FFFFD0;
        font-size:12px;
        margin:0 -10px 10px;
        line-height:2em;
        padding:0 10px;
}

dl.sort{
    color:#222222;
    margin:10px 0px;
}
dl.sort dt{
    background-color:#666666;
    color:#FFFFFF;
    cursor:move;
    height:2em; line-height:2em;
    padding:0px 6px;
    position:relative;
}
dl.sort dd{
    background-color:#FFFFD8;
    margin:0px;
    padding:3px 6px;
    border-bottom:1px dotted #999999;
    border-left:1px dotted #999999;
    border-right:1px dotted #999999;
}

span.options{cursor:pointer; position:absolute; }
.ui-sortable h2 span.options{right:8px; top:8px;}
dl.sort dt span.options{right:6px; top:5px;}

#container{float:left;}
#header{width:638px;}
#content{float:left; width:400px;}
#sidebar{float:left; width:200px;}
#footer{width:638px;}
#trashcan{
    float:left;
    width:150px; height:100px;
    background-color:#CCCCCC;
}
#trashcan p{margin:0px;}
```

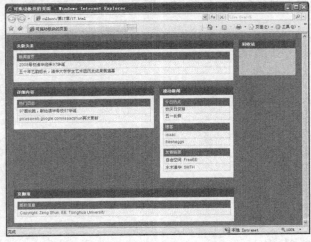

图 17.3   样式风格

17.2 功能模块

功能上首先考虑拖曳操作本身，其次考虑页面的实用性，添加子项目的移动和添加功能，并且可以将子项目拖入回收站销毁等。

17.2.1 拖曳操作

拖曳操作直接采用 jQuery 的 UI 插件 sortable()方法，这样直接省去了大量的代码开发以及讨厌的浏览器兼容性问题，代码如下：

```javascript
<script language="javascript" src="jquery-1.2.4a.js"></script>
<script language="javascript" src="ui.base.min.js"></script>
<script language="javascript" src="ui.droppable.min.js"></script>
<script language="javascript" src="ui.draggable.min.js"></script>
<script language="javascript" src="ui.sortable.min.js"></script>

var sortableChange = function(e, ui){
    //拖曳子项目
    if(ui.sender){
        var w = ui.element.width();
        ui.placeholder.width(w);
        ui.helper.css("width",ui.element.children().width());
    }
};

$(function(){
    //引用主页面中的所有块
    var els = ['#header', '#content', '#sidebar', '#footer', '#trashcan'];
    var $els = $(els.toString());

    //使用 jQuery 插件
    $els.sortable({
        items: '> dl',              //拖曳对象
        handle: 'dt',               //可触发该事件的对象
        cursor: 'move',             //鼠标样式
        opacity: 0.8,               //拖曳时透明
        appendTo: 'body',
        connectWith: els,
        start: function(e,ui) {
            ui.helper.css("width", ui.item.width());
        },
        change: sortableChange
    });
});
```

关于该插件的详细内容这里不再展开，读者可以参考 jQuery 官方网站上关于 UI 插件的说明，这里将最基本的用法都添加了注释。此时显示效果如图 17.4 所示，可以很方便地进行拖曳了。

17.2.2 添加子项目

类似这样的拖曳界面，通常可以让用户自己添加子项，这里采用小按钮的方式，即单击按钮添加一个子项目，如图 17.5 所示。

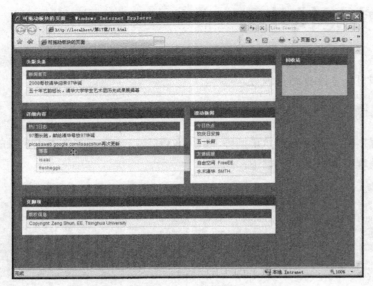

图 17.4　拖曳效果

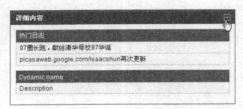

图 17.5　添加子项目

在初始化界面时添加该按钮，按钮位于一个<span>标记中，直接附加到<h2>标记中，代码如下：

```
//动态添加“增加子项目”按钮
$("h2", $els.slice(0,-1)).append('<span class="options"><a class="add"><img src="add.gif" border="0"></a></span>');

//绑定相关事件
$("a.add").bind("click", addItem);

相应的添加事件为 addItem 函数，代码如下：

var addItem = function(){
//添加一个子项目
var sortable = $(this).parents(".ui-sortable");
var html = '<dl class="sort"><dt>Dynamic name</dt><dd>Description</dd></dl>';
sortable.append(html).sortable("refresh").find("a.up").bind("click", moveUp);
};
```

这里直接添加了一个名称固定（<dt>Dynamic name</dt>）的子项目，如果希望能让用户自定义也十分地容易，留给读者作为练习。

17.2.3　移动子项目

在上一节的添加子项目中，所有添加的子项目都自动插入到了面板的末尾，自然就希望能够对子项目的顺序进行调整，这里仍然采用按钮的方式，如图 17.6 所示。

在初始化页面时添加该按钮，并赋予相对应的事件，代码如下：

```
var moveUp = function(){
    //向上移动子项目
    var link = $(this),
        dl = link.parents("dl"),
        prev = dl.prev("dl");
    if(link.is(".up") && prev.length > 0)
        dl.insertBefore(prev);
};

//动态添加"向上移动"按钮
$("dt", $els).append('<span class="options"><a class="up"><img src="up.gif" border="0"></a></span>');

//绑定相关事件
$("a.up").bind("click", moveUp);
```

另外在上一节添加子项目时，也必须修改相关代码，使得新添加的子项目也具备移动的功能，代码如下：

```
var addItem = function(){
    //添加一个子项目
    var sortable = $(this).parents(".ui-sortable");
    var options = '<span class="options"><a class="up"><img src="up.gif" border="0"></a></span>';
    var html = '<dl class="sort"><dt>Dynamic name'+options+'</dt><dd>Description</dd></dl>';
    sortable.append(html).sortable("refresh").find("a.up").bind("click", moveUp);
};
```

此时页面如图 17.7 所示，单击向上移动按钮，相应子项目的排序便提前了。

图 17.6　移动子项目　　　　　　　图 17.7　移动子项目

17.2.4　回收站

回收站用于删除相应的子项目，如果将子项目拖进回收站则该子项目就被删除了，如图 17.8 所示。

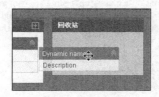

图 17.8　回收站

对于拖曳这一点，回收站与其他的项目没有本质区别，只不过会影响拖入后的整体更新，在 sortable 中添加更新回收站的方法，代码如下：

```
var sortableUpdate = function(e, ui){
    //更新模块（用户回收站清空后）
```

```
        if(ui.element[0].id == "trashcan"){
            emptyTrashCan(ui.item);
        }
};

$els.sortable({
    items: '> dl',            //拖曳对象
    handle: 'dt',             //可触发该事件的对象
    cursor: 'move',           //鼠标样式
    opacity: 0.8,             //拖曳时透明
    appendTo: 'body',
    connectWith: els,
    start: function(e,ui) {
        ui.helper.css("width", ui.item.width());
    },
    change: sortableChange,
    update: sortableUpdate                //用于回收站
});
```

17.3　整体规划

对于像本例这样代码较多的页面，通常将 JavaScript 脚本和 CSS 样式都用链接的形式，这样也能很好地做到页面结构、表现、行为的分离，代码如下：

```
<link href="17.css" type="text/css" rel="stylesheet" />
<script language="javascript" src="17.js"></script>
```

完整的 17.js 代码如例 17.1 所示，在 Firefox 中运行的结果如图 17.9 所示。

【例 17.1】综合案例：可自由拖动板块的页面（光盘文件：第 17 章\17.html、17.js 和 17.css）

```
$(function(){
    var moveUp = function(){
        //向上移动子项目
        var link = $(this),
            dl = link.parents("dl"),
            prev = dl.prev("dl");
        if(link.is(".up") && prev.length > 0)
            dl.insertBefore(prev);
    };

    var addItem = function(){
        //添加一个子项目
        var sortable = $(this).parents(".ui-sortable");
        var options = '<span class="options"><a class="up"><img src="up.gif" border="0"></a></span>';
        var html = '<dl class="sort"><dt>Dynamic name'+options+'</dt><dd>Description</dd></dl>';
        sortable.append(html).sortable("refresh").find("a.up").bind("click", moveUp);
    };

    var emptyTrashCan = function(item){
        //回收站
        item.remove();
    };

    var sortableChange = function(e, ui){
        //拖曳子项目
        if(ui.sender){
            var w = ui.element.width();
            ui.placeholder.width(w);
            ui.helper.css("width",ui.element.children().width());
```

```
            }
        };

        var sortableUpdate = function(e, ui){
            //更新模块（用户回收站清空后）
            if(ui.element[0].id == "trashcan"){
                emptyTrashCan(ui.item);
            }
        };

        $(function(){
            //引用主页面中的所有块
            var els = ['#header', '#content', '#sidebar', '#footer', '#trashcan'];
            var $els = $(els.toString());

            //动态添加"增加子项目"、"向上移动"按钮
            $("h2",   $els.slice(0,-1)).append('<span   class="options"><a   class="add"><img   src="add.gif"
border="0"></a></span>');
            $("dt", $els).append('<span class="options"><a class="up"><img src="up.gif" border="0"></a></span>');

            //绑定相关事件
            $("a.add").bind("click", addItem);
            $("a.up").bind("click", moveUp);

            //使用 jQuery 插件
            $els.sortable({
                items: '> dl',          //拖曳对象
                handle: 'dt',           //可触发该事件的对象
                cursor: 'move',         //鼠标样式
                opacity: 0.8,           //拖曳时透明
                appendTo: 'body',
                connectWith: els,
                start: function(e,ui) {
                    ui.helper.css("width", ui.item.width());
                },
                change: sortableChange,
                update: sortableUpdate  //用于回收站
            });
        });
    });
```

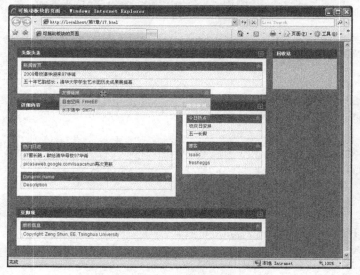

图 17.9　可拖动板块的页面

第 18 章　时尚购物网站报价单

网络购物已经越来越流行，琳琅满目的商品充斥着整个网络世界。一个好的报价单对于商品销售的促进是无形的，尤其是电子产品。本节通过一个邮箱报价单的实例，综合说明这类页面的制作方法，最终效果如图 18.1 所示。

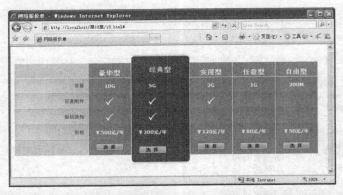

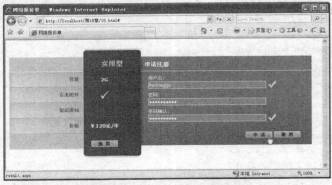

图 18.1　网络报价单

18.1　表格框架

报价单采用表格作为基础，罗列其中的各个数据。在此之上再运用 CSS 样式风格以及 JavaScript 脚本来改善用户的体验。

18.1.1　表格

整个页面的 HTML 表格框架代码如下：

```
<table>
    <thead>
        <tr>
            <th> </th>
```

```
                <th>豪华型</th>
                <th>经典型</th>
                <th>实用型</th>
                <th>任意型</th>
                <th>自由型</th>
        </tr>
    </thead>
    <tfoot>
        <tr>
            <td> </td>
            <td><a href="#">选择</a></td>
            ……
        </tr>
    </tfoot>
    <tbody>
        <tr>
            <td>容量</td>
            <td>10G</td>
            <td>5G</td>
            <td>2G</td>
            <td>1G</td>
            <td>200M</td>
        </tr>
        ……
    </tbody>
</table>
```

此时页面的效果如图 18.2 所示。

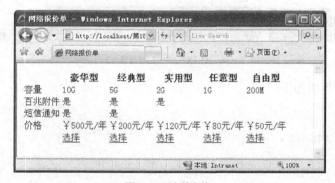

图 18.2　表格框架

18.1.2　选择物品

为了表示用户选中的物品，用 jQuery 将某一列添加单独的类型"on"，并为其设置相应的
CSS 样式，代码如下：

```
$("td:first-child, th:first-child").addClass("side");
$("td:nth-child(4), th:nth-child(4)").addClass("on");

.side {
    text-align:right;
    background:pink;
    font:bold 12px/15px verdana;
}
td {
    text-align:center;
    background:#aaa;
```

```
}
td.on {background:#9c9;}
th.on {background:#9c9;}
```

由于采用了 jQuery 强大的选择器，不再需要为按列操作表格而烦恼，此时页面的显示效果如图 18.3 所示。

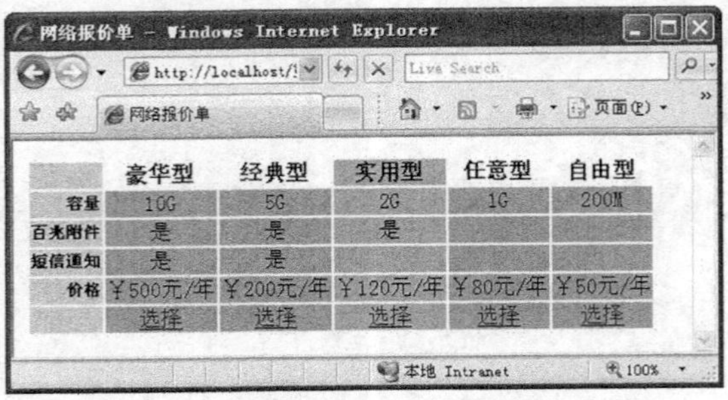

图 18.3   选择物品

18.1.3   商用界面

考虑到真实页面的商用性，对上述界面采用 CSS 进行彻底美化，利用各种图片作为表格的背景，并替换"是"以及"选择"的文字，如图 18.4 所示。

图 18.4 美化图片

相对应的 CSS 代码如下：

```
body{
    font-size:12px;
    font-family:Arial, Helvetica, sans-serif;
}
a img{
    border:0px;
    vertical-align:text-bottom;
}
table{
    border-collapse:collapse;
}
th.side{
    background:url(bg_th_side.gif) no-repeat bottom left;
}
td.side{
    text-align:right;
    background: url(bg_td_side.gif) no-repeat bottom left;
    width:180px; padding-right:10px;
    color:#6e6f37;
}
th{
    height:64px;
    border-right:1px solid #fff;
    vertical-align:bottom;
    color:#FFFFFF;
```

```
    font-size:18px;
    background:url(bg_th.gif) no-repeat bottom left;
}
td{
    text-align:center;
    background:url(bg_td.gif) no-repeat bottom left;
    border-right:1px solid #fff;
    color:#FFFFFF;
    width:108px; height:40px;
    font-weight:bold;
    font-family:Verdana, Arial, Helvetica, sans-serif;
}
td.on{
    background:url(bg_td_on.gif) no-repeat bottom left;
}
th.on{
    background:url(bg_th_on.gif) no-repeat bottom left;
    padding-bottom:9px;
    width:148px; color:#fff600;
}
tfoot td{
    background:url(bg_foot_td.gif) no-repeat top left;
    height:64px;
    vertical-align:top;
    padding-top:8px;
}
tfoot td.on{
    background:url(bg_foot_td_on.gif) no-repeat top left;
    padding-top:16px;
}
tfoot td.side{
    background:url(bg_foot_td_side.gif) no-repeat top left;
}
```

此时页面效果如图 18.5 所示。

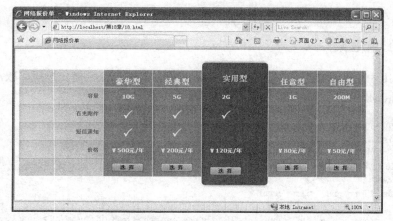

图 18.5　商用界面

18.2　交互选择

制作好界面后需要为报价单添加交互的动作。当用户单击不同栏目的"选择"按钮时，需要将该列的样式设置为突出，而其他列设置为普通。

采用 jQuery 的选择器，可以很轻松地实现按列选择，从而方便地修改样式风格，代码如下：

```
$("td a").click(function(){
    //单击"选择"按钮，首先获取该按钮的列号
    var iNum = $(this).parents("tr").find("td").index($(this).parent()[0])+1;
    $("td, th").removeClass("on");
    $("td:nth-child("+iNum+"), th:nth-child("+iNum+")").addClass("on").show();
});
```

以上代码首先获取被单击的列号，然后将其他列的"on"样式删除，并为该列添加这个样式，运行结果如图 18.6 所示。

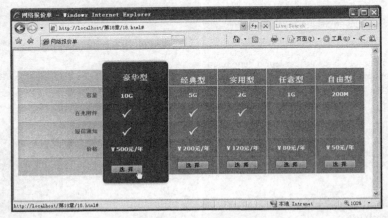

图 18.6　交互选择

18.3　注册单

当选择了某一款产品后，自然是希望用户能够填写注册单进行购买。注册单采用表单的形式，并且配合 Ajax 异步进行校验。

18.3.1　注册单框架

注册单采用表单的框架结构，包括用户名、密码、密码验证、提交按钮、取消按钮等，并且位于一个<div>块中，以便进一步处理，代码如下：

```
<div id="formcontainer">
    <h2>申请注册</h2>
    <div id="result">
    <form id="myForm" action="result.aspx">
        <fieldset>
            <label for="email" class="email">
                用户名:<br><input id="email" name="email" type="text">
                <span id="userOk"><img src="UserOk.png"></span><span id="userNot"><img src="UserNot.png">
</span>
            </label>
            <label for="crazypassword" class="password">
                密码:<br><input id="password1" name="password1" type="password">
            </label>
            <label for="retype" class="retype">
                密码确认:<br><input id="password2" name="password2" type="password">
                <span id="pwdOk"><img src="UserOk.png"></span><span id="pwdNot"><img src="UserNot.png"></span>
```

```
                </label>
            </fieldset>
            <fieldset class="buttons">
                <input type="image" src="button_submit.gif">
                <input type="image" src="button_cancel.gif">
            </fieldset>
        </form>
    </div>
</div>
```

添加与表格相配合的 CSS 样式风格，代码如下：

```
#formcontainer{
    width:443px; height:239px;
    background:url(bg_form.gif) no-repeat top left;
    padding:0px; margin:0px;
}
#formcontainer form{
    padding:8px 10px;
    margin:0px;
}
#formcontainer h2{
    margin:0px;
    padding:14px 0px 4px 10px;
    font-size:15px;
    color:#FFFFFF;
}
#formcontainer fieldset{
    border:none;
    padding:0px;
}
#formcontainer label{
    display:block;
    font-size:12px;
    font-family:Verdana;
    color:#FFFFFF;
    padding:8px 0px 0px 10px;
}
#formcontainer label.email{
    width:350px;
}
#formcontainer label input{
    width:300px;
    border:1px solid #FFFFFF;
    background-color:#909090;
    color:#FFFFFF;
    font-size:12px;
    font-family:Arial, Helvetica, sans-serif;
}
#formcontainer fieldset.buttons{
    padding:25px 0px 0px 260px;
}
#formcontainer span{
    margin:0px 0px 0px 2px;
    width:20px; padding:0px;
    display:none;
    height:20px; position:relative;
    vertical-align:top;
}
#formcontainer span img{
    position:absolute;
    top:0px; left:0px;
}
```

此时页面的显示效果如图 18.7 所示。

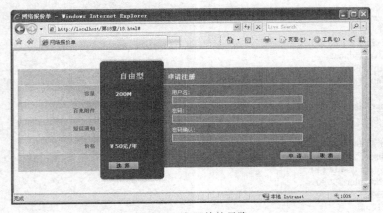

图 18.7　注册单

18.3.2　注册单的显隐

在用户没有选择相应的商品前，注册单是不应该显示的，而当用户选择了某款邮箱时，则应当显示注册单，并且将表格中其他无关数据隐藏，如图 18.8 所示为选择"自由型"邮箱时的截图。

图 18.8　注册单的显隐

首先在页面中添加大的<div>块，然后将注册单所在的<div>块运用 CSS 的绝对定位移动到表格上方合适的位置，代码如下：

```
<body>
<div id="prices">
<div id="formcontainer">
    <h2>申请注册</h2>
    ……

#prices{
    position:relative;
}
#formcontainer{
```

```
    width:443px; height:239px;
    background:url(bg_form.gif) no-repeat top left;
    position:absolute;     /* 绝对定位 */
    padding:0px; margin:0px;
    top:24px; left:341px;
    z-index:1;
}
```

此时页面效果如图 18.9 所示。

图 18.9　绝对定位

页面加载时注册单并不显示，而当用户选择某款商品后，将其他商品信息隐藏，然后显示该注册单。仍然使用 jQuery 的选择器来实现表格的按列操作，修改前面关于单击"选择"按钮的代码，如下所示：

```
$("td a").click(function(){
    //单击"选择"按钮，首先获取该按钮的列号
    var iNum = $(this).parents("tr").find("td").index($(this).parent()[0])+1;
    //除了最左边的"容量"、"百兆附件"那一列，全部去掉 on 属性，然后隐藏
    $("td:not(:first-child), th:not(:first-child)").removeClass("on").hide();
    //显示用户选中的那一列，同时显示注册单
    $("td:nth-child("+iNum+"), th:nth-child("+iNum+")").addClass("on").show();
    $("#formcontainer").show();
});
$("#formcontainer").hide();
```

此时页面效果如图 18.10 所示。

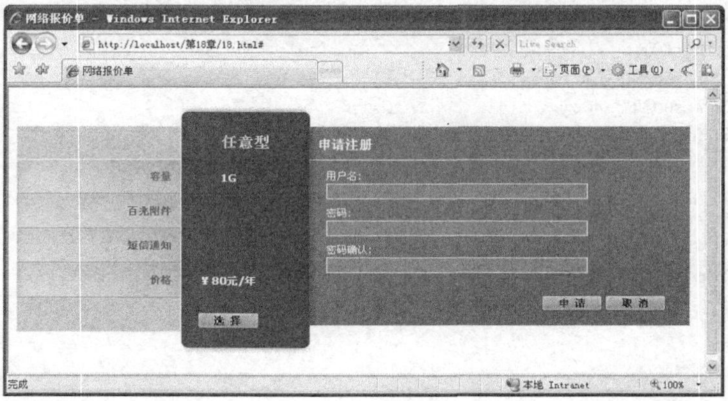

图 18.10　注册单的显隐

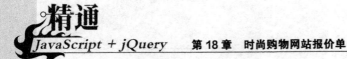

18.3.3 Ajax 异步校验

当用户选择了商品后便开始填写注册单，这里全部采用 Ajax 异步交互的方式，与第9章、第14章和第15章中介绍的方法基本相同。

首先是对用户名的校验，如果输入的用户名已经被占用，则提示不能注册，如图 18.11 所示。

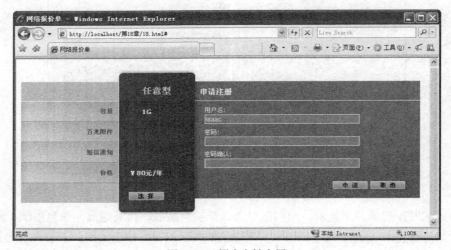

图 18.11　用户名被占用

这里采用的是文本框的 onblur() 方法来触发异步校验，相关代码如下，与 9.5 节的例 9.9 所介绍的方法完全类似，这里不再重复讲解。

```
用户名:<br><input id="email" name="email" type="text" onblur="CheckUser(this)">
function CheckUser(oInput){
    //首先判断是否有输入，没有输入则直接返回
    if(!oInput.value)
        return;
    $.get("18.aspx",{user:oInput.value.toLowerCase()},
        //用 jQuery 来获取异步数据
        function(data){
            if(data == "0"){
                $("#userNot").show();
                $("#userOk").hide();
                $("input[type=image]:eq(0)").attr("disabled",true);
            }
            else{
                $("#userNot").hide();
                $("#userOk").show();
                $("input[type=image]:eq(0)").attr("disabled",false);
            }
        }
    );
}
```

当输入的用户名没有被占用时方可进一步注册，如图 18.12 所示。

图 18.12 校验用户名

18.3.4 验证密码

对于拥有两个密码框的表单来说，通常还需要对两个密码是否输入一致进行校验，这里直接在本地校验即可，仍然采用 onblur()方法来触发，代码如下：

```
密码确认:<br><input id="password2" name="password2" type="password" onblur="CheckPwd()">
function CheckPwd(){
    if($("#password1").val() != $("#password2").val()){
        $("#pwdNot").show();
        $("#pwdOk").hide();
        $("input[type=image]:eq(0)").attr("disabled",true);
    }
    else{
        $("#pwdNot").hide();
        $("#pwdOk").show();
        $("input[type=image]:eq(0)").attr("disabled",false);
    }
}
```

当两个密码输入不一致时则会提示错误，如图 18.13 所示。

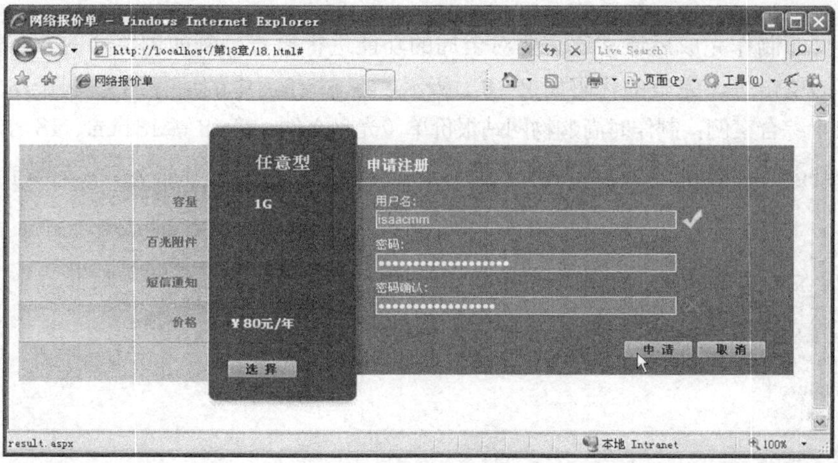

图 18.13 验证密码

很多时候还需要对密码本身进行验证，例如密码位数是否符合要求，密码强度是否过硬，等等，这里留给读者作为练习。

18.3.5　Ajax 异步提交

表单提交同样采用 Ajax 的方式，这样可以避免页面的整体刷新，而仅仅只是更新注册单中的局部。方法与 15.1.4 节所介绍的类似，这里不再重复，直接给出相关代码以及运行结果，如图 18.14 所示。

```
<script language="javascript" src="jquery.form.js"></script>
$("input[type=image]:eq(0)").click(function(){
    var myOptions = {
        target: "#result"
    };
    $("#myForm").ajaxSubmit(myOptions);
    return false;        //避免浏览器的默认提交
});
```

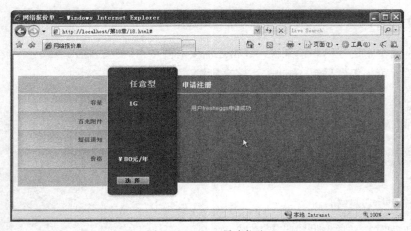

图 18.14　Ajax 异步提交

18.4　整体调整

在整个页面制作完成后通常还需要对全局的功能进行检查，例如浏览器的兼容性、各个按钮不同顺序的单击等。完整的代码如例 18.1 所示，在 Firefox 中的运行结果如图 18.15 所示。

【例 18.1】综合案例：制作时尚购物网站报价单（光盘文件：第 18 章\18.html、18.css 和 18.aspx）

```
<!DOCTYPE html PUBLIC "-//W3C//DTD XHTML 1.0 Transitional//EN" "http://www.w3.org/TR/xhtml1/DTD/
xhtml1-transitional.dtd">
<html>
<head>
<title>网络报价单</title>
<link href="18.css" type="text/css" rel="stylesheet" />
<!--[if lte IE 8]>
<style type="text/css">
#formcontainer {
    top:34px;
}
</style>
<![endif]-->
```

```javascript
<script language="javascript" src="jquery.min.js"></script>
<script language="javascript" src="jquery.form.js"></script>
<script language="javascript">
$(function(){
    $("td:first-child, th:first-child").addClass("side");
    $("td:nth-child(4), th:nth-child(4)").addClass("on");

    $("td a").click(function(){
        //单击"选择"按钮，首先获取该按钮的列号
        var iNum = $(this).parents("tr").find("td").index($(this).parent()[0])+1;
        //除了最左边的"容量"、"百兆附件"那一列，全部去掉 on 属性，然后隐藏
        $("td:not(:first-child), th:not(:first-child)").removeClass("on").hide();
        //显示用户选中的那一列，同时显示注册单
        $("td:nth-child("+iNum+"), th:nth-child("+iNum+")").addClass("on").show();
        $("#formcontainer").show();
    });
    $("#formcontainer").hide();

    //没填写注册单之前，提交按钮不可用
    $("input[type=image]:eq(0)").attr("disabled",true);

    $("input[type=image]:eq(1)").click(function(){
        $("#formcontainer").hide();
        $("td, th").show();
        return false;
    });

    $("input[type=image]:eq(0)").click(function(){
        var myOptions = {
            target: "#result"
        };
        $("#myForm").ajaxSubmit(myOptions);
        return false;      //避免浏览器的默认提交
    });

});
function CheckUser(oInput){
    //首先判断是否有输入，没有输入直接返回
    if(!oInput.value)
        return;
    $.get("18.aspx",{user:oInput.value.toLowerCase()},
        //用 jQuery 来获取异步数据
        function(data){
            if(data == "0"){
                $("#userNot").show();
                $("#userOk").hide();
                $("input[type=image]:eq(0)").attr("disabled",true);
            }
            else{
                $("#userNot").hide();
                $("#userOk").show();
                $("input[type=image]:eq(0)").attr("disabled",false);
            }
        }
    );
}
function CheckPwd(){
    if($("#password1").val() != $("#password2").val()){
        $("#pwdNot").show();
        $("#pwdOk").hide();
        $("input[type=image]:eq(0)").attr("disabled",true);
```

```
        }
        else{
            $("#pwdNot").hide();
            $("#pwdOk").show();
            $("input[type=image]:eq(0)").attr("disabled",false);
        }
    }
</script>
</head>
<body>
<div id="prices">

<div id="formcontainer">
    <h2>申请注册</h2>
    <div id="result">
    <form id="myForm" action="result.aspx">
        <fieldset>
            <label for="email" class="email">
                用户名:<br><input id="email" name="email" type="text" onblur="CheckUser(this)">
                <span id="userOk"><img src="UserOk.png"></span><span id="userNot"><img src="UserNot.png">
</span>
            </label>
            <label for="crazypassword" class="password">
                密码:<br><input id="password1" name="password1" type="password">
            </label>
            <label for="retype" class="retype">
                密码确认:<br><input id="password2" name="password2" type="password" onblur="CheckPwd()">
                <span id="pwdOk"><img src="UserOk.png"></span><span id="pwdNot"><img src="UserNot. 出
png"></span>
            </label>
        </fieldset>
        <fieldset class="buttons">
            <input type="image" src="button_submit.gif">
            <input type="image" src="button_cancel.gif">
        </fieldset>
    </form>
    </div>
</div>
<table>
    <thead>
        <tr>
            <th> </th>
            <th>豪华型</th>
            <th>经典型</th>
            <th>实用型</th>
            <th>任意型</th>
            <th>自由型</th>
        </tr>
    </thead>
    <tfoot>
        <tr>
            <td> </td>
            <td><a href="#"><img src="choose.gif"></a></td>
            <td><a href="#"><img src="choose.gif"></a></td>
            <td><a href="#"><img src="choose.gif"></a></td>
            <td><a href="#"><img src="choose.gif"></a></td>
            <td><a href="#"><img src="choose.gif"></a></td>
        </tr>
    </tfoot>
    <tbody>
        <tr>
```

```
        <td>容量</td>
        <td>10G</td>
        <td>5G</td>
        <td>2G</td>
        <td>1G</td>
        <td>200M</td>
    </tr>
    <tr>
        <td>百兆附件</td>
        <td><img src="check.png" alt="yes"></td>
        <td><img src="check.png" alt="yes"></td>
        <td><img src="check.png" alt="yes"></td>
        <td></td>
        <td> </td>
    </tr>
    <tr>
        <td>短信通知</td>
        <td><img src="check.png" alt="yes"></td>
        <td><img src="check.png" alt="yes"></td>
        <td> </td>
        <td> </td>
        <td> </td>
    </tr>
    <tr>
        <td>价格</td>
        <td>￥500 元/年</td>
        <td>￥200 元/年</td>
        <td>￥120 元/年</td>
        <td>￥80 元/年</td>
        <td>￥50 元/年</td>
    </tr>
    </tbody>
</table>
</div>
</body>
</html>
```

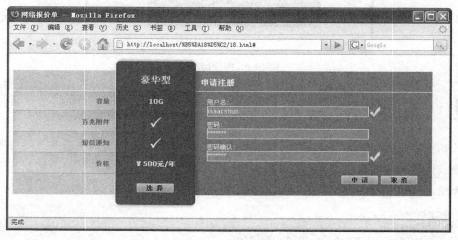

图 18.15　网络报价单

第19章 图片切割器

对于拍摄的相片通常都有一些多余的部分，在 Photoshop 等图像处理软件中有非常方便的图片切割工具。对于网上的图片，利用 jQuery 就能模拟类似的切割效果，十分方便。本例通过图片切割器的实例，综合介绍类似操作的制作方法，最终运行结果如图 19.1 所示。

图 19.1 图片切割器

19.1 页面框架

图片切割器的页面框架较为简单，主体部分就是一幅图片。但是细细看来，要想实现选区中间清晰、四周黑影的效果必须要有两幅图片相互叠加在一起，上面的图片被切割，下面的图片完整无缺，并设置透明度，其 HTML 代码如下：

```
<div id="picArea">
    <div id="mypic">
        <img src="01.jpg" border="0" id="mypic1">
        <img src="01.jpg" border="0" id="mypic2">
    </div>
</div>
```

这里将两幅相同的图片放在<div id="mypic">块中，然后用一个大的<div id="picArea">块进行封装，并将这个大<div>块的背景设置为黑色（页面背景可以为白色或者其他自定义颜色），以便使透明的效果更佳。图片都采用绝对定位，对应的 CSS 代码如下：

```css
body{
    margin:0px; padding:0px;
    text-align:center;
    font-family:Arial, Helvetica, sans-serif;
    font-size:12px;
}

#picArea{
    position:absolute;
    top:50px;background:#000000;      /* 黑色背景 */
    padding:0px; margin:0px;
}

#mypic{
    position:absolute;
    padding:0px; margin:0px;
    left:0px; top:0px;
}
/* 两幅相同的图片，在同一个位置
    上面的图片用来显示选中部分，不变颜色
    下面那幅则通过透明，变黑
*/
#mypic1{
    position:absolute;
    z-index:2;
}
#mypic2{
    position:absolute;
    z-index:1;
    filter:alpha(opacity=50);      /* 位于下方的图片，设置透明度 */
    -moz-opacity:0.5;
    opacity:0.5;
}
```

19.2 选区

选区的控制是整个图片切割器的核心，用户在图片上单击时出现选区，并随着用户的拖曳选区也相应地变化，直到用户松开鼠标。此时选区便停留在图片中，用户可以通过选区四周的方块来改变选区的大小。

19.2.1 选区样式

通常一个图片切割器的选区除了矩形之外，四周还有一些可以拖动的小方块，如图 19.2 所示为 Photoshop 中剪切工具的选区。

这里采用一个<div>大块和 9 个小图形来模拟类似的效果，在 HTML 中的代码如下：

```html
<div id="selectArea">
    <span id="square0"><img src="dot.gif" border="0" style="cursor:nw-resize;"></span>
    <span id="square1"><img src="dot.gif" border="0" style="cursor:n-resize;"></span>
    <span id="square2"><img src="dot.gif" border="0" style="cursor:ne-resize;"></span>
    <span id="square3"><img src="dot.gif" border="0" style="cursor:w-resize;"></span>
    <span id="square4"><img src="dot.gif" border="0" style="cursor:e-resize;"></span>
    <span id="square5"><img src="dot.gif" border="0" style="cursor:sw-resize;"></span>
```

```
    <span id="square6"><img src="dot.gif" border="0" style="cursor:s-resize;"></span>
    <span id="square7"><img src="dot.gif" border="0" style="cursor:se-resize;"></span>
    <span id="square8"><img src="middot.gif" border="0" style="cursor:move;"></span>
</div>
```

其中为每一个小方块都添加了 id 号，并且设置相应的鼠标样式，对应的 CSS 代码如下，选区的效果如图 19.3 所示。

```css
#selectArea{
    border:1px dashed #FFFFFF;
    position:absolute;
    z-index:5;
    display:none;      /* 初始化时隐藏选区 */
    margin:0px; padding:0px;
    cursor:move;
}
#selectArea span{
    padding:0px; margin:0px;
    position:absolute;
    background-color:#333333;
}
#selectArea span img{
    padding:0px; margin:0px;
    position:absolute;
}
```

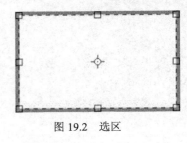

图 19.2　选区

图 19.3　选区样式

19.2.2　显示选区

当用户在图片中单击鼠标时选区显示，因此需要给<div id="picArea">绑定一个监听事件，监听鼠标的单击操作，代码如下：

```javascript
var fnpicAreaDown, fnpicAreaMove, fnpicAreaUp; //事件的函数名称
//单击鼠标，出现虚线选区
$("#picArea").bind("mousedown",fnpicAreaDown = function(e){
    var clickX = e.pageX-offsetX, clickY = e.pageY-offsetY;
    $("#selectArea").show().css({
        "left":clickX,
        "top":clickY,
        "height":"0px",
        "width":"0px"
    });
    return false;      //阻止浏览器的默认事件
});
```

以上代码在用户单击鼠标时显示选区，选区的位置就在用户单击鼠标处，此时选区的大小为 0。用户单击鼠标后拖动鼠标，此时选区随着用户鼠标的移动大小也相应地变化，因此鼠标移

动 mousemove 事件是在单击鼠标后的。

如果用户从左上到右下拖动鼠标，选区 left 和 top 的值都不变，只需要变化 height 和 width 的值。倘若用户向其他的方向（例如右下到左上），则选区 left、top、height、width 的值都在变化，因此需要判断，代码如下：

```
var fnpicAreaDown, fnpicAreaMove, fnpicAreaUp;      //事件的函数名称
//单击鼠标，出现虚线选区
$("#picArea").bind("mousedown",fnpicAreaDown = function(e){
    var clickX = e.pageX-offsetX, clickY = e.pageY-offsetY;
    $("#selectArea").show().css({
        "left":clickX,
        "top":clickY,
        "height":"0px",
        "width":"0px"
    });
    //移动鼠标，该选区变大
    $("#picArea").bind("mousemove",fnpicAreaMove = function(e){
        //获取鼠标移动的相对位置
        var iX = e.pageX-offsetX-clickX;
        var iY = e.pageY-offsetY-clickY;
        //首先判断不能移动出 picArea，兼容 IE
        if(e.pageX>=offsetX && e.pageX<=offsetX+$(this).width()){
            //其次，允许从下往上拖动
            if(iX>=0)
                $("#selectArea").css("width",iX);
            else
                $("#selectArea").css({"width":-iX,"left":e.pageX-offsetX});
        }
        if(e.pageY>=offsetY && e.pageY<=offsetY+$(this).height()){
            if(iY>=0)
                $("#selectArea").css("height",iY);
            else
                $("#selectArea").css({"height":-iY,"top":e.pageY-offsetY});
        }
        return false;       //阻止浏览器的默认事件
    });
    return false;           //阻止浏览器的默认事件
});
```

此时页面效果如图 19.4 所示。

当用户拖动鼠标时，选区中的 9 个小方块也应该同时移动，编写函数 moveNine()，用于选区中的小方块移动，函数代码如下：

```
function moveNine(){
    //移动那 9 个小方块
    var iSelectWidth = parseInt($("#selectArea").width());
    var iSelectHeight = parseInt($("#selectArea").height());
    $("#square0").css({"left":"-1px","top":"-1px"});
    $("#square1").css({"left":iSelectWidth/2-2,"top":"-1px"});
    $("#square2").css({"left":iSelectWidth-4,"top":"-1px"});
    $("#square3").css({"left":"-1px","top":iSelectHeight/2-2});
    $("#square4").css({"left":iSelectWidth-4,"top":iSelectHeight/2-2});
    $("#square5").css({"left":"-1px","top":iSelectHeight-4});
    $("#square6").css({"left":iSelectWidth/2-2,"top":iSelectHeight-4});
    $("#square7").css({"left":iSelectWidth-4,"top":iSelectHeight-4});
    $("#square8").css({"left":iSelectWidth/2-3,"top":iSelectHeight/2-3});
}
```

将该函数添加到鼠标移动的事件函数中，显示效果如图19.5所示。

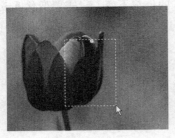
图 19.4   显示选区

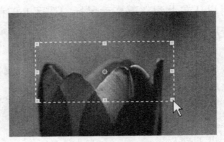
图 19.5   小方块同时移动

当用户松开鼠标时，选区不再移动，并且选区外的图片变成透明的暗色调，即为<div id="picArea">绑定一个 mouseup 事件，用来删除鼠标单击事件，并且剪切图片，代码如下：

```
//松开鼠标，删除出现选区的相关事件
$("#picArea").bind("mouseup",fnpicAreaUp = function(e){
    $("#picArea").unbind("mousedown",fnpicAreaDown);
    $("#picArea").unbind("mousemove",fnpicAreaMove);
    cropPic();    //剪切上层图片，实现四周阴影的效果
    $("#picArea").unbind("mouseup",fnpicAreaUp);
    return false;
});
```

其中剪切图片的cropPic()方法如下所示，采用的是CSS中的clip: rect(top, right, bottom, left)方法。

```
function cropPic(){
    var tempSelectArea = $("#selectArea");
    //记录选区的4个点，用于切割
    var iCropTop = parseInt(tempSelectArea.css("top")) + 1;
    var iCropRight = parseInt(tempSelectArea.css("left")) + parseInt(tempSelectArea.width()) + 1;
    var iCropBottom = parseInt(tempSelectArea.css("top")) + parseInt(tempSelectArea.height()) + 1;
    var iCropLeft = parseInt(tempSelectArea.css("left")) + 1;
    $("#mypic1").css("clip", "rect("+iCropTop+"px,"+iCropRight+"px,"+iCropBottom+"px,"+iCropLeft+"px)");
}
```

此时，从单击鼠标、拖动到松开鼠标的一系列过程便制作完毕，页面效果如图19.6所示。

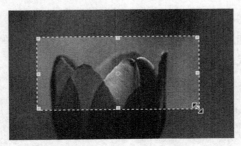
图 19.6   显示选区全过程

19.2.3   移动选区

在选区生成后，通常还可以根据需要对其进行移动。这时会发现一个很奇怪的兼容性问题，虽然设置了鼠标的样式为 move，在 Firefox 中选区的任何部位都显示正常，而 IE 中只有边框、中间的小方块这些"有内容"的地方才显示正常，如图19.7所示。

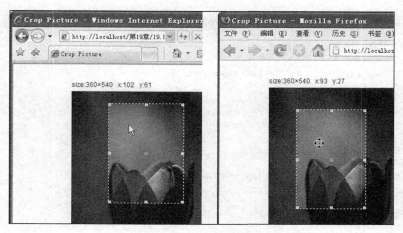

图 19.7　选区兼容性问题

这其实是 IE 的一贯风格，认为没有内容的地方不属于自己。为了解决这个 bug，在选区中添加一个<div>块，大小与选区同时变化，但透明度是 0，代码如下：

```
<div id="selectArea">
    <span id="square0"><img src="dot.gif" border="0" style="cursor:nw-resize;"></span>
    ……
    <span id="square8"><img src="middot.gif" border="0" style="cursor:move;"></span>
    <span id="squareIE"></span>            <!-- 解决 IE 兼容性问题 -->
</div>

#squareIE{
    background-color:#000000;
    position:absolute;
    left:4px; top:4px;
    filter:alpha(opacity=0);         /* 透明度设置为 0 */
    -moz-opacity:0;
}
```

在函数 moveNine()中添加如下代码，即 9 个小方块移动时该块的大小同时变化。

```
//这个就是给 IE 用的，制造一个看不见的区域来让 IE 选择
$("#squareIE").width(Math.abs(iSelectWidth-8)).height(Math.abs(iSelectHeight-8));
```

这时在 IE 中便可以正常显示了，如图 19.8 所示。

回到移动选区的问题本身，当用户在选区中单击鼠标时选区便可以根据鼠标的移动而移动，但是不能移出图片本身，因此重点在于判断选区的位置，代码如下：

```
var DivWidth, DivHeight, DivLeft, DivTop; //选区的宽、高、左位置、上位置
var fnselectDown,fnselectMove;
//单击移动选区，不能移出图片本身
$("#selectArea").bind("mousedown",fnselectDown = function(e){
    var clickX = e.pageX, clickY = e.pageY;
    DivWidth = parseInt($("#selectArea").width());
    DivHeight = parseInt($("#selectArea").height());
    DivLeft = parseInt($("#selectArea").css("left"));
    DivTop = parseInt($("#selectArea").css("top"));
    $("#picArea").bind("mousemove",fnselectMove = function(e){
        var moveOffsetX = e.pageX - clickX, moveOffsetY = e.pageY - clickY;

        //水平方向不能移动出去
        if(DivLeft+DivWidth+moveOffsetX>=parentWidth-2)
```

```
        $("#selectArea").css({"left":parentWidth-DivWidth-2});
    else if(DivLeft+moveOffsetX<0)
        $("#selectArea").css({"left":"0px"});
    else
        $("#selectArea").css({"left":DivLeft+moveOffsetX});

    //竖直方向也不能移动出去
    if(DivTop+DivHeight+moveOffsetY>=parentHeight-2)
        $("#selectArea").css({"top":parentHeight-DivHeight-2});
    else if(DivTop+moveOffsetY<0)
        $("#selectArea").css({"top":"0px"});
    else
        $("#selectArea").css({"top":DivTop+moveOffsetY});
    return false;
    });
    return false;
});
```

同样，与显示选区的思路类似，当用户松开鼠标时删除上述事件，并且重新剪切图片来移动阴影范围，代码如下：

```
$("#selectArea").bind("mouseup",function(e){
    $("#picArea").unbind("mousemove",fnselectMove);
    cropPic();
    return false;
});
```

此时页面效果如图 19.9 所示。

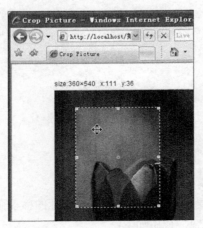

图 19.8　解决 IE 兼容性问题

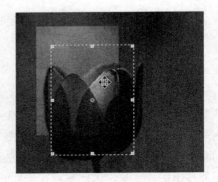

图 19.9　移动选区

19.2.4　改变选区大小

选区不但可以移动，还可以通过拖曳四周的小方块来改变大小。拖曳这些方块的方法与显示选区差不多，重点在于选区位置、大小的变化，以及选区本身不能超越边界，等等。

以左上角的小方块为例，同样是单击鼠标时开始移动小方块，释放鼠标时删除相关事件，并且重新剪切图片。该方块在移动时选区的位置（left、top）和大小（width、height）都在变化，因此必须加以判断，代码如下：

```
var fn0Move;
//左上角的小方块
```

```
$("#square0").bind("mousedown",function(e){
    var clickX = e.pageX, clickY = e.pageY;
    DivWidth = parseInt($("#selectArea").width());
    DivHeight = parseInt($("#selectArea").height());
    DivLeft = parseInt($("#selectArea").css("left"));
    DivTop = parseInt($("#selectArea").css("top"));
    $("#picArea").bind("mousemove",fn0Move = function(e){
        var moveOffsetX = e.pageX - clickX, moveOffsetY = e.pageY - clickY;

        //水平方向左移不能出图片，右移不能把选区宽度变成负数
        if(e.pageX>=offsetX){
            if(DivLeft+moveOffsetX<=0)
                $("#selectArea").css({"left":"0px","width":DivWidth-moveOffsetX});
            else if(moveOffsetX>DivWidth-10)
                $("#selectArea").css({"left":DivLeft+DivWidth-10,"width":"10px"});
            else
                $("#selectArea").css({"left":DivLeft+moveOffsetX,"width":DivWidth-moveOffsetX});
        }

        //竖直方向上移不能出图片，下移不能把选区高度变成负数
        if(e.pageY>=offsetY){
            if(DivTop+moveOffsetY<=0)
                $("#selectArea").css({"top":"0px","height":DivHeight-moveOffsetY});
            else if(moveOffsetY>DivHeight-10)
                $("#selectArea").css({"top":DivTop+DivHeight-10,"height":"10px"});
            else
$("#selectArea").css({"top":DivTop+moveOffsetY,"height":DivHeight-moveOffsetY});
        }
        moveNine();      //同时移动其他方块
        return false;
    });
    return false;
});
$("#square0").bind("mouseup",function(e){
    $("#picArea").unbind("mousemove",fn0Move);
    cropPic();       //重新剪切图片
    return false;
});
```

这样，移动左上角小方块的交互便制作完成了，如图 19.10 所示。

对于其他几个方块的制作方法是完全类似的，这里不再一一讲解，读者可以参考光盘中的源代码。

图 19.10　改变选区大小

19.3　最终剪切

当选区通过移动、放大、缩小等变化达到满意的状态时，在选区中双击鼠标便可以进行最终的剪切。因此给选区绑定监听双击鼠标的事件，并且在事件中对下层图片进行剪切，而不是前面提到的显示阴影效果时仅仅剪切上层图片，代码如下：

```
//双击选区切割
$("#selectArea").bind("dblclick",function(e){
    var tempSelectArea = $(this);
    //记录选区的 4 个点，用于切割
    var iCropTop = parseInt(tempSelectArea.css("top")) + 1;
    var iCropRight = parseInt(tempSelectArea.css("left")) + parseInt(tempSelectArea.width()) + 1;
    var iCropBottom = parseInt(tempSelectArea.css("top")) + parseInt(tempSelectArea.height()) + 1;
    var iCropLeft = parseInt(tempSelectArea.css("left")) + 1;
    //下层图片剪切，final
    $("#mypic2").css("clip", "rect("+iCropTop+"px,"+iCropRight+"px,"+iCropBottom+"px,"+iCropLeft+"px)");
    //背景色变成白色
    $("#picArea").css("backgroundColor","#FFFFFF");
    tempSelectArea.hide();
});
```

最终剪切之后的运行结果如图 19.11 所示。

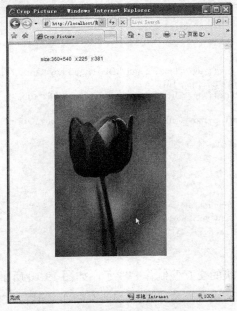

图 19.11　最终显示效果

19.4　整体调整

最后可以再为页面添加一些出彩的效果，例如时时显示鼠标位置等，如图 19.12 所示，这里不再详细分析，直接给出完整代码，如例 19.1 所示。页面在 Firefox 中的显示效果如图 19.13 所示。

图 19.12　显示鼠标位置

【例 19.1】综合案例：制作图片切割器（光盘文件：第 19 章\19.html、19.css 和 19.js）

```
$(function(){
    //初始化图片区域
    var myimg = new Image();
    myimg.src = $("#mypic2").attr("src");
    //输出图片数据
    $("#showSize").html(myimg.width + "×" + myimg.height);

    //初始化图片的位置，根据图片的宽度调整左右的位置
    $("#statistics, #picArea").css("left",$(window).width()/2-myimg.width/2);
    $("#picArea").width(myimg.width).height(myimg.height);
    var parentWidth = parseInt($("#picArea").width());
    var parentHeight = parseInt($("#picArea").height());

    //显示鼠标的相对于图片的坐标（左上角为(0,0)）
    var offsetX = parseInt($("#picArea").css("left"));
    var offsetY = parseInt($("#picArea").css("top"));
    $("#mypic").bind("mousemove",function(e){
        $("#xPos").text(e.pageX-offsetX);
        $("#yPos").text(e.pageY-offsetY);
    });

    var fnpicAreaDown, fnpicAreaMove, fnpicAreaUp;    //事件的函数名称
    //单击鼠标，出现虚线选区
    $("#picArea").bind("mousedown",fnpicAreaDown = function(e){
        var clickX = e.pageX-offsetX, clickY = e.pageY-offsetY;
        $("#selectArea").show().css({
            "left":clickX,
            "top":clickY,
            "height":"0px",
            "width":"0px"
        });
        //移动鼠标，该选区变大
        $("#picArea").bind("mousemove",fnpicAreaMove = function(e){
            //获取鼠标移动的相对位置
            var iX = e.pageX-offsetX-clickX;
            var iY = e.pageY-offsetY-clickY;
            //首先判断不能移动出 picArea，兼容 IE
            if(e.pageX>=offsetX && e.pageX<=offsetX+$(this).width()){
                //其次，允许从下往上拖动
                if(iX>=0)
                    $("#selectArea").css("width",iX);
                else
                    $("#selectArea").css({"width":-iX,"left":e.pageX-offsetX});
            }
            if(e.pageY>=offsetY && e.pageY<=offsetY+$(this).height()){
                if(iY>=0)
                    $("#selectArea").css("height",iY);
                else
                    $("#selectArea").css({"height":-iY,"top":e.pageY-offsetY});
            }
            moveNine();    //移动 9 个小方块
            return false;    //阻止浏览器的默认事件
        });
        return false;    //阻止浏览器的默认事件
    });
    //松开鼠标，删除出现选区的相关事件
    $("#picArea").bind("mouseup",fnpicAreaUp = function(e){
```

```
            $("#picArea").unbind("mousedown",fnpicAreaDown);
            $("#picArea").unbind("mousemove",fnpicAreaMove);
            cropPic();       //剪切上层图片，实现四周阴影的效果
            $("#picArea").unbind("mouseup",fnpicAreaUp);
            return false;
        });


        var DivWidth, DivHeight, DivLeft, DivTop;       //选区的宽、高、左位置、上位置

        var fnselectDown,fnselectMove;
        //单击移动选区，不能移出图片本身
        $("#selectArea").bind("mousedown",fnselectDown = function(e){
            var clickX = e.pageX, clickY = e.pageY;
            DivWidth = parseInt($("#selectArea").width());
            DivHeight = parseInt($("#selectArea").height());
            DivLeft = parseInt($("#selectArea").css("left"));
            DivTop = parseInt($("#selectArea").css("top"));
            $("#picArea").bind("mousemove",fnselectMove = function(e){
                var moveOffsetX = e.pageX - clickX, moveOffsetY = e.pageY - clickY;

                //水平方向不能移动出去
                if(DivLeft+DivWidth+moveOffsetX>=parentWidth-2)
                    $("#selectArea").css({"left":parentWidth-DivWidth-2});
                else if(DivLeft+moveOffsetX<0)
                    $("#selectArea").css({"left":"0px"});
                else
                    $("#selectArea").css({"left":DivLeft+moveOffsetX});

                //竖直方向也不能移动出去
                if(DivTop+DivHeight+moveOffsetY>=parentHeight-2)
                    $("#selectArea").css({"top":parentHeight-DivHeight-2});
                else if(DivTop+moveOffsetY<0)
                    $("#selectArea").css({"top":"0px"});
                else
                    $("#selectArea").css({"top":DivTop+moveOffsetY});
                return false;
            });
            return false;
        });
        $("#selectArea").bind("mouseup",function(e){
            $("#picArea").unbind("mousemove",fnselectMove);
            cropPic();
            return false;
        });

        var fn0Move;
        //左上角的小方块
        $("#square0").bind("mousedown",function(e){
            var clickX = e.pageX, clickY = e.pageY;
            DivWidth = parseInt($("#selectArea").width());
            DivHeight = parseInt($("#selectArea").height());
            DivLeft = parseInt($("#selectArea").css("left"));
            DivTop = parseInt($("#selectArea").css("top"));
            $("#picArea").bind("mousemove",fn0Move = function(e){
                var moveOffsetX = e.pageX - clickX, moveOffsetY = e.pageY - clickY;

                //水平方向左移不能出图片，右移不能把选区宽度变成负数
                if(e.pageX>=offsetX){
                    if(DivLeft+moveOffsetX<=0)
                        $("#selectArea").css({"left":"0px","width":DivWidth-moveOffsetX});
```

```
        else if(moveOffsetX>DivWidth-10)
            $("#selectArea").css({"left":DivLeft+DivWidth-10,"width":"10px"});
        else
            $("#selectArea").css({"left":DivLeft+moveOffsetX,"width":DivWidth-moveOffsetX});
    }

    //竖直方向上移不能出图片，下移不能把选区高度变成负数
    if(e.pageY>=offsetY){
        if(DivTop+moveOffsetY<=0)
            $("#selectArea").css({"top":"0px","height":DivHeight-moveOffsetY});
        else if(moveOffsetY>DivHeight-10)
            $("#selectArea").css({"top":DivTop+DivHeight-10,"height":"10px"});
        else
            $("#selectArea").css({"top":DivTop+moveOffsetY,"height":DivHeight-moveOffsetY});
    }
    moveNine();      //同时移动其他方块
    return false;
});
return false;
});
$("#square0").bind("mouseup",function(e){
    $("#picArea").unbind("mousemove",fn0Move);
    cropPic();      //重新剪切图片
    return false;
});

var fn1Move;
//上面中间的小方块
$("#square1").bind("mousedown",function(e){
    var clickX = e.pageX, clickY = e.pageY;
    DivWidth = parseInt($("#selectArea").width());
    DivHeight = parseInt($("#selectArea").height());
    DivLeft = parseInt($("#selectArea").css("left"));
    DivTop = parseInt($("#selectArea").css("top"));
    $("#picArea").bind("mousemove",fn1Move = function(e){
        var moveOffsetX = e.pageX - clickX, moveOffsetY = e.pageY - clickY;

        if(e.pageY>=offsetY){
            if(DivTop+moveOffsetY<=0)
                $("#selectArea").css({"top":"0px","height":DivHeight-moveOffsetY});
            else if(moveOffsetY>DivHeight-10)
                $("#selectArea").css({"top":DivTop+DivHeight-10,"height":"10px"});
            else
                $("#selectArea").css({"top":DivTop+moveOffsetY,"height":DivHeight-moveOffsetY});
        }
        moveNine();
        return false;
    });
    return false;
});
$("#square1").bind("mouseup",function(e){
    $("#picArea").unbind("mousemove",fn1Move);
    cropPic();
    return false;
});

var fn2Move;
//右上角的小方块
$("#square2").bind("mousedown",function(e){
    var clickX = e.pageX, clickY = e.pageY;
```

```
        DivWidth = parseInt($("#selectArea").width());
        DivHeight = parseInt($("#selectArea").height());
        DivLeft = parseInt($("#selectArea").css("left"));
        DivTop = parseInt($("#selectArea").css("top"));
        $("#picArea").bind("mousemove",fn2Move = function(e){
            var moveOffsetX = e.pageX - clickX, moveOffsetY = e.pageY - clickY;

            if(e.pageX<=offsetX+parentWidth){
                if(DivLeft+DivWidth+moveOffsetX>=parentWidth)
                    $("#selectArea").css({"width":DivWidth+moveOffsetX});
                else if(DivWidth+moveOffsetX<=10)
                    $("#selectArea").css({"width":"10px"});
                else
                    $("#selectArea").css({"width":DivWidth+moveOffsetX});
            }

            if(e.pageY>=offsetY){
                if(DivTop+moveOffsetY<=0)
                    $("#selectArea").css({"top":"0px","height":DivHeight-moveOffsetY});
                else if(moveOffsetY>DivHeight-10)
                    $("#selectArea").css({"top":DivTop+DivHeight-10,"height":"10px"});
                else
                    $("#selectArea").css({"top":DivTop+moveOffsetY,"height":DivHeight-moveOffsetY});
            }
            moveNine();
            return false;
        });
        return false;
    });
});
$("#square2").bind("mouseup",function(e){
    $("#picArea").unbind("mousemove",fn2Move);
    cropPic();
    return false;
});

var fn3Move;
//左侧中间的小方块
$("#square3").bind("mousedown",function(e){
    var clickX = e.pageX, clickY = e.pageY;
    DivWidth = parseInt($("#selectArea").width());
    DivHeight = parseInt($("#selectArea").height());
    DivLeft = parseInt($("#selectArea").css("left"));
    DivTop = parseInt($("#selectArea").css("top"));
    $("#picArea").bind("mousemove",fn3Move = function(e){
        var moveOffsetX = e.pageX - clickX, moveOffsetY = e.pageY - clickY;

        if(e.pageX>=offsetX){
            if(DivLeft+moveOffsetX<=0)
                $("#selectArea").css({"left":"0px","width":DivWidth-moveOffsetX});
            else if(moveOffsetX>DivWidth-10)
                $("#selectArea").css({"left":DivLeft+DivWidth-10,"width":"10px"});
            else
                $("#selectArea").css({"left":DivLeft+moveOffsetX,"width":DivWidth-moveOffsetX});
        }
        moveNine();
        return false;
    });
    return false;
});
$("#square3").bind("mouseup",function(e){
```

```
        $("#picArea").unbind("mousemove",fn3Move);
        cropPic();
        return false;
    });

    var fn4Move;
    //右边中间的小方块
    $("#square4").bind("mousedown",function(e){
        var clickX = e.pageX, clickY = e.pageY;
        DivWidth = parseInt($("#selectArea").width());
        DivHeight = parseInt($("#selectArea").height());
        DivLeft = parseInt($("#selectArea").css("left"));
        DivTop = parseInt($("#selectArea").css("top"));
        $("#picArea").bind("mousemove",fn4Move = function(e){
            var moveOffsetX = e.pageX - clickX, moveOffsetY = e.pageY - clickY;

            if(e.pageX<=offsetX+parentWidth){
                if(DivLeft+DivWidth+moveOffsetX>=parentWidth)
                    $("#selectArea").css({"width":DivWidth+moveOffsetX});
                else if(DivWidth+moveOffsetX<=10)
                    $("#selectArea").css({"width":"10px"});
                else
                    $("#selectArea").css({"width":DivWidth+moveOffsetX});
            }
            moveNine();
            return false;
        });
        return false;
    });
    $("#square4").bind("mouseup",function(e){
        $("#picArea").unbind("mousemove",fn4Move);
        cropPic();
        return false;
    });

    var fn5Move;
    //左下角的小方块
    $("#square5").bind("mousedown",function(e){
        var clickX = e.pageX, clickY = e.pageY;
        DivWidth = parseInt($("#selectArea").width());
        DivHeight = parseInt($("#selectArea").height());
        DivLeft = parseInt($("#selectArea").css("left"));
        DivTop = parseInt($("#selectArea").css("top"));
        $("#picArea").bind("mousemove",fn5Move = function(e){
            var moveOffsetX = e.pageX - clickX, moveOffsetY = e.pageY - clickY;

            if(e.pageX>=offsetX){
                if(DivLeft+moveOffsetX<=0)
                    $("#selectArea").css({"left":"0px","width":DivWidth-moveOffsetX});
                else if(moveOffsetX>DivWidth-10)
                    $("#selectArea").css({"left":DivLeft+DivWidth-10,"width":"10px"});
                else
                    $("#selectArea").css({"left":DivLeft+moveOffsetX,"width":DivWidth-moveOffsetX});
            }

            if(e.pageY<=offsetY+parentHeight){
                if(DivTop+DivHeight+moveOffsetY>=parentHeight)
                    $("#selectArea").css({"height":DivHeight+moveOffsetY});
                else if(DivHeight+moveOffsetY<10)
                    $("#selectArea").css({"height":"10px"});
```

```
                else
                    $("#selectArea").css({"height":DivHeight+moveOffsetY});
            }
            moveNine();
            return false;
        });
        return false;
    });
    $("#square5").bind("mouseup",function(e){
        $("#picArea").unbind("mousemove",fn5Move);
        cropPic();
        return false;
    });


    var fn6Move;
    //下面中间的小方块
    $("#square6").bind("mousedown",function(e){
        var clickX = e.pageX, clickY = e.pageY;
        DivWidth = parseInt($("#selectArea").width());
        DivHeight = parseInt($("#selectArea").height());
        DivLeft = parseInt($("#selectArea").css("left"));
        DivTop = parseInt($("#selectArea").css("top"));
        $("#picArea").bind("mousemove",fn6Move = function(e){
            var moveOffsetX = e.pageX - clickX, moveOffsetY = e.pageY - clickY;

            if(e.pageY<=offsetY+parentHeight){
                if(DivTop+DivHeight+moveOffsetY>=parentHeight)
                    $("#selectArea").css({"height":DivHeight+moveOffsetY});
                else if(DivHeight+moveOffsetY<10)
                    $("#selectArea").css({"height":"10px"});
                else
                    $("#selectArea").css({"height":DivHeight+moveOffsetY});
            }
            moveNine();
            return false;
        });
        return false;
    });
    $("#square6").bind("mouseup",function(e){
        $("#picArea").unbind("mousemove",fn6Move);
        cropPic();
        return false;
    });

    var fn7Move;
    //右下角的小方块
    $("#square7").bind("mousedown",function(e){
        var clickX = e.pageX, clickY = e.pageY;
        DivWidth = parseInt($("#selectArea").width());
        DivHeight = parseInt($("#selectArea").height());
        DivLeft = parseInt($("#selectArea").css("left"));
        DivTop = parseInt($("#selectArea").css("top"));
        $("#picArea").bind("mousemove",fn7Move = function(e){
            var moveOffsetX = e.pageX - clickX, moveOffsetY = e.pageY - clickY;

            if(e.pageX<=offsetX+parentWidth){
                if(DivLeft+DivWidth+moveOffsetX>=parentWidth)
                    $("#selectArea").css({"width":DivWidth+moveOffsetX});
                else if(DivWidth+moveOffsetX<=10)
                    $("#selectArea").css({"width":"10px"});
```

```
                else
                    $("#selectArea").css({"width":DivWidth+moveOffsetX});
            }
            if(e.pageY<=offsetY+parentHeight){
                if(DivTop+DivHeight+moveOffsetY>=parentHeight)
                    $("#selectArea").css({"height":DivHeight+moveOffsetY});
                else if(DivHeight+moveOffsetY<10)
                    $("#selectArea").css({"height":"10px"});
                else
                    $("#selectArea").css({"height":DivHeight+moveOffsetY});
            }
            moveNine();
            return false;
        });
        return false;
    });
    $("#square7").bind("mouseup",function(e){
        $("#picArea").unbind("mousemove",fn6Move);
        cropPic();
        return false;
    });

    //双击选区进行切割
    $("#selectArea").bind("dblclick",function(e){
        var tempSelectArea = $(this);
        //记录选区的 4 个点，用于切割
        var iCropTop = parseInt(tempSelectArea.css("top")) + 1;
        var iCropRight = parseInt(tempSelectArea.css("left")) + parseInt(tempSelectArea.width()) + 1;
        var iCropBottom = parseInt(tempSelectArea.css("top")) + parseInt(tempSelectArea.height()) + 1;
        var iCropLeft = parseInt(tempSelectArea.css("left")) + 1;
        //下层图片剪切，final
        $("#mypic2").css("clip", "rect("+iCropTop+"px,"+iCropRight+"px,"+iCropBottom+"px,"+iCropLeft+"px)");
        //背景色变成白色
        $("#picArea").css("backgroundColor","#FFFFFF");
        tempSelectArea.hide();
    });
});

function cropPic(){
    var tempSelectArea = $("#selectArea");
    //记录选区的 4 个点，用于切割
    var iCropTop = parseInt(tempSelectArea.css("top")) + 1;
    var iCropRight = parseInt(tempSelectArea.css("left")) + parseInt(tempSelectArea.width()) + 1;
    var iCropBottom = parseInt(tempSelectArea.css("top")) + parseInt(tempSelectArea.height()) + 1;
    var iCropLeft = parseInt(tempSelectArea.css("left")) + 1;
    $("#mypic1").css("clip", "rect("+iCropTop+"px,"+iCropRight+"px,"+iCropBottom+"px,"+iCropLeft+"px)");
}

function moveNine(){
    //移动那 9 个小方块
    var iSelectWidth = parseInt($("#selectArea").width());
    var iSelectHeight = parseInt($("#selectArea").height());
    $("#square0").css({"left":"-1px","top":"-1px"});
    $("#square1").css({"left":iSelectWidth/2-2,"top":"-1px"});
    $("#square2").css({"left":iSelectWidth-4,"top":"-1px"});
    $("#square3").css({"left":"-1px","top":iSelectHeight/2-2});
    $("#square4").css({"left":iSelectWidth-4,"top":iSelectHeight/2-2});
    $("#square5").css({"left":"-1px","top":iSelectHeight-4});
    $("#square6").css({"left":iSelectWidth/2-2,"top":iSelectHeight-4});
    $("#square7").css({"left":iSelectWidth-4,"top":iSelectHeight-4});
```

```
$("#square8").css({"left":iSelectWidth/2-3,"top":iSelectHeight/2-3});

//这个就是给 IE 用的，制造一个看不见的区域来让 IE 选择
$("#squareIE").width(Math.abs(iSelectWidth-8)).height(Math.abs(iSelectHeight-8));
}
```

图 19.13　图片切割器